发电设备
以可靠性为中心的检修（RCM）实践

中国华能集团生产管理与环境保护部
中国华能集团清洁能源技术研究院有限公司 组编

中国电力出版社
CHINA ELECTRIC POWER PRESS

内 容 提 要

《发电设备以可靠性为中心的检修（RCM）实践》详尽探讨了以可靠性为中心的检修（RCM）技术，并重点分析其在发电设备检修管理中的实施与应用。通过深度解析设备故障模式的失效特征及其系统影响，细致展示了如何运用 RCM 方法开展规范化逻辑决策及制定科学性运维检修策略的有益思路，以解决发电企业面临的日益严峻的能源保供重任和成本管控矛盾。

本书立足于 RCM 基础理论，结合风险控制理论与系统工程方法，详细探索了 RCM 技术在火电与水电机组的具体应用；通过闭环检修实践的案例，展示了 RCM 如何有效优化检修流程与平衡成本效益；进一步地，本书展望了 RCM 在数字化转型和新能源领域中的应用前景，为未来的发电企业设备检修应用提供了清晰的发展路径。

本书力求理论贴近实践，内容浅显易懂，富有针对性和实用性。本书旨在为发电行业从事运行、检修及管理的工程技术人员提供全面操作框架和具体实践指南，同时也致力于为电力工程领域研发人员及高等教育院校相关专业师生呈现深度洞见和创新启迪。

图书在版编目（CIP）数据

发电设备以可靠性为中心的检修（RCM）实践/中国华能集团生产管理与环境保护部，中国华能集团清洁能源技术研究院有限公司组编. —北京：中国电力出版社，2025.2
ISBN 978-7-5198-8569-4

Ⅰ．①发…　Ⅱ．①中…②中…　Ⅲ．①发电厂－发电设备－检修　Ⅳ．①TM621.3

中国国家版本馆 CIP 数据核字（2024）第 022869 号

出版发行：中国电力出版社
地　　址：北京市东城区北京站西街 19 号（邮政编码 100005）
网　　址：http://www.cepp.sgcc.com.cn
责任编辑：孙　芳（010-63412381）
责任校对：黄　蓓　王海南
装帧设计：赵姗姗
责任印制：吴　迪

印　　刷：三河市万龙印装有限公司
版　　次：2025 年 2 月第一版
印　　次：2025 年 2 月北京第一次印刷
开　　本：787 毫米×1092 毫米　16 开本
印　　张：31.25
字　　数：701 千字
印　　数：0001—1000 册
定　　价：268.00 元

编 委 会

序　言

在全球能源结构转型和中国产业升级的大背景下，中国电力行业正积极秉承绿色低碳的发展理念，致力于推动清洁能源绿色发展，加大科技创新步伐，力争建设清洁低碳、经济高效、安全充裕、供需协同、灵活智能的新型电力系统。在此背景下，国家发改委发布了《电力可靠性管理办法（暂行）》（国家发展和改革委员会令 第 50 号）要求建立电力可靠性管理工作体系，落实电力可靠性管理相关岗位及职责，从而保障新型电力系统的高效、可靠运行。

电力设备管理中面临的挑战可以用"不可能三角"来形象描述，即在确保设备的安全、质量和成本最优化之间寻找理想平衡点。以可靠性为中心的检修（RCM）主张通过全面分析设备故障造成的影响，选取恰当的检修策略以达到高效利用人力、材料等检修资源的目的。当前发电企业面临着能源保供重任，逐步加剧的成本管控矛盾以及不断升级的可靠性管理新形势，对此，采用顶层设计、系统思考、风险管控、措施优化为核心的 RCM 创新型检修模式，是对当前现有设备管理模式的全面革新，也是电力企业实现提质增效和生产精益化管理的有力手段。

《发电设备以可靠性为中心的检修（RCM）实践》一书立足于 RCM 理论，采用理论和实践结合的思路，详细阐述了 RCM 技术在火电、水电等发电设备检修管理中的实施应用，为发电企业构建科学的 RCM 设备管理体系提供了大量的实践范例，也为 RCM 技术在电力行业的普及应用给出了一份可以厘清思路、开阔视野、驱动创新的宝贵参考指南。

2024 年 4 月

前　言

作为全球最大的电力生产和消费市场，我国电力行业对全球能源格局有着深远影响，与此同时我国经济的快速增长和工业化的加速进程对电力供应提出更高需求；二十届中央深改委第二次会议强调了深化电力体制改革的紧迫性，必须加快构建新型电力系统，推动能源生产和消费革命，保障国家能源安全。

中国电力行业积极响应党中央和国务院的决策部署，紧密围绕着保障经济社会发展和引领产业升级转型的目标开展工作。然而，随着新能源的大规模发展，新能源装机容量及发电量占比不断提高，系统电力电量平衡、安全稳定控制等正面临着前所未有的挑战。面对极端天气、自然灾害、局部供需紧张等诸多考验，电力行业正面临日益严峻的电力安全形势：火电机组频繁深度调峰导致设备磨损加剧和故障增多，同时近年来煤质受外部环境影响较大，煤价挤压严重；常规水电机组由传统的"电量供应为主"转变为"电量供应与灵活调节并重"，无人值班（少人值守）转型更为迫切。电力企业效益下滑以及生产要素流动迟滞；协同电力设备隐患治理、技术改造、更新升级等方面的问题逐渐凸显，致使电力系统运行风险持续上升，电力安全形势日益严峻。

在此背景下，国家发改委及国家能源局相继发布了一系列政策和指导意见，旨在强化电力可靠性管理，提高电力行业的现代化管理水平。国家发改委发布的《电力可靠性管理办法（暂行）》（国家发展和改革委员会令第 50 号）强调了电力企业在电力可靠性管理中的重要责任，要求发电企业基于可靠性信息，建立动态优化的设备运行、检修和缺陷管理体系；国家能源局《关于加强电力可靠性管理工作的意见》（国能发安全规〔2023〕17 号）要求电力企业积极推广应用以可靠性为中心的检修（reliability centered maintenance，RCM）的设备检修模式，确保检修质量和效率，严防设备"带病运行"。如何有效贯彻落实上述政策措施，进一步加强电力可靠性管理，做好发电设备的高效管理和维护对于保障电力安全的基础性、支撑性作用尤为关键。

检修问题与生产率、质量、产值、利润、资源消耗、可持续发展等问题息息相关。

在传统的电力设备检修管理体系中，"事后检修"和"定期检修"的主导地位受制于检修效率和检修成本的双重挑战。如何优化检修制度，提升设备利用率，成为亟待解决的问题。各电力企业开始探索实践预知性检修、状态检修等检修模式，并取得了显著成效，如中国大唐集团有限公司全面实施了点检定修制；中国华电集团有限公司出版了《中国华电集团公司发电企业点检定修管理示范性标准与示例》，在莱州电厂结合"互联网+"与大数据，建成了火电机组的远程监控诊断系统；中国华能集团有限公司（以下简称中国华能）以管理创新和技术升级为路径全面推进状态检修工作，将等级检修（A/B/C）间隔由原来的 12 个月逐步延长至 24 个月（等效运行小时数不小于 13000h），相关成果荣获 2023 年中电联"电力创新大奖"。

然而，状态检修的持续深化仍然面临着"状态监测四定""设备状态评估""设备异常处置""检修项目优化"四大难题，以可靠性为中心的检修正是解决四大设备管理难题的有力抓手，也是进一步实现设备精益化管理的必由之路，RCM 可以提供设备故障的预防及处理措施，能够以系统功能为导向确定检修费用的分配和检修计划的安排，进一步提升设备管理效能。

《发电设备以可靠性为中心的检修（RCM）实践》专著的编写，正是应对当前全球能源转型和技术创新趋势下电力行业检修管理模式的战略性革新需求。本书旨在系统性总结 RCM 理论与方法在发电设备中的应用，结合了工程技术、管理学等学科的知识，从跨学科的视角展示了发电设备维检修管理的全貌，为发电设备的管理人员、运维技术人员以及相关领域的研究者和学生提供一本全面、实用且具有理论深度和实践价值的参考书籍。有助于从业者更好地了解电力设备管理的特殊性和复杂性，并为电力行业开展RCM 顶层设计，企业制定 RCM 落地方案提供有益思路。全书共四篇：

第一篇，从 RCM 的基础理论出发，详细解析了设备管理的演进过程、RCM 的诞生背景及其理论框架，为读者提供了关于 RCM 理论的全面解读，同时还将 RCM 与其他检修模式进行了对比分析，展现了 RCM 在现代管理的独特地位和优势。

第二、三篇，重点描述了如何运用 RCM 对火电机组、水电机组进行全面的风险评估和检修策略规划，展示了 RCM 理论在不同类型的发电设备中的应用情况，并通过具体案例揭示了 RCM 在解决检修问题和提高运行效率的实际效能，为读者提供了深入了解 RCM 如何在不同类型的发电设备中应用并产生实际效益的机会，为其实施 RCM 提供了具体的操作框架和实践指导。

第四篇，展望了 RCM 在新技术推动下的未来发展趋势，特别是在数字化转型和新能源领域的应用潜力，不仅为读者指明了 RCM 实践在不断进步和创新中的方向，也为新能源发电设备的管理和维护提供了前瞻性的思考。

依托国家能源局以可靠性为中心的检修（RCM）策略研究试点项目，在各位领导、同事和朋友们的支持和帮助下,《发电设备以可靠性为中心的检修(RCM)实践》一书得以顺利发行。本书在撰写过程中,得到了国家能源局安全监管司、国家能源局电力可靠性管理和工程质量监督中心、中国电力企业联合会可靠性管理中心各位领导的大力支持,在此一并致谢。

由于时间和能力所限,书中难免有不足之处,在此诚挚邀请读者提供宝贵的意见和建议。

编　者

2024 年 3 月

目 录

序言

前言

第一篇　RCM 基础理论　　1

第一章　RCM 发展背景与应用意义　　2

第一节　RCM 发展背景　　2

第二节　RCM 应用意义　　4

第二章　设备管理演进　　5

第一节　设备管理定义及发展　　5

第二节　事后检修　　7

第三节　预防性检修　　7

第四节　预知性检修　　9

第五节　状态检修　　13

第六节　设备全寿命周期管理　　21

第三章　RCM 诞生与发展　　24

第一节　以可靠性为中心的检修理论框架　　24

第二节　RCM 的起源与发展　　26

第三节　RCM 与其他检修模式的关系　　30

第四节　RCM 相关理论　　35

第五节　实施 RCM 的优势　　39

第四章　RCM 在各行业的应用　　43

第一节　RCM 在军工系统的应用　　43

第二节　RCM 在电力系统的应用　　46

第五章　RCM 实施流程　　51

第一节　资料收集与整合　　51

第二节　功能分析与设备分类　　52

第三节　失效分析及影响评估 53

第四节　RCM 检修策略 59

第五节　RCM 效果评估及优化 60

第六章　RCM 关键技术 61

第一节　设备可靠性指标分析及体系构建技术 61

第二节　设备状态监测及故障诊断技术 70

第三节　设备风险分析及量化评估技术 78

第四节　设备检修决策及维修优化技术 82

第七章　RCM 管理体系配套建设 87

第一节　RCM 管理体系的设计 87

第二节　RCM 绩效评估及持续改进 89

第二篇　火电机组 RCM 应用实践 91

第八章　火电机组 RCM 应用分析 92

第一节　火电机组设备管理现状 92

第二节　火电机组应用特点及 RCM 适用性分析 93

第三节　火电机组实施 RCM 基础要求 96

第九章　火电机组检修现状分析及评价 99

第一节　火电机组 RCM 系统划分与分析层次确立 99

第二节　火电机组历史故障溯源分析与影响链条评估 114

第三节　火电机组设备健康状态评估 137

第十章　火电机组 RCM 风险理论分析及模型建立 145

第一节　火电机组重要度模型 145

第二节　火电机组功能与性能标准 148

第三节　火电机组故障模式、影响与危害度分析模型 155

第十一章　火电机组 RCM 检修策略逻辑流程及体系 161

第一节　基于风险优先级的火电机组检修策略制定 161

第二节　火电机组检修策略制定应用 165

第十二章　火电机组 RCM 应用效果评估及优化 169

第一节　火电机组 RCM 实施效果评估 169

第二节　火电机组 RCM 实施改进与优化 177

第三篇　水电机组 RCM 应用实践 181

第十三章　水电机组 RCM 应用分析 182

第一节　水电机组设备管理现状 182

第二节　水电机组应用特点及 RCM 适用性分析 183

第三节　水电机组实施 RCM 基础要求 186

第十四章　水电机组检修现状分析及评价 188

第一节　水电机组 RCM 系统划分与分析层次确立 188

第二节　水电机组历史故障溯源分析与影响链条评估 195

第三节　水电机组设备健康状态评估 197

第十五章　水电机组 RCM 风险理论分析及模型建立 202

第一节　水电机组重要度模型 202

第二节　水电机组功能与性能标准 203

第三节　水电机组故障模式、影响与危害度分析模型 205

第十六章　水电机组 RCM 检修策略逻辑流程及体系 206

第一节　基于风险优先级的水电机组检修策略制定 206

第二节　水电机组检修策略制定应用 210

第十七章　水电机组 RCM 应用效果评估及优化 213

第一节　水电机组 RCM 实施效果评估 213

第二节　水电机组 RCM 实施改进与优化 214

第四篇　RCM 前瞻性思考　215

第十八章　RCM 发展与展望　216

　　第一节　RCM 发展方向　216

　　第二节　RCM 未来展望　217

附录　220

　　附录 A-1　锅炉系统重要设备故障模式库　220

　　附录 A-2　汽轮机系统重要设备故障模式库　334

参考文献　483

第一篇
RCM 基础理论

- 第一章 RCM 发展背景与应用意义

- 第二章 设备管理演进

- 第三章 RCM 诞生与发展

- 第四章 RCM 在各行业的应用

- 第五章 RCM 实施流程

- 第六章 RCM 关键技术

- 第七章 RCM 管理体系配套建设

第一章 RCM 发展背景与应用意义

在全球面临能源转型和环境挑战的背景下，RCM 作为一种先进的设备管理和维修策略，为实现高效、可持续的能源利用和环境保护提供了重要的方法论。RCM 通过系统分析设备故障模式及其影响，制定针对性的预防性维护措施，旨在优化维护决策、提升设备可靠性和安全性，支撑经济社会的绿色转型。

本章通过深入剖析 RCM 的发展背景与应用意义，从国家层面的绿色低碳发展策略，到电力系统的现代化管理需求，再到 RCM 在推动设备管理革新中的关键角色，为读者展现了一个全面的 RCM 应用景观。此外，本章不仅为后续深入讨论 RCM 方法论和具体应用案例提供了前提背景，也桥接了介绍 RCM 基础理论、实践应用与未来展望等其他章节。通过对 RCM 及其在当前环境下的重要性的深入解析，本章不仅揭示了其在当代社会面对能源与环境挑战中的应用必要性，也预示了 RCM 在推动未来能源系统转型和提升环境可持续性方面的潜在贡献。

第一节 RCM 发展背景

一、政策背景

为处理好发展和减排、整体和局部、短期和中长期的关系，以经济社会发展全面绿色转型为引领，以能源绿色低碳发展为关键，加快形成节约资源和保护环境的产业结构，坚定不移走生态优先、绿色低碳的高质量发展道路，2021 年 3 月 15 日，习近平总书记主持召开中央财经委员会第九次会议发表重要讲话时强调，实现碳达峰、碳中和是一场广泛而深刻的经济社会系统性变革，要把碳达峰、碳中和纳入生态文明建设整体布局，拿出抓铁有痕的劲头，如期实现 2030 年前碳达峰、2060 年前碳中和的目标。

为坚持总体国家安全观和能源安全新战略，围绕保障能源和电力安全要求，进一步加强电力可靠性管理，提高电力行业现代化管理水平，2022 年 4 月 16 日，国家发改委发布了《电力可靠性管理办法（暂行）》（国家发展和改革委员会令第 50 号）。其强调：电力企业是电力可靠性管理的重要责任主体，应建立电力可靠性管理工作体系，落实电力可靠性管理相关岗位及职责；发电企业应当基于可靠性信息，建立动态优化的设备运行、检修和缺陷管理体系，定期评估影响机组可靠性的风险因素，掌握设备状态、特性和运行规律，发挥对机组运行维护的指导作用；燃煤（燃气）发电企业应当对参与深度调峰的发电机组开展可靠性评估，加强关键部件监测，确保调峰安全裕度；水电流域梯级电站和具备调节性能的水电站应当建立水情自动测报系统，做好电站水库优化调度，建立信息共享机制。

为贯彻落实国家发展和改革委员会第 50 号令，提升我国电力可靠性管理水平，保障电力可靠供应，更好服务新时代经济社会发展，2023 年 2 月 14 日，国家能源局发布了《关于加强电力可靠性管理工作的意见》（国能发安全规〔2023〕17 号），强调：电力企业要积极推广应用以可靠性为中心的检修（reliability centered maintenance，RCM）的设备检修模式，确保检修质量和效率，严防设备"带病运行"。RCM 是一种目前国际上通用的，确定资产预防性维修需求、优化维修制度的系统工程方法。该方法以风险控制理论为支撑，旨在寻找设备故障规律，实现设备问题解决方案的有效落实及相应检修策略的制定。其基本思路为对系统开展功能与故障分析，明确系统内各故障的后果，并采用规范化的逻辑决断方法，为每种故障后果制定可行的预防性对策。此外，RCM 方法还结合现场故障数据统计、专家评估、定量化建模等手段在确保系统安全性和完好性的基础上，以维修停机损失最小化为目标优化整体维修策略。

2023 年 8 月 31 日，为革新电力可靠性管理理念和手段，进一步提高可靠性数据的准确性、及时性、完整性，深化可靠性数据应用，国家能源局发布了《关于加强电力可靠性数据治理深化可靠性数据应用发展的通知》（国能发安全〔2023〕58 号），强调要建立电力系统可靠性评价体系：重点开展规划系统的可靠性预测、运行系统的可靠性评估及事件评价追溯，统一事件状态分类，明确指标计算方法、数据来源、报送机制，编制电力系统可靠性指标相关标准；推动发电可靠性动态评价：发电企业要按照设备类型、生产厂家、产品型号、装机容量等细分归类，加强对非计划停运事件的技术分析，定期评估影响机组可靠性的风险因素，及时掌握设备状态、特性和运行规律，建立动态优化的设备运行、检修和缺陷管理评价体系；积极推广以可靠性为中心的电力设备检修（RCM）模式，统筹考虑安全、可靠、经济等因素，提升检修质效，到 2024 年，RCM 试点项目覆盖发电、输变电（含直流）、供电领域主要设备。

二、行业背景

为实现"碳达峰、碳中和"目标，构建新型电力系统是建设新型能源体系的重要内容，而且是一项重要而艰巨的系统工程。国家能源局组织发布的《新型电力系统发展蓝皮书》中指出新型电力系统是以确保能源电力安全为基本前提，以满足经济社会高质量发展的电力需求为首要目标，以高比例新能源供给消纳体系建设为主线任务，以源网荷储多向协同、灵活互动为有力支撑，以坚强、智能、柔性电网为枢纽平台，以技术创新和体制机制创新为基础保障的新时代电力系统。随着新能源的大规模发展，新能源装机容量及发电量占比不断提高，系统电力电量平衡、安全稳定控制等正面临前所未有的挑战，新型电力系统对火力发电的调节能力有了更高的要求，也对火电、水电机组的可靠性、安全性提出了新的要求。另外，由于供需结构改变、能源保供等新形势下的设备健康水平下降已成了必然趋势，特别是近年来煤质受外部环境影响不断降低，未来掺烧劣质煤将成为常态，当电厂实际燃用煤质与原先设计煤种煤质差异较大时，发电企业面临着设备和系统的运行安全性、运营经济性和工作效率降低，设备故障频发导致设备寿命大幅缩短等问题。而火电检修正面临着检修人员老龄化、检修工艺断代失传、检修工作后继无力的困境。大量老旧机组和停备机组如何保证设备可靠运行成为必须要解决的问题。同时，在"碳达峰、碳中和"的新时代背景下，水电功能定位也发生了转变，常规水电由传统的"电量供应为主"转变为"电量供应与灵活调节并重"，部分水电机组除了肩负发电任务外还肩负着重要的调节任务，在此背景下如何保证设备可靠性，逐渐向无人值班（少人值守）转型，也对水电运行检修的计划性和执行性提出了更高的要求，进而对水电设备状态检修提出了必然的要求。

在新型电力系统框架下，如何妥善协调火电与水电设备管理中的可靠性与经济性、促进设备精细化管理，以提升设备的可靠性并延长设备使用寿命，成为发电企业面临的重要课题。同时，如何应对实际运行条件与设计预期的较大偏差所带来的不良影响，建立一个高效的设备管理体系，并在有限的检修时间窗口内确保电力供应的持续可靠性，也成为发电企业需要主动思考的问题。而全面推进 RCM 实施正是存量火电、水电资产实现安全稳定的高质量、高效益运行以及精益化发展的必由之路。

第二节　RCM 应 用 意 义

RCM 的实施对改善设备管理现状具有实际意义。近年来，随着数字化转型步伐的逐渐加速，基层发电企业的状态监测能力不断提升，为设备长周期高可靠运行提供了坚实支撑。然而，在取得切实提升设备状态可预见性的成果外，现有状态监测参数不满足故障诊断需求，状态监测特征值选取不合理等问题也逐渐突出，甚至出现部分监测装置寿命远低于被监测设备寿命的情况，造成大量浪费。有研究成果表明，通过状态监测仅能发现并解决部分设备故障，而 RCM 运用风险分析理论可以从战略层面全面地梳理设备故障，通过系统地组织专家研究，梳理家族性缺陷，分析设备故障概率及影响，为解决"状态监测四定""设备状态评估""设备异常处置""检修项目优化"四大设备管理难题提供有力支撑，RCM 是发电企业实现经验总结、技术共享、可靠性提升的重要武器。

第二章 设备管理演进

为深入理解设备维护和管理领域随时间发展所经历的变革和进步，本章追溯从事后检修到预防性检修，再发展至预知性检修及状态检修的历程，通过梳理各个阶段的特点、方法及其对设备管理实践的影响，阐述了设备管理理念是如何随着技术进步和运维需求的演变而逐步演化的。

此章节通过对设备管理策略演进过程的系统回顾，可为后续章节深入探讨 RCM 的诞生与发展，揭示 RCM 如何应对设备管理领域中的复杂挑战，并推动管理理念和实践创新，提供理论基础。

第一节 设备管理定义及发展

设备是企业固定资产的主要组成部分，是企业生产中能供长期使用并在使用中基本保持实物形态的物质资料总称，也可解释为，进行某项工作或供应某种需要所必需的成套建筑或器物。管理的一种解释为界定企业使命，并激励和组织人力资源去实现这个使命。

设备管理，即以设备为研究对象追求设备综合效率，应用一系列理论方法，通过一系列技术、组织措施，对设备的物质运动和价值运行进行从规划、设计、安装、使用、维护保养、改造直至报废的全过程管理。

从历史发展上看，设备管理的方式主要经历了三个阶段的变迁，见图 2-1。

第一阶段（1950 年之前）为事后检修（breakdown maintenance，BM），由于工业化发展刚刚起步，设备系统本身并不复杂，机器设备的造价一般较低，事故停机造成的直接损失也较小，因此日常检修维护工作基本以简单的保养工作为主，仅在设备损坏后才会有维修人员进行专门的维修工作，并没有真正形成系统的检修维护体系。

第二阶段（1950～1970 年）随着设备系统复杂程度增加，设备重要性增强，设备维修时间对于设备所能产生效益影响的不断增大以及人们对于设备维修工作的认识加深，设备管理人员在磨损理论的基础上，提出了预防性检修（preventive maintenance，PM）的概念，以浴盆曲线的故障规律为主，建立了定期计划检修的方法，并取得了较广泛的应用以及较好的应用效果，预防性维修成为当时的设备管理主流方法。

第三阶段（1970 年至今）随着设备系统自动化程度越来越高，以及设备故障导致的更为严重的后果，人们渐渐意识到浴盆曲线仅能表征一小部分故障的发生概率。相反，预防性检修在持续使用中暴露出了两大主要问题，一是无论设备状态都按照计划定期检修的方式使得检修所消耗的资源及时间增大，检修费用占企业生产成本的比例不断增大；二是针对部分重要设备，不管其大修期如何缩短，大修项目及深度如何增强，仍然无法降低故障率，导致突发性故障持续影响企业的安全生产。为解决两大问题，人们开始对故障机理及特征进行分析，进而建立了预知性检修（predictive maintenance，PdM）的设备管理体系，是更加精确、更加精细的检修体制。它以设备状态为基础，以预测状态发展趋势为依据，根据对设备的日常点检、定期重点检查（离线状态监测）、在线状态监测故障诊断所得信息，经过分析处理，判断设备的健康和性能劣化状况，及时发现设备故障的早期征兆，并跟踪发展趋势，从而在设备故障发生前及性能降低到不允许的极限前有计划地安排检修。这种检修方式能及时有针对性地对设备进行检修，不仅可以提高设备可用率，而且可以有效降低检修费用，甚至可以为检修安全过程控制提供充足的保障时间，为技术人员总结设备故障规律，查找设备薄弱环节，进行技术改进或维护控制提供技术支持。与预防性检修相比，预知性检修更加体现了人的主观能动性和管理精细化。值得一提的是，行业常说的状态检修（condition based maintenance，CBM）一般指的是狭义的状态检修，也就是预知性检修，而广义的状态检修，是包括了以可靠性为中心的检修（reliability centered maintenance，RCM）、寿命管理、预知性检修等的检修体系。

以可靠性为中心的检修理论从 20 世纪 70 年代首先在民航领域（波音公司）开始发展起来，到 80 年代已经广泛应用于许多工业领域，包括电力、煤矿等领域，并迅速成为设备管理的一种主要策略体系[1]。RCM 以设备故障模式分析入手，可以综合考虑设备故障模式对应的失效特征，以及对整个设备系统的影响程度，科学合理制定有针对性的设备维修策略，最大限度地避免"过检修"及"欠检修"的情况，保证设备高可靠性运行。RCM 依靠其特性迅速成为当下设备管理的主流方法之一。

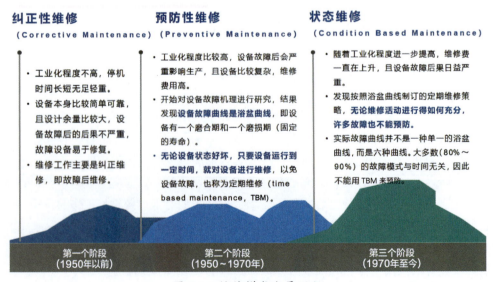

图 2-1　检修模式发展历程

第二节 事 后 检 修

事后检修是在设备发生故障后再进行修理的一种维修方式。

从 20 世纪 60 年代工业化发展起，主要采用事后检修管理模式，又称故障检修、纠正性检修或纠错检修，是一种当设备发生故障或失效时，对设备相关部位进行的非计划性检修。

事后检修以所发生的故障为基础，通过分析故障来对症下药，选择维修、更换等处理方式，以达到解决故障问题的目的，可以充分地利用零部件或系统部件的寿命。

对于电力行业来说，随着对电力的需求越来越大，对发电设备稳定运行的要求越来越严格，系统的复杂化也使得设备在运行过程中更容易发生故障。而事后检修属于非计划性检修，难以帮助避免突发故障，其检修过程会打乱整个生产计划活动，严重影响发电效率及电力供应可靠性，造成较大损失。因此，设备管理中的事后检修主要用于不可预知状态的设备或影响系统可靠性较小的设备，现在已逐渐被其他检修方式替代。

第三节　预 防 性 检 修

一、"浴盆曲线"

20 世纪 50 年代，工业界普遍认为大多数设备的故障呈现"浴盆曲线"（见图 2-2）的概率发展趋势，即认为设备存在固定的寿命，其失效概率曲线具有明显的阶段性，即各有一个磨合期和磨损期，在两个时期中分别会出现初期故障及磨损故障。

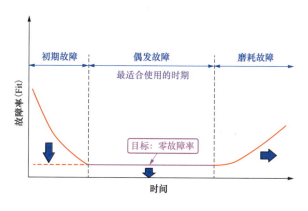

图 2-2　浴盆曲线

（1）初期故障期：这一阶段失效较高、问题较多、暴露较快，但随着时间增加，这些问题逐渐得到处理后，故障率由高到低发生变化，逐渐趋于稳定。造成设备故障的原因主要有：①存在设计、制造的缺陷；②零件配合不好；③原材料质量不良；④在搬、运、安装过程中，操作者存在操作不当问题等。需要加强质量管理等筛查出容易发生早期故障的设备。

（2）偶发故障期：这一阶段设备处于正常运转状态，故障率较低且稳定，甚至基本保持不变，故障率可以近似认为是常数，这段时间称为随机失效期或稳定工作阶段，是设备作业的最佳时期，也是设备的有效寿命期。在此期间，设备的失效往往带有某种随机性，无法预测。比如，极端环境条件下因偶遇过大载荷，维护不当和操作失误等偶然因素造成故障。为了降低偶发故障和延长设备有效寿命期，这一阶段的重点工作是加强操作管理、日常维护保养的有效性管理。

（3）耗损故障期：这个时期故障率急剧升高，主要是由于设备经过较长时间的运转使用，由于老化、磨损、损耗和疲劳等，设备使用寿命已逐步被消耗至结束。预防性检修理论认为，只要在设备寿命前进行预防性维修，就可以防止设备故障，因此检修策略从事后检修慢慢转变为预防性检修。

二、预防性检修

随着设备制造技术的发展，人们逐步认为设备故障发生率应服从"典型浴盆曲线"，说明设备在投入运行的初期，由于处于设备运行磨合期，设备故障概率较高，但随后进入了设备平稳运行期，故障率较初期有所下降并趋于稳定，而接近设备寿命末期，即进入设备损耗期，设备故障率又将升高。基于这一认识，为预防故障发生，以不断降低故障发生率为目标，逐步发展形成了设备预防性维修理论体系。

预防性检修（也称计划性检修），是一种以时间间隔为基础的检修方式，定期采用计划检验、测试、维修、修理、更换和其他任务来降低设备故障的频率和影响，通过在日程或运行时间间隔基础上执行检修活动起到延长设备寿命和防止设备过早故障的作用，是一种较保守的检修方式。在早期使用中预防检修将使检修成本显著降低，同时提高可靠性，增加利用率。其效益之一是基于对设备固定寿命的认知，在固定寿命前采取检修的补救办法，以达到防止设备故障的目的。

当设备部件预期寿命期限已众所周知且是始终如一，故障机理被彻底了解，并有着最早期故障的较小可能性时，预防检修是一项有效的技术。但目前因故障机理及趋势的不确定性，虽然预防性检修相比事后检修较好地避免了较大的设备故障，但是仍然存在一些局限性：一是预防性检修针对避免或减轻磨损等随着时间存在确定发展趋势的故障效果较好，但是无法处理随机性、偶发性突出的故障，这也导致了企业在采用预防性检修初期效果较好，但较容易出现瓶颈期，难以进一步降低故障率；二是预防性检修是无论设备状态是否良好都按照计划定期检修的方式，对检修费用、时间等资源要求较高，也必然会造成部分检修资源的浪费。

目前，预防性检修仍然是电力行业采用的主流方式之一，特别是针对结构较简单，故障影响被接受的设备，在不必要投入对应状态监测及评估资源的情况下，预防性检修仍然是较优的设备管理方式之一。随着对设备故障规律的把握，检修质量的提升，设备部件寿命的延长，关键部位可靠性的提升，各电力企业预防性检修周期正在不断延长。

第四节　预知性检修

一、"6+N"种故障失效模型

随着对设备运行研究的进一步深入以及设备功能和种类的快速增加，随机故障模式和早期故障模式出现频次逐步增加，而损耗性故障模式出现的频次逐步降低，人们发现设备故障的失效模式并不是单一表象的，即在实际设备使用中，设备的失效率曲线全部变化过程往往并不表现为完整的浴盆曲线。同样的设备在不同环境和使用强度下工作，失效率曲线也不同。随着设备技术更新发展，设备本身复杂及精密程度的提高，人们对设备管理问题的重视程度的加强和设备故障模式认识的深化，设备检修维护决策理论也在不断地发展变化。经过大量的理论和管理实践发现，设备失效概率并不常按照浴盆曲线发展，设备故障模型基本可以分为六种类型（见图2-3）。图2-3展示了这六种故障失效模型的失效率曲线特征。

二、预知性检修定义与方法

有统计分析指出，通过定期解体大修的设备管理模式可以预防的故障模式只占11%，而剩下89%的设备故障模式并不能通过预防性检修获益。基于对"6+N"种设备失效率曲线的进一步研究，预知性检修体系逐步形成。

预知性检修也可理解为以状态监测为核心的状态检修（狭义的状态检修），即以设备状态为基础，以预测状态发展趋势为依据，确定设备修理或更换的需要，限制那些需要

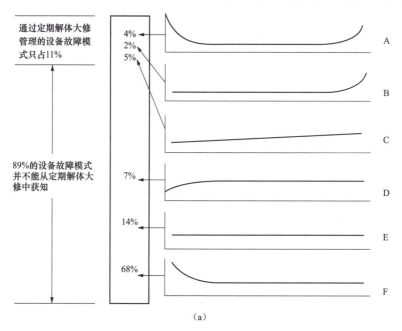

（a）

图2-3　六种故障失效模式的失效率曲线特征（一）

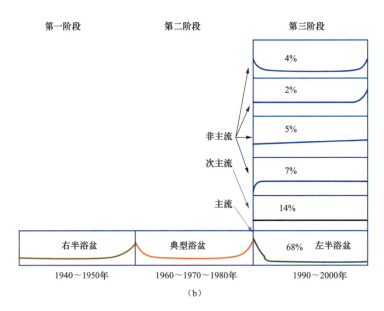

图 2-3　六种故障失效模式的失效率曲线特征（二）

防止的高费用的大修或计划外停机时间的检修活动的系统方法，也是避免过多的预防性检修造成的浪费（人力、时间、金钱）而演进过来的更加精确的、更加精细的检修体制。美国电科院的定义为：通过在故障之前探测设备损坏并采取预防动作，定期的设备状态监测和诊断来增加电厂设备的利用率，降低检修成本，并增加人的安全。

预知性检修使用各种监测系统来探测和分析初始故障，如振动监测、红外监测、超声监测、电机电流监测等，通过离线、在线监测发现设备劣化的早期警告。通过对设备的日常检查、定期重点检查、在线状态监测和故障诊断所获得的信息，经过分析处理，判断设备的健康和性能劣化状况，及时发现设备故障的早期征兆，并跟踪其发展趋势，从而在设备故障发生前及性能降低到不允许极限前有计划安排检修，并根据设备状态及发展趋势采取针对性的管理方法，是在预防性检修的基础上，对于检修工作精细程度与检修效能的进一步提升。预知性检修主要通过以下 3 种方式提升可靠性并降低成本：

（1）如果预知性检修监测显示预防性检修是不必要的，则可以推迟预防性检修。这可以显著地降低材料、人力及时间等检修资源支出。

（2）若在确定的预防性检修周期之前，通过预知性检修发现了设备的早期故障，就可以提前计划检修时间以避免计划外的设备故障甚至停机。

（3）欠检修会导致影响重大的设备故障，此类故障往往占生产费用中的比重较高。对此，通常可以采用预知性检修技术实现对灾难性故障的早期探测及预防，进而帮助降低检修成本，同时提升设备可靠性。

狭义的状态检修即预知性检修，而广义的状态检修，是包括了从设备寿命角度总结的规律和从以可靠性为中心的状态检修中所发现的要素而进行检修和维护的一种模式，见图 2-5。对一些有损坏规律的设备（如材料超温、寿命、磨损等），可以适度提前安排检修。与预防性检修相比，预知性检修更加体现了人的主观能动性与管理精细化。

三、可利用的预知性检修技术

适合于增强预知性检修程序的监测和诊断技术，一般包括振动分析、热成像法、电动机电流监测、润滑油分析、水化学工况监测、基于声学的性能监测等。对于发电设备，目前用于状态检修的监测与诊断技术主要有以下 7 种[2]。

（1）振动监测与诊断（如轴系振动、扭振、管道振动监测诊断等）。研究成果表明，振动监测已经成为很多电厂预知性检修程序中使用的首要技术。如果使用恰当，振动监测将是一个宝贵的工具，它可以在设备发生严重故障前探测和诊断故障。也有观点认为，没有开展转动设备振动监测诊断进行预知性检修的研究，就谈不上开展状态检修[3]。某次电力设备常见的故障模式统计中，转动设备故障占整个故障的比例高达 51.4%；而转动设备中异常振动的比例又近 30%。电厂转动设备的振动问题是重点研究和攻关的主要技术之一。

（2）热成像。热成像法是一种监测设备状态的相对新的但现在广泛接受的方法。在大多数情况下，便携式红外线（IR）扫描器被用来记录多种旋转机器和电气部件的热成像。它提供诸如轴承、电动机、电气接头或导体类部件的非接触式温度指示。热成像法同样来检查热交换器、锅炉外壳或管道隔热材料的异常状态。泄漏阀门和凝汽器管也可以用便携式红外线热成像法来探测。绝对温度或相对温度通常来识别通过其他测量方法不能探测到的初始故障状态。

电厂运行过程中，设备表面的热辐射特性通常是早期识别温度异常的直观指示。运行人员常会观测到诸如电动机轴承过热、凝汽器管泄漏或电气接触不良等异常热态变化。然而，这些变化只有在温差较为显著时，才容易被肉眼察觉，且若此类异常发生在非监测点位，则通常难以自发察觉。尤其是当设备布局不利于直接观察，或处于如高压开关柜内部等潜在危险环境中，例如高压套管，由于安全限制无法近距离检查，这便凸显出热成像技术的重要性，其提供观察这些难以接触或危险区域中较小或极大温差的方法，为实现设备的精确管理和维护提供了一种先进的非接触式诊断工具。

（3）电动机电流监测。电动机电流监测通过使用电流互感器和便携式数据记录器记录电动机电流谱帮助寻找可以指示断裂的转子线棒或其他问题。当在转子中出现一根断裂的线棒时，产生谐波磁通量，从而在定子绕组中感应出电流。这些谐波将在电流谱中产生可见的峰值。

（4）润滑油分析。润滑油分析通常是通过定期采样选定的油流以探测颗粒或污染物指示轴承故障、过热或其他设备问题。

（5）水化学工况监测。水化学工况监测在火力发电厂运行中是必要的。在大多数情况下，实验室分析的定期样品是从凝结水、给水或蒸汽系统中抽取。该分析显示化学药品添加速率调整或诸如凝汽器泄漏之类的其他状态的需要。在线监测系统增加了水化学工况失调的接近实时的指示，而不具有"成批测试"可利用信息的能力。这不但提供了诸如凝汽器泄漏问题的更早期的识别，集中于恒定监视和趋势，也规定了化学处理程序的更紧密控制。

（6）声学监测。声学监测设备已在锅炉管、给水加热器、蒸汽联箱和阀门的泄漏等典型设备中应用。在锅炉管泄漏探测系统中，蒸汽通过锅炉管中的孔逸出，产生一种峰值在 1～5kHz 范围内的宽带噪声。在将锅炉中声压波连至传感器的波导上装配的高温传感器，被安装在已有故障历史的锅炉的位置中。锅炉中产生的声压波从管子泄漏开始由传感器进行探测并被转变成一种电信号。泄漏附近的传感器上的信号随泄漏规模成比例增加，趋势标绘图上监测的等级增加直到等级超过预设置报警点。各种传感器读数的相对幅度可以大致估计泄漏位置。

（7）电厂性能监测。通过使用整个电厂仪表上获得的性能监测数据，电力企业可以降低电厂耗热率，改进检修进度安排，并且更有效率地调度机组。降低耗热率，减少燃料消耗及排放物，并且可以在维持既有发电能力的前提下，延迟或减少对新增发电能力的需求。使用性能监测数据，可以指示设备缺陷，制订检修计划，可以通过降低停机频率和时间长度来帮助提高机组利用率。根据提供实际电力产生成本的更佳估计，并且持续关注整个发电机组运行周期中的能耗变化（而非仅依赖定期的能耗率测试），改进经济调度能力。

四、预知性检修效益评估

（1）预知性检修所阐述的效益一般从 3 个方面进行评估：

1）节省的检修费用：包括所降低的检修成本，减少的计划检修时间以及备件总体数量等。

2）可利用率的提升：减少非计划停运率及时间，提升可靠性等。

3）设备寿命的延长：设备更换频率的降低，提前预知潜在问题避免的损失等。

（2）典型的节省检修费用评估方法主要分为 6 个步骤：

1）测定电厂分级因数：建立分级因数模型，主要依据三项指标，即容量因数、经济值和基本工资率。

2）测定设备分级因数：主要依据两个指标，即过量设备和寿命预测的百分比，每个指标权重为 50%。

3）测定总的分级因数：通过求电厂分级因数（×75%）和设备分级因数（×25%）得到。

4）测定预知性检修周期分离数（PMCD）：当发现需要延迟一个检修周期时，所延迟的时间占标准检修周期的百分比，如果与定期检修不相关，则因数为 1。

5）测定检修预算：根据过去同样检修项目费用情况，测定当前检修预算。

6）检修节约费用计算：总分级因数×PMCD。

五、预知性检修实施案例

早在 21 世纪初，（中国华能）与美国电科院（EPRI）就合作对预知性检修技术及管理体系进行了深入研究，吸收融合美国电科院（EPRI）的应用科学和实用技术成果，在国内发电行业率先推行应用了预知性检修体系，针对电厂设备维护与优化检修，锅炉寿命与可用率提高，循环化学三个方面优化机组整体运行，完善检修工艺，提升管理水平，延长设备寿命周期，提高运行经济性和安全性。

（1）振动监测预知性检修实例。

通过在重要辅机上进行振动状态监测与分析，及时发现了1号炉甲磨煤机小牙轮振动增大的异常情况，趋势图如图2-4所示。立即检查发现，引起振动的原因是筒体及大牙轮上下冷热膨胀不均，小牙轮上有三个齿的表面出现脱皮，最大的有拇指大小，深达1mm。如不能及时发现，很有可能发生小牙轮或大牙轮断齿，甚至造成更大的设备事故。

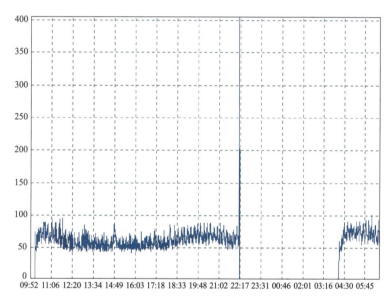

图2-4　1号炉甲磨煤机小牙轮振动增大趋势

（2）红外成像监测预知性检修实例。

对升压站设备进行检查发现7213接地开关A相、7503接地开关B相、46733接地开关B相发热达100℃左右，如长时间不处理会烧坏设备，随后申请设备停役检查，发现隔离开关动静触头接触不良并进行了处理，设备运行后检查处理效果很好，设备故障的红外图片如图2-5所示。

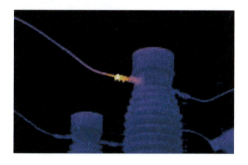

图2-5　设备故障的红外图片

第五节　状　态　检　修

目前，状态检修的理解还没有统一的认识。火力发电厂实施设备状态检修的指导性意见中提出：设备状态检修是根据先进的状态监测和诊断技术提供的设备状态信息，判断设备的异常，预知设备的故障，在故障发生前进行检修的方式，即根据设备的健康状态来安排检修计划，实施设备检修。状态监测是状态检修的基础，而对监测结果的有效管理和科学应用则是状态检修得以实现的保证[4]。

知名专家的观点：状态检修是试图代替固定检修时间周期，根据设备状态确定的一种检修方式，对发电设备实施状态检修的最佳模式是预知性检修和以可靠性为中心的状态检修以及相应的技术支持系统。普遍的设备状态检修解释：依据设备的实际状况，通过科学合理地安排检修工作，以最小的资源消耗保持机组的安全、经济、可靠的运行能力[5]。国际上开展状态检修优化的模式有很多，其中主要有 3 种方式，即以设备可靠性为中心的维修，以设备状态监测为基础的预知性检修和以寿命评估为基础的设备寿命管理等[6]。这些模式的理论不同，使用范围和特点也不同。电厂采用时一般要根据本厂的机组特点和设备维修重点选择一种或将不同的模式组合，确定适合电厂自身状态的检修模式。

但就核心内容而言，广义的状态检修可以理解为预知性检修、设备寿命管理和以可靠性为中心的状态检修（RCM）的结合。如果结合有关优化检修的定义，可以用图 2-6 清楚地描述几种检修概念的关系。

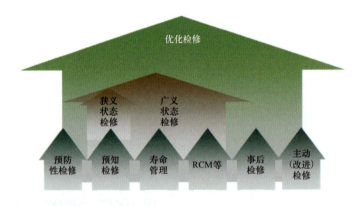

图 2-6 几种检修概念的关系

在状态检修中，确定设备状态需要依靠很多技术，但总结起来可以归类为一些基本的支持技术。从最上层可以归纳为三大基本支持技术：设备状态监测与故障诊断技术、设备可靠性评价与预测技术、设备寿命评估与管理技术。在三个支持性技术中，可靠性分析主要靠组织领导，发挥相关人员的技术优势，提高对设备及部分部件的关注和防范；寿命管理，需要科研单位、电力科学研究院，在高温材料等方面的技术支撑；而设备预知性检修及故障诊断技术，可由电厂技术人员通过不断地应用和总结，提高预知的准确性。

特别是火电板块，长期以来面临技术成熟度不高、运行不稳定、设备可靠性差、维护工作量大等问题，这些问题对火电机组的安全运行构成了巨大威胁。因此，火电行业陆续引入状态检修理念研究，以期解决这些问题。在 1992 年，美国 Applied Economic Research 公司首次对燃煤电厂的运行维护费用和可靠性的关系进行统计学研究，为 RCM 在火力发电行业实施提供参考[41]。Gania I P 等人[42]提出了 RCM 在生产和服务类企业应用的方法。Umamaheswari E 等人[43] 提出了基于随机模型的蚂蚁算法在以可靠性为中心的预防性维修理论在发电机检修计划中的应用。Lazecky David 等人[44] 提出了将可靠性为中心的维修理论如何固化应用到相应预防性检修软件中应用。Yuniarto 等人[45] 开展了针对地热电站的以可靠性为中心的检修方法研究。

随着改革开放不断深入，电力行业历经数十年的发展，逐渐形成了诸如二五检查制、设备分工负责制、计划检修制、技术监督制等多样化的设备管理模式。这些体系曾是发电企业在安全、经济和环保生产中的坚实后盾，有效适应了特定时期内的运营需求。然而，随着近年电力领域在设备先进性和单机容量上的显著飞跃，现有的管理架构原有管理体制暴露出其在现阶段发电企业设备管理上的相对粗放性，特别是在大机组、新体制下不能很好满足生产管理的需要。

为应对电力行业面临的挑战并提升管理水平，原电力工业部在 20 世纪 90 年代采取了一系列重要举措：①20 世纪 90 年代初，原电力工业部在北京组织了为期一个月的发电厂管理培训研讨班。此次研讨班重点探讨了日本的管理体制和先进的管理经验，特别是全员生产维修（TPM）管理方面的高端培训，旨在提升设备维护和整体管理效率。②到了 20 世纪 90 年代中期，原电力工业部进一步拓展了国际交流，邀请了英国国家电力公司的几位厂长来北京举办为期一周的讲座。这些讲座集中讨论英国发电厂的管理实践，为中国电力行业的管理人员提供了宝贵的国际视角和经验。③20 世纪 90 年代中期以后，原电力工业部在多次会议中强调了在电力设备检修中逐步推行状态检修的重要性，并开始部署相关的试点项目。在这一背景下，点检定修制度的引入，标志着我国电力行业步入一个新的发展阶段，这不仅是对传统管理模式的优化升级，也是对现代化需求响应的必然选择。

点检定修制度是一种在设备运行阶段以点检为核心对设备实行全员、全过程管理的设备管理模式，其在中国的全面引进起源于上海宝钢集团。在 20 世纪 80 年代，宝钢集团一期工程全套引进了日本设备，并投入数千万美金引入了全套的设备管理软件 TPM（全员设备管理），1986 年，宝钢集团在设备管理方面全面启动了点检定修制度，并取得了显著成效。1998 年，这一制度的有效性和创新性得到了行业内的进一步认可，当年，中国电力联合会火力发电分会（简称中电联火电分会）组织了电力行业内首次关于设备点检定修管理的研讨会，由上海宝钢集团自备电厂设备管理部门作专题介绍，将点检定修制度定位为一种管理跨越和创新的思路，认为其与电力行业深化改革相适应。

基于此，点检定修制度作为一种符合设备管理客观规律的先进理念，开始在电力行业得到广泛推广和实践。新建电厂采用这种体制，而现有电厂则在改革中借鉴这一模式。浙江北仑发电厂继上海宝钢自备电厂之后，于 1997 年成为首个实施点检定修制试点的火力发电厂，先在燃料专业进行试点，随后将其推广至整个厂区（装机容量为 300 万 kW）。与此同时，进一步的制度化和标准化工作也在进行中。1998～1999 年间，原华东电管局组织相关电力公司就点检定修管理的具体实施进行研讨，并制定了我国首部《点检定修管理导则》。紧随其后，上海电力股份有限公司于 1999 年推出了我国第一本属于省公司一级的企业标准《上海电力股份有限公司点检定修管理导则》，进一步规范了相关操作流程。

在这一转型背景下，我国火电工业正从传统的计划维修模式向预知性维修模式过渡。尽管各大发电集团及电厂已经开始探索这一新模式并积累了一定经验，但全国范围内仍需统一的指导策略和纲领性文件。

中国大唐集团有限公司于2007年6月29日举办点检定修高级研讨班，并在全公司推进全公司各发电单位的点检定修工作，依据公司发电企业实施点检定修制度的基础条件分为不同的类型并全面建设其点检定修运转的框架体制，进一步规范各电厂运作和深化管理的基础条件[46]。

中国华电集团有限公司于2006年启动点检定修管理试点和推广工作，并编写了《中国华电集团公司发电企业点检定修管理示范性标准与示例》，并于2009年开始试点精密点检与远程诊断工作，并在发电企业侧建立了"日常点检，定期体检，精密诊断跟踪"的设备管理模式，同时系统建立了"电厂—区域公司—集团公司"三级远程诊断管理系统，华电莱州发电有限公司结合"互联网+"与大数据，推出了火电机组的远程监控诊断系统。该系统集中采集电厂的发电设备数据，实时分析并预警潜在故障，从而迅速制定维修策略，显著提高了检修效率。2017年，其设备故障率同比下降了20%。

中国华能集团有限公司在状态检修技术和管理方面进行了长期积累。华能国际电力股份有限公司大连电厂和华能国际电力股份有限公司淮阴电厂等基层发电企业较早开始探索发电设备状态检修工作，逐步实现更为精准地检修安排，达到提高设备可靠性、降低检修费用的目的。如华能国际电力股份有限公司淮阴电厂在1995年从上海宝钢实施状态检修工作中受到启发，结合电力企业实际情况，引入了点检定修制的观念和技术，开始实施点检定修制架构下的状态检修，经过数年的实践运行，该策略不仅确保了设备的高质量运行，还成功延长了设备运行周期，缩短了检修时间并优化了检修项目，从而显著增强了企业的整体效益。而到了2015年，中国华能更是全面加速了状态检修工作的步伐，分批分类推动状态检修在基层电厂开展，2016年，华能国际电力股份有限公司范围内9家电厂试点开展状态检修工作，推进重要辅机设备状态检修和主机状态评估工作，取得了良好成效。2017年，华能国际电力股份有限公司范围内24家电厂试点进行状态检修工作，在各单位成立状态检修领导小组和工作小组，配备相关状态监测设备，同时启动了检修管理制度和辅机状态检修技术导则的修编工作。2018年，华能国际电力股份有限公司范围内全部电厂试行发电设备状态检修，在继续夯实前期工作的基础上，启动了主机状态检修导则的编制工作，完善了根据等效运行小时数确定检修周期的管理制度，将状态检修前期工作落到了管理实处。2019年，状态检修的理念在全集团公司发电企业中进行推广。北方公司（北方联合电力有限责任公司）、蒙东公司（华能内蒙古东部能源有限公司）、甘肃公司（华能甘肃能源开发有限公司）、四川公司（华能四川能源开发有限公司）等单位积极启动状态检修工作，形成了良好氛围。

在此过程中，中国华能以管理创新和技术升级为路径，以状态检修为抓手，不断提升生产精益化管理水平。①进行全面推广。集团突破国内多在小范围试点实施状态检修的模式，从集团层面确立状态检修全面推广深化提升计划，将状态检修工作有机融入各级单位生产管理工作，成为提高机组检修质量、降低检修费用、提升设备可靠性、提高生产管理数字化水平等工作的有力抓手，助力集团公司设备管理水平提升。②加强顶层设计。以精益化管理思想进一步细化各级单位设备管理职能，确立集团公司-区域公司-基层电厂分级管理体系。根据不同单位前期状态检修实施基础和实践经验不同的现状，对系统内电厂分类、分批、分阶段推进状态检修工作。对前期试点情况较好的电厂"全面实施"，对有一定基础的电厂"深入实施"，对无状态检修经验的电厂"开始实施"，一厂一策制定各单位相应的工作目标，确保状态检修工作在全集团有序开展，快而不乱。③促进综合提升。将状态检修工作全面融入检修全过程管理，从检修计划审批模式、检修费用批复、人才培养和梯队建设、多维对标结果导向、状态检修测点和工器具配置、数字化平台支撑、科技研究等方面全面入手，全方位、多层次提升集团状态检修工作开展水平，带动火电生产管理水平的整体提升。

中国华能通过持续推广状态检修理念，不断完善状态检修制度和标准建设，强化人才梯队建设和能力提升，不断提升状态检修数字化水平等措施，状态检修工作已在全集团系统范围内得到有效开展。

1. 体系建立与制度完善

（1）完善三级管理体系。在现有集团公司-区域公司-基层电厂三级设备管理体系的基础上，不断建立并完善状态检修管理体制。

1）中国华能发布《华能集团发电设备状态检修管理实施办法》，对状态检修工作应遵循的基本原则、职责分工、实施流程、技术保障、检查与考核等方面作出规定。并在此基础上发布状态检修技术导则，进一步明确状态检修相关要求，分步分批分区域制定状态检修实施时序，组织集团状态检修科技研发和数字化平台建设工作，研究解决状态检修工作中的管理问题和重大技术问题，促进状态检修工作在集团的全面开展。

2）区域公司负责执行集团公司的发电设备状态检修管理实施办法，负责组织制定与本产业（区域）相适应的状态检修实施细则。根据区域特点及所辖电厂实际情况，将集团状态检修相关要求传达到各基层单位，督促和指导状态检修工作在各基层电厂落地实施。对所属发电企业状态检修工作情况进行检查、指导、评价与考核，督促整改措施的落实。定期召开状态检修工作会议，开展状态检修管理、技术及技能培训和经验交流。

3）基层电厂作为实施发电设备状态检修的主体，负责执行上级公司的状态检修工作相关管理制度和技术标准，建立本单位相应管理制度，编制状态监测作业指导书，培养状态检修技能人才，应用各类状态检修技术支持手段和装备，掌握所辖设备状态及健康水平，持续优化检修项目和工期，承担状态检修实践中技术的创新和积累，不断提升设备可靠性。

（2）制定状态检修导则。中国华能在状态检修前期工作的基础上，积极开展了制度和体系建设工作。2021年7月15日，发布13项状态检修导则，于2021年8月1日正式实施，建立了以锅炉、汽轮机、汽轮发电机等3项主机导则和水泵、风机、磨煤机、加热器、变电设备等10项辅机导则为架构的状态检修企业标准体系，涉及状态量提取、状态评估、检修建议与辅助决策等多项内容，形成完整的状态检修实施框架方案，为各单位状态检修工作的开展提供指导。目前，公司已推动 3 项主机状态检修导则上升为中电联团标，后续分批继续升级为行业标准，进一步提升行业影响力。

针对中国华能状态检修导则未覆盖的空白领域，各单位结合自身实际需求和探索经验，主动建立状态检修工作方案或导则。例如，针对集团暂无"罗茨风机状态检修导则"的现状，华能国际电力股份有限公司大连电厂积极开展"罗茨风机"状态检修工作的探索与实践，为电厂乃至中国华能状态检修工作的不断完善提供了良好的支撑。

此外，中国华能组织编制了《火力发电厂状态检修监督评价标准》，从组织机构、状态（检修）信息管理、运行管理、检修维护管理、状态综合评估、生产管理与监督、厂级年度效果评价与改进七大维度实现各基层企业状态检修工作的监督评价，填补了行业空白，通过定期组织自评互评帮助并对各企业状态检修工作开展情况进行统一标准下的打分对标，引导基层企业对照评价结果不断修正工作内容。

（3）定期开展状态评估。随着状态检修管理的不断规范，组织机构的不断健全，管理模式的持续优化，各单位状态检修工作有序开展。各区域公司和基层电厂成立了状态检修组织机构，主要领导带头抓状态检修工作，制定工作计划，为开展和推动状态检修工作提供有力保障。各区域公司建立状态检修季报机制，基层电厂每季度对设备完成一次全面诊断，并编写机组状态检修季报。各单位根据自身实际情况建立定期评估和报告机制，例如，中国华能集团有限公司海南分公司各电厂定期开展设备状态检修月度分析会，中国华能集团有限公司江西分公司组织各单位开展月度设备状态评价和分析，状态检修工作机制成为常态。

在引导基层电厂定期开展设备状态评估的基础上，中国华能还形成了专家团队动态评估对标机制：通过建立由集团首席专家牵头、各专业技术骨干组成的集团"体检"专班，每年在各区域公司抽取典型基层电厂，按照统一标准对基层电厂设备进行状态评估，充分发挥集团层面专家资源优势，帮助基层电厂发现潜在设备隐患，为电厂检修策略与具体措施提供优化建议，确保设备状态的可控可靠。同时，从集团层面按照统一状态评价标准对各基层电厂设备状态进行对标，验证各厂状态检修工作成果，实现中国华能整体设备状态趋势及各厂设备共性问题的动态发掘，并分享先进经验。

（4）优化计划检修间隔。自状态检修工作开展以来，中国华能认真总结、谨慎研判、深入论证、大胆决策，积极尝试延长等级检修间隔，取得了良好的成效。2018 年修订发布了《中国华能集团有限公司电力检修管理办法》，将等级检修（A/B/C）间隔由原来的12 个月延长至 18 个月（且等效运行小时数不小于 10000h）。2021 年，中国华能选取了 8个区域公司的部分电厂作为深入开展状态检修试点单位，将等级检修间隔继续延长至 24个月（等效运行小时数不小于 13000h）。在 2021 年试点延长等级检修间隔的基础上，2022年，中国华能将适用范围扩大到除北方地区供暖机组之外的全部火电机组，以适应火电机组利用小时走低，电厂生产经营困难的新形势。

延长检修间隔的同时，组织检修中心和系统内专家力量，建立检修项目审核优化机制，进一步优化检修项目，在应修必修的基础上，避免过修和欠修。同时，积极开展大修机组修前状态评估工作，从设备可靠性评估的角度辅助大修科学决策，编制了设备状态评估报告模板，多次召开会议，对华能国际电力股份有限公司营口电厂、华能国际电力股份有限公司平凉电厂、华能荆门热电有限责任公司等多台申请大修的机组进行设备状态评估。同时，深化检修后评价工作，通过跟踪设备解体情况，验证检修决策的准确性，修正设备状态检修故障模式库，完善检修工作的闭环管理。

（5）积极开展多维对标。为充分激发广大生产人员开展状态检修的积极性、主动性和创造性，助力集团电力生产工作再上一个新台阶。2021年，中国华能组织开展发电设备状态检修劳动竞赛。以竞赛促进生产为导向，主要围绕基础管理、设备管理、费用管理、队伍建设四个方面，推动各单位开展以下方面的实施完善：通过竞赛鼓励各单位改进和优化管理机制，确保各项管理工作更加高效灵活，激活组织结构的适应性，从而更好应对电力生产中的变化与挑战；通过竞赛促进各单位不断开展基础创新，改进设备维护和检修策略，提高生产的可靠性和连续性；通过竞赛激励各单位开展成本控制和资源优化来降低设备状态检修的费用，积极寻求创新性的成本管理方法。最终促进各单位通过劳动竞赛实现机制体制完善、检测设备齐全、状态检修工作全面开展、设备可靠性提高、单位容量检修费用降低、检修降级或调整、技能培训、竞赛广泛开展、全口径单位容量劳动用工人数降低、状态检修成果总结推广等实效。

各单位高度重视、认真组织，以劳动竞赛为契机不断提升发电设备的精益化管理水平。淮阴、沁北等电厂通过状态检修发现设备缺陷，保障了设备的安全稳定运行；东北、浙江、安徽、福建、江苏、华东、北方、山东等二级单位下属19家电厂作为试点单位将等级检修间隔延长至13000h（24个月），有效降低检修费用；山东、东北等多家分公司举办了跨区域的竞赛，为打造人才队伍起到了积极作用。

2. 人才培养与信息共享

（1）组建状态检修专家库。为提高状态检修工作的质量和效率，为设备管理提供坚实支持，中国华能积极构建行业领先的状态检修专家库。一是充分吸收集团内首席专家、首席技师、大国工匠、技能能手等技术人才，发挥专家领军人才引导作用；二是鼓励各区域公司积极推荐各专业专家，充分吸收各公司差异化经验与优势专业；三是涵盖集团内各专业竞赛获奖选手，激发青年创新血液。同时，基于状态检修多学科融合特性，集团积极引导各专家跨专业协作，将不同领域的专家汇聚集中讨论，以促进知识共享和协同工作，提高状态检修工作的质量和效率。在此基础上，注重专家库的更新迭代，定期评估和更新成员，以确保专家团队始终拥有状态检修前沿领域知识。

（2）广泛开展技能培训。中国华能高度重视状态检修人才培养，依托中国华能首席专家团队，整合其他专家力量，举办多场次状态检修通用和专项技能培训班，培养了一批状态检修骨干技术人才，营造了浓厚的状态检修推进氛围。各二级公司和基层电厂结合自身特点和实际情况，主动开展针对性培训，状态检修人才队伍不断壮大、管理基础不断夯实。

通过持续的理论学习和实践操作，各单位状态检修技能水平得到持续提升。中国华能鼓励职工进行状态检修技术创新，形成了一批状态检修相关的成果。出版了《火电厂设备状态检修技术与管理》等行业标杆性专著，各基层企业职工状态检修相关创新成果多次获省部属企业职工十大科技创新成果等各类奖项。据统计，2021 年集团各单位全年总结和撰写了 50 余篇状态检修相关论文，对实践经验进行了有效积累和分析；累计申请或受理《一种水泵状态检修管理系统》《一种水轮机活动导叶端面间隙在线监测系统》等 100 多项专利，形成一部分原创性研究成果，有效促进集团公司技术能力提升和知识产权积累。

（3）定期组织技能竞赛。在技能培训的基础上，中国华能每两年举办一次状态检修技能竞赛。2016 年和 2017 年，率先在中国华能股份有限公司范围内举办两届"火电厂转机设备诊断与检修技能竞赛"，2018、2020 年，在集团公司范围内举办两届"辅机设备诊断与检修技能竞赛"。2022 年，"华能工匠杯"2022 年机组状态检修技能竞赛在华东分公司举办，26 家区域公司、49 家基层企业单位的 62 名选手参赛，赛前在上海检修公司对参赛选手进行了集中的理论和实操培训，实操考试分为设备单体检修、风机动平衡、设备缺陷排查等三部分。首次应用了上海电力检修公司自主研发的华能"睿瀚"双通道振动分析仪对设备进行数据测量，并上传至中国华能统一安全生产管理平台华能"睿课"振动专家辅助系统，一等奖选手被授予"华能工匠"称号，进一步提升专业人员提升状态检修技能的积极性。

在中国华能组织的状态检修竞赛之外，山东分公司、河北分公司在各自区域公司内举办状态检修技能竞赛。通过技能培训和竞赛，培养了一批状态检修方面的技术带头人，达到以培促学、以赛带训的效果，营造出"你追我赶、争相进步"的良好氛围，状态检修队伍水平得到整体提升。

（4）畅通信息共享渠道。中国华能坚持深化各类可靠性数据及信息应用。组织专家对中国华能历史 30 年的非停事件、影响负荷事件及其他重点故障事件进行了重新梳理，形成了 23 个维度的集团级设备故障案例库。在此基础上，形成设备故障知识库，并依托中国华能统一安生平台实现了知识库的自动迭代与广泛共享，为基层企业设备精准化检修提供指导。

在集团公司-区域公司-基层电厂的三级沟通渠道的基础上，在基层电厂层面积极打通电厂间沟通渠道，召开了各类设备各重要厂家状态检修专题研讨会，集合集团公司内所有使用同厂家设备的基层电厂，对设备管理中的突出问题进行交流，实现先进经验共享。与设备厂家联合建成集团家族性缺陷库，涵盖各设备家族性缺陷特征，包括发生频率、故障模式的变化趋势等，实现家族性缺陷信息交互与批次性解决。

3. 数字赋能与技术创新

利用安全生产业务管理平台开发状态检修信息化模块应用。生产环保部组织热工院、基层企业，结合公司工业互联网、安全生产业务管理平台、远程监测评价专家系统等信息系统建设，做好"发电设备健康状态实时感知与动态评价关键技术研究及状态检修智慧决策平台开发应用"课题的科研攻关。通过状态检修模块的开发，一是构建火电机组主辅机状态检修监测、检测体系，包括统一火电机组主辅机状态量获取测点的标准，建立旋转机械振动测点的补充及监测体系；二是建立火电机组主辅机状态分级评估机制，综合 13 项导则的评分体系和分级内容，综合考虑设备及系统之间的内在联系，综合判断机组的状态，进行系统的分级评估，其主要的工作内容是将分级评估的导则内容转化为统一、标准的数字化实现语言和知识模型；三是研究火电机组主辅机状态预测分析和检修计划决策机制，进行状态预测分析和检修计划决策；四是综合设备状态-评估规则-检修项目的相互关联，建立数据采集、算法配置、事件管理的递进分层递进关系，构建设备状态检修闭环管理体系；五是基于集团统一安全生产管理平台，开展厂级、机组级综合状态评估、检修策略及多数据中心交互平台的研发。

依托统一安全生产管理平台和上述科技项目，建立锅炉、汽轮机、发电机及各类辅机模型，将设备状态监测、评估与检修决策规则进行信息化、标准化、规范化，在集团统一安全生产管理平台和数据库的框架内建立健全电厂状态监控系统。结合安全生产业务管理平台的大量实时数据与历史数据，协助与指导发电企业检修维护人员开展状态检修工作，提供检修辅助决策依据。统一安生平台状态检修模块已在华能国际电力股份有限公司大连、华能（浙江）玉环、华能国际电力股份有限公司淮阴电厂开展试点，后续将根据各电厂实际情况，分批分类进行推广实施。

中国华能通过状态检修工作的全面和深入实施，形成了一套行之有效的管理体系和模式，同步促进生产管理水平的不断提升，为实现火电高质量转型发展、建设世界一流清洁能源企业做出了应用贡献，具体表现在：

（1）可靠性水平持续提升：中国华能 2021、2022 年 10 万 kW 及以上燃煤机组等效可用系数分别为 93.90%、93.93%，对标保持能源电力类央企第一名；中国华能非停台均次数逐年下降，2022 年较 2017 年累计降低 70.09%。

（2）检修费用逐年降低：状态检修大幅减少了机组检修台数，大大降低设备管理人员花费在检修上的精力，每年减少等级检修超 100 台次；火电单位千瓦检修费用由 2015 年的 32.6 元降至 2022 年的 22.1 元，降低 32%，每年同比节约检修费用 11.5 亿元。

（3）人才梯队建设取得实效：中国华能各单位着力打造状态检修人才梯队，涌现出了大国工匠、中国华能各专业首席专家、基层企业青年骨干、技术能手等代表性人才，专家团队多次受邀在中电联火电分会作状态检修培训讲座。

（4）发布国家标准与专著：3 项主机导则已上升为国家/团体标准，为行业状态检修工作提供了指引；出版《火电厂设备精密点检及故障诊断案例分析》《火电厂设备状态检修技术与管理》等相关专著。2023 年，中国华能凭借着在状态检修创新及增益化管理实践方面的卓越成果《大型发电集团以全面实行状态检修促进生产精益化管理的实践》，荣获 2023 年中电联"电力创新大奖"，标志着其状态检修先进经验在电力行业设备管理方向的领先地位。

第六节　设备全寿命周期管理

设备全寿命周期管理（equipment lifecycle management，ELM）是一种全面综合的管理模式，此管理模式为定位于生产经营优化，围绕设备全寿命周期管理采取的一系列精细化技术、经济和组织策略。该过程涵盖设备从规划阶段到设计、制造、采购、安装、运行、日常维护、维修、升级、改造直至最终的退役和报废的全过程，以实现设备在其整个寿命周期内成本的最佳经济效益和设备最高综合效能的平衡，确保设备能够以最优成本运行，同时获得最大的生产能力。

设备全寿命周期管理通过对设备前期阶段、运行维护阶段和轮换报废阶段通过精细化的实物和资产管理，旨在优化整体资源分配和投资效率。此过程专注于在设备前期消除因抵消设备引起和重复投资导致的财务浪费；在设备使用阶段确保设备的连续性和工作效率，使其在使用期内维持其最佳运行状态，同时提升设备的可靠性和稳定性，减少运行中的故障率；设备生命周期的末期将退役或过时的设备有效转化为企业的经济资产，以实现设备资产的价值最大化。

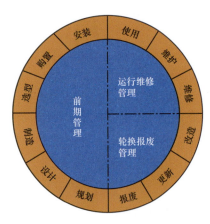

图 2-7 设备全寿命示意图

设备的全寿命周期管理是一个复杂和系统的过程，涉及从设备规划到报废的各个环节，如图 2-7 所示。总体来说，设备全寿命周期包括前期管理、运行维修管理和轮换报废管理 3 个阶段。

1. 前期管理

该阶段涉及设备的规划决策、采购、库存管理以及安装调试，重点内容包括：

（1）规划期。在设备前期管理阶段，需要通过深入理解及预测即将购置设备的未来需求，综合考虑市场趋势、技术进步以及预算安排，确保所选设备能够满足长期的业务目标和战略需求。

（2）采购期。在投资前期进行详细的能效分析和成本效益评估，确保其能发挥最佳效果。采购时，通过竞争性招标和比价，确保在满足性能需求的前提下实现成本最优化。此外，还需要考虑供应商的可靠性和售后服务。

（3）库存期。在设备采购完成后，需要将这些资产纳入有效的库存管理体系，其重点在于高效的资产存储和保养，设备不仅要被妥善存储，还要确保其状态良好，且随时可投入使用。高效的库存管理不仅涉及设备的物理存储，还包括对库存水平的精准优化、存储环境的维护以及严格的安全管理。

（4）安装期。此阶段虽短，但至关重要，需要规范管理以确保设备顺利过渡至运行状态。在设备安装时，需要精心策划时间表和预算，同时需要开展对潜在风险的细致评估和员工的全面培训，确保设备的高效、正确和安全使用。

2. 运行维修管理

在设备的运行和维护阶段，关键任务是通过日常保养、定期检查和细致监测来预防性能下降，目的是维持设备始终处于最佳技术状态，同时尽量降低维修开支。企业可以采纳一系列现代化管理技术和理念，如利用行为科学优化操作流程，应用系统工程和价值工程原则来提升效率，结合信息技术进行维护和成本分析，以及运用 PDCA（计划-执行-检查-行动）循环和网络技术来持续改进维护策略。此外，通过实施虚拟技术和可靠性维修策略，进一步确保设备的长期稳定运行。

3. 轮换报废管理

设备的轮换和报废管理是生命周期的最后阶段，主要包含轮换期和报废期：

（1）轮换期。对于可修复设备定期进行轮换和离线修复保养，然后继续更换服役。此期间的管理对于延长设备的使用寿命，有效降低新购设备和维修的总体成本，以及促进设备的循环使用有着重要的作用。

（2）报废期。当设备到达其使用寿命末期，频繁出现故障并影响整体运行的可靠性，且维修成本超过了原购置费用时，此时必须对设备进行更换。对于被替换下来的旧设备，通过变卖、转让或其他方式进行处置，并将其产生的收益或成本纳入公司的财务管理中。因此，建立一个周全的报废和资产处置流程，并确保此过程的透明和高效对优化财务记录和管理来说十分重要。

在设备全寿命周期管理的整体流程中，从设备的详细台账到财务记录，再到设备维护和修理历史记录，所有这些数据共同构成了全寿命周期分析的基础。这些信息不仅有助于评估设备的使用效率和可靠性，还有助于对维护成本开展深入洞察。设备报废后，这些累积的数据成为评估设备整体经济性和管理效率的重要资源。借助这些分析，企业可以做出更明智的采购决策，无论是选择更新更高效的设备，还是继续使用现有型号，均可利用历史数据来优化可靠性管理和维修策略，不仅提高了设备的性能和成本效率，也使得设备管理形成了一个完整的闭环，确保了资源的最佳利用和企业的持续发展。

第三章 RCM 诞生与发展

设备管理模式的演进反映了技术手段的进步以及人们对设备可靠性理念的深化。从最初的事后检修，到预防性检修，再到预知性检修，最后发展为广义的状态检修，这一演进过程体现了设备管理从被动到主动，从粗放到精细，从经验到科学的转变。四种管理模式各有其独特优势，然而也存在着一些普遍的不足：大多是主要依赖于历史故障数据和维护经验，而对设备实时运行状态和环境因素关注不足；过于关注单一故障模式，而对复杂多元故障模式以及故障间的相互作用视而不见；这些故障管理模式的维护多是基于静态决策，而缺乏对动态运行边界条件变化的适应能力。如何针对各类设备、各类故障模式，以设备可靠性为核心目标，在多种设备检修方式中选取最合适的检修方式，避免欠检修导致的设备可靠性降低甚至安全隐患，也避免过检修导致的各类资源浪费，需要以系统梳理的思维建立检修策略的顶层指导体系。

在这样的背景下，以可靠性为中心的检修理论（RCM）应运而生。RCM 是采用基于可靠性理论的故障模式及影响分析方法对设备的检修需求（包括检修方式）进行分析的检修体系。与传统检修模式相比，RCM 可以同时通过考虑影响系统功能的重要性来确定检修资金的分配和检修计划的安排，以设备全寿命周期为视角，深入分析设备的功能和失效模式，基于设备的可靠性数据，制定科学、合理的检修策略。RCM 在开展故障模式分析过程中要求分析团队不局限于看待单个故障，而必须综合考虑各种潜在故障的关联作用及耦合影响；由于 RCM 维护决策是基于设备实时状态信息和可靠性数据的动态更新分析的，使其决策过程更加灵活可控。RCM 的实施，使得设备管理进入了一个新的阶段，即分析-实施-反馈-维修-优化的完整闭式循环，其将设备管理的重心从单个设备的维修、更换、预防和预测进一步转向了机组、系统的整体可靠性提升，实现了设备管理模式演进进程的质的飞跃。

第一节 以可靠性为中心的检修理论框架

以可靠性为中心的检修理论（RCM）是发电设备管理的核心，它以系统的可靠性为目标，通过全面、深入的分析和决策，实现设备的最优维护。在经典 RCM 理论的基础上，结合火电、水电企业电力生产特点，基于实际应用情况，优化形成了适用于发电企业的 RCM 体系，如图 3-1 所示。RCM 的实施是一个高度系统化、深度分析和水平优化

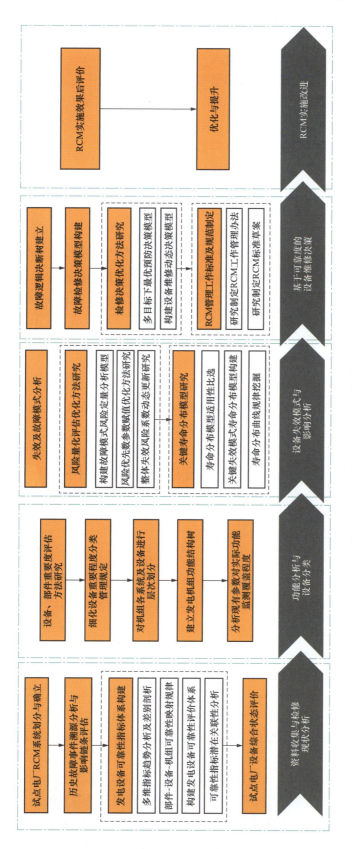

图 3-1 以可靠性为中心的检修理论框架

的过程，具体包括以下 5 个环节。

（1）资料收集与检修现状分析。此环节是 RCM 的基础步骤，旨在获取全面、准确的设备信息，为后续的分析和决策提供数据支持。需要对电厂的 RCM 系统进行全面的划分和确立，深入分析历史故障数据，评估影响链条，构建发电设备的可靠性评价指标。

（2）功能分析与设备分类。此环节需要对设备功能开展深度分析，根据设备的重要程度进行分类，建立系统的层次结构，构建功能结构树。这个环节的目标是理解设备的功能和重要性，为设备的维护决策提供理论依据。

（3）设备失效模式与影响分析。此为 RCM 的关键步骤，需要对设备的失效模式进行深入分析，研究设备失效的影响，进行风险量化评估。该环节用于识别和评估设备的风险，为设备的维护决策提供风险依据。

（4）基于可靠性的设备维修决策。该步骤为 RCM 的重点环节，需要根据设备的可靠性数据，建立故障逻辑决断树，构建故障检修模型和检修决策模型。通过该步骤的执行，可实现制定设备维修策略的科学化、合理化制定，实现设备的最优维护。

（5）效果评价与优化。此为 RCM 的闭环反馈步骤，需要构建数字化 RCM 平台，建立专家库，对 RCM 的应用效果进行评估，根据评估结果进行优化，最终实现 RCM 的持续改进，提高设备的可靠性和效率。

综上所述，RCM 是一个高度系统化、深度分析和水平优化的过程，该过程以设备的可靠性为目标，通过全面、深入的分析和决策，实现设备的最优维护，形成了从分析到实施，再到反馈、维修和优化的完整循环流程。

第二节　RCM 的起源与发展

一、RCM 初始版本

RCM 方法起源于国际民用航空业，1926 年美国联合航空公司（United Airlines）首次使用飞机投递邮件，由此开启了第一次商业飞行[7]。在此同时开展的针对民航需求的评估发现民用航空和军用航空的要求差别巨大，并以此为契机于 1937 年成立航空注册委员会（ABB），负责美国商业航空公司适航证书的签发和续签，并编制了相应的维修时间表，航空公司需要遵循这些维修计划以维持其适航认证。由于该段时间内人们普遍认知是飞机的维修工作量与其可靠性和耐久性呈正相关关系，其认为所有部件都遵循着"浴盆曲线"的故障模式，在大修之后的磨合阶段结束后，所有部件都会以较低的故障率维持一段时间的运行（即使用寿命），因此 ABB 要求对航空公司必须按照批准的维修时间表对使用寿命周期内的部件进行大修，以避免承运人因不遵守认证要求而对行业造成损害。

20 世纪 50 年代，随着宽体客机的广泛使用，航空客机系统的复杂度显著增加。这一时期，航空公司面临的挑战主要包括适航认证的高标准及其导致的维修成本的急剧增加。以波音 707 飞机为例，该机型在达到 20000h 使用寿命之前，需要进行高达 400 万工时的大规模维修。这种高额的维修需求对航空公司的财务稳定性构成了严重威胁，同时这些航空公司在其维修过程中发现飞机甚至其单个部件的维修频次并不总是与其可靠性直接相关，某些较短寿命的部件可能会影响整个子系统的可靠性；对于那些工时与可靠性之间没有明显关系的部件，取消定期检修能够有效降低劳动力成本，同时也不会对整体可靠性产生负面影响。同时期，美国联邦航空局（FAA）对某些飞机型号的引擎进行了研究，发现即便在优化了大修频率之后，这些引擎仍然会发生故障。FAA 利用这一发现，对保险公司记录的故障数据进行了统计分析，以进一步优化飞机的维护和适航标准。

在 20 世纪 60 年代，波音公司的航空创新达到了一个新高度，推出了 747-100 型客机。这款飞机的设计标准是将乘客容量提高到当时最大的 707 型号的三倍。在制定维护策略时，美国联邦航空局（FAA）最初的方案是按时间安排严格的检查和维修，以保证飞机的运行安全。然而，这种方法预计会使维护成本和时间成倍增加，使得 747-100 型客机的经济性受到质疑。

对此，波音公司与美国联邦航空公司（UA）合作，对传统的飞机维护理论提出了挑战，决定通过实际的故障数据来评估维护需求，从而优化适航标准。他们进行了广泛的数据收集和分析，这些数据涵盖了 230 种航空非结构部件的故障模式。研究发现，这些部件的故障率并不遵循单一模式，而是有六种基本形式，并且绝大多数的故障都是自然随机分布的（即没有耗损期的机件占 89%），与工作时间直接相关的故障较少（约 11%），而完全符合传统的"浴盆曲线"模型的仅占 4%。这项研究揭示了一个重要事实：航空维护计划的实际效果可能并不像预期的那样显著，因为很多故障的发生实际上是随机的，而不是必然与部件的老化或使用时间有直接的关联。从乐观的角度看，长期的维护计划确实能够有效预防大约 11% 的故障，然而实际上，这些维护计划在只有大约 4% 的情况下才真正有效。

为了确保波音 747-100 型客机的系统功能得以保持，美国联合航空公司与波音公司共同成立了一个专门的维修指导小组（maintenance steering group，MSG）。该小组的主要任务是确定如何有效地维护这款新型客机。MSG 提出了一种创新的主动维修计划（proactive maintenance，PA），这个计划最终得到了美国联邦航空局（FAA）的批准。此外，MSG 还编撰了一本详细的手册，阐述了为波音 747 型飞机制定维修策略的新方法。这本维修大纲制订文件于 1968 年由美国空运协会出版，被命名为《手册：维修的鉴定与大纲的制订》（MSG-1）[8]，这也是 RCM 的最初版本。这一大纲在波音 747 飞机上运用后获得了成功，在达到该机型第一次大的机构检查的 20000h 的基本间隔期前，在这种新的维修策略下，联合航空公司仅用了 6.6 万工时便完成了该机型首次大规模结构检查的准备工作。相比之下，按照传统的维修方法，对于体积更小、结构不那么复杂的 DC-8 型飞机，在相同的维修周期内却需要高达 400 万工时。这说明在不降低装备可靠性的前提下，RCM 的应用对大幅度地降低维修工时、费用具有重大意义。

到了 1970 年，MSG-1 经过深入的改进和发展，演变成了 MSG-2，标题为《航空公司/维修商维修方案计划书》[9]。MSG-2 在 MSG-1 的基础上增加了对隐蔽功能故障的判断等分析，并应用到洛克希德 1011、道格拉斯 DC10 和一些军用飞机的维修上，具有显著收效。以传统维修方针为例，道格拉斯 DC-8 型飞机的初始维修大纲要求对 339 个组件进行预定的大修。相比之下，DC-10 型飞机的维修大纲仅包含了 7 个此类组件的大修要求，体现了 MSG-2 维修策略的高效性。此外，DC-10 维修大纲中的一项重要规定是，对于某些没有再翻新期限的产品（例如涡轮式推进发动机）取消了预定的翻新工作，取消发动机预定翻修可以使得人工和材料费用大为降低，还减少了超过 50% 的车间检修备用发动机库存。考虑到当时大型飞机的发动机每台价值超过 100 万美元，这一改革为航空公司节约了大量的经费。MSG-2 的实施不仅优化了维修流程，也为航空行业的成本效益管理树立了新的标杆。

在其后近 10 年的维修改革探索中，通过应用可靠性大纲、针对性维修、按需检查和更换等一系列试验和总结，形成了一种普遍适用的新的维修理论——以可靠性为中心的检修。1974 年，美国国防部计划在全军推广以可靠性为中心的检修，并于 1978 年委托联合航空公司在 MSG-2 的基础上研究出一套维修大纲的制订方法。美国航空业的诺兰（Stan Norlan）和希普（Howard Heap）基于 MSG-1 和 MSG-2，合著了名为 Reliability-centered Maintenance（RCM）[10] 的报告，正式推出了一种新的逻辑决断法——RCM 分析法，指明了具体的预防性维修工作类型，其主要用来制定有形资产功能管理的最佳策略，并对资产的故障后果进行控制，为 RCM 的产生奠定了基础。与此同时，航空业也将 MSG-2 进一步完善，于 1980 年出版了 MSG-3[11]，并应用于波音 757 和 767 等新机型的维修过程。

二、RCM2

继 MSG-3 的发布和航空业的进一步发展之后，RCM 理念也在不断演进，最终形成了 RCM2。其形成背景主要来源于当时社会对环境保护的重视日益增强。早期，有提议将 RCM 逻辑决断过程中对待安全性危害的方法应用于环境危害。然而，这意味着许多对安全不构成即刻和直接威胁的环境问题被忽视，而且环境问题的主观评估在实际应用中也是有争议的。为了更准确地处理对环境有威胁的故障，RCM2 在其决断过程中加入了环境因素，并以标准和法规作为决断的基础[10]。

值得注意的是，在 RCM2 问世以前，RCM 的逻辑决断方法主要有三个不同的版本，如表 3-1 所示。

表 3-1   RCM 逻辑决断方法主要特点

RCM 逻辑决断方法	时间	主要特点
Norlan 和 Heap 的报告	1978 年	这是许多 RCM 专业人员最初使用的版本。它基于早期的航空业维护理念，强调了周期性维护和预防性维护的重要性
MIL-STD-2173（美国海军系统司令部）	1986 年	与 MSG2 类似，这个版本专注于军事应用，并在某些方面更为严格和详细
MSG3 版（民用航空工业使用）	1993 年	由美国航空运输协会在其《维修大纲制定书》中发布的"系统动力装置逻辑决断图"。MSG3 版更加关注数据分析和统计方法，以优化维护活动

Norlan 和 Heap 的方法、MSG3 和 RCM2 之间在上述方面存在不同的处理方式和侧重点。特别是在处理多重故障、故障检查和环境影响方面，这些差异对维护策略的制定和实施有重要影响。RCM2 相比于其前身，更加注重环境问题和风险管理，将这些考虑融入更系统化和数据驱动的维护决策过程中。这使得 RCM2 成为一个更成熟、易于操作和使用的维护策略框架。

1990 年提出的 RCM2 较先前多年研究的决断程序的主要改动，主要包括：

（1）在术语和方法上进行了改良，采用了更容易理解和应用的表述，如将"适用"和"有效"替换为"技术可行"和"值得做"。

（2）RCM2 加强了对安全性后果和多重故障的分析。

（3）RCM2 对维护策略进行了更为细致的分类和分析，强调了预防性维护的重要性，同时也考虑了成本效益和实施的可行性。

（4）RCM2 的发展还体现在与国际标准的一致性上，确保维护策略既能满足特定行业的要求，又能与国际实践保持一致。

四种决断方式的具体区别如表 3-2 所示[10]。

表 3-2　　　　　　　　　　　　RCM 逻辑决断方式内容对比

内容	Norlan 和 Heap	MSG3	RCM2
润滑	在 RCM 框架外单独处理，没有整合到 RCM 的核心流程中	工作选择栏的上部包含润滑问题，将润滑整合为决策的一部分	对集中润滑由系统故障进行分析，其他润滑点视作单独的故障模式进行处理
影响安全的多重故障	没有特别强调多重故障的安全影响	明确询问多重故障对安全的影响并据此作出决策	类似于 MSG3，将安全性影响纳入隐蔽功能的考量
故障检查	故障检查作为无预防工作时的必备临时措施	优先于预防工作考虑故障检查，有明确判据	优先预防，如不可预防则进行故障检查，强调主动预防
安全性后果	主张选择最适当的第一项预防工作	在决策前综合考虑所有类型的工作	与 Norlan 和 Heap 的方法类似，强调直接和有效的预防性措施
环境	未考虑环影响	未考虑环境影响	在决策过程中加入环境问题的考虑，反映了对环境保护的重视

RCM2 的出现标志着可靠性中心维护理念的一个新阶段，其不仅延续了原有 RCM 的核心思想，更加入了新的元素，使得这一理念更加全面和适应现代工业需求。RCM2 的实施帮助各行业实现了更高效和成本效益更高的维护策略，同时也为环境保护和安全管理提供了更有力的支持。

三、RCM3

RCM3 是在 RCM2 的基础上发展而来的，由 John Moubray 和 Aladon Network 经过多年严格的开发和测试而形成。RCM3 过程改变了我们看待操作环境的重要性、管理保护系统的方式，以及更重要的是如何量化和减轻风险的方式，其不仅更符合现代工业 4.0 的要求，也更强调风险管理的重要性。RCM3 在故障处理方面虽然重点仍然在区分隐蔽和明显故障上，但同时也在无法容忍和可容忍风险之间有了明确的区分，这使得主动风险管理策略更加全面，也让 RCM3 在资产管理和维护决策上更加精准和有效；同时，RCM3 可与其他改进措施［如可靠性为中心的设计（RCD）和根源故障分析（RCFA）］进行整合，进一步提升了其在实际应用中的效益[12]。

如表 3-3 所示，详细列举了 RCM3 相比于 RCM2 的改进及优势。RCM3 在 RCM2 的基础上，引入了更全面的风险管理和运行环境考虑，通过细化功能、功能性故障、故障模式和故障效应的定义，提高了对资产管理的精确度；RCM3 注重识别和处理隐藏的物理和经济风险，符合并超越国际标准（ISO 55000 和 ISO 31000）相关要求，使得 RCM3 在风险缓解、决策可辩护性和资产管理效率方面优势更加明显。

表 3-3　　　　　　　　　**RCM3 较 RCM2 的关键差异及优势分析**

内容	RCM2	RCM3	变更原因	改进及优势
运行环境	过程中提及，考虑运行环境影响故障后果，但非必需	运行环境是首要步骤，对风险管理程序至关重要	必须在 FMEA 前定义，故障模式是基于运行环境的	使用 RCM3 符合或超出 SAE 标准，风险评估更精确
功能	定义主要和次要功能及相关性能标准	同 RCM2，扩展次要功能包括清洁度、法规要求等	对现代设备期望的变化	资产性能要求包括对可持续性和环境完整性的更高考虑
功能性故障	认定为"失效状态"，包括一般、总体和部分失效	定义为"失效状态"，包括一般、正在失效、故障过程终结状态	明确定义失效状态和过程	不同学科间更快达成一致，加速风险管理策略识别
故障模式	定义为导致功能性故障/失败状态的事件	定义为导致失败状态的"原因"和"机制"	识别故障根本原因	一致且改进地识别根本原因，模板化更容易
故障效应	描述故障模式发生时的效应	效应分为局部效应、更高级别效应和最终效应	区分复杂故障效应的具体细节	故障效应描述变得更容易，信息提供更详尽
后果与风险	将故障后果分为四类	将风险分为物理和经济风险两类	管理风险	在高风险环境中更有价值，改善的完整性
固有风险	主观风险管理方法，处理影响安全或环境的故障	基于 ISO 31000 的风险管理方法	适应国际标准	使 RCM 与国际管理系统一致和整合
决策流程	所有隐藏功能视为相同，考虑预测性和预防性维护、故障查找等	引入额外标准识别隐藏物理和经济风险，真正的零基础分析	减少对保护装置的依赖，更精确的风险评估	可辩护的风险缓解，更优化的故障查找间隔和成本
国际 RCM 标准	完全符合 SAE JA 1011/1012 标准	符合并超越 SAE JA 1011/1012，与 ISO 55000 和 ISO 31000 相一致	与国际管理系统一致	结果更容易辩护，更符合新兴标准

第三节　RCM 与其他检修模式的关系

一、RCM 与事后检修之间的关系

事后检修（breakdown maintenance）：又称为故障检修，是指在设备出现故障或故障停机后进行的维修和修复工作。该模式是一种非计划性的维修策略，主要目标是尽快恢

复设备的正常运行，以最小化生产中断和损失。

事后检修与 RCM 的共同点、差异性分析如下：

（1）共同点。事后检修和 RCM 都是一种处理设备故障的维修和修复策略。它们的共同目标是尽快将设备恢复到正常运行状态，以最小化停机时间和生产损失。无论是事后检修还是 RCM，都致力于解决设备故障引起的运行问题，确保设备能够按预期的方式工作。

（2）差异性。事后检修和 RCM 差异性对比如表 3-4 所示。

表 3-4　　　事后检修（BM）与以可靠性为中心的检修（RCM）的技术对比

项目	事后检修	以可靠性为中心的检修
简称	BM（breakdown maintenance）	RCM（reliability centered maintenance）
目标	恢复设备的正常运行	保持系统设备功能，预防故障发生并减少故障后果
类型	非计划性、应急维修	计划性、预防性维修
着眼点	解决当前的故障	预测未来潜在故障并最小化故障后果
方法	识别和修复已发生的故障	综合分析设备功能和系统需求，制定维修策略
维修时机	故障发生后介入	预防性地制定维修计划和策略
资源分配	需要即时调配维修资源	根据设备重要性和故障风险分配维修资源
效益	最小化停机时间和生产中断	提高设备可靠性、安全性和经济效益
决策依据	基于当前故障的紧急性和修复需求	基于故障后果和风险评估，以及设备功能和系统需求的综合分析
分析工具	常规检测方法、经验判断	故障模式和影响分析（FMEA）、故障树分析（FTA）等先进工具
维护成本	难以预测和控制	通过预防维护和优化资源分配可降低维护成本
维护效果	修复故障，使机组恢复正常运行	预防故障，提高设备可靠性和整体运维效率
管理方式	反应式，事故发生后采取行动	预测性，通过计划维护和综合分析进行故障管理

由事后检修与 RCM 差异性对比表可知，事后检修是一种反应式的检修方式，注重迅速地反应和解决当前故障，需要对检修资源进行即时调配；而 RCM 则注重预防潜在故障和最小化故障后果，通过综合分析和预防性措施来提高设备的可靠性和整体维护效率。

二、RCM 与预防性检修之间的关系

预防性检修（preventive maintenance）：按照一定的时间间隔或计划周期性进行的维护和检修，旨在预防设备故障的发生。该模式通过定期维护和更换零部件，以延长设备的寿命并降低故障率。

预防性检修与 RCM 的共同点、差异性分析如下：

（1）共同点。预防性检修与 RCM 都是计划性的检修策略，两者均考虑了设备的功能需求和故障风险，根据预定的检修计划和策略进行维护和检修工作。

（2）差异性。预防性检修和 RCM 差异性对比如表 3-5 所示。

表 3-5　　　　预防性检修（PM）与以可靠性为中心的检修（RCM）的技术对比

项目	预防性检修	以可靠性为中心的检修
简称	PM（preventive maintenance）	RCM（reliability centered maintenance）
目标	在对设备预期寿命期限前进行检修，预防设备故障发生	保持系统设备功能，预防故障并提高可靠性
类型	计划性维护	计划性、预防性维护
原则	基于经验和保守的安全考虑，确定设备的维修周期和范围	根据设备重要性和故障风险制定不同的维修策略
维修时机	定周期的维修	预防性地制定维修计划和策略
资源分配	根据经验和固定周期来分配维修资源	根据设备重要性和故障风险分配维修资源
效益	提高设备可靠性，减少计划外停机时间	提高设备可靠性、安全性和经济效益
决策依据	主观判断和经验	故障后果和风险评估、设备功能和系统需求综合分析
分析工具	生产厂家手册、国家颁布的预防性试验大纲	故障模式和影响分析（FMEA）、故障树分析（FTA）等先进工具
范围	通常固定的周期和范围	根据设备重要性和故障风险制定不同的维修策略
限制	可能会导致维修过度或维修不足	提供更科学和系统化的维修决策，避免资源浪费和维修不足
管理方式	基于预定的维修计划，定期执行维修	基于维修资源分配和综合分析的优化维修管理

由预防性检修与 RCM 差异性对比表可知，预防性检修较依赖于经验和保守的安全考虑，通过定周期性的检修预防故障的发生，可能会导致检修过度或检修不足的问题；RCM 则根据设备重要性和故障风险制定不同的检修策略，可实现检修资源的优化配置。综上所述，RCM 相对于传统的预防性检修更为灵活和科学，能够显著提升设备可靠性和检修效率。

三、RCM 与预知性检修之间的关系

预知性检修（predictive maintenance）：通过监测和分析设备状态和性能数据，提前预测设备故障的发生，并在故障发生前采取维修措施。该模式基于设备状态监测，旨在减少计划外停机时间和维修成本，提高设备的可靠性。

预知性检修与 RCM 的共同点、差异性分析如下：

（1）共同点。预知性检修和 RCM 均是以预防和预知故障发生为导向，采取计划性维护措施，避免设备故障对生产和运营造成不利影响。

（2）差异性。预知性检修和 RCM 差异性对比如表 3-6 所示。

表 3-6　　　　预知性检修（PdM）与以可靠性为中心的检修（RCM）的技术对比

项目	预知性检修	以可靠性为中心的检修
简称	PdM（predictive maintenance）	RCM（reliability centered maintenance）

目标	通过预先探测设备损坏并采取措施，通过定期的设备监测和诊断，提高电厂设备的效率	保持系统设备功能，预防故障并提高可靠性
类型	计划性维护	计划性、预防性检修
着眼点	设备状态监测和故障预测	故障后果的严重程度、故障风险和设备功能需求
方法	基于常规的检测方法和经验判断	综合分析设备功能和系统需求，制定维修策略
维修时机	在预测故障发生前采取维修措施	预防性地制定维修计划和策略
资源分配	根据设备状态监测需求来分配维修资源	根据设备重要性和故障风险分配维修资源
效益	提前预测故障，减少计划外停机时间	提高设备可靠性、安全性和经济效益
决策依据	基于设备状态监测数据和经验	故障后果和风险评估、设备功能和系统需求综合分析
分析工具	常规监测方法，如振动分析、温度监测等	故障模式和影响分析（FMEA）、故障树分析（FTA）等先进工具
范围	基于设备状态，对特定部件或系统进行维护	根据设备重要性和故障风险制定不同的维修策略
限制	实时数据采集和监测的完整性可能受限	维护决策更加准确和综合，可避免潜在故障后果和风险
管理方式	通过监测设备状态进行故障管理	综合分析设备功能和系统需求，进行故障管理

由预知性检修与 RCM 差异性对比表可知，预知性检修侧重于通过常规的检测方法和经验判断，监测设备状态并预测故障的发生，以便及时采取检修措施；而 RCM 方法则更注重综合分析设备功能及系统需求，以制定更准确和综合的维修决策，并全面提高设备的整体维护效率。

四、RCM 与状态检修之间的关系

目前，行业内所说的状态检修一般指狭义的状态检修，即"根据先进的状态监测和诊断技术提供的设备状态信息，判断设备的异常，预知设备的故障，并根据预知的故障信息合理安排检修项目和周期的检修方式"。也有理论认为广义的状态检修包含狭义的状态检修、RCM 及寿命管理。

对于狭义的状态检修与 RCM 的共同点、差异性分析如下：

（1）共同点：状态检修与 RCM 都考虑了设备当前的状态情况，并会依据具体状态选择对应的检修方式，都是对事后检修、预防性检修等传统检修方式的提升优化。

（2）差异性：从实施流程与技术对比两个角度分别说明状态检修与 RCM 的差异性。

1）实施流程。状态检修与 RCM 的经典流程见图 3-2。其中，状态检修的状态评估结论可作为基于可靠度的设备检修决策的重要依据，与设备失效模式与影响分析所建成的检修策略库共同支持精准的检修决策。

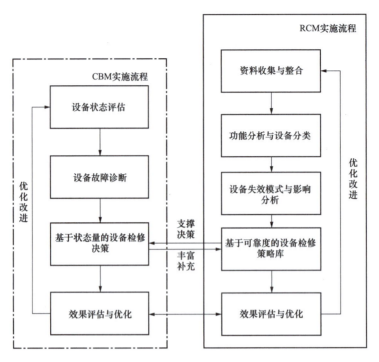

图 3-2　状态检修与以可靠性为中心的检修实施流程对比

2）技术对比（见表 3-7）。

表 3-7　　状态检修（CBM）与以可靠性为中心的检修（RCM）的技术对比

项目	状态检修	以可靠性为中心的检修
简称	CBM（condition based maintenance）	RCM（reliability centered maintenance）
定义	根据先进的状态监测和诊断技术提供的设备状态信息，判断设备的异常，预知设备的故障，并根据预知的故障信息合理安排检修项目和周期的检修方式	按照以最小的资源消耗保持设备固有可靠性和安全性的原则，应用逻辑决断的方法确定设备预防性维修要求的过程和方法。 ［RCM 重点在于从全局角度进行分析，从顶层设计开始为依据设备状态的检修决策（状态检修）提供支持］
考虑因素	设备状态信息较为简单，集中于设备当下状态情况，通常包括： （1）设备运行信息：如在线监测设备的运行参数数据。 （2）设备故障信息：包含设备故障情况	相对于状态检修，需要参考的信息更全面，涵盖了设备从设计阶段、制造阶段到运行阶段等全寿命信息，通常包括： （1）设备概况信息：如设计说明书、技术协议、质量控制报告、调试报告、图纸、铭牌参数等。 （2）设备运行信息：运行编号（KKS 编码）、SIS 实时系统、设备巡视记录、运行分析记录、维护运行记录、故障记录、缺陷和消缺记录、启停记录、在线运行监测检测数据等。 （3）检修试验信息：包含机组检修前、修后检查报告、关注分析报告、每月专业缺陷分析报告、检修报告、检修备件更换清单、设备停机检查记录、试验记录、改造记录等。 （4）其他信息：同类型、同厂家、同型号设备故障信息等

检修体系性	集中于当下状态	体系性更好，可执行操作性更强
经济性	CBM 需要的投资和维修成本较高，该维修方法对监测系统要求更高。需要投入较大的硬件资源	（1）分析成本：RCM 前期分析需要更高的资源成本，将通过本课题解决，通过主辅机故障模式库建立及寿命模型自动建立方法研究可以保证主要成果的通用性及可推广性。 （2）监测成本：通过 RCM 流程，支撑状态监测"四定"难题的解决，进一步提高状态监测效果，并通过监测点位、监测频率、监测方式的优化降低监测硬件成本投入。 （3）检修成本：RCM 整体考虑检修资源与检修要求，在保证设备可靠性及安全性的情况下，可以显著降低检修费用。 综上，RCM 拥有更好的经济性

近年来，随着数字化转型步伐的逐渐加速，基层发电企业的状态监测能力不断提升，为设备长周期高可靠性运行提供了坚实支撑。然而，实际状态监测参数不完全满足故障诊断需求、状态监测特征值选取不合理等问题也逐渐突出，甚至出现部分监测装置寿命远低于被监测设备寿命的情况，造成大量浪费。有研究成果表明，通过状态监测仅能发现并解决部分设备故障，而 RCM 与状态检修相比是一种更精准、更高效的设备管理模式，其运用风险控制理论，通过挖掘设备故障规律，制定相应的检修策略并针对性地解决设备实际问题。RCM 的优势在于其顶层设计的考虑，其不仅仅是解决现有问题的应对措施，更是一种通过全面风险考量来优化整个设备维护和管理过程的方法，从战略层面通过全面的设备故障梳理，系统的组织专家研究、系统的家族性缺陷梳理、系统的设备故障概率及影响分析为解决"状态监测四定""设备状态评估""设备异常处置""检修项目优化"四大设备管理难题提供有力支撑，是指导精密点检和支持智慧电厂建设的重要支持，也是发电企业实现经验总结、技术共享、可靠性提升的重要武器。

第四节　RCM 相关理论

一、以可靠性为中心的设计（reliability centered design，RCD）

RCD 是一种将可靠性纳入整个产品开发生命周期的设计方法和理念。其核心思想是在产品设计和制造过程中，将可靠性设计作为指导原则，以实现产品的长期可靠性和稳定性。

对于发电设备，以可靠性为中心的设计的实施步骤可以包括以下 6 个方面：

（1）确定设计指标和可靠性目标：在设计发电设备之前，需要明确定义可靠性目标和设计指标，例如可靠性要求、寿命期望、维修间隔等。这些指标将成为设计过程中的参考标准。

（2）进行可靠性分析和预测：进行可靠性分析和预测可以帮助评估不同组件和系统的可靠性，并识别潜在的故障模式和风险。其包括故障模式和影响分析（FMEA）、故障树分析（FTA）、可靠性模型等方法，用于评估发电设备整体可靠性水平。

（3）应用可靠性设计技术：根据可靠性分析的结果，应用可靠性设计技术，包括设计纠错、冗余设计、优化材料选择、设计寿命评估等。这些技术有助于减少故障的概率，并提高发电设备的可靠性和寿命。

（4）优化维护策略和计划：可靠性为中心的设计也应考虑维护策略和计划。通过分析和评估不同设备部件的寿命和维修需求，制定最佳的维护计划，确保设备在使用过程中持续可靠运行。

（5）验证和验证测试：进行验证和验证测试是验证设计可靠性的重要环节。通过实验室测试、现场测试和模拟测试等方式，对发电设备的关键性能和可靠性指标进行验证，确保设计符合要求并能够在实际运营中实现预期的可靠性水平。

（6）监测和持续改进：在发电设备投入运营后，应建立监测和反馈机制，定期收集和分析设备运行数据，以实时监测设备的状态和性能。通过持续改进和优化设计、维护和运营策略，提高设备的可靠性和性能。

二、维护任务分析（maintenance task analysis，MTA）

MTA 是一种针对设备维护管理的分析方法，旨在确定设备维护任务和维护计划，以保障设备可靠性、安全性和经济性。MTA 的重点在于对设备维护任务的细致分析和评估，以确定最优的维护策略和计划。其主要步骤包括：

（1）设备数据收集和建模：收集设备相关的数据和信息，包括设备运行状态、功能、操作和维护记录等。建立设备的模型，包括设备组成、构成和功能，以实现对设备的全面和系统化的理解。

（2）故障模式和影响分析（FMEA）：识别可能的故障模式和影响，评估故障后果和风险，以确定哪些维护任务是必需的以及维护任务的频率和优先级。

（3）维护任务编制：根据设备的功能、故障率、故障模式和影响，确定维护任务的类型、频率和内容，包括预防性维护、修复性维护、条件维护、基础性维护等。编制维护任务清单以及维护任务计划和维护预算。

（4）维护任务评估和优化：对编制的维护任务进行评估和优化。通过评估维护任务的效果和维护成本，找到合适的维护策略和优化方案，提高维护效率和设备可靠性。

三、精简型 SRCM（streamlined RCM）

经典的 RCM 方法在分析复杂系统时，通常存在耗时长、资源消耗大的问题，特别是单在故障模式和影响分析这一环节，就可能需要耗费数月甚至更长的时间，影响了分析的进度和效率。因此在资源有限的情况下，可选择精简型 SRCM 对系统开展分析。精简型 SRCM 作为一种专为复杂系统设计的维修策略，是对经典 RCM 的简化和优化版，适用于资源有限但对维修效率和效果有高要求的场合。在传统 RCM 核心原则的基础上，SRCM 通过简化流程和减少不必要的维护任务，在降低了执行难度和工作量的同时提供有效的维修策略，可有效解决可靠性与经济性之间的平衡问题。

（1）SRCM 在提升效率和优化资源分配方面显现了显著的效果，其优化原理体现在

5 个关键方面:

1) 将维修资源集中于系统中最为关键的环节,确保关键设备和功能得到足够的关注和保护。

2) SRCM 通过消除那些被评估为不必要或无效的维修任务,在减少维护工作量的同时可提高整体的维修效率。

3) RCM 强调采用最简单且成本效益最高的维护方法。

4) SRCM 鼓励建立一个维修项目的文档基础,包括详细记录历史维修数据、故障模式和维护成果,以使得维修决策更加科学、合理,有助于持续改进维修策略。

5) RCM 强调在确定维修任务和频率时,充分利用工厂维修人员和合同人员的经验和知识,并利用这种结合实践经验和专业知识的方法,以在各种情况下确保维修策略的高效性和适应性。对于诸如常规中小企业以及资源较少的组织来说,SRCM 提供了一个既实用又高效的维修优化途径,既节约了成本,又保障了设备和系统的高效稳定运行。

(2) SRCM 对经典 RCM 工作流程进行了流程优化和简化改进,其主要步骤包括:

1) 筛选分析系统:识别和选择电厂中关键系统中或重要组成部分进行深入分析。

2) 资料收集与设备历史评估:收集有关选定系统或设备的详细资料,包括运行数据、故障历史和维护记录。

3) 识别功能故障:识别设备的潜在功能故障及其可能对系统性能的影响。

4) 关键性分析:对每个故障进行严重性和发生概率的分析,确定其对系统运行的重要性。

5) 故障模式及影响分析:详细分析每种故障模式,评估其对系统运行的潜在影响,并据此制定相应的维修策略。

6) 非关键性评估:对非关键组件进行评估,以确保维修资源得到合理分配。

7) 预防性维修任务建议:基于分析结果,制定针对关键部件的预防性维修计划。

8) 任务比较:将新的维修任务与现有的维修计划进行比较,以识别和消除重复或不必要的任务。

四、根源故障分析（root cause failure analysis，RCFA）

RCFA 是一种分析事故根源的方法的统称,通过采用系统化的方法来调查,分析、识别故障发生的直接原因和间接原因(系统原因),以避免其他类似事故发生的预防策略。

开展 RCFA 分析首先需要进行初步调查,分析故障的性质和频率,以决定是否进行 RCFA。一旦决定开始,需要开展包括对物理和技术证据的统筹收集,随后对这些数据进行深入分析,以确定故障的根本原因。在分析完成后,最后一步是提出有效的解决方案,以预防类似故障的重复发生。

RCFA 使事故调查员能够清晰地了解特定事件发生期间的具体情况,揭示事件发生的方式和原因。通过建立故障及其原因之间的因果关系,RCFA 为深层次理解和梳理故障的根本原因提供了支持。确保 RCFA 有效性的关键在于准确分析问题并制定有效的解决方案。成功实施 RCFA 不仅需要管理层的坚定支持和所有相关方的承诺，还需要一个具备多学科技能的团队以及获取全面数据、信息和证据的能力。此外，RCFA 是一种有效的成本节约机制，可通过控制故障、最大化盈利、提高操作效率，以及确保流程的顺畅运行来实现。

然而，有时由于各种原因，RCFA 可能会不成功、不完整或无效。导致 RCFA 方法应用不成功的主要问题包括：

（1）对问题的理解和定义不充分。

（2）提供的数据和信息不恰当、不充分或不相关。

（3）故障分析不充分或质量较差。

（4）RCFA 过程的实施和执行不佳。

（5）推荐的纠正措施实施无效。

（6）缺乏有效的沟通。

（7）管理层对提出的行动缺乏足够的支持。

（8）对实施的解决方案追踪不充分。

与此相比，RCM 分析为实践者提供了对资产功能、重要性及其故障后果的清晰理解，有助于制定正确的维护策略以处理相关的功能性故障根源。因此，RCM 被认为是根源故障分析（RCFA）的一种有效替代形式。

五、以风险为中心的备件管理（risk centered spares，RCS）

RCS 是一种备件库存管理方法，这种方法侧重于通过风险评估和管理，将备件管理策略与设备故障和损失风险相关联来优化备件库存，它通常包含以下 6 个步骤：

（1）对发电设备及其备件进行全面的风险评估。通过分析设备的故障模式、影响程度和可靠性指标，确定备件的重要性和分类，将备件划分为关键备件、重要备件和一般备件。

（2）基于风险评估结果，制定合理的备件库存管理策略。针对关键备件，保持较高的库存水平，以最大限度地降低停机风险；对于重要备件，进行适度的库存储备；对于一般备件，库存水平可以灵活调整。同时，结合设备的维护计划和供应链可靠性，最小化备件库存的同时保证供应的稳定性。

（3）选择可信赖的供应商，并与其建立长期合作关系，建立健全的备件供应链管理体系，确保备件供应的及时和可靠。

（4）基于风险评估和备件重要性，制定相应的维护策略。通过合理的巡检、检修和预防性维护，提前发现和修复潜在故障迹象，避免设备故障的发生。同时，结合设备的运行数据和智能化监控技术，定期优化维护计划，提高维护效率。

（5）利用物联网、人工智能和大数据技术，实现设备的智能化监控和数据分析。通过实时监测设备状态、采集和分析运行数据，及时发现设备异常和故障，并预测潜在故障风险。将数据分析和智能化监控结果与维护计划和备件管理策略相结合，实现更精细化的设备健康管理和故障预防。

（6）持续追踪备件管理效果，评估备件管理策略的有效性，并根据实际情况进行调整和优化。通过经验教训总结、绩效评估和技术创新，不断改进备件管理方法和工作流程，提高发电项目的稳定性和可靠性。

综上所述，RCS 是一种结合了技术、经济和管理方面的综合方法，可以极大优化备件管理，促进并提高整个组织的运营效率和成本效益。

第五节　实 施 RCM 的 优 势

一、实施 RCM 的可靠性优势

实施 RCM 能够产生一系列可靠性优势，包括提高设备的可靠性和稳定性，延长设备寿命，提高工作效率，为决策提供科学支持，并增加生产计划的可预测性，进一步保障企业实现高质量生产运行。具体来讲，其产生的可靠性优势包含以下 6 个方面：

（1）丰富状态监测手段，提升监测及诊断准确性。由设备寿命曲线来说，大多数故障与时间无关，不能通过定期解体维修或定期维护、更换来预防，而在 RCM 实施过程中，状态监测与维修策略的融合推动了 RCM 分析朝着更为精确和实用的方向发展，同时也拓展了状态监测的手段和应用范围，提升其准确性。一方面，在 RCM 实际应用的过程中，对于维修任务的选择环节状态监测的优先级通常高于定期维修、定期试验和纠正性维修等改进任务。状态监测在维修决策中发挥了两个核心功能：监测设备运行状态是否满足预设的性能指标；确定最合适的维修时间，这样的方法确保了维护工作的及时性和准确性，从而提高了设备的整体可靠性和效率。另一方面，RCM 通常融合不同的监测技术，如振动分析、热成像、声学监测、润滑油分析等，以获得设备状态的多维度视角；这种集成方法提供了比单一监测技术更全面和精确的数据。同时，在 RCM 框架下，状态监测手段和路径不是固定不变的，而是根据实际应用中的经验和反馈不断进行优化和改进，也就进一步地提升了监测和诊断的准确性。

（2）减少设备故障率，延长设备使用寿命。RCM 的实施以其定期和预防性的维护策略显著降低了设备的故障率，同时延长了设备的使用寿命。其实际效果在三里岛核电站的应用中得到了验证。从 1988 年开始，该电站推行 RCM 的结果显示，设备故障率明显下降，而且其节省的费用大大超过了 RCM 实施的成本[13]。这种减少设备故障率的优势，体现了 RCM 对设备的可靠性和稳定性的提升。

（3）优化检修项目，节约检修时间。在制定检修项目时，通过科学的分析和评估，能够明确识别出影响设备性能的关键要素，由此，RCM 的实施将设备维护从传统的应急响应式转变为预防式和预测式。这种策略的优化使维护活动更加针对性和有效，可以对检修项目进行有效的优化，减少不必要的维护活动。1972 年，美国海军在 P-3 和 S-3A 飞机上实施 MSG-2 方法后，成功将翻修周期延长到五年，并且减少了 55% 的检查项目，使得飞机的准备实践和维修停飞时间分别缩短了 40% 和 79%，有效提高了设备的运行效率[14]；通过实施 RCM，1970 年代初的波音 747 飞机在每飞行 20000h 的结构大检查中，仅需 66000 工时，而在没有应用 RCM 的 1950 年代，DC-8 飞机的同样工作需要 400 万工时。因此，RCM 在提升维修效率上，使波音 747 飞机的工时需求相较 DC-8 飞机减少了近 60 倍[15]。

（4）实现科学管理，减少人为失误。RCM 的实施不仅涉及设备的维护策略，更包括对维护过程的科学管理，从而显著减少因人为错误导致的设备故障。1984～1987 年，在美国联合航空公司进行的液压泵寿命探索过程中，RCM 的应用减少了检修次数，从而大大降低了由人为错误导致的设备故障的可能性[14]，这一事实再次印证了 RCM 在减少故障、提高设备可靠性上的优势。

（5）提升设备可用性，提升生产效率。通过定期的维护和适时的修复，RCM 实施可在维护策略的优化和管理的科学化过程中，通过保持设备良好的运行状态提升其工作效率，显著提升设备的可用性。ASME 在核电站推行 RCM，通过一套被称为"In-service Testing code"的实施流程，帮助核电站有效实施 RCM，从而使得设备的可用率由不足 80% 提高到 90%～95%，直接提升了生产效率和经济效益。

（6）优化异常响应，降低决策风险。实施 RCM 增强了对设备异常的决策支持能力。RCM 通过结合历史维（检）修记录、历史故障模式和设备实时运行环境，以识别可能的原因和预测潜在影响。这种综合决策方法确保在设备出现异常或预示故障时，维护团队能够迅速且精准地制定应对策略，最大限度地减少生产中断和相关风险。秦皇岛港 ZH 公司采用 RCM 方法优化门座式起重机的异常响应。通过分析失效模式，RCM 为快速、准确的决策提供了依据，显著提高响应速度并减少故障频次[16]。

综上所述，RCM 的实施带来的可靠性优势是多方面的。这种优势不仅体现在降低设备的故障率、延长设备寿命、优化检修项目、提升设备可用性等硬性指标上，还体现在科学的设备管理上。这种全方位的优势带来设备的运行效率和企业的市场竞争力的充分提升，使 RCM 成为现代发电设备管理的重要战略选择。

与此同时，随着 RCM 在实际应用中的不断发展和闭环验证的深入，特别是在实现实时、在线监测以及大数据量积累方面的进步，使得 RCM 能够更准确地评估设备状态和性能趋势，现场决策与动态风险评估的准确度也将不断提升。为 RCM 进一步为发电企业提供更加精确和前瞻性的决策支持，大幅优化运营效率和成本效益，并使整个行业向更智能化、自动化的运营模式转变。

二、实施 RCM 的经济性优势

1. 理论分析

为了分析系统元素在系统中的功能作用，故障模式对系统可靠性和可用率的影响，以及元素维修方式改变对系统维修费用的影响，首先需要对设备进行分类。这个过程需要依据设备的功能关联性、元素的独立性和属性的相似性原则，对发电设备进行不同的集合划分。

在此分析基础上，可以构建系统的维修/故障费用模型[17] 为

$$C(t) = \sum_{\alpha \in A} C_\alpha(t) \sum_{\alpha \in A} \int_0^t c_\alpha(t) \mathrm{d}t \sum_{\alpha \in A} \int_0^t r_\alpha(t) f_\alpha(t) \mathrm{d}t$$

式中　$C(t)$ ——$(0, t)$ 区间系统的维修/故障总费用；

　　　$C_\alpha(t)$ ——$(0, t)$ 区间元素 α 的维修/故障费用函数；

　　　$f_\alpha(t)$ ——$(0, t)$ 区间元素 α 的故障概率密度函数；

　　　$c_\alpha(t)$ ——$(0, t)$ 区间元素 α 对应 $C_a(t)$ 的费用密度函数。

$$c_\alpha(t) = c_\alpha^f(t) f_\alpha(t) + \Sigma c_{ui}^m(t) \delta(t - t_i) f_\alpha(t) / \lambda_u(t) = \gamma_\alpha(t) f_\alpha(t)$$

式中　$c_\alpha^f(t)$ ——$(0, t)$ 区间元素 α 的故障费用密度函数；

　　　$c_{\alpha,i}^m(t)$ ——$(0, t)$ 区间元素 α 的维修费用密度函数；

　　　$c_\alpha(t)$ ——设备（元素 α）在一定时期内的维修总费用。

通过设备维修费用密度函数数学模型，可以从 3 个方面分析 RCM 带来的经济优势：

（1）对于后果严重的故障，RCM 可通过降低严重故障概率来降低费用。RCM 可以通过对故障模式及严重后果的评判，及时发现并优先处理可能导致严重故障的问题，从而减小故障概率密度 $f_\alpha(t)$，虽然追加维修投资和加强维修检查会加大维修费用，使预防维修费用密度函数 $c_{\alpha,i}^m(t)$ 有所增加，但由于修复严重故障的费用通常远高于处理初级问题的费用，预防性维修费用的增加可以被预期的故障费用的降低所抵消，总的费用 $c(t)$ 将降低。

（2）对于后果不严重的故障，RCM 可通过减少预防性维修工作来降低维修费用。对于可能引发的故障后果不严重的设备或部件，RCM 策略可能建议调整或优化预防性维修工作。如根据设备的实际运行状况和故障历史，对定时维修、视情维修和隐患检测等预防性维修措施进行重新评估，并在必要时减少甚至取消某些预防性维修活动，转而侧重于设备状态的监测和在故障发生后的响应维修。虽然故障概率密度 $f_\alpha(t)$ 增加，但是预防维修费用密度函数 $c_{\alpha,i}^m(t)$ 为 0，故障维修费用密度函数 $c_{\alpha,i}^f(t)$ 只取决于部件机件的费用，总的维修/故障费用密度函数 $\gamma_\alpha(t)$ 降低很多，$\gamma_\alpha(t) f_\alpha(t)$ 减小，维修总费用减小。

（3）故障概率密度函数或费用密度函数呈单调变化，RCM 可使得最终总费用降低。上述两种分析角度均以 $f_\alpha(t)$ 或 $\gamma_\alpha(t)$ 呈单调变化为假设。与之不同的是，本分析假设 $f_\alpha(t)$ 或 $\gamma_\alpha(t)$ 不呈单调变化，有的时段增加，有的时段减少，不同的设备和部件在其寿命周期的不同阶段可能会表现出不同的故障概率和维修成本。

1）设备新安装或者刚进行过重大维修。在这个阶段，设备通常性能良好，故障概率低，但如果出现问题，可能是由于安装错误或制造缺陷导致的，这类问题可能需要更高的维修费用去解决。

2）设备运行一段时间后。随着设备的使用，其性能可能会逐渐下降，需要定期的维护和修理，这时候故障概率可能会有所增加，但如果进行了适当的预防性维护，可以使得维修费用在可控范围内。

3）设备接近其预期寿命。当设备使用年限增长，故障的可能性可能会大幅增加，同时，由于部件老化或技术过时，维修费用可能也会提高。

然而在这三种设备状态下，RCM 通过其优化的维护策略可以有效降低总体维护和维修费用。

1）设备新安装或者刚进行过重大维修。虽然新设备或新维修的设备的故障概率密度 $f_\alpha(t)$ 相对较低，但如果出现问题，可能是由于安装错误或制造缺陷，需要更高的维修费用去解决。而 RCM 策略通过日常检查和监控，及时发现并纠正这些问题，避免了因此导致的大规模故障和更高的维修费用，从而在长期内降低了总费用 $c_\alpha(t)$。

2）设备运行一段时间后。在设备性能可能逐渐下降的阶段，RCM 可以通过定期的检查、保养和修理，提早发现可能的故障并进行处理，避免了大规模、严重的设备故障，从而降低了由大规模故障带来的高额修理或更换设备的费用 $c_\alpha(t)$。

3）设备接近其预期寿命。当设备使用年限增长，故障概率密度 $f_\alpha(t)$ 故障可能性大幅增加，并且由于设备或部件老化，维修费用可能也会提高。此时，RCM 策略可以通过故障后果评估，对优先级更高的设备采取更频繁的维护，并通过不同状态下检修策略的执行，在适当的时机更换新设备，来避免由设备老化导致的大规模故障和更高的维修费用，最大程度上降低了 $c_\alpha(t)$。

通过这样的维护策略，RCM 能够有效地优化资源的分配，对设备的全生命周期进行管理，从而达到降低总费用的目标。它将考虑设备的故障概率、维修成本和设备重要性等因素，对每个设备或部件制定适合其特点和需求的维护策略，实现总体费用的最小化。

2. 实证分析

除上述理论分析外，RCM 策略的应用，已在国内外均得到了有效的实践和显著的经济效益：如改进型 RCM 技术自 2014 年在中广核集团的几个核电站应用以来，2020～2022 年完成了 18 个系统导则优化工作。通过这些应用，维修策略优化效果显著，减少了过度维修、增加了重要设备的针对性维修工作，总体维修策略优化率达到 20% 以上。特别是在 GSS 系统中，取消了不必要的维修项目，延长了过度维修项目周期，减少的维修总费用高达 225 万元[18]。中国大亚湾核电站在推行 RCM 后，通过取消 CEX 系统中的电动机 10 年解体检修项目，系统和设备的可靠性并没有降低，反而维修费用大幅度降低。根据数据，修一台 CEX 电动机人工费是 30000 元，更换电动机轴承人工费为 15272 元。如果将这种节省扩展到整个系统乃至整个电站，节省的费用将是十分可观的[19]。

综上所述，RCM 作为一种可靠性维护策略，无论在节省维修成本、提高设备可用率、提高维修效率，或是减少人力、材料和备件成本等方面，都具有显著的经济优势。它的实施不仅可以优化企业的运营效率，更能提升企业的经济效益和竞争力。

第四章　RCM 在各行业的应用

RCM 作为新一代设备管理思想的核心，在各重要行业得到了广泛应用，并取得了显著成效。本章节将详细阐述 RCM 在国外以及国内航天、军工行业的应用情况及典型案例，同时将重点聚焦国内电网及发电侧的设备管理创新情况，特别是国内各大电力集团以及代表性电厂的实施实例，旨在增强读者对当前 RCM 技术体系的了解，也为发电企业检修策略的优化提供更加有价值的信息。

第一节　RCM 在军工系统的应用

RCM 在军用装备上的应用有两个方面：一是现役装备；二是新装备。在现役装备上应用 RCM，系统地分析出装备的故障模式、原因与影响，有针对性地确定装备预防性维修工作的类型，优化维修任务分工，以有限的维修费用保持装备的可靠性，提高装备完好性，可以实现装备维修管理的科学化。在新装备上通过应用 RCM 制订预防性维修大纲，提供建立维修保障系统的基础性文件与数据，及时规划维修保障系统，促使新装备尽早形成战斗力。

一、RCM 在国外军工系统的应用

20 世纪 70 年代中期，RCM 引起美国军方的重视。1974 年，美国国防部明确命令在全军推广以可靠性为中心的检修（RCM）。70 年代后期 RCM 开始在美国陆、海、空三军装备上获得广泛应用。1978 年，美国国防部委托联合航空公司在 MSG-2 的基础上研究提出维修大纲制订的方法。

自此，RCM 理论在世界范围内得到进一步推广应用，并不断有所发展。美国国防部和三军制订了一系列指令、军用标准或手册，推行 RCM 取得成功。例如：1985 年 2 月美空军颁布的 MIL-STD-1843，1985 年 7 月美陆军颁布的 AMCP750—2，1986 年 1 月美海军颁布的 MIL—STD—2173 等都是关于 RCM 应用的指导性标准或文件。美国国防部指令和后勤保障分析标准中，也明确把 RCM 分析作为制定预防性维修大纲的方法。为了更好地应用 RCM，美三军除制定明确的指令和标准外，还制定了各自的 RCM 工作规划。其中，美陆航 88-92 年的 RCM 工作规划简要内容包括：①审查修订大修规划，按RCM 原理对现有大修规程进行审定；②应用 RCM 制订现役飞行维修大纲及维修计划，

包括进行故障模式、影响及危害度分析，以及确定维修项目、方式、修理间隔、要求等[现役主要机型（AH-64，UH-60，CH47D，OH-58）均在应用之列]；③应用 RCM 制订在研飞机（LHX）维修大纲及维修计划；④研究、改进 RCM 有关方法，包括研制故障模式、影响及危害度分析（FMECA）自动化软件；⑤改进 RCM 决断逻辑，改进"机体状况评价""飞机腐蚀分析评价"的技术和设备等；⑥更新技术文件，组织 RCM 培训；⑦建立和扩大 RCM 数据库，加强 RCM 数据的利用等。

结合 RCM 推广应用的成果，美国陆军实施了多方面的维修改革：

（1）陆航飞机维修制度的改革。把过去的定期送厂大修改为视情检查送修，称为"机体状况评价（ACE）"计划。具体做法是改变过去定期（五年）送修的规定，每年对飞机进行一次检查评定，根据一套严密的评定方法，确定飞机的"整体状况指数"，状况不良超过规定限值的飞机就送厂修理。实施以来，收到了良好的效果，1980 年美陆军后勤副参谋长说，1974 年以来这项改革节约维修经费达 3 亿美元。目前这项制度仍在执行，并增加了对机体腐蚀程度的专门评定制度，被称为"飞机腐蚀分析评价（AACE）"计划。

（2）美陆军装备维修制度的改革。改革陆军战斗车辆（坦克、装甲车辆）的送厂大修规定，改变过去的定程修理规定，实行类似于陆航飞机视情送修的办法。美陆军规程（AR750-1）《陆军装备维修原则与方针政策》（1978 年版）中明确规定：选送"战斗车辆进厂大修的规则只应基于车辆状况，行驶里程不作为确定送修的因素""选送的规则应以根据 RCM 原则确定的因素为依据"。从 1977 年到 1982 年实际调查情况看，采用视情送修，比原来定程大修减少送修车辆 70%左右，大修费节约是可观的。

（3）陆军维修改革的其他途径还有：采用 RCM 分析方法审查日常维护保养规定，使维修项目、时间间隔趋于合理，以节约维修人力物力；按 RCM 原理对大修规程进行修订，改变过去大拆大卸的做法，只进行必需项目、必要深度的修理。"以可靠性为中心的检修"（RCM）维修改革也使其装备保持了较高的完好率。在 1991 年的海湾战争和1999 年轰炸科索沃的战斗中，RCM 的工作取得了显著的成果。据统计，在海湾战争中，多国部队总共进行了 38d 空袭，每天出动飞机 2600 架次，飞机的完好率保持在 90%以上。在科索沃战争中，北约进行了 77d 空袭，参战飞机 1200 余架，先后共出动 38000多架次，飞机的完好率保持在 90%以上。美军在总结经验时指出"这样的成绩主要应归功于维修人员的卓越努力"，并称"装备维修保障在这场战争的方程式中是一个关键因素"。装备的维修保障贯穿于武器装备"从生到死"的全过程。其涉及武器装备的研制、生产、使用、维修直至退役的各个环节，是武器装备全寿命管理的重要内容。

1994 年，美军采办政策改革后，美国三军的 RCM 标准不再具有强制性。但目前美军几乎所有重要的军事装备（包括现役与新研装备）的预防性维修大纲都是应用 RCM方法制订的。英国、日本等国家通过应用 RCM 分析技术为其设备制定维修策略，避免了"多维修、多保养、多多益善"和"故障后再维修"的传统维修思想的影响，使维修工作更具科学性。实践证明：如果 RCM 被正确运用到现行的维修装（设）备中，在保证生产安全性和资产可靠性的条件下，可将日常维修工作量降低 40%～70%，大大提高了资产的使用效率。

二、RCM 在国内军工系统的应用

国内 RCM 方法是从国外引进的，可查到早期引进 RCM 方法的是我国的航空航天和空军。20 世纪 80 年代中后期，我国军事科研部门开始跟踪研究 RCM 理论和应用。空军第一研究所于 1981 年 11 月翻译出版了 1980 年 10 月版的 MSG-3，1982 年 10 月翻译出版了著名的诺兰与希普的著作《以可靠性为中心的维修》。1989 年 12 月原航空航天工业部颁布了 RCM 航空工业标准 HB6211-89《飞机、发动机及设备以可靠性为中心的维修大纲的制订》[20]，该标准负责起草的单位包括当时航空工业部门的研究所、工厂及空军第一研究所。HB6211-89 基本上沿用了 MSG-3 标准的分析方法。同年，由民航部门、航空工业部门、使用单位和制造厂等联合组织编写了运七飞机的 RCM 大纲，并在近 100 架运七机群中应用，运七飞机实施 RCM 大纲后，每架飞机每月的维修停场日减少了 2d。同时 RCM 方法在"歼六"飞机的维修中进行了分析与应用，在保证作战性能的前提下延长了维修期限[21]。1991 年空军对 10 种机型、241 架飞机应用 RCM 技术，进行了延长翻修期的特检，年减少送厂大修飞机 80 架，节约了近 6600 万元。工程兵的几个部队完成了装备修理制度改革的第一阶段试验，出动率提高了 13%，维修器材消耗下降了 15%，改善了装备失修和过度维修并存的不合理状况。某型地空导弹部门收集分析了导弹地面保障车辆的使用维修数据，摸清了各个部件的故障规律，重新修订了维修大纲，使装备大修间隔期延长了 1～2 年，提高了装备的战备完好率；在某型坦克上应用该项技术后，发动机在不改变任何结构的条件下，寿命延长了 40%[22]。1992 年，以军械工程学院为主编单位起草了 GJB 1378—92《装备预防性维修大纲的制订要求与方法》，用于指导军用装备的 RCM 分析工作[23]。该标准在海军、空军及二炮部队主战装备上的应用取得了显著的军事、经济效益，促进了现役装备维修改革和新装备形成战斗能力。空军对某型飞机采用 RCM 后，改革了维修规程，取消了 50h 的定检规定，寿命由 350h 延长到 800h 以上。

自 2002 年起，为适用新时期军事斗争形式，加快武器雷达装备维修改革的步伐，原总装备部通用装备保障部武器雷达局决定利用三年时间，对各类主战武器雷达装备全面实施 RCM 分析，形成基于具体装备的预防性维修大纲。然后在此基础上重组与优化维修保障系统，进行维修改革，构建我军武器雷达装备以可靠性为中心的检修制度新体系。2003 年以后，RCM 方法开始大规模应用于陆军装备、海军舰艇等武器装备，该方法在军用装备维修领域取得了较为广泛的采用。

2007 年，GJB 1378—92《装备预防性维修大纲的制订要求与方法》进行了修订，并在名称中加入了 RCM，颁布实施了 GJB 1378A—2007《装备以可靠性为中心的维修分析》。1992 年版的 GJB 1378 在名称中并不包含"以可靠性为中心的检修"这个名词，而是以 RCM 分析的目的"装备预防性维修大纲的制订"为标题，主要是考虑当时的情况下，"以可靠性为中心的检修"这个名词不为人所熟知，如果在标准标题中直接使用，不便于后期标准的宣贯和推广普及。2000 年以后，RCM 逐渐在维修管理领域为人们所熟悉，具有了一定的基础，因此在标准修订中将名称改用"以可靠性为中心的检修"，恢复其本来面貌。

各专家学者也开展了对 RCM 理论的研究与应用，张延伟等[24]提出了 RCM 理论在陆海空军及军事装备多功能导弹发射车上的应用取得了显著的军事、经济效益。廖静云[25]、张树忠[26]等阐述了 RCM 理论在门座起重机等大型民用装备维修中的综合决策和应用效能方面起到了关键性作用。

第二节 RCM 在电力系统的应用

RCM 经过在民航、军工领域的发展，已迅速成为设备维修管理的基本体系[27]。作为支撑我国经济发展的关键能源供应行业，电力行业对设备管理也提出了严格和细致的要求，尤其是设备检修方式的选择，更是随着电力行业的发展出现了巨大的转变。然而，传统的设备检修方式已无法满足电力行业日益增长的需求以及急剧变化的外界环境。因此，以可靠性为中心的检修（RCM）迅速兴起，成为电力行业中的一项重要变革，通过小范围重要设备试点与尝试在发电侧和电网侧两个关键领域积累了宝贵的实践经验。

一、RCM 在电力系统电网侧的应用

为了提高设备的可靠性和安全性，同时降低维修成本，我国的电网及发电企业开始逐渐推行设备优化运行维护和检修管理体系。在电力输配电领域，近些年来，国外一直针对 RCM 理论开展持续研究，对 RCM 理论进行深入拓展和研究，并将优化拓展后的 RCM 理论进行尝试应用，如 Moslemi[28]等人提出了基于状态的可靠性维修理论在输电系统中的应用，Koksal A[29]等人提出了基于可靠性为中心的电力变压器改进维修方法，王洋[30]等人结合 RCM 理论与贝叶斯网络，构建系统化的变压器故障知识表达与诊断方法，B. Yssaad[31]和 Diego Piasson[32]等人也将 RCM 方法应用于配电网维修工作。与此同时，国内状态检修及 RCM 理论的实践及应用研究也得到了推广，如国家电网有限公司在多年的研究和实践经验的基础上，逐渐推出了多个与设备状态评价和状态检修相关的标准，如《国家电网公司设备状态检修管理规定（试行）》《输变电设备状态检修试验规程》（Q/GDW 168—2008）等。这些措施全面推动了设备状态检修技术在企业内的推行，从而提升了设备运行维护与检修管理的水平。从 2022 年起，国家电网、南方电网等电网集团积极响应国家能源局号召，对滤波器、断路器、变压器、蓄能机组等设备开展了 RCM 研究及试点应用，并取得了显著成效。

二、RCM 在电力系统发电侧的应用

在整个电力产业链中，RCM 为电力设备的运行安全与效率提供了保障，尤其是在核电、火电、水电和风电等多元化的发电方式中。

（1）核电。发电行业于 20 世纪 70 年代开始了以可靠性为中心的检修体系研究，并首先尝试应用于核电领域。在 20 世纪 70 年代，美国的三里岛核电站最早引入了可靠性中心维护（RCM）方法，对先前预防性检修流程进行了更新，并为核电站的安全运行和

设备维护提供更先进的方法技术[33]。20 世纪 80 年代，美国电力研究协会（EPRI）在 Turkey Point、McGuire 和 San Onofre 核电站进行了 RCM 试点研究。这一实践证明了 RCM 方法在核电领域作为确定设备维护需求的先进方法的显著成效。通过合理的维护策略，RCM 成功提高了机组的安全性和设备的可靠性，同时有效降低了维修成本[34, 35]。进入 20 世纪 90 年代，南非、法国和韩国等多个国家也将 RCM 方法引入到核电站的维修工作中[36]。RCM 在这些国家的应用取得了显著的成效，为核电行业提供了重要的技术支持和管理指导。2008 年，国际原子能机构（IAEA）发布了 RCM 在核电领域的标准规范，为全球核电站提供了统一的指南和准则。这一标准规范的出台，进一步促进了 RCM 方法在核电行业的推广和应用，推动了核电站维护工作的现代化。1999 年，在中国大亚湾核电站，将 RCM 方法率先引入核电维修工作。通过以凝结水抽取系统（CEX 系统）作为试点进行 RCM 分析取得了显著成果。随后，大亚湾核电站在系统分析方面持续推进，至 2004 年底，已完成了 79 个系统的 RCM 分析。RCM 的实施优化了维修大纲，提高了系统的可靠性，降低了维修成本，为核电站的安全运行和经济效益作出了积极贡献[37]。

随着国内以大亚湾核电站为达标的大型核电机组投入运行后，RCM 方法在我国核电领域中得到了全面的推广，成为核电维修工作的重要手段和管理工具。随着中国核电技术的不断发展和完善，RCM 在国内核电领域中的应用也日益成熟。多家核电站，如秦山三核、海阳核电站、田湾核电站等，均在维修策略制定的过程中引入了 RCM 方法，通过有效的维护措施提高设备的可用率和安全性，为核电站的稳定运行作出了重要贡献[38-40]。

（2）火电。随着状态检修等现代化设备管理理念在火电领域的普遍推广，智慧电厂概念也逐渐受到了广泛关注，其利用云计算、物联网、移动互联网、大数据、人工智能、边缘计算、应用终端、智能芯片、区块链、量子计算等先进现代化信息技术，集成为泛在物联网技术，打通边缘物联感知、网络覆盖、一体化数据分析的企业中台和业务应用。智慧电厂概念的推广和应用，使得电厂能够更加精准地进行设备的状态监测和维护，在一定程度上促进了 RCM 理论的发展和应用，特别是在过去近二十年间，国内火电行业大规模引入了 RCM 理论。在火电领域，这一体系的推广应用帮助火电机组解决了一系列技术和运行问题，优化了维护工作，提高了设备的可靠性和安全性。尤其值得一提的是，我国火电领域正在积极探索并逐步在三大主机系统中实施 RCM，并开展了大量的实践及应用研究[47-50]。与此同时，为贯彻落实《电力可靠性管理办法（暂行）》（国家发展和改革委员会第 50 号令）相关要求，国家能源局电力安全监管司牵头组织了以可靠性为中心的设备检修策略专项研究及试点应用。中国华能集团有限公司、中国大唐集团有限公司积极响应号召，参与 RCM 试点的 8 个 RCM 项目涵盖火电机组锅炉、汽轮机等发电侧主要电力设备，试点项目取得了显著成效。与此同时，国家能源局于 2023 年 7 月在京召开以可靠性为中心的电力设备检修（RCM）策略研究第二批试点项目启动会。第二批 RCM 试点项目面向社会征集，受到了全行业的广泛关注，各电力企业踊跃参与。经过企业现场答辩、业内专家遴选评审，20 个项目从众多申报项目中脱颖而出，入选此次试点名单。其中，发电专业 11 项，涉及火电、水电、风电等领域，以进一步开展成果固化和经验总结工作，对 RCM 在全国的进一步推广起到良好的示范引领作用。

（3）水电。水电作为国之重器，在全球努力减少温室气体排放和应对气候变化的背景下，逐步成为一种关键的能源选择，其不仅能够为电网提供调峰调频服务，确保电网的稳定运行，还可以迅速启动和停止，满足电网的实时需求。还具有水资源管理的功能，可以进行灌溉、供水和防洪，为当地带来实际利益。作为当前清洁能源发电的主流，在世界范围内，水电经过了长时间发展，低水头、径流式、多机组水电站代表了水电技术的前沿方向，随着技术的进步，设备的复杂性也随之增加。与此同时，对于不同的发电设备型式，其零部件的故障模式、影响及重要度特点不同，发生故障的时间特征也不相同，因此与之相关的维修决策技术也在不断变化。在这个复杂的背景下，维修策略不再仅仅关注设备的可靠性，更要兼顾经济效益和环境影响。这种转变不仅体现了水电行业对可持续发展的追求，也揭示了在新的能源时代，技术和策略需要更高层次的融合和创新。

在水电发展的早期阶段，由于技术限制和知识体系的不完备，导致了早期水电机组故障率相对较高，在这种情况下，设备的实际运行可靠性很难达到设计预期。随着水电技术的进步，单体装机容量逐步扩大，这使得任何设备故障都可能对整个电网供电稳定性产生显著影响。为了应对这一挑战，学术界和工业界开始对水电发电设备的关键部件进行深入的故障机理研究。文献 [51] 通过推演水电机组液压系统失稳机理，系统分析锁定了主配压阀抽动故障的内、外因；文献 [52] 通过深入研究发电机转子的典型振动故障机理，提出从同步发电机组的定子电气信号中提取机械振动故障的特征的创新方法，揭示了机械故障与电气信号之间的内在联系，为水电机组的故障诊断技术奠定了坚实的理论基础；文献 [53] 经过深入剖析常规水电设备状态分析方法中的问题，探索了将水电厂机电设备的运行和故障机理与新一代信息技术相融合的技术和方法，使得生产数据能够汇集到管理信息区从而进行更为精准的分析和计算。

这些研究虽然在一定程度上帮助我们深入理解水电机组设备故障部件故障成因、机理及影响，由于这些研究缺乏宏观和系统性的视角，致使这些理论知识向实际的维检修策略的转化层面仍然存在制约。当前，国内水电领域依然沿用传统的早期电力行业的以定期计划维修为主的发电设备维修体系，维修管理的方式较为单一，管理成本难以优化，使得我国发电设备面临大量的被动维修管理工作。这一情况严重影响了水电的市场化机制下的竞争力和可持续发展，并且与我国电力体制改革市场化发展对设备管理要求相距甚远，现行水电行业的设备维修决策方法存在明显缺陷。当前，国内水电检修模式已经得到了深入的研究和探讨，涵盖水电设备的维护、故障预测以及优化策略等。文献 [54] 基于龙开口电站的实际数据，深入分析了机组的安全监测配置和历史记录。并根据水工专业的状态检修实际结果提出优化其检修管理的策略建议；文献 [55] 通过总结水轮机典型诊断故障，提出选择与布置合适的测点、构建机组状态在线监测系统、建立机组远程监测与诊断中心是实施状态检修的关键，为水电机组状态检修提供了必要的技术手段和科学决策依据。

　　然而，尽管我国在水电开发方面拥有较长的历史，并在水力发电设备的维修决策技术上积累了丰富的经验，但与国外发达国家相比，无论是在设备制造、运行环境还是维修技术实力上，都存在一定的差距。加之我国长期实行的电力计划消纳体制，使得尽管一些水电企业试图探索设备的预防性维修决策方法，但由于水电设备的高度定制化和有效数据的缺乏，很难形成具有广泛适用性和强操作性的设备故障数据库[56]。这导致水电站发电设备的维修决策技术仍然模糊不清。这种情况在市场化机制下严重削弱了水电的竞争力和可持续发展潜力。更为关键的是，这与我国电力体制改革的市场化发展要求存在显著的偏差，暴露出当前水电行业的设备维修决策方法的明显缺陷。

　　鉴于上述挑战，为了适应当前市场化的环境，亟须探索经济且可靠的水电设备维修策略。这不仅可以确保新投运的水电站迅速采纳科学合理的维修决策，还对整个水电企业的稳健发展至关重要。在此种背景下，RCM 为我们提供了一个全新的视角和方法，以更系统、更高效的方式进行设备维修和管理。为深化《电力可靠性管理办法（暂行）》实施，中国华能集团有限公司和中国大唐集团有限公司积极响应国家号召，参与国家能源局以可靠性为中心的设备检修策略（RCM）研究试点项目。在此框架下，华能澜沧江水电股份有限公司糯扎渡水电厂和重庆大唐国际彭水水电开发有限公司被选为一期试点单位，率先实施水电 RCM 可靠性管理体系。这一策略显著优化了资源配置，降低成本，并为行业提升可靠性管理水平树立了新标杆。

　　（4）风电。风电作为清洁能源的中坚力量，得益于技术的进步、政策的支持和市场的需求，近年来装机容量呈现爆发式增长，在全球能源结构的地位凸显。然而，随着风电规模的扩大，近几年也暴露出了一些问题。例如，风电的间歇性导致电网稳定性的挑战、风电机组的维护和维修成本增加。风电机组运行维护的原则是"预防为主、计划检修"。然而，此类检修模式往往忽视了对设备故障的预测，导致设备故障后的维修成本居高不下，同时也制约了运行效率。与此同时，由于风电技术的相对新颖和复杂性，以及设备、资源和技术储备的差异性，尚未建立起完善且成熟的维修策略，因此全球各大制造商都在风电机组的维修决策技术上投入了大量资源和研究。在发达国家，风电技术的研究起步较早。Geiss Christian[57]提出了一种以可靠性为核心的风电机组资产管理方法，不仅关注设备的即时维护，还强调了长期的资产保值和增值，确保风电机组的持续、稳定运行。Hockley C J[58]等学者则深入研究了风电机组的维修决策模型，通过建模和分析，为风电机组的故障预测和维修提供了科学的决策依据。Fonseca I[59]、Sarbjeet Singh[60]等人提出了基于状态量的 RCM 方法的风力发电机组故障维修体系。Katharina Fischer[61]和 Joel Igba[62]针对风电机组齿轮箱提出了综合的 RCM 维修策略。Fischer 主张定期检查齿轮箱部件以确保稳定运行，而 Igba 强调应采用系统化的方法来优化维修策略。

　　与发达国家相比，中国的风电行业起步时间较晚，尚未形成完善的风电机组维修策略体系。但近年来，国内已开始深入研究风电维修决策技术。例如霍娟[63]等人利用部件的使用寿命数据，构建可靠性模型用于对风电机组的维修策略进行可靠性评估；郑小霞[64]及其团队为解决风电机组高昂的维修费用和有限的维修方法问题，提出了一种结合不完全维修的预防性维护策略。得益于近年间 RCM 在多个领域取得的突破进展，该理论在中国的风电行业也逐渐受到重视。业界希望通过采纳 RCM 策略，增强风电机组的稳定性和安全性，进而减少维修开销并提升其运行效益。王达梦[65]以风电机组为核心对风电机组部件的故障危害性进行分析和改进，提出了基于故障向量空间的新型危害性分析方法；柴江涛[66]开展了基于 RCM 理论的风力发电机组维修决策相关技术的研究，并通过 RCM 中的决断过程，对整理得到的风电机组中设备的故障模式进行维修决断；李彪等人[67]应用 RCM 于风电机组维修决策，通过威布尔分布建立失效率模型并优化维修策略，大幅提高风电机组的运维效率和降低成本。虽然风电领域 RCM 理论受到了关注，但由于其主要聚焦于理论研究，其实际应用及实践落地受到限制；与此同时在电网频繁限电和电力市场竞争加剧的背景下，风电企业不仅亟须制定高效且经济的维修策略，更重要的是将这些策略实际应用并广泛推广，确保设备的稳定可靠运行并实现策略的落地执行。

总的来说，RCM 方法在电力系统中的应用取得了显著的成效，无论是在电网侧还是发电侧。不仅有效提高了设备的可靠性和安全性，降低了维修成本，还为电力行业的可持续发展和提升全球电力安全水平作出了重要贡献。随着技术的不断进步和经验的积累，RCM 在未来的电力行业中将会发挥更加重要的作用。

第五章　RCM 实施流程

RCM 以发电设备为核心，以安全生产、环境保护、成本效益等为基础，通过开展信息收集与分析、功能分析与设备分类、失效模式及影响分析、以可靠性为中心的检修策略研究、检修效果评估、检修决策优化以及技术应用，将事后检修、预防性检修、预知性检修、改进性检修等多种检修方式组合成为一体的优化检修模式，可以实现设备安全、可靠运行，全面提升发电设备精益化检修管理水平。在参照经典 RCM 理论及各行业实践经验的基础上，结合火电、水电企业生产特点及可靠性要求，总结试点经验，形成了面向火电、水电企业的 RCM 标准化实施流程。本章主要介绍 RCM 流程中的主要步骤、关键方法及技术，面向火电、水电的具体实施情况及成果会在第二篇、第三篇中单独介绍。

第一节　资料收集与整合

1. 重点机组资料汇总统计

对拟实施 RCM 分析的对象机组各类信息进行全面收集，包括研究对象的功能要求、环境条件和分析目的等。同时，收集汇总重点机组各设备的基本资料，即设计资料、运行和维护资料、其他材料等。其主要包括：①设计资料，如设计说明书、图纸、工作原理、性能指标以及各种技术参数等；②运行和维护资料，如运行手册、故障记录、技改记录等历史资料，以及同厂家、类似设备的经验交流和故障分析资料等；③其他材料，如人机接口、外部环境、使用条件等相关资料。

2. 重点设备与检修模式对应关系

对电厂检修现状进行统计分析，对目前事后检修、预防性检修（定期维护、定期更换、定期试验）、预知性检修、状态检修、改进性检修等不同检修方式进行梳理，厘清检修方式与各系统和设备的对应关系，汇总各检修方式的检修周期及维护保养手段，定位关键敏感系统与设备检修痛点。

3. 历史故障事件统计分析

RCM 的成功应用建立在对各类故障机理、概率、影响等因素的全面分析之上。为进一步建立多层次多维度的故障原因分析方法，应全面梳理各系统、设备及部件的故障模式及影响，对过去 5～10 年间的设备故障情况进行收集整理，包括机组概况、设备参数与工况、事件详细经过、事件相关记录图表、事件日志、暴露问题及整改措施等信息，用以全面梳理各系统、设备及部件的故障模式及影响，形成标准化故障事件数字化台账。

除厂内设备历史故障情况统计外，由于设计、制造工艺等原因，同厂家设备在投运后往往会呈现出具备相同故障特征的家族性缺陷。因此，可以从行业或集团角度出发，进行家族性缺陷定位与收集工作，形成行业或集团内的同家族设备台账，有利于在 RCM 执行中进一步揭示同类设备故障规律，更好地制定统一高效的低成本解决方案，弥补设备缺陷，全面提升发电设备管理水平。

第二节 功能分析与设备分类

在进行功能分析和设备分类之前，首先需要明确研究对象。由于 RCM 作为一种系统化的分析对象，本书中开展 RCM 分析的研究对象为以机组为单位，并进一步将其划分为系统、设备和部件三个维度，其聚焦于底层设备的部件层级的故障模式、原因、影响及解决方案。这种层次划分方法为以机组为级别的维护提供了清晰的分析框架。然而随着需求的变化，实施者可以将 RCM 扩展到更高层级，如以整个电厂为分析对象，此时的层级划分变为电厂—机组—系统。在更广泛的应用中，RCM 还能适用于电力网络或整个行业层面，研究对象也就从单个机组扩展到整体电力系统的运行和维护。总体来看，RCM 展现出其灵活性和多层次性，能够满足从具体机组到整个电力系统不同层级的管理需求。

设备可靠性的定义是设备在规定时间内完成规定功能的能力。要做好以可靠性为中心的检修，就需要明确 RCM 分析的对象边界及功能、性能标准。功能分析是指明确机组—系统—设备—部件分析的范围与边界、功能结构层次关系与各系统、设备的功能定义，并确立对应性能标准。

以功能结构树为主要参考，明确各系统、设备的主要功能及其他辅助功能（如安全性、环境性及经济性功能等），分析对应性能标准。

1. 功能分析

由于 RCM 需要消耗对应的分析资源，按照实施经验，没有必要对全厂所有设备实施 RCM，而应该重点关注对机组可靠性影响较大、已造成较大损失的设备。因此，在实施 RCM 时，应重点确认 RCM 的应用对象。RCM 应用对象的确定主要依据以下几种情况：

（1）预防性检修工作量较大的系统；

（2）事故检修工作量较大的系统；

（3）事故检修费用较高的系统；

（4）导致非计划停运和降负荷较多的系统；

（5）与安全、环保、能耗等有密切关系的系统。

在确定 RCM 应用对象系统后，针对机组生产结构特点，需对机组各系统及设备进行层次划分，如部件、设备、子系统、系统等。进行层次分析时，在考虑各层次的物理、空间和时间关系外，还重点考虑了功能联系及其重要性，逐步由下至上、由部件向系统发展，形成各层次的功能框图和系统流程图，确定不同层次各单元的功能和运行参数要求，最终形成各系统结构树。

对照设备设计功能、实际功能梳理可靠性所要求的功能，确定系统中各个子系统或重要部件所具有的功能，包括其主要功能及重要辅助功能，即其所处的环境以及所处的系统中对于系统正常运行而应当具备的贡献，形成各类设备功能及性能标准定义库。功能性能标准库在后续执行中可以支持从功能的全部或部分丧失、性能参数的上限和下限三个维度来开展系统功能故障分析，并按照其发生时的可觉察程度分类隐性功能故障和显性功能故障，通过对照分析现有运行参数及状态监测参数有助于实现对每类设备实际功能情况的监测覆盖程度的分析及对标，对应形成优化建议。

2. 重要程度模型建立及划分

为确保 RCM 在电厂的有效实施，使设备达到最佳的安全、稳定性和效率标准，可通过构建设备重要程度模型确定 RCM 分析中的重点分析对象。

在电厂的日常运营中，通常将设备缺陷分类划分为一类设备、二类设备、三类设备三类。①一类设备，此类设备故障对系统主设备的安全运行和人员的生命安全构成严重威胁；②二类设备，此类设备故障暂时不影响机组继续运行，但对设备安全经济运行和人身安全有一定威胁，继续发展将导致设备停止运行或损坏，需机组停役或降低出力才能消除。③三类设备，此类设备故障不影响主设备运行，无需立即停运主设备或降低出力，缺陷可结合检修或停机备用期间进行消除。

满足电厂的精细化管理需求，有时需要在这三类基础上进行更为细致的划分。例如，火电机组可能会根据各系统的特点和需求，进一步细化设备分类，将其划分为五大类。这种细化的分类旨在更精确地指导失效模式分析，并为 RCM 决策中的资源分配提供明确依据。具体的五类设备缺陷划分如下：①一类设备，此类设备故障可能导致整个机组非计划停机；②二类设备，此类设备故障可能对机组的持续运行和机组的负荷或环境产生严重影响；③三类设备，此类设备故障对机组的安全构成较大威胁，但不立即影响其运行；④四类设备，即各类主要辅机配套系统异常，对主要辅机安全影响较大；⑤五类设备，即影响现场环境美化等的一般设备。

值得注意的是，这种划分原则具有一定的灵活性。电厂可根据实际运营情况和特定需求，进行适应性的调整和自定义，确保设备划分策略与实际需求相匹配。

第三节　失效分析及影响评估

通过前序步骤已实现对设备系统功能和功能故障的准确定义，接下来在结构树和历史故障失效率的统计基础上，深入辨识系统薄弱环节和潜在隐患以实现对系统故障模式的有效判断与识别，可采用故障树分析（FTA），故障模式与影响分析（FMEA），故障模式、影响和危害度分析（FMECA）等方法进行实现。

1. 故障树分析（fault tree analysis，FTA）

故障树分析是一种可靠性工程方法，用于定量地分析系统或设备故障的可能原因和后果，从而帮助评估系统的可靠性和安全性。它是一种常用的风险评估工具，广泛应用于航空航天、核能、化工、电力、铁路、石油等高可靠性领域，以及各种安全和可靠性要求较高的工业和工程系统。

故障树分析最早由美国航空航天工业于 1960 年代提出。1962 年，美国航空航天局（NASA）首次正式应用故障树分析，用于分析和评估太空任务的可靠性。随后，故障树分析逐渐在其他行业得到推广和应用。

故障树分析的核心思想是通过逻辑推理和布尔代数，将系统的故障事件拆分成一系列基本事件，并通过逻辑关系来分析这些事件之间的因果关系。在故障树中，顶事件表示系统的主要故障，底事件表示基本故障事件，而中间的逻辑门则表示事件之间的逻辑关系，例如与门、或门和非门。

具体来说，故障树分析的步骤如下：

（1）确定分析目标。在开始分析之前，需要明确分析的系统或设备，明确分析的目标和范围。将系统的主要故障或失效事件明确定义并标识为顶事件。例如，对于一座核电站来说，顶事件可能是"核反应堆失控"。

（2）识别基本事件。根据系统的功能和结构，识别可能导致顶事件发生的基本事件。基本事件是无法再进一步分解的最小事件，通常是单个组件或元件的失效。在这一步骤中，需要对系统的结构和功能有深入的了解，并识别可能导致顶事件的所有可能路径。例如，对于核电站来说，基本事件可能是"冷却剂管道泄漏""控制系统失效"等。

（3）建立故障树。将基本事件和逻辑门组合构建成故障树，使用逻辑关系表示事件之间的因果关系。逻辑门包括与门（AND 门）、或门（OR 门）和非门（NOT 门）。与门表示同时发生的事件，或门表示任一事件发生，非门表示事件未发生。通过逻辑门的组合，构建完整的故障树，描述系统从基本事件到顶事件的所有可能路径。

（4）计算顶事件概率。在故障树中，每个事件都有一个概率，表示该事件发生的概率。这些概率可以通过历史数据、实验结果或专家判断获得。使用逻辑门的布尔代数规则，计算出顶事件发生的概率。这个概率代表了系统故障发生的概率。

（5）进行可靠性评估。将计算得到的顶事件概率与系统的可靠性指标进行比较，以评估系统的可靠性水平。通过对顶事件的概率进行评估，可以判断系统是否满足可靠性要求，是否需要采取额外的措施来提高系统的可靠性。

（6）识别关键事件。通过故障树的分析，识别导致顶事件发生的关键事件。这些关键事件是影响系统可靠性的关键因素，需要特别关注和加以改进。例如，在核电站的故障树分析中，若识别出控制系统失效是导致"核反应堆失控"的关键事件，因此需要重点关注和改进控制系统的设计和运行，并就其提出相应预防及改进措施。

（7）提出改进措施。根据故障树的分析结果，提出改进措施和预防措施，以降低系统故障的概率，提高系统的可靠性和安全性。这些措施可以包括改进设计、增加备用部件、加强维护等，以消除或减少导致顶事件的可能性。

通过上述步骤，故障树分析能够全面、定量地分析系统故障的可能原因和后果，帮助工程师和决策者更好地理解系统的可靠性和安全性，以制定有效的风险控制措施。同时，故障树分析也可以在产品设计、维护和安全管理等方面发挥重要作用，为复杂系统提供全面的风险评估和决策支持，从而提高系统的安全性和可靠性。

2. 故障模式及影响分析（failure mode and effects analysis，FMEA）

故障模式与影响分析是利用表格方式将所研究系统中每一个可能发生的故障模式及所产生的影响（后果）逐一进行分析，并把每一种可能发生的故障模式按其严重程度予以分级评价的故障诊断分析方法。这种方法本质上是一种定性的逻辑归纳推理方法，它的思想方法是自下而上地研究零部件等下一级故障对子系统和系统的影响，从而对系统不同结构层次的故障模式进行预测模拟。

（1）故障模式与影响分析的发展历程。

故障模式与影响分析最早起源于 20 世纪 50 年代的美国航空航天工业。当时，由于航空航天工业对产品和系统的安全性及可靠性要求极高，人们对潜在故障的评估和管理需求日益增加。基于此背景，美国杜鲁门公司在研制飞机主操纵系统时，为了识别和预防潜在故障，首次引入了 FMEA 方法。FMEA 的早期应用主要依据美国军用标准 MIL-STD-1629，于 1974 年颁布，该标准对 FMEA 的步骤和方法进行了明确，并在此基础上于 1980 年颁布了更为详尽的 FMEA 标准 MIL-STD-1629A，该标准经过若干次改版升级，至今仍在使用。与此同时，美国航天领域的阿波罗计划中也应用了 FMEA 技术以预防故障和提高系统可靠性。随着 FMEA 在航空航天领域的成功应用，美国汽车工业也开始采用 FMEA 来改进产品质量和可靠性。20 世纪 80 年代，美国汽车制造商联合会（AIAG）与通用汽车公司共同推出了汽车行业 FMEA 手册，成为后来国际标准的基础。

20 世纪 80 年代，随着中国对外开放，一些汽车和电子等行业开始引入 FMEA 作为质量管理和生产过程改进的工具，随着 FMEA 技术在中国的推广和发展，一系列国家标准、行业标准和指导性文件相继颁布，形成了完善的体系。20 世纪 80 年代，中国国家标准局发布了《系统可靠性分析技术失效模式和影响分析》（GJB 7826—87），适用于机械、电子、软件等产品。随后，许多行业协会和研究机构纷纷发布了各自的 FMEA 标准、规范或手册。例如，中国汽车工业协会（CAAM）于 1994 年发布了《汽车产品设计质量 FMEA 导则》，成为国内最早的 FMEA 指南之一。1989 年 12 月，原航空工业部发布了航空标准《失效模式、影响及危害性分析程序》（HB 6359—89），适用于航空产品的设计、生产和使用阶段。此外，国际电工委员会（IEC）于 2006 年发布了工业标准《IEC 60812：2006 分析技术－失效模式与后果分析（FMEA 和 FMECA）》，详细规范了 FMEA 和 FMECA 的实施程序和要求。

这一完善的标准和指南体系为中国 FMEA 方法的应用和发展奠定了坚实基础。它为各个行业提供了系统化的故障模式和影响分析方法，确保产品可靠性的提升、产品质量的改进和安全性的加强。随着 FMEA 在中国的持续推广，其规范化的应用在提高效率、降低风险和推动不断改进方面发挥了重要作用。

（2）故障模式与影响分析的主要实施步骤。

FMEA 可以通过对系统功能和功能故障进行准确的定义，实现对系统故障的有效判断与识别。通过 FMEA 明确与每一个功能故障相关的部件、故障模式、故障原因、故障后果及故障等级，主要包括故障模式分析、故障影响分析、预防故障的措施和补偿控制、严重程度分析四方面内容。该方法可以发现潜在隐患，防止事故发生的管理方法，可进行潜在的隐患及风险分析，便于查找潜在设备故障，评估设备隐患的危害程度及在后期分析过程中明确主要的解决方向。

其主要实施步骤如下：

1）确定项目及目标。失效模式与影响分析可应用于产品设计、系统开发、生产过程、设备操作与检修等各个领域。一个复杂系统通常是由若干子系统组合而成，而子系统由子系统-基本单元或元素构成，如果某一环节或某一基本单元故障或失效，都有可能间接或者直接导致上层系统的功能失效，甚至导致整个系统的功能失效。首先全面、彻底地分析发电机组的组成，同时明确定义分析的范围，以及所涵盖的功能、部件、过程及设备。

2）组建分析团队。组建一个跨职能团队，需要选择具有相关专业知识和经验的跨职能成员。团队成员可包括机械工程师、电气工程师、控制工程师、运维人员等。各团队成员应具备相关的领域知识和经验，或了解发电机组的工作原理、关键组件以及操作和维护过程，以确保在 FMEA 过程中能够提供准确的信息和洞察力。

3）制定工作计划。制定详细的 FMEA 工作计划，计划应包括会议和讨论的安排，数据收集的时间和方法，以及 FMEA 报告的编制和审查的时间表。确保计划充分考虑到每个步骤的重要性和所需的时间，并明确 FMEA 的时间表、参与人员和所需资源。其中，时间表是指完成 FMEA 的时间表，包括每个阶段和任务的截止日期，确保时间安排合理，以便在给定的时间内完成分析；参与人员是指列出参与 FMEA 分析的团队成员及其责任，确保每个成员都清楚自己的角色和任务；资源是指确定所需的资源，例如文档、技术资料、软件工具等，以支持分析过程。

4）识别潜在的失效模式。仔细审查所分析的发电机组系统，按照故障判据、试验信息、历史使用信息、相似设备信息和工程经验等方面对每个潜在的故障模式，记录其描述、识别号码和所属系统或部件。同时，可以使用表格来整理和跟踪故障模式，尽可能全面、不遗漏地梳理设备所有可能的故障模式。

5）评估故障的后果。对于每个潜在的故障模式，评估其可能的后果。考虑故障对系统功能、安全性、环境影响和运营的潜在影响。这包括评估潜在故障对发电能力、停机时间、人员安全以及环境保护的影响。根据后果的严重性，为每个故障模式确定适当的重要性等级。

6）确定故障原因及概率等级。对每一个失效模式进行分析，尽可能找出导致其失效的所有原因。对于起因是一个改正后不再产生失效的因素，该失效原因分析结束后，对于多个原因引起的失效也应该明确主要原因。分析失效引起的原因不能局限于单个系统，对于子系统的单元失效，可能会引起上一级系统的失效，进行全面考虑，查找整个系统中产生故障的情况。同时，使用根本原因分析工具（如鱼骨图、5Why 分析等）来帮助识别根本原因，以确定为防止故障发生所需的控制措施。

　　根据历史数据统计或经验，专家组开展研讨、评估每个失效模式的概率等级，如表 5-1 所示。

表 5-1　　　　　　　　　　　　　故障概率等级划分依据

故障的概率等级	等级含义	描述
A 级	经常发生	工作期内某一故障模式的发生概率大于产品在该期间内故障概率的 20%
B 级	有时发生	工作期内某一故障模式的发生概率大于产品在该期间内故障概率的 10%，但小于 20%
C 级	偶尔发生	工作期内某一故障模式的发生概率大于产品在该期间内故障概率的 1%，但小于 10%
D 级	很少发生	工作期内某一故障模式的发生概率大于产品在该期间内故障概率的 0.1%，但小于 1%
E 级	极少发生	工作期内某一故障模式的发生概率小于产品在该期间内故障概率的 0.1%

　　7）评估故障的严重程度。为每个潜在的故障模式确定严重程度等级。考虑故障的后果、频率和潜在的危害程度。根据严重程度，将故障分为不同的等级，以确定对应的紧迫性和优先级。

　　专家组对每个失效模式的严重度开展研讨，评级原则如表 5-2 所示。

表 5-2　　　　　　　　　　　　　故障严重度划分判据

故障的严重度	等级含义	描述
一级	灾难性的	可能造成人身伤亡或者全系统损坏
二级	严重的	可能造成严重损害，使系统工作失效
三级	一般的	可能造成一般损害，使系统性能下降
四级	次要的	不致对系统造成损害，但可能需要计划外维修

　　8）识别现有控制措施。查明已经存在的控制措施包括设计控制、报警系统、保护装置和维护程序等，这些措施用于预防或减轻潜在故障的发生或后果。记录和评估现有的控制措施，确定其有效性和适用性。

　　9）确定改进措施。针对每个潜在故障模式，识别新的控制措施或改进现有的控制措施，以降低风险。这可能涉及改进设计、增加冗余、加强维护程序、提供培训等措施。确保每个改进措施都是可行和有效的，能够减少潜在故障的发生或后果。

　　10）实施改进措施。制定一个详细的计划，将所确定的改进措施纳入发电机组的设计、制造、运营或维护过程中。确保适当的资源和时间表，以便在发电机组的整个寿命周期中实施和监控这些改进措施。追踪和监测改进措施的实施情况，并进行必要的修正和调整。

3. 故障模式、影响和危害度分析（failure mode effects and criticality analysis，FMECA）

FMECA 是一种在工程实践中发展起来的，以 FMEA 为基础的综合分析技术。这种方法涉及对每个组件的不同故障模式进行系统性的审查，评估它们对整个系统性能的影响，并识别设计中的薄弱环节和关键要素。FMECA 通过结合两个重要组成部分，即 FMEA（故障模式及影响分析）和 CA（危害性分析），为评估系统可靠性和安全性提供了强大的方法。其中，FMEA 专注于识别潜在故障模式及其后果，而 CA 则更深入地评估每种故障模式对整体系统性能的重要性，通过将两种先进技术手段的融合，FMECA可以提供更全面的系统可靠性评估，其不仅可以识别可能出现的故障模式和它们的影响，还能深入分析每种故障模式的危害性，帮助工程师和决策者更好地理解系统的潜在风险和安全性。

FMECA 的步骤如下：

（1）确定分析范围。确定 FMECA 的系统、设备或过程的边界，明确所涉及的子系统、组件或部件，以及其功能和相互之间的依赖关系，利用系统框图或流程图以呈现整个系统的结构和结构关系。

（2）制定故障模式清单。与 FMEA 相似，针对每个子系统、组件或部件，列举可能的故障模式，即系统、组件或部件可能出现的各种故障；对于每个故障模式，描述其出现的原因和机制。同时使用表格或故障树图来清晰地记录故障模式及其原因。

（3）分析故障后果。类似 FMEA 的步骤，对每个故障模式进行深入分析，评估其可能的后果和影响，包括系统性能的降低、安全风险、环境影响等；使用风险矩阵等评估方式量化不同故障模式的后果程度和优先级。

（4）评估严重性。这是 FMECA 和 FMEA 最大的区别之一。在 FMECA 中，不仅要对故障模式的后果进行评估，还对每一种故障模式的后果进行量化评估，这个评估可以包括不同的等级或分数来表示故障对系统性能的影响程度。

（5）识别关键故障。结合故障的后果和严重性评估，确定哪些故障对系统的可靠性和安全性影响最为关键。

（6）制定改进措施。根据 FMECA 的结果，制定相应的改进措施，重点应对哪些关键故障，降低其发生的概率或缓解其影响

（7）实施改进。将制定的改进措施落实到系统中，可能涉及设计修改、制造流程改进、维护策略调整等方面。

本节深入探讨了 RCM 的核心工具和方法，涵盖了事故树分析、失效模式和影响分析和故障模式、影响和危害度分析等。这些工具和方法在维护策略的选择和实施中都发挥了至关重要的作用，各有其独特的优点和局限性。RCM 的实施者在选择分析策略时，需要综合考虑历史数据的丰富程度，可投入分析的人力资源情况，设备的实时监测能力以及预期的维护效果选择合适的工具和方法。

在这些方法中，FMEA 和 FMECA 被视为更为全面的分析工具，它们不仅考虑了设

备的失效模式和效应，还深入到了设备的关键性和其对整体运营的影响。特别是在能源行业，如火电和水电企业，设备的可靠性和维护策略对于整体运营效率和安全性至关重要。FMEA 和 FMECA 的深入分析为行业内发电设备提供了宝贵的参考，帮助发电企业更好地理解和管理潜在的风险。

因此，本书特别强调了 FMEA 分析的重要性，并为火电和水电设备构建了详尽的FMEA 知识库，旨在为行业提供一个高质量的参考资源，帮助企业更好地实施 RCM，确保设备的高效、稳定和安全运行。

第四节 RCM 检修策略

1. 基于风险优先级的检修策略制定

基于风险优先级的检修策略制定是 RCM 实施的核心步骤，其不仅关乎设备的长期稳定运行，更是优化维修资源分配、提高电厂维护效率及降低设备维护成本的关键决策工具。此策略的制定主要涉及对上一步骤中对设备及系统潜在故障模式的深入评估，并依据各故障模式的严重性（S）、发生频率（O）和不可探测度（D）的量化赋分，利用这三个关键参数来精确计算风险优先级数（RPN），从而为决策者提供一个清晰、量化的风险等级参考。同时，根据 RPN 值可将故障模式细致分类为不同的风险等级，从低至高分别为低、中低、中、中高和高风险。通过该分类方法不仅可以帮助决策者明确哪些故障模式应被优先处理，还为每个风险等级制定了相应的检修策略，确保策略与其风险等级相适配。需要注意的是，在确定设备级检修策略时，应优先考虑风险等级较高的故障模式。对于 3 级及以上风险的故障模式，需分析 RPN 中的主要风险原因，并从 S、O、D三维度确定降低风险的措施。

2. 检修计划编制

基于设备检修决策结果，可根据以可靠性为中心的检修决策确定的检修等级，编制以可靠性为中心的检修计划。检修计划包括机组检修工期、检修项目及检修费用三个部分。检修工期应根据状态分析优化后的标准项目，结合实施特殊项目、技改项目、专项处理项目的检修需要从而确定工期时长。

在机组状态评价与检修评估的基础上，综合考虑生产、安全、经营等因素，对全厂主辅机设备检修作出策划，提出下一年度全厂机组主辅机设备检修计划（包括工期计划、项目及费用计划）建议。其主要包括：制定设备运行、维护保养措施，下年度检修等级、重点检修项目、检修工期、检修计划时间、检修优化建议、检修费用，结合检修开展的技术改造等。

以可靠性为中心的检修计划的调整建立在精细化状态检修的基础上，在月度定期评价、动态评价、停机离线检测、停电检查、检修解体检查等环节中，因出现新的情况需要提升或降低检修等级，增加或取消重点检修项目，延长或缩短检修间隔时，增加或减少检修工期等，应组织开展相应的申报阶段计划调整决策，实施前计划调整决策，实施阶段计划调整决策。

第五节 RCM 效果评估及优化

1. 应用效果评估

在 RCM 的决策逻辑流程与实施过程中，关键维度（如设备的可用性和可靠性、团队间的协作与响应速度、维修数据的管理、整体的框架结构，以及运营的成本效益和能效）显得尤为重要。为确保 RCM 实施的高质量与效果，必须对这些维度进行精确的量化指标测算和深度分析。通过对 RCM 实施前、后的数据进行对比，并与实施初期设定的目标指标进行比较，可以全方位地评估 RCM 实施的综合效果。

同时，将电厂总体实施效果作为综合评价对象。在此基础上，依据关键评价指标构建高度细化的多维度评估指标体系。借助先进的模糊综合评价法和层次分析法等评估工具，对各项指标进行精准的权重分配，全面揭示 RCM 在火电机组中的实施效果，进一步指导和优化其未来的策略部署。

2. RCM 模型优化

重点总结 RCM 执行中存在的主要问题，分析 RCM 应用过程中存在的主要问题，对维护计划的精确性、人员培训的充分性以及数据管理的完整性等方面进行识别改进，为下一轮检修优化管理流程与评价基准，以期达到预期指标。另外，通过建立包含规划、执行和跟踪与监控的实施框架，开展 PDCA 循环改进并持续推进 RCM 检修策略研究与应用走深走实。

第六章　RCM 关键技术

RCM 作为一种广泛应用于优化设备维护决策的可靠性工程方法，其关键技术包括设备可靠性指标分析及体系构建技术、设备状态监测及故障诊断技术、设备风险分析及量化评估技术、设备检修决策及维修优化技术等。这些关键技术相互协作，为企业提高设备可靠性、效率和安全性提供有力支持。

第一节　设备可靠性指标分析及体系构建技术

一、可靠性理论

随着全球制造业竞争日益激烈，现代生产制造业对先进产品的依赖程度不断增加，因此对设备的可靠性和稳定性提出了更高的要求。为了满足这些要求，人们不断探索新的理论和实践方法，其中重要的一种就是"可靠性理论"。这一理论的核心思想在于认识到故障后果的重要性，远远超过了故障本身的技术特征。

可靠性理论作为一种应用于工程和管理领域的学科，旨在研究和评估系统或设备在特定条件下正常运行的可能性和持续性。可靠性理论涵盖多个方面，包括：

（1）可靠性分析。可靠性分析是可靠性理论中的一个重要环节，它是通过对系统或设备的故障数据进行统计和数学分析，来评估系统或设备在特定条件下正常运行的可能性和持续性。可靠性分析的目的是深入了解系统或设备的故障特征、失效模式、维修时间等关键参数，以揭示故障的根本原因和影响因素。其分析结果对于制定维护策略、优化维修计划和资源分配具有重要意义。

（2）可靠性预测。可靠性预测是指通过模型和计算方法，对设备或系统在未来运行过程中的可靠性水平进行预测，可靠性预测的目的是帮助企业或组织制定长期维护计划和预防性维修，以预防可能的故障和事故的发生。通过可靠性预测，可以提前发现潜在问题，及时采取措施，确保设备在未来的运行过程中保持高可靠性。

（3）可靠性设计。可靠性设计是在产品或系统的设计阶段，考虑使用可靠性工程的方法来提高产品的可靠性和寿命。通过可靠性设计，可以从产品设计阶段中考虑可能出现的故障和失效情况，以从产品全寿命周期的源头阶段采取措施以增加设备的容错性和可修复性，从而提高产品的稳定性和可靠性。

（4）可靠性测试。可靠性测试是通过实验和测试验证系统或设备的可靠性指标，以评估其性能和质量。在可靠性测试中，通过模拟实际工作环境，对系统或设备进行多次试验，收集并分析故障数据，从而得出设备的可靠性水平。可靠性测试可以帮助企业或组织了解设备的实际工作状态，评估设备的可靠性表现，以及发现潜在的故障点和问题，为后续的维护和改进提供依据。

可靠性理论在诸如航空航天、能源、制造业、交通运输、电力系统等领域具有广泛的应用。通过研究和应用可靠性理论，可以帮助企业和组织更好地了解系统的运行情况，优化维护策略，提高设备的可用性和效率，从而降低生产成本，增强系统的安全性和可持续性。

二、可靠性指标

1. 通用设备可靠性关键指标

当评估设备可靠性时，通常会选取一些关键指标对设备运行情况进行度量，主要包括故障率、平均无故障时间、平均维修时间、可用性、平均失效间隔时间等。

（1）故障率（failure rate）：是指设备在单位时间内发生故障的频率。故障率是可靠性理论中最重要的参数之一，用于评估设备的可靠性。通常用符号 λ 表示。

其计算公式为

$$\lambda = \frac{N}{\Sigma t}$$

式中　N——设备在一段时间内发生的故障数量；

　　　Σt——设备在该段时间内的总运行时间。

（2）平均无故障时间（mean time between failures，MTBF）：是指设备连续工作一段时间后，平均无故障运行的时间。$MTBF$ 是设备可靠性的重要指标，也是预测设备故障频率的一个重要参考。

其计算公式为

$$MTBF = \frac{\Sigma t}{N}$$

式中　N——设备在一段时间内发生的故障数量；

　　　Σt——设备在该段时间内的总运行时间。

（3）平均维修时间（mean time to repair，MTTR）是指设备在发生故障后，平均修复所需的时间。$MTTR$ 是评估设备可靠性的重要指标，也是计算设备可用性的关键参数。$MTTR$ 的计算公式为

$$MTTR = \frac{\Sigma t_{\text{repair}}}{N}$$

式中　N——设备在一段时间内发生的故障数量；

　　　Σt_{repair}——设备在该段时间内的总维修时间。

（4）可用性（availability）：是指设备在特定时间内处于可运行状态的概率，即设备正常运行的时间占总时间的比例。可用性是评估设备性能和效率的重要指标，用于衡量设备的可靠性。可用性的计算公式为

$$availability = \frac{MTBF}{MTBF + MTTR}$$

（5）平均失效间隔时间（mean time to failure，MTTF）是指设备正常运行一段时间后，平均发生故障的时间。$MTTF$ 是评估设备寿命的重要指标，用于衡量设备的可靠性和稳定性。$MTTF$ 的计算公式为

$$MTTF = \frac{\Sigma t}{N_{failures}}$$

式中　　$N_{failures}$ ——设备在一段时间内发生的故障数量；

　　　　Σt ——设备在该段时间内的总运行时间。

这些可靠性指标在工程、科学和管理领域中都有广泛的应用。例如，在制造业中，企业可以通过对设备的故障率和 $MTBF$ 进行监测和分析，评估设备的性能和健康状况，并及时采取维护措施，避免生产中断。在能源和电力领域，企业可以通过对可用性和 $MTTR$ 进行评估，优化设备维护策略，提高电力设备的可靠性和运行效率。在航空航天和交通运输领域，可靠性指标的应用可以帮助企业提高飞机、车辆等交通工具的安全性和稳定性。

可靠性指标在企业和组织的设备管理和维护中起着关键的作用，通过对这些指标的评估和分析，可以帮助企业和组织更好地了解设备的运行情况，优化维护策略，提高设备的可用性和效率，从而降低生产成本，增强系统的安全性和可持续性。不同的指标适用于不同的情况和需求，因此选择合适的指标来进行可靠性分析和预测是关键。

2. 发电设备可靠性指标

（1）发电设备可靠性指标与通用可靠性指标关系。发电设备作为电力系统的核心组成部分，其运行特点具有一定的特殊性和复杂性。首先，发电设备通常需要长时间连续运行，特别是在基础电力供应方面，常年无休。其运行时间长、负荷波动大、运行条件复杂，这对设备的可靠性提出了极高的要求。其次，发电设备在运行过程中可能会频繁地进行启停，特别是在电网负荷变化较大时，设备需要根据需求进行灵活调整。频繁的启停过程会对设备产生较大的冲击和损耗，增加了设备的故障风险，这就需要设备具备良好的启停性能和稳定运行特性。此外，发电设备的运行环境可能受到多种因素的影响，如温度、湿度、气候条件等，这些外部环境的变化可能会影响设备的性能和可靠性，因此在评价设备可靠性时需要考虑这些因素的影响。

综合考虑以上发电设备的特点，传统的可靠性指标如故障率、故障平均间隔时间等在反映设备的可靠性时存在一定的局限性。传统指标忽略了设备在运行和停运状态之间的转换过程以及频繁的启停操作，无法准确反映设备在复杂多变的运行环境下的可靠性

变化。

为了更全面、准确地评价发电设备的可靠性和运行情况，发电设备可靠性评价规程引入了可用系数（AF）、等效可用系数（EAF）和计划停运系数（POF）等指标。这些指标的选择是因为它们能更全面、准确地评估发电设备的可靠性和运行效率，考虑了设备在运行和停运状态之间的转换，同时也充分考虑了设备的维护需求和实际运行情况。

这些指标的计算和应用需要依赖于可靠性数据统计和分析。可靠性数据可以通过设备的实际运行情况和故障维修记录进行收集，然后根据统计学方法计算得到相应的指标值。这些指标的应用可以帮助电力企业了解设备的可靠性状况，制定合理的维护策略和计划，提高设备的可用性和效率，从而确保电力系统的稳定运行。同时，这些指标的监测和评估还可以为设备的维护和管理提供科学依据，从而降低生产成本，提高经济效益。

（2）发电设备可靠性指标体系。发电设备可靠性指标的应用，最早起源于空间技术和军工领域。美国和加拿大于 1968 年联合成立了北美电力可靠性协会（NERC）。到了 1980 年，美国电气电子工程师学会（IEEE）制定了"统计、评价发电设备可靠性、可用率和生产能力用的术语定义"适用标准。而我国从 20 世纪 70 年代才开始关注此领域，自 1999 年中国电力联合会成立了电力行业可靠性管理委员会以来，我国电力可靠性管理工作纳入正轨、有序管理渠道，十几年来基本形成适应于中国电力工业特点的电力可靠性管理体系。

为了统一评价发电设备可靠性，中国电力企业联合会制定《发电设备可靠性评价规程》[68]，该规程详细地对发电设备的运行状态进行了划分（见图 6-1），并对辅助设备状态进行了划分（见图 6-2）。

为帮助理解可靠性指标具体含义，以火电机组为例对其运行状态进行了研究和划分[69]（见图 6-3）。

图 6-3 为火电机组状态图，该机组状态图纵坐标为机组最大出力 GMC（毛最大容量——一台机组在某一给定期间内能够连续承载的最大容量，一般是机组额定容量，单位 MW）；横坐标为统计期间（按季或年计）小时数 PH，图 6-3 中面积为发电量 W（单位 MWh）。

依据《电力可靠性监督管理办法及相关规定汇编》，发电设备可靠性指标有 27 个，在评估发电设备的可靠性时，我们主要关注可用系数 AF、非计划停运系数 UOF、等效可用系数 EUF、强迫停用率 FOR 和非计划停用次数。其中，后两项是目前考核发电厂可靠性的指标。

1）可用系数 AF（availability factor）：这是一个衡量设备在一定时间内可用或运行的程度的指标。它等于设备实际运行时间与总时间的比值。AF 越高，说明设备的可用性越好。

$$AF = \frac{AH}{PH} \times 100\% = \frac{SH + RH}{PH} \times 100\%$$

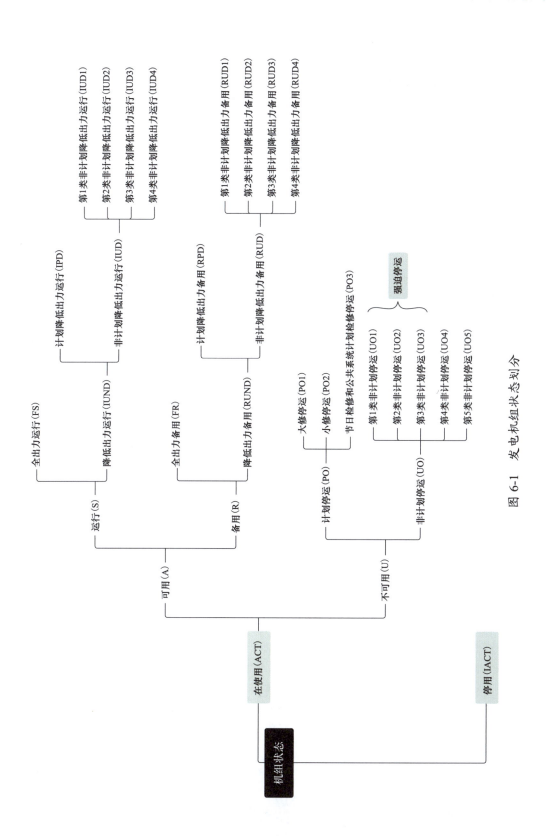

图 6-1 发电机组状态划分

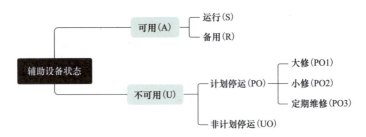

图 6-2　辅助设备状态划分

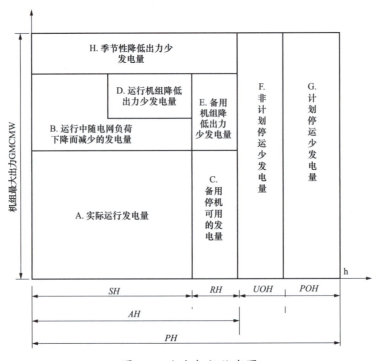

图 6-3　火电机组状态图

SH—运行小时，即设备处于运行状态的小时数；AH—可用小时，即设备处于可用状态的小时数；RH—备用小时，即设备处于备用状态的小时数；UOH—非计划停运小时数，设备处于非计划停运状态的小时数，非计划停运小时按状态定义分为 5 种情况（UOH_1 需立即停运；UOH_2 需 6h 内停运；UOH_3 在 6h 之上，但在周末前停运；UOH_4 可延至周末后，但需在下次计划停用前从可用状态退出运行的停用；UOH_5 超出计划停用期限的延长时间的停运），前三项总称为强迫停用小时 FOH；POH—计划停用小时数，即设备处于计划停运状态的小时数，计划停运小时按状态可分为 4 类［大修停运小时（POH_1），设备处于计划大修停运状态的小时数；小修停运小时（POH_2），设备处于计划小修停运状态的小时数；节日检修和公用系统计划检修停运小时（POH_3），在法定节日，即元旦、春节、"五一""十一"期间，机组计划检修状态下的停运小时数或公用系统进行计划检修时，对应停运机组的停运小时数；定用维护小时（SM），辅助设备处于定期维护状态下的小时数］

2）非计划停运系数 UOF（unplanned outage factor）：这是一个衡量设备因非计划停机而无法运行的时间与总时间的比值。UOF 越低，说明设备的运行稳定性越好。

$$UOF = \frac{UOH}{PH} \times 100\%$$

3）等效可用系数 EUF（equivalent availability factor）：这是一个综合考虑设备的可用性和运行稳定性的指标。

$$EUF = \frac{AH - (EUNDH + ESDH)}{PH} \times 100\%$$

$$EUNDH = \frac{\Sigma D_i T_i}{GMC}$$

式中　　$EUNDH$ ——等效降低出力小时数，h；

$\quad\quad ESDH$ ——机组等效季节性降低出力小时，h；

$\quad\quad D_i$ ——统计期内机组各次降低出力数，GM；

$\quad\quad T_i$ ——各次降低出力的运行及备用时间，h。

4）强迫停用率 FOR（forced outage rate）：这是一个衡量设备因故障或其他非计划因素而停机的频率的指标。FOR 越低，说明设备的可靠性越高。

$$FOR = \frac{FOH}{FOH + SH} \times 100\%$$

5）非计划停用次数：这是一个衡量设备非计划停机的次数的指标。这个指标越低，说明设备的运行稳定性越好。

在全球范围内，电力系统常用的可靠性指标，如缺电时间概率 LOLP（loss of load probability）是指在一定的时间周期（通常为一年）内，系统的发电能力无法满足负荷需求的时间的概率期望值之和。美国、加拿大的 LOLP 标准被设定为每十年不得超过一天，即 0.1d/a。

在中国，原水利电力部对国产火电机组的强迫停用率和非计划停用次数提出了较为严格考核标准，具体规定如表 6-1 所示。

表 6-1　　　　　　　　　国产火电机组强迫停用率和非计划停运次数的考核指标

机组容量（MW）	强迫停用率（%）	非计划停运次数［次/（台·a）］
100～125	6	1.5～2
200～250	12	3
300～320	10	3.5

3. 设备寿命分布模型

（1）可靠性寿命分布模型。设备寿命是指设备使用时间的长短。设备的寿命通常是设备进行更新和改造的重要决策依据。设备更新改造通常是为提高设备质量，促进设备升级换代，节约能源而进行的。其中，设备更新也可以是从设备经济寿命来考虑，设备改造有时也是从延长设备的技术寿命、经济寿命的目的出发的。

在设备运行维护的长周期内，维修人员通过对设备故障的发生频率进行统计，便于其更好地掌握故障规律。可靠性寿命分布模型是用于描述和预测设备或系统失效时间的概率分布模型，是研究故障规律性统计的有效手段。在可靠性理论中，常用的可靠性寿命分布模型主要有以下几种：

1）指数分布（Exponential Distribution）。指数分布是最简单和最常见的可靠性寿命分布模型之一。它假设设备的失效率在时间上是恒定的，即设备的寿命服从无记忆性分布。指数分布的概率密度函数为

$$f(t) = \lambda e^{-\lambda t}$$

式中 λ——失效率参数。

2）威布尔分布（Weibull Distribution）。威布尔分布是可靠性寿命分布模型中应用最广泛的一种。它可以描述设备的失效率随时间的变化情况。威布尔分布的概率密度函数为

$$f(t) = \frac{\beta}{\eta} \left(\frac{t}{\eta} \right)^{\beta-1} e^{-\left(\frac{t}{\eta} \right)^{\beta}}$$

式中 β——形状参数；

η——尺度参数。

3）正态分布（Normal Distribution）。正态分布是统计学中最常见的一种分布，也可以用于可靠性寿命的建模。正态分布的概率密度函教为

$$f(t) = \frac{1}{\sqrt{2\pi\sigma^2}} e^{-(t-\mu)^2/2\sigma^2}$$

式中 μ——均值；

σ——标准差。

4）对数正态分布（Log-Normal Distribution）。对数正态分布适用于设备的寿命为正值且具有较大的变异性的情况。对数正态分布的概率密度函数为

$$f(t) = \frac{1}{t\sqrt{2\pi\sigma^2}} e^{-(\ln t - \mu)^2/2\sigma^2}$$

式中 μ——均值的对数；

σ——标准差的对数。

可靠性寿命分布模型可以根据设备失效率的变化情况和特性，选用适合的概率分布模型进行建模和分析。不同的寿命分布模型在不同情况下可能更为准确和合适，通过对设备失效时间数据的拟合和分析，可以选择最优的寿命分布模型，为设备可靠性评估和预测提供科学的依据和方法

（2）威布尔分布模型。若非负随机变量 t 有失效概率密度函数为

$$f(t) - \frac{\beta}{\eta} \left(\frac{t-\gamma}{\eta} \right)^{\beta-1} \exp\left[-\left(\frac{t-\gamma}{\eta} \right)^{\beta} \right], t \geq \gamma$$

则称 t 遵从参数为（β，η，γ）的威布尔分布。

其累计分布函数（故障概率）$F(t)$ 为

$$F(t) = 1 - \exp\left[-\left(\frac{t-\gamma}{\eta}\right)^{\beta}\right], t \geq \gamma$$

其可靠性函数（生存函数）$R(t)$ 为

$$R(t) = 1 - F(t)$$

其平均寿命（期望值）ET 为

$$ET = \gamma + \eta\Gamma\left(1 + \frac{1}{\beta}\right)$$

其方差为

$$VarT = \eta^2\left[\Gamma\left(1 + \frac{1}{\beta}\right) + \Gamma^2\left(1 + \frac{1}{\beta}\right)\right]$$

其中，$\Gamma(\alpha)$ 为伽马分布，$\Gamma(\alpha) = \int_0^{\infty} x^{\alpha-1}e^{-x}$ 。

威布尔分布有三个参数，其中 $\beta > 0$ 为形状参数，$\eta > 0$ 为尺度参数，$\gamma \geq 0$ 为位置参数，三个参数的作用对比如表 6-2 所示。

表 6-2   威布尔分布参数

参数	符号	作用	描述
形状参数	β	影响威布尔分布的形状	形状参数 β 对失效概率密度函数 $f(t)$ 的影响： （1）$\beta = 1$，威布尔分布等同于指数分布； （2）$\beta = 2$，威布尔分布接近瑞利分布； （3）$\beta > 2$，威布尔分布接近正态分布
			形状参数 β 对失效率 $\lambda(t)$ 的影响： （1）$\beta < 1$ 时，失效率曲线逐渐降低，可以用于早期故障的建模； （2）$\beta = 1$ 时，失效率曲线水平可以用于偶然故障的建模； （3）$1 < \beta < 2$ 时，失效率曲线逐渐上升，上升速度逐渐增大，可以用于轻微损耗故障的建模； （4）$\beta = 2$ 时，失效率曲线为一条上升的斜线，可以用于有明显损耗故障的建模； （5）$\beta > 2$ 时，失效率曲线逐渐上升，上升速度逐渐增加，可以用于有明显损耗故障的建模
尺度参数	η	影响威布尔分布的尺度或宽度	尺度参数 η 在横向上决定了威布尔分布失效概率密度的伸缩，不影响威布尔分布的形状
位置参数	γ	调整威布尔分布的起始位置	位置参数 γ 也称最小保证寿命，即在时间小于 $t = \gamma$ 之前，设备都不会发生故障；当位置参数 $\gamma = 0$ 时，为常见的两参数威布尔分布。主要用于调整分布的起始点

在工程应用中，通常默认位置参数 $\gamma = 0$。这种情况下的威布尔分布被称为两参数威布尔分布。这是因为在许多实际应用中，特别是在可靠性分析和生存分析中，设备通常假设为从时间 $t = 0$ 开始就可能发生故障。

此时，威布尔分布的失效概率密度函数 $f(t)$ 可简化为

$$f(t) - \frac{\beta}{\eta}\left(\frac{t}{\eta}\right)^{\beta-1}\exp\left[-\left(\frac{t}{\eta}\right)^{\beta}\right], t \geq 0$$

累计分布函数 $F(t)$ 可简化为

$$F(t) = 1 - \exp\left[-\left(\frac{t}{\eta}\right)^{\beta}\right], t \geq 0$$

第二节　设备状态监测及故障诊断技术

在发电设备状态监测和故障诊断中，选择适当的监测技术至关重要。进行故障分析或根本原因分析是帮助选择最佳状态监测方法的关键。在选择监测方法时，需要考虑在线监测或定期监测的方式，并确定监测技术类型，如振动、热力、声学、化学等。同时，还需要确定监测的频率和监测点的放置位置，并设定验收标准来评价设备的状况。

在预知性检修程序中，识别可能已经存在的一些状态监测技术非常重要。这些技术的个别应用应根据电厂的具体需求进行评估。可以考虑使用振动分析、红外热成像法、水化学工况分析、声学性能监测等技术。这些技术已经在电厂中证明是有益的，可以帮助提高设备的可靠性和效率，减少维护成本，确保电力供应的稳定性。

发电设备的状态监测和故障诊断技术涉及多种方法，包括但不限于：振动监测与诊断（轴系振动、扭振、管道振动监测诊断等），油液监测与诊断（铁谱、光谱、色谱诊断等），温度监测与诊断（红外线热成像诊断等），声波监测与诊断（声发射和超声发射诊断等），电气参数监测与诊断（局部放电监测、铁芯电流监测、绝缘监测等），应力/应变监测与诊断（热应力、动应力监测与诊断），位移和位置监测与诊断（膨胀监测、阀位监测等），核射线监测与诊断（TA、成分分析等），化学分析、监测与诊断（氢纯度、氧量监测等），性能监测与诊断（效率、单耗等监测诊断）。

下面针对几种常用的设备状态监测与诊断技术进行详细介绍。

一、振动监测与诊断

振动分析是一种常用的设备状态监测技术，通过监测设备振动信号来判断设备运行状态和健康状况。设备在运行中会产生各种振动，不同的振动特征可以反映设备的不同运行状态或故障类型。通过振动传感器采集振动信号，利用信号处理和分析技术，可以提取振动特征参数，如振动频率、幅值、相位等，进而判断设备是否存在异常振动和故障情况。

振动分析技术在设备维护中广泛应用。通过监测和分析设备的振动参数，工程师可以得出以下信息：①检测早期故障，通过监测振动速度和加速度，工程师可以检测设备的早期故障，例如轴承磨损、不平衡和松动等问题，并及早发现故障可以避免设备损坏，减少停机时间和维修成本；②确定故障类型，不同类型的故障产生的振动频率和幅度不同，并通过对振动信号进行频谱分析，工程师可以确定故障的类型，如轴承故障、齿轮故障等；③评估设备健康状况，通过持续监测振动参数，工程师可以评估设备的健康状况和运行稳定性，其有助于制定维护计划和预测设备的寿命；④指导维护决策，根据振动分析结果，工程师可以制定适当的维护策略，包括计划性维护、修复性维护和替换故障部件等，以确保设备的可靠性和安全运行。

因此振动分析非常适用于发电机组、轴承、齿轮箱等设备的监测和故障诊断。

1. 振动的原理与参数

振动是物体围绕平衡位置做周期性的往复运动，通常有 3 个可用于测量振动的参数，分别用振幅、频率和相位进行描述。

（1）振幅（amplitude），可以将其比喻为振动物体摆动时从平衡位置到达的最大偏移距离，就像一钟摆摆动时，摆动的最大偏移距离就是振幅。在振动分析中，振幅可以帮助判断振动的强度和振动物体的运动范围。较大的振幅可能意味着设备存在问题，例如不平衡、偏心、松动等故障。

在描述振幅时，细分为不同的物理量，包括振动加速度、振动速度和振动位移：

1）振动加速度（vibration acceleration）。振动加速度是指振动物体在单位时间内改变速度的量，通常用米每平方秒（m/s^2）或加速度 g（$1g=9.81m/s^2$）表示。振动加速度与振动物体的质量和振动力量成正比，反映了振动的强度和能量。在振动分析中，加速度可以用来评估振动的严重程度和检测高频故障，如轴承故障和齿轮故障。

2）振动速度（vibration velocity）。振动速度是指振动物体在单位时间内位移的量，通常用毫米每秒（mm/s）表示。振动速度反映了振动物体的运动速度，对于某些故障类型，如不平衡和轴承磨损等，振动速度分析更为敏感。

3）振动位移（vibration displacement）。振动位移是指振动物体在一个周期内的位移距离，通常用微米（μm）表示。振动位移描述了振动物体的位移范围，可以用来评估振动的幅度和振动物体的运动范围。

在实际振动分析中，工程师通常会同时测量和分析振动加速度、速度和位移，以全面了解振动信号的特性。不同的振动量在故障诊断中具有不同的敏感性，因此综合考虑这些振动参数可以更准确地判断设备的健康状况和故障类型。

（2）频率（frequency）。频率是指振动物体在一个单位时间内完成的振动周期数，就像是摆动钟摆在单位时间内摆动的次数，我们通常用赫兹（Hz）来表示频率。频率与振动周期成反比，即频率越高，摆动周期就越短。在振动分析中，频率用来判断振动信号中包含的不同频率成分，帮助我们确定振动的产生原因和故障类型。不同故障产生的振动频率也不同。

（3）相位（phase）。相位是指振动物体在一个周期内相对于参考位置的时间关系。可以想象为摆动钟摆在一个周期内相对于参考位置的时间关系。它描述了振动信号的波形形态，通常用角度或弧度来表示。在振动分析中，相位帮助我们判断振动信号的相对位置和相位差，从而确定不同部件的振动是否同步或存在相位差。

2. 振动分析在状态监测的应用

振动分析作为设备状态监测技术在发电厂和工业领域中扮演着至关重要的角色。振动分析通过监测设备的振动信号来评估设备的健康状况，帮助预测可能的故障，并及早采取维修措施，从而避免生产中断和高额的维修成本。

振动分析的主要优势之一是可以实现非侵入式的设备监测。通过使用振动传感器，工程师可以在设备运行时实时收集振动数据，无需停机或拆卸设备，大大节省了时间和成本。此外，振动分析能够探测到许多不同类型的故障，如不平衡、松动、偏心、轴承磨损、齿轮故障等，使其成为一种全面而高效的监测方法。

振动分析可以采取以下不同形式：

（1）定期振动监测。定期振动监测程序是最常见且成本较低的方法。该程序的流程包括在规定的监测仪器设备上定期获取数据，使用便携式设备收集振动数据，然后将数据下载到计算机中进行处理、显示和趋势分析。这些数据分析结果可以用于输入其他预知性检修模块，并进行归档。

定期振动监测的主要目的是探测设备振动等级的改变，以及可能指示问题开始的早期迹象。通过及时监测振动的变化，可以更有效地进行设备检修。在问题开始时进行干预和维护，可以提前订购备件并按计划进行修理，避免因灾难性故障而导致生产中断。

振动分析中的标绘选择是不可或缺的，它们对振动问题的诊断非常重要。标绘选择包括振幅谱、趋势标绘图/多趋势标绘图和瀑布状谱标绘图。这些标绘图展示了不同时间段内的振动数据，帮助分析人员了解振动信号的特性和变化趋势。

（2）永久安装系统。除了定期振动监测，还存在永久安装系统。永久安装系统通常应用于主要旋转设备，如汽轮发动机组。这些系统使用多种传感器类型，并可实时显示振动数据于电厂操作员的控制台，并输送到振动分析和诊断计算机中。这样的系统提供了机器状态的在线指示和历史数据的分析和趋势。对于振动相关问题，连续振动监测系统有助于及时发现异常变化，并帮助跟踪和诊断转子/轴承动态问题。同时，连续振动监测系统也可以帮助振动专家进行深入分析。它提供了在线振动数据和历史趋势，使得专家能够诊断转子/轴承动态问题。此外，系统还能提供关键参数的实时显示，帮助操作员调节工艺参数，确保设备的安全运行。

综上所述，振动分析是一种重要的设备状态监测技术，它可以帮助发电厂及时发现潜在故障和问题，从而提高设备的可靠性，降低维修成本，并确保电厂的安全运行。连续振动监测系统的引入使得振动分析更加智能化和高效化，为电厂设备管理提供了强有力的支持。

二、温度监测与诊断

热成像法是一种基于红外辐射原理的设备状态监测技术，可以非接触式地检测设备表面的温度变化。设备在运行中，由于受到电流、摩擦、磨损等因素的影响，可能会在设备表面产生局部温升。通过使用红外热像仪采集设备表面的红外图像，可以实时观察设备的温度分布，进而检测温度异常和热点区域。这些异常情况可能表明设备存在潜在故障或运行不良，因此及时发现并采取措施进行维修，可以避免设备故障进一步发展，提高设备的可靠性和安全性。

热成像法作为一种相对新的技术，现在广泛应用于状态监测领域。通常使用便携式红外线（IR）扫描仪来记录多种旋转设备和电气部件的热成像图像。例如，它可以用来监测轴承、电动机、电气接头等部件的温度情况，提供非接触式的温度指示。同时，热成像法也可用于检查热交换器、锅炉外壳、管道隔热材料等设备的状态。甚至可以用于检测泄漏阀门和凝汽器管等问题。通过热成像法，可以识别其他测量方法难以探测到的初始故障状态。

热成像法程序通常遵循基本的步骤，并用于监测电厂运行或无仪表安装区域中的温度情况。通过使用适当的设备，可以测量不同对象的热辐射能量，从而得知它们的温度情况，而无需直接接触这些对象。典型的热成像法系统使用类似于标准照相机的连续监测摄像机，除了反映红外线能量外，还可以将观察到的温度以相应的颜色（灰度）分配。在定期的检查中，任何部件在正常温度状态之外运行的情况都会被记录下来，并通过拍摄热成像照片（温谱图）和常规照片来图解说明涉及的区域。这些照片以及观察到的位置和温度等注释会被添加到综合报告中。

多种设备及部件的状态监测和故障诊断可采用热成像法。其中，旋转设备是常见的目标，例如泵、风机、磨煤机和电动机等。通过热成像法，可以监测这些设备的运行状态，检测可能存在的温度异常和热点区域，以便及时发现潜在的故障并采取适当的维修措施。

除了旋转设备，热成像法同样适用于负荷中心部件，如电动机控制中心操纵盘和断路器等。这些部件在电力系统中起着关键作用，它们的运行状况直接影响整个系统的稳定性和安全性。通过监测这些部件的温度变化，可以及时发现潜在的问题，并采取必要的措施维护设备，确保电力系统的可靠运行。

此外，热成像法还可以应用于开关装置部件，如断路器、变压器和接头等。这些部件通常承受较高的电流负荷，容易产生异常温升。通过热成像法，可以监测这些部件的温度情况，及时发现电流异常和潜在的故障，确保设备的安全运行。

除了上述电力设备，热成像法也可以用于其他机械部件的状态监测，如疏水器、安全阀等。此外，它还适用于检查锅炉四管等设备的状态。这些设备在发电厂中起着重要作用，保持它们的正常运行对于发电厂的稳定运行至关重要。

总体而言，热成像法是一种非常有用的设备状态监测技术。其广泛应用于发电厂的各个领域。我们可以通过及时采集和分析设备表面的温度信息，有效地监测设备的运行状态，预测潜在的故障，并采取相应措施，从而确保发电设备的可靠性和安全性。

三、声波监测与诊断

1. 声波监测与诊断基本原理

声波监测与诊断是一种利用声波（或声学波）的物理性质来检测和诊断物体或环境状态的技术。声波是一种机械波，它需要通过介质（如空气、水或固体）传播。声波的传播速度、频率和波长等特性，都会受到介质的性质和状态的影响。例如，声波在固体中的传播速度通常比在空气中快，而在金属中的传播速度则比在非金属固体中快。这些性质对声波监测与诊断的结果有重要影响。

（1）频率：频率是指声波在一秒内振动的次数，单位是赫兹（Hz）。频率决定了声波的音调，频率越高，声音的音调越高。在声波监测与诊断中，频率是一个重要的参数。不同的应用需要使用不同频率的声波。例如，医学超声波成像通常使用的频率范围是 1～20MHz，而在工业检测中，频率可能会低得多，通常在几十千赫兹到几兆赫兹的范围内。

（2）波长：波长是指声波在一周期内传播的距离。波长与频率和速度有关，公式为 $\lambda = v/f$，其中 λ 是波长，v 是声速，f 是频率。波长对声波的分辨率有重要影响。波长越短，分辨率越高，因此可以更清楚地看到细节。但是，波长越短，声波在介质中的穿透能力就越弱。

（3）速度：声速是指声波在介质中传播的速度。声速取决于介质的物理性质，如密度和弹性模量。在固体中，声速通常比在液体或气体中快。声速对声波的传播时间和距离测量有重要影响。在声波监测与诊断中，通过测量声波从发射到接收的时间，可以计算出声波传播的距离，从而确定物体的位置或大小。

2. 声波监测与诊断的基本步骤

（1）发射声波：通过一个声波发射器，可以产生特定频率和强度的声波。这些声波会向设备内部传播。

（2）接收声波：通过一个声波接收器，可以接收从设备内部反射回来的声波。这些反射声波的特性（如强度、频率和传播时间）会受到设备内部结构和状态的影响。

（3）分析声波：对接收到的声波进行分析。通过比较发射的声波和接收的声波，可以得到设备内部的信息。例如，如果设备内部有裂缝或其他缺陷，那么反射声波的特性就会发生变化。

3. 声波监测与诊断技术

声波监测与诊断的产品和技术非常多样化，在设备状态监测领域有着广泛的应用，以下是一些常见的设备和技术。

（1）超声波设备。就像在医院做超声波检查一样，超声波设备可以发出高频的声波，然后接收这些声波在设备内部反弹回来的信号，用于检测发电设备的各种部件，如涡轮机、发电机、变压器等。例如，通过超声波设备，可以检测涡轮机叶片的磨损程度，或者发现发电机定子和转子的裂缝。此外，超声波设备还可以用于检测设备内部的气泡和杂质，这些气泡和杂质可能会影响设备的运行效率和寿命。

（2）声波成像技术。声波成像技术可以用于生成发电设备内部的二维或三维图像，就像给设备做一次"X光"。通过超声波成像，可以直观地看到设备内部的结构，如涡轮机叶片的形状和位置、发电机定子和转子的排列方式等。这些图像可以帮助我们更好地理解设备的结构，更准确地定位和诊断设备的问题。

（3）声波谱分析。声波谱技术就像听音乐时用的音乐频谱分析器，可以分析设备发出的声波的频率。如果设备有问题，它发出的声波的频率就会发生变化，就像音乐的节奏突然改变一样。通过声波谱分析，可以识别出设备运行中产生的特定频率的声波，这些声波可能是设备故障的早期信号。通过及时发现和处理这些早期信号，可以防止设备的进一步损坏，提高设备的运行效率和寿命。

（4）声发射技术。与声波谱技术相比，该技术就像用耳朵听设备的声音一样，只不过它更加敏感，可以听到我们肉眼无法察觉的微小变化。当设备运行时，它会发出声波，如果设备有问题，这些声波就会发生变化。通过声发射技术，可以实时获取设备在运行过程中产生的声波（声发射信号）。这些声波可能包含设备状态的重要信息，如设备是否在正常运行，是否存在过热、过载或其他异常情况。通过实时分析这些声发射信号，可以及时发现和处理设备的问题，防止设备的进一步损坏。

4. 声波监测与诊断的实际应用

声波监测与诊断是电力工程诊断领域的一项关键应用，如设备运行噪声及超低频测定分析技术，尤其在火力发电厂的锅炉、水冷壁、过热器、再热器等组件的故障检测中应用较为广泛。该方法分为常规声发射检测和超声发射检测两大类，根据检测需求可通过金属结构或环境介质进行信号传递。超声波具有高度集中的能量和优异的指向性，因此在不同介质（特别是金属与气体或夹杂物）的界面上容易产生反射、折射和波型转换现象。这些特性使得超声波能有效地探测材料内部的缺陷或不规则性，如气孔、裂纹、分层等。超声波进行泄漏监测的工作原理是接收到反射回的超声波信号经过电路处理后，将在仪器的显示面板上以特定的波形图呈现，从而实现对设备内部结构完整性的评估。此类技术广泛应用于多个场景，包括压力与真空泄漏检测、阀座、排气系统、热交换器、蒸汽阀、轴承、齿轮传动装置以及电力系统的电弧放电诊断等。在锅炉四管省煤器的爆漏诊断方面，通过气体介质传递声信号的方法已较为成熟，目前可实现多台设备的远程遥测与诊断，且在金属材料的探伤检测、压力容器的泄漏诊断，以及真空泄漏等问题的检出方面有着广泛应用。

四、油液监测与诊断

油液监测诊断是一种用于保障电力设备高效、安全运行的关键技术。其主要分为离线油液监测与诊断、在线油液监测与诊断两大类技术。

1. 离线油液监测与诊断

在离线油液监测与诊断技术中，其重要性体现在对润滑剂性能和磨损颗粒的深入分析。该技术主要包含原子光谱分析、红外光谱分析、理化指标分析、铁量指标分析、铁谱分析和污染度测试等多种技术手段。通过对油样的离线检测，能够获得超过百项的技术指标。这些指标帮助深入了解油液的理化性能，从而确保设备的良好润滑状态。其中，铁谱分析能提供关于磨粒和润滑系统的重要信息，而油液光谱分析不仅能够测定油液中磨损颗粒的成分和含量，还能准确检测油液中添加剂的情况、污染程度和衰变过程。因此，离线检测能够多方位地判断机械设备的运行状况和发展趋势。

需要注意的是，离线监测技术采用定期采样的方式。油样在采集后被送至专业实验室进行详细的化学和物理测试，以评估油液的质量状态和使用寿命。这种方法虽然能够提供全面的油样参数，但也有其缺点。例如，由于需要将固定的油样取出并送至实验室，这导致了检测过程的时间延长，可能会错过油品质量变化的及时发现和处理。此外，由于离线检测技术通常专注于测量单个参数的变化情况，在需要同步监测多个参数以全面评估工艺生产单位状态的场合，该技术可能不足以提供全面的信息，从而在一定程度上影响其在复杂设备监测中的应用效率。在对定期送检的油样进行离线检测的过程中，据统计，分析结果显示正常的油样占比达到 50%，开始被污染或出现异常磨损颗粒的占比为 45%，而检测出严重问题的仅占 5%。这表明，单靠离线测试来判断机器的运行情况可能会造成资源的浪费。

2. 在线油液监测与诊断

在线油液监测与诊断技术则专注于设备运行过程中润滑油性能，包括对润滑油中的水分、机械杂质、颗粒污染、温度和压力等参数的实时监测。这些信息对于判断设备是否正常运行极为重要。对这些参数的实时监控不仅可以迅速发现问题，还可以帮助操作人员采取适时的维护和修理措施，从而提高设备的可靠性和运行效率。

在线监测技术的主要优势在于其实时性和数据准确性，能够及时发现润滑油性能的劣化，并及时采取措施避免设备故障。此外，它还可以实时掌握设备运行状态，并通过远程诊断、有线/无线传输和后台自动预警来及时调整运行状态。在线监测技术虽然有许多优势，但也存在一些局限性。例如，其监测周期较长，无法实时判断油品性能的变化，且不能保证油液中的污染物不超标。

离线油液监测与诊断技术和在线油液监测与诊断技术的主要特点和差异对比情况如表 6-3 所示。

表 6-3　　　　　　　　　　离线、在线油液监测与诊断技术对比

特性	离线油液监测与诊断技术	在线油液监测与诊断技术
监测方式	定期采样，将油样送至实验室进行分析	实时监测，设备运行过程中进行
分析内容	润滑剂性能、磨损颗粒、理化指标、铁量指标、铁谱分析、污染度	水分、机械杂质、颗粒污染、温度、压力
优点	提供详细、全面的数据分析；能深入分析油液的理化性能	实时数据更新；及时发现问题并采取措施；远程诊断和预警能力
缺点	需要将油样取出处理，对实验室设备和环境要求高；检测耗时较长	监测周期可能较长，无法实时反映油品性能的快速变化；不能保证油液中污染物不超标

综上所述，油液监测诊断通过颗粒或污染物的探测，可预警轴承故障、过热或其他机器问题。长期数据分析可以高度可靠地预测部件的状况及所需的校正措施。例如，铁粉记录的粒子分析能够在振动数据探测之前指示设备的缺陷，而化学分析则能显示诸如互感器中的初始故障状态等问题。油样品的分析通常在外部实验室进行，而分析结果能够为电站提供关于油品状态的直接通知和动作建议。正确应用润滑油分析技术，能够显著节约成本。例如，铁粉记录技术的应用可以帮助某电力企业每年节约超过 50000 美元的成本，而成本的降低主要源于电厂可通过该技术及时发现和预防设备故障，从而减少昂贵的维修费用和停机时间。

五、水化学监测与诊断

水化学监测与诊断过程通常涉及从凝结水、给水和蒸汽系统中定期抽取样本，进行实验室分析以调整化学药品添加速率或识别诸如凝汽器泄漏等问题。连续的水化学工况监测系统依赖于在线安装的化学工况仪表。这些现场传感器不仅在现场提供指示，还将数据发送至过程计算机。这样电厂操作员能够直接利用图形和趋势进行分析，从而更好地管理水质。系统提供了多种在线屏幕，以助于电厂的药剂师和操作员维持水的优良品质。系统详细显示了诸如钠、电导率和溶解氧等参数，并可将这些参数与既定的目标值进行对比，每个目标值都有相应的动作等级。通过在线监测系统，电厂能够几乎实时地掌握水化学工况的变化，而不仅仅依赖于成批的实验室测试。这种方法不仅能更早地发现例如凝汽器泄漏等问题，还可以实现对化学处理程序的更精确控制，因为它集中于恒定的监视和趋势分析。

专家系统软件的加入，使得系统能够提供诊断问题的校正信息。例如，前述的动作等级能帮助药剂师判断异常的程度，并确定恰当的响应时间。典型的动作等级包括：①1 级表示有污染物和腐蚀积累的可能，需在一周内回到正常水平；②2 级表示杂质和腐蚀积累将出现，需在 24h 内回到正常水平；③3 级意味着快速腐蚀的可能性，需在 4h 内采取措施以避免。另外，系统还可能包含一个诊断屏幕，以帮助用户在出现故障后找到水质扰动的原因，诊断评估结合化学知识和过程值来生成诊断和校正措施。系统能提供所有水质参数的在线和历史视图，其中在线评估以过程流程图的形式显示，历史视图则以趋势图的形式展现。

总的来说，这种水化学监测与诊断系统的好处在于：它允许精确定义化学变化，这些变化可能由于机组的运行方式和状态而产生；能够快速识别循环系统中的污染，从而及时进行修理或采取其他响应措施；帮助防止或最小化由腐蚀引起的设备损坏；提供了正确控制化学处理程序所需的监控能力。

除了上述常规监测手段外，一些先进的智能监测和诊断手段也被设计用于不同类型的发电厂设备，以预防故障和延长设备寿命。

（1）在锅炉四管监测方面。锅炉四管泄漏预警系统采用高精度传感器监控水管、气管、炉墙管和过热器管的压力和流量，实时检测微小泄漏，能够在初期泄漏发生时即刻报警。锅炉四管寿命智能管理系统通过对管路的温度、压力、流速等参数长期跟踪，运用先进的数据分析模型预测管道磨损和腐蚀趋势，智能推算出管路的健康状态和剩余寿命。

（2）在输送系统监测方面。输煤皮带堵煤溢煤识别预警系统监控煤流状态，结合图像识别技术和物料流动传感器，实时监控输煤皮带的堵塞和溢煤情况，防止煤炭供应中断。

（3）在动力机械监测方面。末级叶片振动监测利用安装在汽轮机叶片上的振动传感器，精确测量叶片的运动状态，通过分析振动数据，及时检测出叶片磨损或损坏，对汽轮机关键部件健康开展及时评估。而汽轮机轴瓦油膜压力在线监测系统则通过油膜压力的监测以预防轴颈与轴瓦干磨。

（4）在管道及结构完整性方面。热力管道膨胀在线监测装置监测热力管道在不同工况下的膨胀行为，及时调整管道支架和支吊架，防止因热膨胀引起的结构损伤。捞渣机链条脱轨保护装置在捞渣机的关键传输部件上安装监测设备，一旦检测到链条有脱轨迹象，立即启动安全保护程序，防止设备事故。

在这些先进监测手段的基础上，状态评估及检修决策大数据支持系统被开发出来并逐步在电厂推广使用，该系统将这些监测数据汇集到状态评估及检修决策大数据支持系统中，并运用大数据分析和机器学习技术，综合考虑历史和实时数据，揭示设备的整体健康状况。其不单考量单个传感器的输出，而是将所有监测点的数据综合起来，形成全方位的视图。这种集成化的方法允许维护团队不再依赖碎片化的数据，而是能够看到设备健康的全局，因而能够更为准确地识别出哪些部件可能即将发生故障，哪些部件正按预期运行，以及何时进行维护最为合适。这样，检修工作可以在不影响生产效率的情况下，更有针对性地安排，最终实现了预防性维护和优化的运维决策。

综上所述，设备状态监测和故障诊断技术的发展，为设备管理人员提供了强有力的决策支持工具。未来，随着物联网和人工智能技术的进一步融合，我们将看到更加整合的监测解决方案，不仅限于故障检测，还将能够自动调整操作参数以优化设备性能，并进行自我修复。这种自适应和自主决策的能力是将 RCM 推向新高度的关键，将设备管理从传统的预防性和反应性模式转变为真正的预测性和主动性模式。

第三节　设备风险分析及量化评估技术

一、基于事件树的设备风险评价技术

1. 事件树的基本概念

事件树分析是一种定量风险评估方法，用于分析和评估故障事件发生的可能性、潜在的后果以及与之相关的控制措施。它基于事件树的概念，通过构建树状结构来表示和分析不同事件节点之间的逻辑关系和概率。在事件树分析中，通过定义事件节点、逻辑门和结果节点，可以描述故障事件的发生和演化过程。每个事件节点表示一个特定的故障事件或事件组合，逻辑门用于表示不同事件节点之间的逻辑关系，结果节点表示最终的结果或后果。

理解事件树分析通常涉及以下 4 个方面。

（1）故障事件的概率性模拟。事件树分析是基于概率的分析方法，通过构建事件树来模拟故障事件的发生概率。通过定量的故障概率数据、历史数据、专家意见等，为每个事件节点分配相应的概率。这样，可以确定不同故障事件发生的可能性，并进一步分析风险。

（2）逻辑关系的建模和分析。事件树通过逻辑门来表示不同事件节点之间的逻辑关系。逻辑门包括与门、或门和非门，用于描述事件的组合和顺序。通过逻辑门的连接，

可以表示出不同事件发生的多种可能性和路径。通过分析逻辑关系，可以较为清晰地了解事件之间的因果关系和演化过程。

（3）潜在风险和后果的评估。通过事件树分析，可以评估潜在风险和事件的后果。每个事件节点和结果节点都可以与特定的风险和后果相关联，例如设备故障、人员伤亡、环境污染等。通过分析事件节点和逻辑关系，可以计算出各种路径上事件和结果节点的概率，并评估相应的风险和后果。

（4）风险管理和决策支持。事件树分析为风险管理提供了一种系统的方法。基于分析结果，可以针对潜在的风险和事件制定相应的管理策略和措施。根据分析所得的概率和后果，可以确定哪些事件具有较高的风险，以便优先考虑和采取相应的控制措施。此外，事件树分析也可以用于决策支持，帮助决策者更好地理解风险和选择合适的决策路径。

事件树分析方法可应用于多个领域，如核能、化工、航空航天等高风险行业，用于识别潜在风险来源、评估风险水平、制定风险管理措施，并支持决策过程。它为决策者提供了一套清晰的风险分析和决策工具，有助于降低事故和灾难风险，提高系统的安全性和可靠性。

2. 基于事件树的设备风险评价流程

基于事件树的设备风险评价是一种系统化的方法，用于识别和分析设备故障事件的潜在风险和后果。通过构建事件树模型，将故障事件、可能性、后果和控制措施进行图形化展示，可以评估设备的风险水平，并制定相应的风险管理策略。下面将介绍基于事件树的设备风险评价的基本步骤和关键要素。

（1）事件树的构建。

1）确定评价目标和范围。在开始建立事件树之前，需要明确评价的目标和范围。确定所关注的设备或系统、评价的时间段和考虑的故障类型，这有助于确定评价所需的数据和方法。

2）识别关键事件节点。根据设备或系统的特性和结构，识别关键的事件节点，这些节点代表故障事件或事件的组合。事件节点应根据可能性和严重程度进行选择，以确保捕捉到最为重要的风险事件。

3）确定事件概率。为每个事件节点确定其发生的概率。这可以通过历史数据、专家经验或故障分析等方法得出。确保事件概率的估计具有合理的依据和可靠性。

4）确定逻辑门。在事件树中，使用逻辑门表示事件之间的逻辑关系。常见的逻辑门有与门、或门和非门。根据故障事件发生的逻辑关系，选择适当的逻辑门进行连接。

（2）评估事件树的风险。

1）描述故障后果。为每个事件节点描述可能的故障后果，这可以包括设备停机时间、生产损失、安全风险，以及影响环境和人员的因素等。对后果进行分类和程度评估，以便后续的风险分析。

2）考虑控制措施。对于每个事件节点，考虑可能的控制措施及其效果，主要包括故障检测、报警系统、备用设备等。控制措施可以降低故障的可能性或减轻后果的严重程度，从而对风险进行控制和管理。

3）分析事件树路径。从事件树的顶部开始，按照事件概率和逻辑门的关系，计算每个路径的风险指标。常用的风险指标包括失效率、失效概率、失效时间等。通过计算不同路径上的风险指标，可以评估不同事件发生的风险水平。

4）评估风险水平。根据分析结果，评估设备的风险水平。根据风险水平的评估结果，制定相应的风险管理策略，包括风险控制、紧急预案和持续改进等方面。

（3）敏感性分析和优化。

敏感性分析和优化是一个重要的环节，可以帮助评估不同参数、控制措施和假设变化对风险评价结果的影响，并找到最佳的风险控制策略。

1）确定敏感性分析的参数和控制措施。确定需要进行敏感性分析的参数和控制措施。这些参数可以是与设备故障概率、故障后果相关的因素，如组件的可靠性、维修时间、控制措施的有效性等；控制措施可以是故障检测、维修策略、备用设备的使用等。

2）分析敏感性结果。分析敏感性结果，评估不同参数和控制措施对风险的影响程度。通过比较不同参数和控制措施的影响，可以确定哪些因素对设备风险具有最重要的影响。

3）优化风险控制策略。根据敏感性分析的结果，优化风险控制策略。根据不同参数和控制措施的影响程度，调整对应的参数取值或优化控制措施的实施方式。通过优化风险控制策略，可以降低设备风险并提高系统的安全性和可靠性。

4）综合评估和决策。综合所有的敏感性分析结果和优化方案，进行综合评估和决策。考虑实施优化方案的可行性、效果和成本，选择适合的风险管理策略，并制定相应的实施计划。

二、基于贝叶斯网络的设备风险评价技术

1. 贝叶斯网络的原理与关键概念

贝叶斯网络（Bayesian Network），也称为信念网络（Belief Network）或概率有向无环图（Probabilistic Direct 3d Acyclic Graph，PDAG），是一种用于建模和推理条件概率的概率图模型。它是由一组节点和有向边组成的，用于描述变量之间的依赖关系和联合概率分布。在贝叶斯网络中，节点代表随机变量（或事件），有向边表示变量之间的因果或条件依赖关系。每个节点的取值都与其父节点的取值有关，这反映了变量之间的因果性。贝叶斯网络使用条件概率表（conditional probability table，CPT）来描述节点与其父节点之间的条件概率关系。

（1）贝叶斯网络的 6 个关键概念定义。

1）随机变量（random variable）：表示可能发生的事件或状态的变量。在贝叶斯网络中，每个节点都代表一个随机变量，例如天气、疾病状态、设备故障等。

2）有向无环图（directed acyclic graph，DAG）：贝叶斯网络的结构表示，由节点和有向边组成。每个节点代表一个随机变量，有向边表示变量之间的因果关系。

3）父节点和子节点：在贝叶斯网络的有向边中，作为起点的节点称为父节点，而作

为终点的节点称为子节点。有向边表示父节点对子节点的影响。

4）条件概率表（conditional probability table，CPT）：用于描述节点与其父节点之间的条件概率关系。条件概率表给出了在给定父节点值情况下子节点的概率分布。它表示了随机变量之间的依赖关系。

5）先验概率（prior probability）：在没有观察到其他变量的情况下，节点的边界条件概率分布。它是贝叶斯网络中的初始概率。

6）后验概率（posterior probability）：在给定观察到的变量或证据的情况下，根据贝叶斯定理计算得到的调整后的概率分布。后验概率是贝叶斯网络推断的结果。

（2）贝叶斯网络内涵包括的 6 个重要方面。

1）不确定性建模：贝叶斯网络提供了一种形式化的方法来处理不确定性。通过使用概率分布，可以描述变量的不确定性程度，并捕捉到变量之间的关联和依赖关系。

2）因果推理：贝叶斯网络基于因果关系，可以进行因果推理。节点之间的有向边表示变量之间的因果关系，从而可以通过观察到的变量值进行推断和预测。

3）条件概率推断：贝叶斯网络利用贝叶斯定理从观察到的证据推断隐藏变量的概率分布。通过观察到的节点值，可以计算未观察到的节点的后验概率分布。

4）敏感性分析和优化：贝叶斯网络可以进行敏感性分析，通过改变条件概率表的值、调整网络结构或添加新的观测变量，评估模型对于不同变量和参数的敏感性，并进行优化和改进。

5）高效的推理算法：为了进行概率推理，贝叶斯网络使用基于概率图的推理算法，例如变量消去、固定值传播等。这些算法可以高效地计算节点的后验概率分布，实现快速的推理过程。

6）贝叶斯网络利用条件概率和贝叶斯定理进行推理和推断。通过观察已知变量的值，可以计算未知变量的后验概率分布，从而实现对系统状态的推断和预测。贝叶斯网络在不确定性建模、风险评估、故障诊断等领域中有广泛的应用。

2. 基于贝叶斯网络的设备风险评估流程

设备风险分析在现代工业和制造领域中起着至关重要的作用。采用贝叶斯网络作为分析工具，能够更准确地评估设备的风险水平并优化风险管理措施。下面将详细解释如何使用贝叶斯网络实现设备风险分析。

（1）第一部分：准备工作。在开始设备风险分析之前，需要进行一些准备工作。

1）确定分析目标和范围。首先，明确设备风险分析的目标和范围。确定所关注的设备或系统、分析的时间段和考虑的故障类型。这将有助于定义贝叶斯网络的结构和所需的数据。

2）构建贝叶斯网络模型。根据设备或系统的特征和结构构建贝叶斯网络模型。选择适当的节点来表示关键变量，例如设备故障、修复情况、环境因素等。节点之间的有向边表示变量之间的因果依赖关系。

3）定义节点和条件概率分配。首先，为每个节点定义适当的名称，并确定其可能的取值。然后，为每个节点的父节点定义条件概率分配。条件概率分配描述了每个节点在给定其父节点状态的情况下的概率分布。这可以通过专家知识、历史数据或领域经验来确定。

4）收集和整理数据。收集与设备风险相关的数据，包括故障统计、修复记录、历史事件等。将数据整理为适合贝叶斯网络条件概率分配的格式。确保数据质量和准确性对于准确分析风险至关重要。

5）学习网络参数。基于收集的数据，利用统计方法或机器学习算法学习贝叶斯网络模型中的条件概率参数。这可以通过最大似然估计等方法实现，以获得准确的参数估计。

（2）第二部分：实施风险分析。在完成准备工作后，可以开始实施设备风险分析。

1）定义初始节点状态。为起始事件节点（如系统故障）定义先验概率分布。先验概率是在没有其他观察到的证据的情况下，节点状态的初始概率分布。

2）观察和推理。根据实际观测或提供的证据，将节点状态设置为已知，并利用贝叶斯推理算法计算未知节点的后验概率分布。这将提供有关系统状态的推断信息。通过观察已知的节点值，推断出未知节点的概率分布。

3）风险评估。基于推理得到的节点状态后验概率，进行风险评估。可以根据特定的风险指标或标准，如概率级别（高、中、低）、频率、严重程度等，评估设备的风险水平。

（3）第三部分：敏感性分析。敏感性分析是一种评估贝叶斯网络模型中输入变量对输出结果的敏感程度的技术。它帮助我们理解不确定性因素对分析结果的影响，并确定哪些因素对风险结果产生重要影响。

敏感性分析的目标是通过对模型的输入变量进行变化和调整，评估其对模型输出（例如风险概率或决策变量）的影响程度。通常包括以下 5 个步骤。

1）选择敏感性指标：确定要分析的输出或关注的风险指标。其主要包括风险概率、故障率、损失函数等。

2）确定输入变量：确定风险模型中的输入变量，即影响风险结果的因素。其主要包括设备故障率、维修时间、环境条件等。

3）确定变化范围：对于每个输入变量，指定其可能的取值范围或者按照一定的变化规则进行调整。

4）进行敏感性分析：通过对输入变量进行变化和调整，运行贝叶斯网络模型多次，并记录输出结果的变化情况。可以使用不同的敏感性指标，如局部敏感性指标或全局敏感性指标，来评估变量的敏感程度。

5）解释分析结果：根据敏感性分析的结果，评估每个输入变量对输出的影响程度。可能会发现某些变量对模型输出具有较大的影响，而其他变量对输出的影响较小。这有助于识别关键风险因素，并为风险管理提供依据。

第四节　设备检修决策及维修优化技术

一、维修策略优化

维修策略优化是指通过数学建模和优化方法，确定最佳的设备维修策略，从而提高设备的可靠性、降低维修成本和最大限度地减少设备停机时间。维修策略优化是一个复杂的过程，需要综合考虑设备的可靠性需求、维修资源的可用性、成本效益等多个宏观层面的因素。以下是一些可能的考虑因素和相应的方法技术。

（1）考虑设备的重要性。维修策略应当优先开展设备重要程度分析，并针对关键设备开展维修。并非所有设备都是同等重要的。在发电系统中一些核心设备故障可能引发连锁反应，导致发电供应中断等严重、恶劣的影响。而相比之下，其他辅助或次要设备的故障，虽可造成发电效率的边际减损与维护成本的增加，然而尚不至于直接威胁系统的总体运行。因此，检修策略的制定需要对关键发电设备实施优先级维护。

（2）考虑成本效益分析。成本效益分析（cost-benefit analysis，CBA）通过将项目的所有预期收益（效益）和成本进行量化和货币化，然后进行比较，以决定项目是否值得投资。在应用到发电设备的维修决策时，成本效益分析可以帮助决策者了解维修活动的经济效益，从而做出更好的决策。例如，通过比较预防性维护的成本（包括维修费用和设备停机时间的成本）和效益（如避免设备故障导致的电力产量损失），可以决定是否进行预防性维护。

（3）考虑预防性维护和反应性维护的平衡。对于发电设备，预防性维护可以通过定期检查和维护来防止设备故障，而反应性维护则是在设备出现故障后进行。理想的维修策略是应该找到这两种维护方式的平衡，以最小化总体维护成本。如采用一些先进的维护优化模型，如马尔科夫决策过程（MDP）可以根据设备的历史故障数据，预测设备在未来的故障概率，并据此确定最佳的维护策略，同时最小化总体维护成本。

（4）考虑设备的寿命周期。发电设备在其寿命周期的不同阶段可能需要不同的维修策略。例如，新设备可能只需要最小的维护，而老化设备可能需要更频繁的维护。这种策略可以通过生命周期成本分析（LCCA）来支持。生命周期成本分析（LCCA）是一种评估产品或系统全生命周期内所有预期成本的方法。在制定维护策略时，LCCA 可以帮助我们理解在设备寿命周期的不同阶段进行维护的经济效益。

1）在设备的早期阶段，设备通常运行稳定，故障率较低，因此可能只需要进行最小的维护，如定期检查和清洁。在这个阶段，维护成本主要包括维护人员的工资和维护活动的直接成本。通过 LCCA，我们可以计算这些成本，并将它们与设备故障导致的潜在成本进行比较，从而确定最佳的维护策略。

2）随着设备的使用和老化，设备的故障率可能会逐渐增加，因此可能需要更频繁的维护，甚至需要进行大修或更换部件。在这个阶段，维护成本可能会显著增加。然而，如果能够通过维护活动防止设备故障，那么这些成本可能会被设备故障导致的生产损失所抵消。通过 LCCA，我们可以计算这些成本，并将它们与设备故障导致的潜在成本进行比较，从而确定最佳的维护策略。总的来说，通过 LCCA，我们可以在设备的寿命周期内，根据设备的实际运行状况和预期的维护成本，制定出最经济、最有效的维护策略。

（5）考虑法规和安全要求。在制定维修策略时，必须考虑任何适用的法规和安全要求。例如，某些设备可能需要定期进行安全检查，以满足法规要求。在电力行业，有许多法规和标准规定了设备的维护和安全要求。这些法规和标准可能来自国家或地方政府，也可能来自行业组织。例如，美国的国家电气安全代码（National Electrical Safety Code，NESC）和职业安全健康管理局（Occupational Safety and Health Administration，OSHA）都有关于电力设备维护的规定。这些法规和标准通常会规定设备的维护频率、维护程序、维护人员的资质要求等。例如，某些设备可能需要每年进行一次安全检查，而某些设备可能需要在特定的操作条件下进行检查。这些要求必须在制定维修策略时考虑。因此在制定维修策略时，必须确保维修策略符合所有适用的法规和安全要求，以确保设备的安全运行，并避免可能的法律风险。

二、维修资源优化

维修资源优化是指通过有效分配和利用维修资源，以最大限度地提高维修效率、降低维修成本和减少设备停机时间的过程。它涉及合理的维修资源配置、优化的维修资源分配和最佳的维修资源管理。以下总结了维修资源优化的一些常见方法和策略。

（1）维修人员优化。维修人员的优化是指通过合理管理和提升维修人员的能力和效率，以最大化维修工作的效果和资源利用的过程。优化维修人员可以提高维修响应速度、减少故障修复时间，并确保维修工作质量和客户满意度。常见方法和策略包括以下内容：

1）培训和技能提升。为维修人员提供持续的培训和发展机会，提升他们的技术能力和专业知识。培训可以涵盖新技术和设备的使用、故障诊断和修复技巧、安全操作规程等。这有助于提升维修人员在面对各种故障和挑战时的应对能力。

2）工作流程和标准化。建立清晰的维修流程和标准操作规程，让维修人员能够按照统一的规范执行维修任务。标准化的工作流程可以提高工作效率、减少错误和遗漏，并推动最佳实践的积累和分享。

3）任务分配和调度。合理分配维修任务和调度维修人员的工作，确保任务的合理分配和平衡负载。根据维修人员的技能、经验和可用性，将任务分配给最合适的维修人员，并确保任务的及时完成。

4）绩效评估和激励机制。建立绩效评估机制，对维修人员的工作绩效进行评估和反馈。设定明确的绩效指标和目标，并根据绩效结果给予适当的激励和奖励，以促进维修人员的积极性和成长。

5）知识管理和协作平台。建立知识管理系统和协作平台，让维修人员能够共享和获取维修经验、故障解决方案和最佳实践。这有助于加速问题解决和知识共享，提高维修团队整体的能力和效率。

6）持续改进和学习。鼓励维修人员参与持续改进和学习活动，例如参与改进项目、参加行业培训和学术活动等。通过不断学习和改进，维修人员可以不断提升自我，应对新挑战和变化，并改善维修工作流程和效率。

（2）备件库存优化。备件库存优化是通过合理管理和控制库存水平，以确保备件可用性的同时最小化库存成本的过程。备件库存优化的目标是在充足的备件供应的基础上，避免过多的库存存留，减少资金占用和仓储成本。常见方法和策略包括以下内容：

1）ABC 分析。采用 ABC 分析法对备件进行分类管理。按照备件的重要性和使用频率，将备件分为 A、B、C 类。A 类备件是关键备件，需要保持较高的库存水平；B 类备件是较重要的备件，需要适度的库存；C 类备件是较少使用的备件，可以保持较低的库存。这有助于优化库存管理，重点关注关键备件的供应和库存控制。

2）经济订购数量模型。通过经济订购数量模型，确定每次订购的最佳备件数量。该模型综合考虑了订购成本和库存持有成本，以最小化总成本为目标，确定最经济的订购数量。经济订购数量的确定可以减少订单频率和库存持有成本，平衡备件供应和库存控制。

3）定期盘点和库存管理。定期进行备件库存盘点，确保库存数据的准确性和及时性。有效的库存管理包括设置库存目标、监控库存水平、优化补充策略、及时处理过期和损坏的备件，以确保库存持续符合需求，同时减少库存的过剩和缺乏。

4）供应链优化。与供应商建立合作伙伴关系，优化供应链管理，以确保备件的及时供应。建立可靠的供应渠道，监控供应商的交货准时性和质量，确保备件的可用性，并减少紧急订单和紧急库存的需求。同时，考虑供应链风险管理，制定应对供应中断及紧急情况的应急计划。

5）数据分析和预测。利用数据分析和预测技术，根据历史需求数据和趋势分析，预测备件的使用率和需求情况。基于预测结果，合理调整库存水平和补充策略，以满足预测的备件需求，减少库存过剩和缺货的情况。

三、设备资源调度优化

对于涉及多个设备的维修工作，优化设备资源的调度和利用，通过考虑设备的维修优先级、设备间的依赖关系和资源共享等因素，采用排程和调度算法来合理安排维修工作的顺序和时间，以最小化设备的停机时间和生产损失。

四、外包维修优化

对于一些特定的维修任务或对某些维修资源有限的情况，可以考虑外包维修。通过选择合适的外包厂商和合同管理，优化外包维修的安排和资源利用，以提高维修效率和降低维修成本。

五、维修数据管理和分析

建立和维护维修数据管理系统，对设备的维修历史、维修记录和维修效果进行数据分析和挖掘。通过对维修数据的统计分析和趋势分析，了解设备的维修需求和资源利用情况，为维修资源的优化提供实时的决策支持。

维修资源优化需要综合考虑维修需求、资源可用性、成本和效益等多个因素。通过优化维修人员、备件、设备资源的分配和利用，可以提高维修的效率和质量，减少设备停机时间和维修成本，提升设备可靠性和生产效率。

六、维修排程优化

维修排程优化是指通过合理安排及调度维修任务的顺序和时间，以最小化设备的停机时间和生产损失，提高维修效率和资源利用的过程。它是维修管理中非常重要的一环，可以帮助企业降低维修成本、提高设备可用性，并确保生产计划的顺利执行。

在进行维修排程优化时，需要考虑以下5个方面：

（1）维修任务的优先级。根据设备的紧急程度、关键性和维修工作的重要性等因素，确定维修任务的优先级。紧急任务通常需要优先处理，以确保设备能够尽快恢复工作状态，避免对生产造成不必要的延误和损失。通过合理确定任务优先级，可以确保关键任务得到及时处理。

（2）任务调度算法的应用。为了确定维修任务的最佳顺序和时间，可以采用各种调度算法进行任务调度和安排。常用的调度算法包括作业车间调度问题（job shop scheduling）、关键路径法（critical path method，CPM）等。这些算法可以帮助确定维修任务的最佳顺序和时间，以最小化设备停机时间和最大化维修效率。

（3）维修资源的最大化利用。优化维修资源的分配和利用，是维修排程优化的重要一步。维修资源包括人员、设备和备件等。通过合理分配和调度维修资源，避免资源的浪费和瓶颈，可以提高资源的利用效率，并确保维修任务的及时执行。

（4）资源约束的考虑。在进行维修排程优化时，还需要考虑到维修资源的可用性和约束条件。例如，维修人员的工作时间、设备的可用性和备件的供应等。根据资源的约束条件，进行排程计划的优化，以确保排程方案的可行性和资源的合理利用。

（5）实时调整和优化。维修排程是一个动态过程，可能会受到未预料到的变化和突发事件的影响。因此，需要进行实时的调整和优化。通过监控维修进展、设备状况和生产需求等，及时对排程进行调整和优化，以满足实际情况和需求。

维修排程优化的最终目标是通过合理的维修任务调度和资源分配，最小化设备的停机时间和生产损失，提高维修效率和资源利用率。优化维修排程可以帮助企业降低维修成本、提高设备可用性，并最大程度地满足生产计划和客户需求。它是维修管理中的重要环节，对于企业的运营和竞争力有着重要的影响。

综上所述，RCM的关键技术涵盖了设备可靠性指标分析及体系构建技术、设备状态监测及故障诊断技术、设备风险分析及量化评估技术、设备检修决策及维修优化技术。这些技术的应用为企业提供了科学决策依据，帮助其在维护过程中降低风险，提高设备可靠性和效率，确保系统的稳定运行和安全性，从而获得持续的生产效益。

第七章 RCM 管理体系配套建设

以可靠性为中心的检修（RCM）作为一种设备管理技术、管理方法，自诞生以来，就显现出它的前瞻性、科学性和创新性以及独特的重要性。多年来，在设备维修管理模式多样化发展演变过程中，尤其在现行电力行业发展的大环境以及特殊背景下，在全力推动设备状态检修、优化检修的大趋势、大潮流下，RCM 发展与应用为精准状态检修、优化状态检修指明了方向，提供了很好的遵循，逐渐显现出突出的优势与显著的价值，为探索设备全寿命周期管理提供了借鉴、复制和再发展创新的模式、技术与方法。

RCM 作为一种设备管理的技术与方法，要想在企业落地生根，得到健康发展与深入应用，取得实效，那么在企业经营管理层要得到认可和高度重视，进行 RCM 管理体系配套建设，结合企业管理实际，建立相应的组织架构，制定管理制度与技术标准，完善实施流程与绩效评价，实现闭环管理。

鼓励企业在 RCM 实施应用中做好总结与提炼，凝练成果，提升应用水平；积极开展创新与拓展，大力开发 RCM 管理系统软件平台的研究应用与推广，提升 RCM 科学化水平。

第一节 RCM 管理体系的设计

为保证 RCM 在企业得到落实，有效实施运行，企业层应进行顶层设计、策划，进行流程再造，建立健全 RCM 管理体系，以及人、财、物等资源、要素等的配置，包括吸纳设计、制造厂家、成立行业专家联盟，通过组织策划、实施应用、绩效评价，改进与优化，实现闭环管理，保证 RCM 在企业实现良好运行。

一、RCM 团队组建与角色分工

企业根据自身生产管理体系实际，做到因地制宜，将 RCM 管理体系与原生产管理体系有效融合，进一步优化设备管理体系，确保做到管理体系健全与完善，制度与标准齐全，职责明确到位；企业应根据 RCM 管理实施与应用的实际范围与发展规划，建立领导组织机构，成立 RCM 工作团队（专家库），依据开展范围和专业、系统、设备的具体划分，成立各专项工作小组，也可根据实际需要成立联合小组、综合小组，管理人员。小组成员应选聘本领域、本专业资深的专家，具有多年丰富经验的技术技能人员，也可将外聘专家一并纳入专家库，明确职责分工，角色定位，工作配合与互补；企业也可聘请或委托第三方专业机构在企业内指导或实施 RCM，明确双方的责任与要求，共同协作配合，实施 RCM 管理。

二、RCM 管理流程设计

RCM 管理流程设计原则，企业结合自身生产管理特点与设备维修模式现状，梳理流程与环节，将 RCM 管理技术方法与之有效融合，对设备维修管理流程与环节进行再造、改良和优化，充分做到取长补短、优势突出。

（1）建立企业级 RCM 组织架构，成立 RCM 领导小组。

（2）根据 RCM 实施范围、深度、广度，成立 RCM 工作团队，建立专家库；依据专业特征或设备特点，成立设备全生命周期管理产业链专家联盟。

（3）建立与完善 RCM 管理制度与技术标准，明确工作职责，责任分工和 RCM 工作流程与执行依据标准。

（4）RCM 管理目标的确定。

（5）RCM 培训与资源配置。

（6）RCM 实施与应用。

（7）RCM 实施后评价与绩效管理。

（8）RCM 改进与优化。

三、RCM 文件和记录管理

RCM 文件和记录，是 RCM 管理的一个重要组成部分和工作环节，企业应做好 RCM 管理体系文件管理与利用，提高管理效能。

（1）企业应建立 RCM 管理体系文件清单，并根据需要定期进行删除与增加。

（2）企业应保持 RCM 管理体系文件执行的有效性，并定期对 RCM 管理制度、技术标准进行修订与完善。

（3）企业应规范档案管理，严格按照制度规定，做好 RCM 管理资料文件、记录的归档与保管，以保证 RCM 管理实施应用的连续性与可追溯性。

（4）RCM 管理档案保管时效应为长期，RCM 文件资料归档时限、归档清单、资料内容及质量等根据档案管理要求与 RCM 管理实际需求确定，做到及时、齐全和完整。

（5）应用 RCM 管理系统软件平台的，建立相关管理制度，专人负责；做好 RCM 运维管理，保证系统平台运行的稳定性和可靠性。

（6）RCM 管理负责人应定期检查 RCM 管理系统软件平台的使用情况，做好监督与评价，保证 RCM 管理系统中文件、记录的质量，确保系统运行有效性。

四、RCM 培训

企业应将 RCM 管理纳入中长期培训规划和年度培训计划，根据不同需求，可内聘或外聘领域内专家，开展 RCM 年度专项培训班，规定课时，规范培训，开展结业考评评价与培训总结，保证培训质量。RCM 管理部门或工作团队应结合 RCM 最新发展、RCM 开展实际需求以及在实施应用过程遇到的问题、成果与不足，做好收集整理与总结，定期开展专业培训与座谈交流，形成记录。通过培训促进 RCM 应用水平的提升，RCM 管理的改进以及解决问题能力的提高，真正做到与时俱进，事半功倍，保证 RCM 培训取得实效。

第二节　RCM 绩效评估及持续改进

企业应根据年度生产经营管理目标，对 RCM 管理实施应用成效进行定期绩效评价，总结经验与不足，采取措施持续改进，实现 PDCA 循环的闭环管理。

一、RCM 绩效指标制定

结合电力行业的特点以及发电企业生产管理的特殊性，综合现行状态检修、优化检修模式的开展与深化，以及精细化、精准化的实施，企业应根据国家能源局与企业上级单位对电力生产设备可靠性管理的要求，确立本企业 RCM 管理目标，制订 RCM 绩效指标，用以 RCM 管理实施的目标指引和工作指导。

二、RCM 绩效评估方法

企业应加强以可靠性为中心的检修工作各流程与环节规范性、及时性和准确性的监督检查与考核，参照《火力发电厂状态检修监督评价标准》（T/CEEMA 010—2022）的方式、方法与内容，RCM 绩效评价组织应每年至少进行一次自评价与互评价，提出评价意见和建议，提供 RCM 绩效评价报告。

三、RCM 持续改进机制

为促进企业 RCM 管理的持续、健康发展，保证 RCM 实施应用取得实效，企业应建立制度，遵循 PDCA 原则，加强持续改进工作。

（1）以可靠性为中心的检修实施后应对检修效果进行后评价。每年年底结合年度目标指标开展以可靠性为中心的设备检修管理评价。评估可包括以下 3 个方面：

1）设备状态评价。对检修后设备进行状态评价，以确定设备是否达到预期的运行状态和性能指标。

2）可靠性评价。通过对比检修实施前后的设备可靠性指标评价检修策略对电力设备的改善程度。

3）经济性评价。通过对比检修实施前后相同时间周期中人工、材料等成本变化评价检修策略对检修成本的改善程度。

（2）检修实施效果验证与评价工作包括以下内容：

1）对检修实施前的检修方案进行验证，即方案是否准确，继续完善填写检修分析表。

2）设备检修完毕，在相关发电设备检修导则的规定时间内做出效果评价，评判检修工作是否必要，设备失效模式与影响分析是否覆盖了设备故障、能否准确判断并解决故障问题，是否达到预期效果，设备运行状态是否达到优良水平。进一步验证以可靠性为中心的检修工作体系的有效性、设备评估标准的科学性、检修策略的合理性、准确性。

3）根据设备以可靠性为中心的检修验证与评价结果，调整或更改检修策略、检修工艺、运行调控参数等，指导和优化设备检修和运行管理。

（3）持续改进工作包括以下内容：

1）在实践检验的基础上总结提高，对设备以可靠性为中心的检修的各项选择和决策不断加以改进完善；对已结束的每个检修项目进行评估，根据检修中发现的问题和检修结果，重新审视所采用的检修方式是否恰当，检测技术和检测频度是否合理，状态的分析诊断是否正确，相关的管理制度、标准和作业指导书是否可行等，并及时加以修正。

2）判别是否还有其他原因导致设备故障，本次以可靠性为中心的检修中是否还存在认识不足，方式、方法不完善，程度不深入等问题，持续推动以可靠性为中心的检修的纠正与改进。

3）按照实际检修情况，对设备以可靠性为中心的检修故障模式及影响分析以及相关评估判据做进一步修改、补充和完善，使其更加可靠、完整，可操作性更强，更精准化地指导以可靠性为中心的检修工作。

4）随着以可靠性为中心的检修管理的发展，状态监（检）测新技术的应用以及对某些故障机理的进一步认识，对原定的以可靠性为中心的检修体系、状态判据、监测手段和频度、检修方式、评估（评价）方法、检修决策等及时作出持续改进与优化。

5）通过大量案例库积累，大数据整理与分析，模型建立，算法优化，凝练成果，科学优化 S/O/D 值，进一步提升 RCM 管理与应用科学化水平。

6）通过状态检修后评价不断优化以可靠性为中心的检修工作，修订完善管理制度、相关技术标准，健全和优化流程与环节，创新 RCM 管理特色，持续改进以可靠性为中心的检修管理体系。

第二篇
火电机组 RCM 应用实践

● 第八章　火电机组 RCM 应用分析

● 第九章　火电机组检修现状分析及评价

● 第十章　火电机组 RCM 风险理论分析及模型建立

● 第十一章　火电机组 RCM 检修策略逻辑流程及体系

● 第十二章　火电机组 RCM 应用效果评估及优化

第八章　火电机组 RCM 应用分析

在当今电力产业中，火电机组作为主要的电力供应源之一，其设备可靠性及运行效率至关重要。随着电力需求的不断增长以及环保要求的提升，火电机组面临着设备老化、燃料成本上升，以及更加可靠及环境友好运行的迫切需求。在这种背景下，RCM 作为一种先进的维护管理办法，正在受到越来越多的关注。

RCM 方法着重于通过系统地识别潜在故障模式和其可能后果来优化维护活动，从而提高设备可靠性，降低维护成本，并确保火电机组持续安全运行。尤其在火电机组这样复杂和资本密集型的系统中，RCM 能为设备管理带来显著的提升。这一章将详细讨论火电机组的设备管理现状、应用特点，以及 RCM 的适用性和基础要求等方面，旨在为电力企业提供一个全面而深入的视角，以更好地理解如何通过 RCM 来改进火电机组的维护管理，从而达到更高的运行可靠性和经济效益。

第一节　火电机组设备管理现状

改革开放以来，我国电力设备维护和检修领域长期采用以故障检修与预防性检修为主导的多元化策略体系，涵盖了如大修、小修、临修和定期维护等众多形式。针对发电设备的维修工作除了对发生故障损坏的设备及时进行被动式的修理，使之恢复正常运行之外，还要通过对设备实施定期计划维修，将设备周期性地恢复至接近新设备的状态，直至无法做到恢复时将设备更新。我国电力工业部门从 20 世纪 50 年代至今一直沿用这个办法。这种维修制度在一定时期内反映和适应了设备装备水平、设备运转状况和维护管理的水平，也与电网调度和生产计划的安排相辅相成。长期实践证明，该体系不仅确保了电力设备的基本稳定和可靠运行，减少了大规模停电和供电不稳的风险，还通过有效的维护和管理延长了设备的使用寿命和提高了运行效率，同时也为电力系统的安全和经济运行提供了有力的支撑，使得电力设备的检修管理工作的开展取得了一定的成果。但由于在设备故障机理、可靠性理论及设备维修管理理论研究方面的欠缺，导致设备可用率、设备维护质量仍然存在更进一步提升的空间。电力设备维修管理只有在先进的理论指导下才能更好地进行，加强电力设备维修管理理论方面的研究迫在眉睫。

近些年来，在复杂多变的电力市场和技术环境下，火电设备面临着更加严峻的压力和挑战：一方面，随着电力系统结构的变化和保供需求的增加，火电机组需要进行深度调峰，这种频繁的启停和负荷变化可能加速设备的磨损，增加故障风险，从而影响设备的可靠性和寿命；另一方面，在当前的经济大环境下，高技术参数、大规模容量和高度复杂化的设备导致维护和检修成本大幅增加，进一步影响设备的经济性。与此同时，许多电厂的技术人员正面临老龄化，一些关键的工艺技术和维修方法面临失传的风险，不仅对计划性和执行性的检修工作提出了更高的要求，还加剧了人力和物力资源的紧张。随着现货市场和新型电力系统结构的需求变化，发电设备现行检修体制逐渐暴露出了以下缺陷：

（1）临时性检修频繁。火电机组经常需要进行高负荷运行和深度调峰以满足电网的需求。这种运行模式对机组及设备的健康状态造成了极大的压力，导致一些长期运行、缺陷多的机组在下一个维修计划时间到来之前就出现各种故障，不得不强迫停运进行事故检修，不仅影响了电网的稳定供电，还增加了维修成本和非计划停机时间。

（2）检修过剩。在传统的检修体系下，即使是状态良好的火电机组也会按照固定的时间表进行预防性维修。这种"一刀切"的维修策略导致了大量的资源浪费，包括人力、物力和财力，而且还可能因为不必要的拆卸和组装操作引发新的故障。

（3）检修不足。在当前的维护体系下，机组由于多种原因在检修期未到时产生局部故障，也往往受制于维修计划而不得不选择"带病"运行。这种带病运行不仅增加了设备故障的风险，还可能导致更严重的设备损坏，甚至由于故障的恶化造成维修代价和维修费用增大以及不必要的事故损失。

（4）检修的盲目性。目前，大多数火电机组的计划检修标准项目和非标准项目及其执行频度仍然基于历史经验和通用设备标准来制定，而很少考虑到机组的实际运行状况、负荷特性和设备健康状况。这导致了维修活动不能做到对症下药，维修重点不突出，维修资源分配不合理。例如，某机组如果经常需要进行高负荷运行和深度调峰，则其他的维修需求和周期就可能与低负荷运行的机组完全不同。单一的、经验驱动的检修计划不能满足这种多样性的需求，也不能有效地分配维修资源，如人员、备件和工具。

因此，提升设备管理效能，推行 RCM 等精益化管理方法的必要性和急迫性日益凸显。通过这些先进的管理理论和方法，不仅可以提高设备的可靠性和寿命，还可以在一定程度上解决因技术老龄化和资源短缺带来的问题。这样的综合性措施将使火电设备的维护和检修工作更加科学、高效和可靠。

第二节　火电机组应用特点及 RCM 适用性分析

一、火电机组应用特点

结合火电机组实际运行情况，分析其具有集成协同性、工况严苛性、燃料差异性等显著的应用特点，特别是新型电力系统对火电机组的可靠性、灵活性提出了更高的要求，实施 RCM 的适用性及紧迫性进一步增强。

（一）火电机组结构复杂，设备耦合性强

火电机组是一个庞大且高度复杂的能量转换系统，由多个关键设备和部件组成，包括但不限于锅炉、汽轮机、发电机，以及一系列辅助系统如燃料供应、给水和冷却系统等。这些组成部分不仅各自拥有独特的功能和操作原理，还必须在特定的环境条件、压力和温度范围内协同工作。这种复杂性不仅使火电厂成为一个高故障率和大故障危害性的生产场所，且任何因故障引发的停机事故都可能导致巨大的经济损失和不可估量的社会影响。随着技术进步，火电机组正朝着高参数、大容量和高自动化的方向发展，这一趋势虽然提高了效率，但也加剧了设备之间的耦合影响和潜在的连锁反应。例如：锅炉生成的蒸汽参数（如温度、压力和流量）直接决定了汽轮机的输出功率和运行效率；反过来，汽轮机的转速、振动和温度也会对发电机产生影响，进一步决定电力输出的稳定性和质量。此外，虽然辅助系统如燃料供应和给水系统看似独立，但它们的稳定运行实际上是整个火电机组正常运行的基础。例如，给水系统的任何故障都可能导致锅炉出现缺水情况，从而触发一系列安全问题。这种高度的耦合性意味着在火电机组运行过程中，一旦某个部件出现故障或异常，很可能会激发一连串的"连锁反应"，导致整个机组运行受到严重影响。

（二）火电机组工况变化、环境恶劣

为了提高热效率，现代火电机组特别是超超临界机组，往往在高温、高压、高尘、化学腐蚀等恶劣工况条件下运行。其运行环境（例如负荷、燃料类型、外部环境因素等）经常变化，可能导致一系列不同的故障模式，这种多样性使得快速准确地确定故障原因变得更加困难。例如，汽轮机的一个小故障可能会影响到冷却系统、润滑系统和发电机，使得故障的真正原因难以迅速确定；同时由于复杂的工况可能导致突发的故障，使得维护窗口变得非常有限。这要求维护团队必须在短时间内完成维护工作，同时确保维护的质量，如除了温度和压力引起的磨损，火电机组还可能面临由于高湿、高盐、高尘、化学腐蚀等条件导致的材料腐蚀、电解、沉积、结垢等问题，这些磨损机制使得部件的寿命缩短，需要更频繁的更换或修复。

（三）火电机组燃料质量差异及煤种适应性难题

面对燃煤市场的急剧变化，包括煤价的长期高位运行，燃煤供应的不稳定性以及煤质的大幅波动等问题，燃煤电厂面临着巨大的经营压力。在这种情况下，配煤掺烧成为了电厂降低燃料成本费用、确保发电经营盈利创效的重要举措。而电厂锅炉的设计通常是基于特定煤种的属性，因而当直接使用来自不同来源或具有不同质量特性的煤炭入炉燃烧时，可能会导致锅炉运行参数偏离设计标准，从而影响其安全性、经济性和使用寿命。煤炭质量的不一致性主要体现在热值变化、灰分含量、硫含量以及水分和杂质等方面，这些质量差异直接影响到机组部件的运行状态，甚至可能触发一系列故障。例如，燃料中的高灰分和杂质可能导致锅炉管壁上形成结渣，影响传热效率，严重时甚至导致管道堵塞；硫和其他有害物质的燃烧产物可能导致火侧腐蚀，影响锅炉管道的使用寿命；燃料中的水分和杂质可能导致燃烧不充分，形成未燃尽的炭黑和烟尘。为了适应这些燃料质量的波动，运维人员可能需要更加频繁地进行锅炉清洗和维护。特别是一些敏感部

件，其磨损和腐蚀速度可能因燃料质量的不稳定而加速，从而增加了更换和维护的频率。基于此，火电机组更需要根据燃料情况针对性制定运行和维护策略，以确保机组稳定、高效和安全运行。

（四）状态检修四大技术难题

火电机组以其高效能、低成本、强稳定性等特点在我国占据主力电源地位，起着保供托底的"压舱石"作用。以华能集团为代表的发电企业实施状态检修以来，取得了显著的成效：单位千瓦检修费用大幅降低，台均非停次数保持低位，大修后全优率持续提升等。但是状态检修的持续深化仍然面临着四大难题，而 RCM 正是解决这四大难题的有力手段。四大难题具体包括：

（1）"状态监测四定"难题。这实际上是精细化管理的体现，涉及如何界定关键运营参数和预警信号的监测内容、方法、周期和标准，从而有效实施设备状态监测的开展。

（2）"设备状态评估"难题。作为一个综合性的任务，需要将硬性数据和软性经验相结合以准确判断设备健康状况，这一点目前大多依赖于经验丰富的工程师，而缺乏系统性的评估模型。

（3）"设备异常处置"难题。因其紧迫性和高风险性，要求在最短时间内准确诊断并处理故障，其中涉及复合故障诊断，成本与安全决策平衡，以及跨部门协同工作等因素共同增加了故障处理流程的复杂性，并对团队的专业技能和协调速度提出了高要求。

（4）"检修项目优化"难题。作为一个涉及多方利益和资源配置的问题，需要在确保运营安全和效率的前提下，灵活而精确地安排检修活动。

这四大难题不仅反映了火电机组运营的内在复杂性，也突显了当前设备管理体系在适应性、精确性和高效性方面的不足。因此，解决这些难题不仅是提升火电机组运营效率的关键，也是实现可持续、安全电力供应的必要条件。实践证明，先进的 RCM 管理理念为解决四大设备管理难题提供了有力支撑，是发电企业实现经验总结、技术共享、可靠性提升的重要武器。

二、RCM 适用性分析

在火电机组的运维管理中，多个因素如设备的结构复杂性、恶劣的工作环境条件和燃料质量差异等共同作用，增加了系统可靠性维护的复杂性。在这种背景下，以可靠性为中心的检修（RCM）的应用具有明确的理论和实践价值：

（1）针对火电机组设备结构复杂且耦合性强这一特性，RCM 不仅在故障模式及影响分析（FMEA）的基础上，深入挖掘各个组件的故障根因，更将全系统的视角融入分析过程中，以超越部件层面，直指核心的系统性分析框架，可准确定位哪些组件失效会对整个系统产生级联效应，从而优先对这些组件实施更高频次或更严格的执行策略。

（2）对于在高温和高压等恶劣环境下运行的火电机组，RCM 可以识别极端环境下可能触发的特殊故障模式。同时，RCM 通过收集大量的运行和维护数据，包括采用实时监控系统，持续跟踪关键参数（如温度、压力、流量等），以实时评估设备状态和性能，通过数据分析预测这些故障可能导致的长期影响，这种预见性维护策略不仅降低了即时的运营风险，并优化设备的长期管理。最后，所有的维护活动和结果都会被详细记录并分析，这不仅可以不断丰富和完善 RCM 的知识库和实施策略库，还为异常情况处置提供依据，以使机组更好适应不同运行环境下的运维管理需求。

（3）面对火电机组的燃料多样性和质量差异，RCM 能够提供精细化的、数据驱动的解决方案。一方面，RCM 通过故障模式和影响分析（FMEA）能详细识别不同燃料质量对火电机组各个关键组件，如锅炉、燃烧器、排放处理系统等，可能引发的特定故障模式，例如，高含硫燃料可能导致锅炉内部过度腐蚀或排放处理系统中硫化物排放超标；另一方面，RCM 能集成运行数据和历史维护记录，预测性分析在特定燃料条件下可能出现的故障，并提前制定相应的维护措施和调整方案。另外，RCM 不仅局限于单一设备的维护，它考虑整个系统的运行可靠性，能全面评估燃料变化对整个电力生成过程的影响，包括但不限于燃烧效率、热效率、排放水平等。这样就能在多个维度上调整和优化维护计划，确保机组在不同燃料条件下的稳定、高效和环保运行。

通过以上分析可以看出，RCM 的灵活性、系统性和预测性特点使其成为应对火电机组运维多重挑战的有效工具。这种维护方法不仅提升了系统的可靠性和安全性，还能适应各种运行条件和严苛工况，从而实现火电机组长期、稳定、高效的运行。

第三节　火电机组实施 RCM 基础要求

一、RCM 要求有效的资源配置和管理策略

在 RCM 的实施过程中，克服思维惯性和确保责任落实是至关重要的。由于 RCM 通常涉及新的工作方法和技术的应用，这往往会遭遇来自组织内部的阻力，特别是当员工和管理层需要放弃他们习惯的工作方式时。对于这一挑战，顶层设计的管理策略显得尤为重要。高层管理者需要通过明确的沟通和领导，来引导组织文化的转变，确保每个人都理解并认同 RCM 的价值和目标。责任的落实也是 RCM 成功实施的关键。这不仅仅是分配任务和角色，更重要的是建立一种责任感和主动性文化。在实践中，试点项目可以作为一种有效的策略，既能让团队在较小规模的环境中尝试新方法，又能逐步展现这些方法的效果，从而增强团队的信心和动力。同时，这也是管理层主动承担责任和展现领导力的机会，通过在试点项目中的成功实施，可以为更广泛的应用打下基础。因此，管理层的积极参与、对思维惯性的突破以及责任感的培养和落实是推动 RCM 从理论到实践的关键。这要求不仅是对技术和流程的改进，更是对组织文化和管理策略的深入改革。

二、RCM 要求实施者全面掌握各种先进检修方式

在 RCM 的实施过程中，开始的一步通常是进行故障模式和效应分析（FMEA）来识别设备可能会遇到的问题及其后果。然后，根据 FMEA 的结果来规划各种维修活动。这就意味着，对各种先进维修技术如预防性维护、预测性维护和条件基础维护等有深入了解和实践经验是非常有利的。对于电力企业，从维修操作着手，健全和完善各种先进的

维修技术可能是实施 RCM 最直接和最快速的方式来获得收益[70]，不仅可以即刻解决设备的当前维修需求，还可以让团队更加熟悉先进的维修方法。实际上，通过先行实施和优化维修操作，团队能更快地积累实践经验，这将有助于更有效地推动 RCM 计划的完全实施。这种经验的积累不仅提升了维修质量，还可以更准确地根据设备的实际状态来进行维护，从而进一步提高整个系统的可靠性和效率。

三、RCM 要求组织和人力资源的支持

RCM 的实施过程对组织机构和人力资源配置提出了更为细致的要求，其中包含专业化团队的支持，教育和培训的支持，适当的流程和文档记录支持等。由于发电设备故障模式分析就是一项消耗人力、物力和时间的工作。据国外数据研究，RCM 实施过程中仅完成系统划分、功能性能标准定义的工作，就占用了 RCM 分析总工作量的 30%[71]，而此时的工作还未涉及具体维修活动的决策。因此，创建一个多学科团队对于保证 RCM 活动的成功实施来说显得至关重要。这个团队应该包括运行人员、检修人员、各专业专家，以及在需要时的设计人员、外部专家或顾问；与此同时，教育和培训也是成功实施 RCM 不可或缺的一环。所有涉及 RCM 的员工需要对其基础概念和方法有所了解，而负责实施和管理的团队更需要接受高级分析方法和工具的专业培训。另外，组织还需要有适当的流程和文档支持和保障 RCM 的日常操作，这意味着需要合理配置资源并畅通信息共享及咨询渠道，以便确保信息在团队成员之间顺畅共享并获取外部专家的咨询和支持。在这些要素综合作用下，RCM 才能在提高系统可靠性、降低运营成本和确保操作安全方面达到最佳效果。

四、RCM 要求数据和状态量的长期积累

在 RCM 实施过程中，数据和状态量的全面积累与精准分析是不可或缺的一环。这些数据不仅包括设备的运行数据，如温度、压力、流量等，还涵盖了维护活动的历史记录和结果分析。这些信息为故障模式和效应分析提供了坚实的实证基础，并为预防性维护、预测性维护和条件基础维护等多种先进维修策略提供了决策支持。

（1）数据和状态量的积累需要借助先进的数据采集和分析工具，这些工具不仅能自动化地收集、存储和分析大量的运行和维护数据，还具备高级的数据分析功能，如趋势分析、关联分析、模式识别和异常检测等；同时文字性信息，如检修台账、故障记录和操作日志等，也是不可忽视的重要数据源。这些信息能够提供设备历史运行和维护的全面视图，为故障诊断和未来维护活动提供重要参考。

（2）数据的积累还需要完善的数据保存和管理机制。在变负荷运行下，数据的波动性和复杂性增加，如高频的振动特性、燃料热值的实时变化等需要持续且长期的记录。但由于存储资源有限或管理疏忽，有些重要数据可能未被长期保存，导致在后期难以进行详尽的故障追踪与分析。

（3）状态监测数据缺乏长期连贯性分析：虽说某些火电机组配备了先进的传感器和监控系统，能够实时采集大量关键设备的运行数据。但在许多场合，这些丰富的数据仅

仅作为一种判断设备是否安全运行的依据，只关注瞬时数值是否超标。而真正的价值，即对这些数据进行长期、系统的分析，以揭示设备的健康状况和其可能的发展趋势往往被忽视。对于火电机组而言，单一的数值远远不能反映设备的整体健康状态。例如，锅炉炉膛的磨损和汽轮机叶片的结垢情况不是一夜之间形成的，而是长时间运行和物理化学反应的结果。而持续的温度上升可能暗示锅炉炉膛的磨损加剧，或者一系列参数的波动可能表明汽轮机叶片的结垢加重，这都可能对机组的效率和稳定性造成负面影响。因此对实时数据开展准确的趋势分析和深入的故障诊断是非常有必要的。

第九章 火电机组检修现状分析及评价

在实施 RCM 之前，首先需要对火电机组的结构特点，故障历史数据以及检修现状进行全面和深入的综合评估。该步骤不仅关系到 RCM 分析的准确性，更关系着维护计划的科学性、资源分配的合理性，以及电厂整体运行成本的控制。

具体而言，锅炉系统和汽轮机系统作为火电机组的心脏，其性能和可靠性直接决定着整个火电机组的运行效率和安全性，因此本章将深入剖析火电机组的检修现状，并以锅炉系统、汽轮机系统为例，重点讨论系统结构划分、历史故障溯源分析，深入分析两个系统的健康状况和维护需求。

第一节 火电机组 RCM 系统划分与分析层次确立

对火电机组或任何复杂工程系统开展 RCM 分析，系统划分是一个至关重要的步骤。合理的系统划分能够简化管理流程，优化维护计划，并提高整体效率。首先需要明确系统的概念。这里，"系统"通常是指由多个互相联系和协同工作的设备和组件组成的整体，旨在完成某一特定任务。

系统划分需要遵循一定的基本原则：①费用直观，系统和子系统的划分应能清晰地反映维护和运营的费用分布。这有助于预算规划和资源分配，特别是在需要优化或改进的情况下。②功能相关性，在系统内，共同负责某一特定功能的设备或部件应该被归入同一子系统。例如，在火电机组中，所有与蒸汽生成和输送相关的部件可能被划分到一个"蒸汽系统"内。③相互独立性，子系统或系统元素之间应该尽量没有重叠，并且一个元素不能同时被划分到多个子系统。这有助于明确责任和界限，以及准确计算系统的总体可靠度，这通常是所有子系统可靠度的乘积。④属性相近，在一个子系统内，流动介质的物理和化学属性应相似。例如，高温和高压的设备应归在一起，以便采用相似的维护策略和安全措施。这也适用于设备或部件的结构复杂度，相似的复杂度应该被归类在一起，以便采用相似的检修和维护方法。⑤易于维护和监控，子系统应设计成便于进行维护和状态监控。例如，将那些需要频繁维护或更换的设备划分到容易访问的子系统中。⑥法规与标准的遵循，在某些情况下，法律或行业标准可能会规定如何划分系统和子系统。确保遵循这些指导方针是非常重要的。⑦灵活性与可扩展性，随着技术进步或运营需求的变化，系统划分应具有一定的灵活性，以便进行必要的调整或扩展。

1. 火电机组系统划分

按照以上原则的划分，可将火电机组划分为锅炉设备及辅助设备系统、汽轮机设备及辅助设备系统和发电机设备、变电设备及系统，具体介绍如下：

（1）锅炉设备及辅助设备系统（简称锅炉系统）。此系统是火电机组的热能来源，主要负责燃烧燃料（通常是煤或天然气）以产生高压蒸汽。这个系统不仅包括燃烧室和蒸汽锅炉，还有烟气处理和排放控制设备，以及一系列用于优化燃烧、减少污染和提高效率的控制系统。

（2）汽轮机设备及辅助设备系统（简称汽轮机系统）。此系统用锅炉产生的蒸汽来驱动汽轮机，实现机械工作。汽轮机是将热能转化为机械能的关键部件。除了主要的高压、中压和低压汽轮机外，该系统还包括用于润滑和冷却的辅助设备，以及一套复杂的控制系统，用于调节和监控汽轮机的运行状态。

（3）发电机设备及系统，变电设备及变电系统（简称发电机系统）。此系统负责将汽轮机的机械能转化为电能，并且进行电能的初步调节和分配。主要包括发电机和与之相关的电气设备，如变压器和开关柜。此外，为了保证电力质量和安全，还有一系列的电气保护和控制设备。

2. 火电机组 RCM 分析对象确定

利用 RCM 技术分析方法确定设备的维修需求是实施 RCM 最基础的技术方法，需明确设定 RCM 的核心系统及次核心系统，并依据此确定 RCM 重点应用对象。其主要需考虑以下 4 种情况：

（1）预防维护工作量较大的系统。此类系统通常具有高度复杂的组成和运行机制，并对电厂运行起到关键性作用，因此需要投入更多人力和物力资源，对其进行更细致的检查、校准或替换部件以维持其高效运行。

（2）事故检修工作量较大或费用高的系统。此类系统通常涉及多个关联组件和操作环境变量，该系统一旦发生故障，可能需要大量诊断、人力和备件才能修复，导致维护成本和工作量增加，因此需要对其重点关注。

（3）高风险导致非计划停运和降负荷较多的系统。此类系统发生故障可能会导致火电机组非计划停运或降低负荷运行，有可能会导致整个生产流程终端或效率降低，从而对火电厂运行效率或者经济性产生重大影响，因此保证此类系统的可靠性十分重要。

（4）与安全、环保、能耗等有密切关系的系统。此类系统对电厂的整体安全、环境责任和能效具有直接的影响，通常需要负荷更加严格的规定和标准，因此其运行状况会得到密切的关注。

依据以上分析要素开展对锅炉系统、汽轮机系统和发电机系统的评级判定，得到系统评级结果如表 9-1～表 9-3 所示。

在火电机组的运营中，锅炉、汽轮机和发电机系统都是不可或缺的关键组件。这些系统在预防性维护、事故检修工作量和费用、运营风险，以及与安全、环保和能耗等方面都具有高度的关键性和优先级。为了深入探究 RCM 在复杂和高风险环境中的实际应用，本书将以锅炉和汽轮机系统为重点研究对象。这一选择旨在提供一个具体而深入的案例，以便更全面地理解和应用 RCM 原则，以供其他电厂在面对类似系统和挑战时进行参考和借鉴。

表 9-1　　　　　　　　　　　　　　锅炉系统评级判定

判断依据	系统评级	描述
预防维护工作量大的系统	高	由于涉及燃烧、水蒸气生成和压力调节等多个关键过程，预防维护工作量大
事故检修工作量和费用高的系统	高	维修通常涉及高温和高压的工作环境，费用高
高风险导致非计划停运和降负荷的系统	高	如果发生故障，可能导致整个电厂停运
与安全、环保、能耗等有密切关系的系统	高	燃烧过程直接影响环境排放和电厂安全

表 9-2　　　　　　　　　　　　　　汽轮机系统评级判定

判断依据	系统评级	描述
预防维护工作量大的系统	高	涉及高速旋转部件和高温、高压工作环境，预防维护也相当重要
事故检修工作量和费用高的系统	中到高	虽然维修费用可能稍低于锅炉系统，但由于精密部件的涉及，费用和工作量也不小
高风险导致非计划停运和降负荷的系统	高	故障同样会导致电厂无法正常运行，影响电力供应
与安全、环保、能耗等有密切关系的系统	高	燃烧运行效率直接影响电厂的总体能耗和环境表现

表 9-3　　　　　　　　　　　　　　发电机系统评级判定

判断依据	系统评级	描述
预防维护工作量大的系统	中	发电机相对较为稳定，但需要定期的维护以保持电力输出和效率
事故检修工作量和费用高的系统	中	发电机和电气设备通常有长期稳定的运行寿命，但故障时修复可能涉及复杂和昂贵的部件
高风险导致非计划停运和降负荷的系统	中到高	电力输出是电厂的核心，任何故障都会影响整个电网和供电，因此存在一定的风险
与安全、环保、能耗等有密切关系的系统	中	虽然主要的环保和能耗考虑通常集中在锅炉和汽轮机系统，但发电机系统的效率也会间接影响整体性能

3. 火电机组结构层次划分

在确定 RCM 应用对象系统后，对照电厂硬件构成的层次关系与结构树确定 RCM 分析层次，如部件、设备、子系统、系统等。进行层次分析时，在考虑各层次的物理、空间和时间关系外，还重点考虑了功能联系及其重要性，逐步由下至上、由部件向系统发展，确定不同层次各单元的功能和运行参数要求，最终形成各核心系统结构树。

（1）锅炉系统。针对某电厂锅炉系统（300MW）进行结构划分和功能分析，可将锅炉系统划分为煤粉锅炉本体，一次风机，密封风机，空气压缩机，空气预热器，送、引风机，热媒水泵 7 个重点子系统，各子系统结构树如图 9-1～图 9-7 所示。以煤粉锅炉本体为例解释层次划分及结构树构建方式，对照煤粉锅炉本体的层次构成与功能组成划分煤粉锅炉本体为汽包（亚临界）/汽水分离器（超临界）、水冷壁、过热器、再热器、省煤器、炉顶棚内集箱和联箱、汽水连通管道、支吊与膨胀系统、燃烧器、油枪、主安全阀、连扩系统和定扩系统、吹灰器、空气预热器、除渣设备和一次门前压力管道、喷水减温器共 17 个二级结构（使用者可根据设备实际情况对煤粉锅炉本体层次划分结构进行调整）。

1）煤粉锅炉本体。

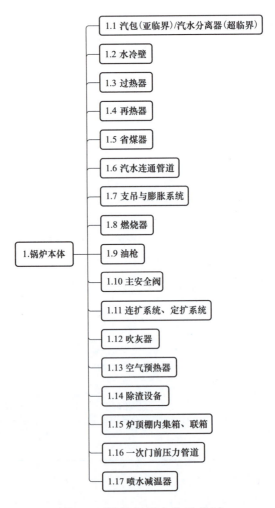

图 9-1　煤粉锅炉本体结构树

2）一次风机。

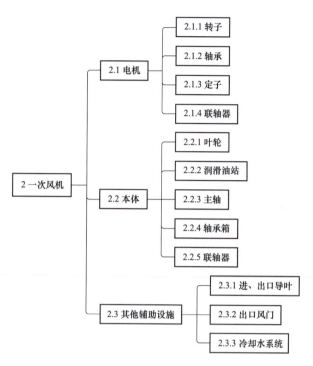

图 9-2　一次风机结构树

3）密封风机。

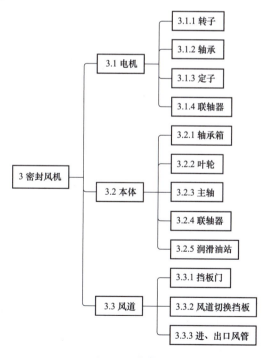

图 9-3　密封风机结构树

4）空气压缩机。

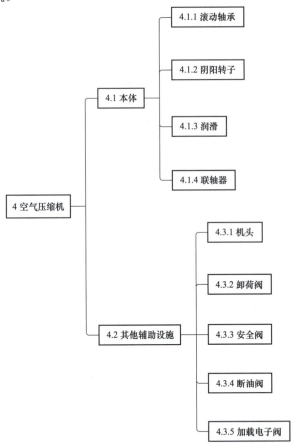

图 9-4　空气压缩机结构树

5）空气预热器。

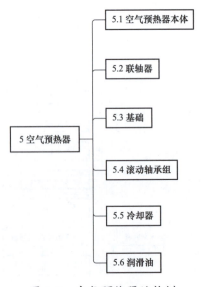

图 9-5　空气预热器结构树

6）送、引风机。

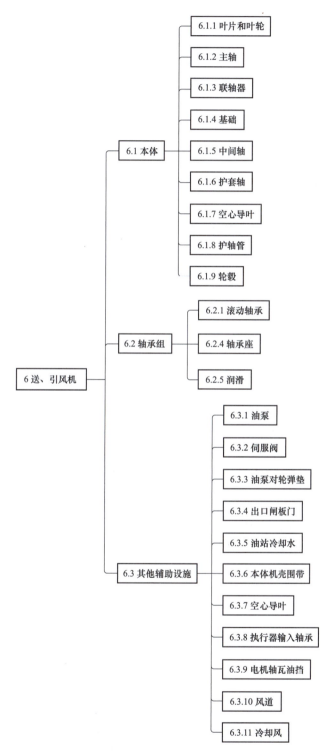

图 9-6　送、引风机结构树

7）热媒水泵。

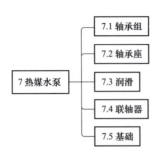

图 9-7　热媒水泵结构树

（2）汽轮机系统。针对某电厂汽轮机系统（机组容量 1000MW）进行结构划分和功能分析，可将其分为汽轮机本体、汽轮机给水泵小汽轮机、汽动引风机小汽轮机、蒸汽系统、给水系统、凝结水系统、循环水系统、汽轮机油系统共 8 个重点子系统，各子系统结构树如图 9-8～图 9-15 所示。

1）汽轮机本体。

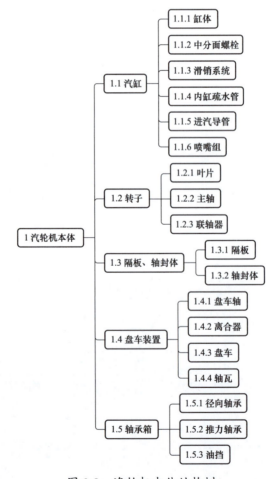

图 9-8　汽轮机本体结构树

2）汽动给水泵小汽轮机。

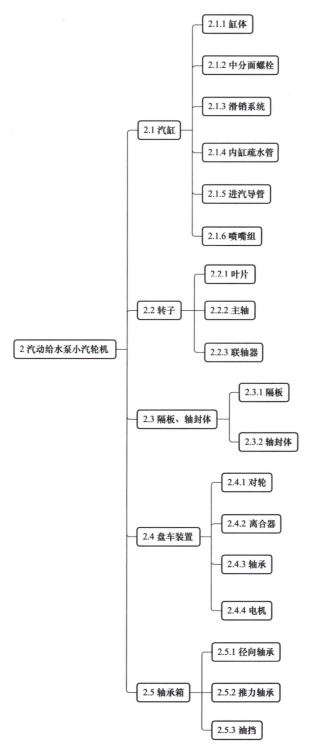

图 9-9　汽动给水泵小汽轮机结构树

3）汽动引风机小汽轮机。

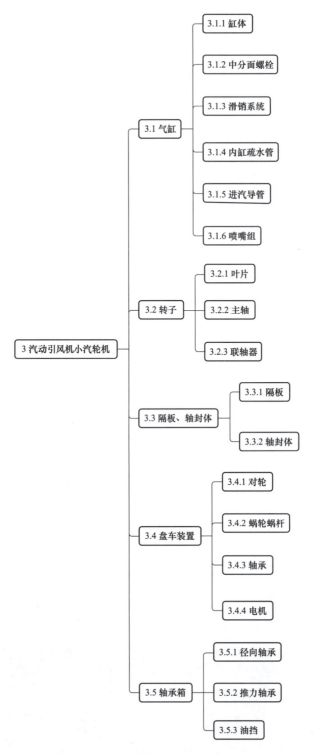

图 9-10　汽动引风机小汽轮机结构树

4）蒸汽系统。

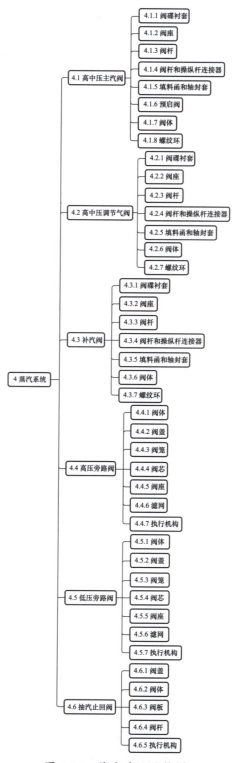

图 9-11　蒸汽系统结构树

5）给水系统。

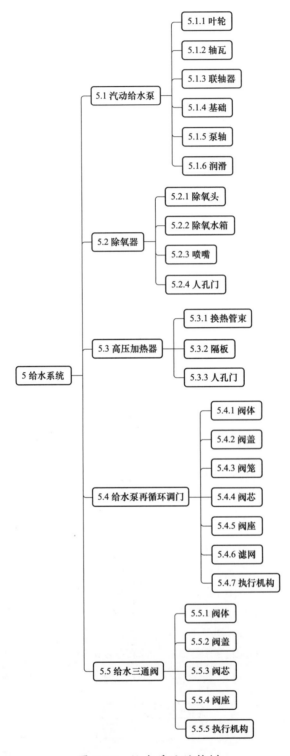

图 9-12　给水系统结构树

6）凝结水系统。

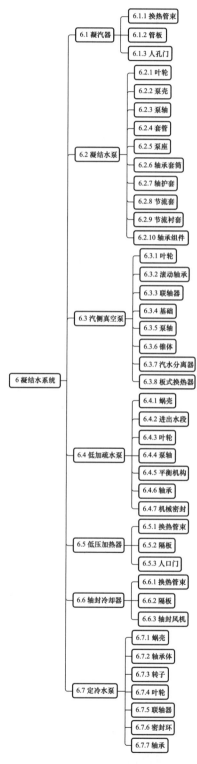

图 9-13　凝结水系统结构树

7）循环水系统。

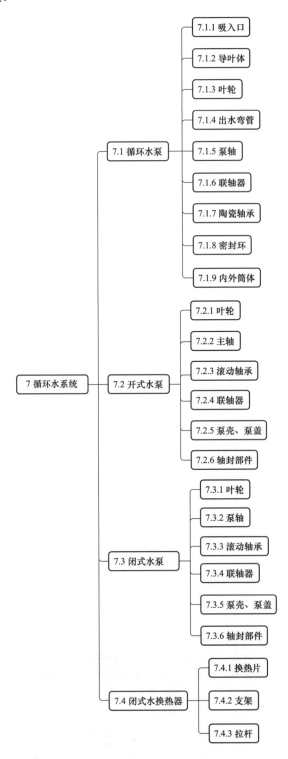

图 9-14 循环水系统结构树

8）汽轮机油系统。

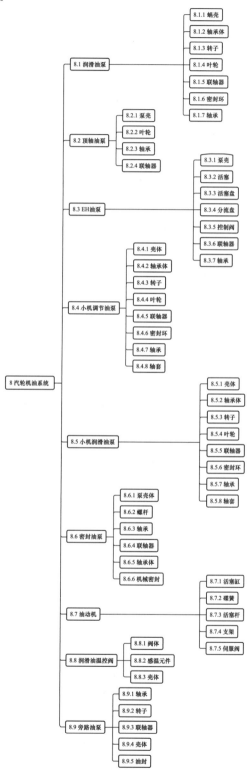

图 9-15　汽轮机油系统结构树

第二节　火电机组历史故障溯源分析与影响链条评估

一、火电机组数据收集

根据 RCM 分析进程的要求，针对确认的 RCM 分析对象，需要对火电机组中结构树各级设备开展设备基本资料、设计资料、运行和维护资料，以及如人机接口、外部环境、使用条件等基础台账收集，并深入现场采集整理。其中，设计资料包含设备设计说明书、图纸、工作原理、性能指标以及各项技术参数等；运行和维护资料包含研究对象历史资料、相近系统的经验交流和故障分析资料等。详细资料清单见表 9-4。

表 9-4　　　　　　　　　　　　　火电机组 RCM 分析资料

序号	资料类别	详细资料名称
1	设备概况信息	机组设备设计说明书
2		机组设备技术协议
3		机组设备质量控制报告
4		机组设备调试报告
5		机组设备图纸
6		机组设备操作维修手册
7		机组设备铭牌参数
8	设备运行信息	机组设备运行属性：设备运行编号（KKS 编码）
9		机组 SIS 实时系统
10		机组设备巡视记录
11		机组运行分析记录
12		机组维护记录
13		机组故障跳闸记录
14		机组缺陷和消缺记录
15		机组启停记录
16		机组在线运行监测检测数据
17	设备的检修试验信息	机组 A 级检修修前、修后检查报告
18		汽轮发电机组关注分析报告
19		机组每月专业缺陷分析报告
20		机检修报告
21		机检修备件更换清单

序号	资料类别	详细资料名称
22	设备的检修试验信息	机组设备停机检查记录
23		发电机定子、转子试验记录
24		机组低压缸汽封改造（2013）、高中压主汽门、调门油动机改造（2011）等改造报告
25	其他信息	部分同类型机组的低压转子次末级动叶片存在轴向窜动情况（本台机组无此情况出现）。目前采取的主要措施：①部分厂家增加低压转子次末级动叶片叶根与叶根槽之间垫片厚度的措施；②部分厂家更改低压转子次末级动叶片结构：叶顶由无围带结构改成自带围带结构型式

二、重点设备与检修模式对应关系

梳理火电机组现有重点设备与检修模式的对应关系，其主要包括对目前定期维护、定期更换、综合维护、定期试验、纠正性维护和改进等不同检修方式进行梳理，厘清检修方式与各系统和设备的对应关系，以便定位关键敏感系统与设备与检修痛点。该项工作是对 RCM 决策制定的关键依据，该过程不仅提供对各设备和部件的全面了解，还能确保维护资源的有效分配和风险的精准控制。同时重点设备与检修模式对应关系的梳理也为开展效果评价和后续改进活动提供了实证数据，从而支持持续优化和高效运营。

以某电厂为例，梳理重点设备与检修模式对应关系见表 9-5、表 9-6。

表 9-5　　　　　　　　　　锅炉系统重点设备与检修模式对应关系

设备名称	部件名称	检修模式	检修周期	备注
锅炉本体	燃烧器	状态检修		
	四管	状态检修		
	汽包水位计	定期检修	1 年	
	油枪	定期检修	1 年	
	汽水系统安全阀	定期校验	1 年	国家规定强制检验
	汽包、过热器、再热器安全阀	定期检修	A 修周期	
	阀门	状态检修		
	吹灰器	定期检修	1 年	
	空气预热器	状态检修		
锅炉辅机	送风机	状态检修		
	引风机	状态检修		
	一次风机	状态检修		
	密封风机	状态检修		
	空气压缩机	状态检修		

表 9-6   汽轮机系统重点设备与检修模式对应关系

设备名称	部件名称	检修模式	检修周期	备注
汽轮机本体	高压缸	定期检修	12 年	根据实际情况轮修
	中低压缸	定期检修	6 年	根据实际情况轮修
	轴瓦	状态检修	—	—
	汽门	状态检修	—	—
	汽动给水泵小汽轮机	状态检修	—	—
	引风机小汽轮机	状态检修	—	—
汽轮机辅机	汽动给水泵	状态检修	—	—
	循环水泵	定期检修	4 年	工质海水，定修主要检查消除零部件腐蚀缺陷
	凝结水泵	状态检修	—	—
	闭式水泵	状态检修	—	—
	定冷水泵	定期检修	4 年	—
	润滑油泵	定期检修	4 年	—
	直流油泵	定期检修	6 年	—
	EH 油泵	定期检修	4 年	—
	EH 油动机（含伺服阀、电磁阀）	定期检修	2 年	—
	最小流量阀	状态检修	—	—
	低压旁路	状态检修	—	—
	高压旁路	定期检修	6 年	随机组 B 级检修处理
	危急疏水调门	状态检修	—	—
	给水三通阀	定期检修	6 年	随机组 B 级检修处理
	除氧器	定期检修	2 年	随机组 C 级检修处理
	凝汽器	定期检修	2 年	随机组 C 级检修处理

三、设备故障影响链条分析

1. 非停事件溯源分析

发电企业生产管理的重中之重就是要避免非停事件，非停带来的电量损失、设备修复费用、燃油消耗、设备使用寿命损耗等都会给企业造成严重的经济损失。历史发生的非停事件及同类/同厂家机组发生的非停事件是设备故障模式与影响链条分析的重要资料之一。要做好设备 FMEA 分析工作，就有必要对过去的同类机组非停事件开展统计与分析工作，从历史事件中总结经验、吸取教训，进而掌握设备管理的薄弱环节及重点故障特征，指导日常检修工作。

（1）锅炉系统。以 A 电厂 6 号机组锅炉系统为例，全面统计该电厂同厂家主设备历史非停事件信息，及同主设备厂家机组分布情况，对与 A 电厂同厂家锅炉机组 118 台（分布于 17 个省份 47 个电厂）进行充分调研分析后，形成锅炉系统同厂家设备分布情况节选见表 9-7。

表 9-7　　　　　　　　A 电厂 6 号机组同厂家锅炉分布台账（节选）

机组名称	额定容量（MW）	投产日期	锅炉类型	锅炉压力等级	锅炉燃烧方式	锅炉点火方式
YM 发电厂 3 号	600	2007-12-05	常规煤粉汽包炉	亚临界	四角切圆	微油
YM 发电厂 4 号	600	2007-06-19	常规煤粉汽包炉	亚临界	四角切圆	微油
SD 电厂 1 号	600	2006-08-03	常规煤粉汽包炉	亚临界	四角切圆	微油
SD 电厂 2 号	600	2006-08-25	常规煤粉汽包炉	亚临界	四角切圆	微油
SD 电厂 3 号	600	2007-08-31	常规煤粉汽包炉	亚临界	四角切圆	微油
SD 电厂 4 号	600	2007-11-10	常规煤粉汽包炉	亚临界	四角切圆	微油
TC 电厂 1 号	600	2007-11-08	常规煤粉汽包炉	亚临界	四角切圆	等离子
TC 电厂 2 号	600	2007-12-12	常规煤粉汽包炉	亚临界	四角切圆	等离子
HK 电厂 8 号	330	2006-05-11	常规煤粉汽包炉	亚临界	四角切圆	等离子
HK 电厂 9 号	330	2007-04-27	常规煤粉汽包炉	亚临界	四角切圆	等离子
XH 电厂 6 号	330	2005-09-24	常规煤粉汽包炉	亚临界	四角切圆	微油
YK 热电厂 1 号	330	2009-12-02	常规煤粉汽包炉	亚临界	四角切圆	等离子
YK 热电厂 2 号	330	2009-12-13	常规煤粉汽包炉	亚临界	四角切圆	等离子
PL 电厂 1 号	325	2000-09-06	常规煤粉汽包炉	亚临界	四角切圆	等离子
PL 电厂 2 号	325	2001-06-30	常规煤粉汽包炉	亚临界	四角切圆	等离子
PL 电厂 3 号	325	2003-06-13	常规煤粉汽包炉	亚临界	四角切圆	等离子
PL 电厂 4 号	330	2003-11-30	常规煤粉汽包炉	亚临界	四角切圆	等离子
XG 热电三厂 1 号	330	2009-02-03	常规煤粉汽包炉	亚临界	四角切圆	等离子
......						
合计	118					

同时对同设备厂家机组的特定时间段内的历史非停台账进行了收集整理，部分非停事件台账节选见表 9-8。

由以上非停事件分析可知，锅炉四管泄漏是引发机组非停的重要原因，因而对各厂家不同类型锅炉四管泄漏规律进行了分析总结并形成了某厂生产的 300MW 亚临界锅炉四管典型泄漏风险清单，如表 9-9 所示。

表 9-8　同锅炉厂家电厂非停事件台账（节选）

序号	事件名称	直接原因	间接原因	直接原因_一级	直接原因_二级	直接原因_三级
1	1号炉空气预热器漏风太长时间缺氧运行结焦垮塌灭火跳闸	1号炉炉膛压力突然大幅波动，主蒸汽压力、温度开始下降，1号炉炉膛压力小于-4mbar报警，引风机控制跳手动，1号灭火保护 FSSS 动作，机组跳闸	1号空气预热器漏风大，导致1号炉长时间缺氧运行，造成结焦加剧	锅炉专业	锅炉_本体	锅炉_本体_其他
2	5号炉一次风检物致振动跳闸吹跳机	5号机组负荷348MW，A/B/D/F 磨运行，C/F 磨停运，A/B 小机运行，两侧风机运行，机组运行方式。A 一次风机振动极高报警发出，A 一次风机跳闸，跳 D 磨，A 组油枪自动投运，一次风母管压力从9kPa下降到3.12kPa，锅炉燃烧恶化，A/B/F 磨跳闸，锅炉灭火保护动作，锅炉跳闸，机组跳闸	A 一次风机由于振动极高跳闸后，机组 RB 动作，联跳 D/C 球磨机，自动投入 A 组球磨，但由于 A 侧一次风机跳闸后，一次风压力下降太快（从9kPa下降到3.12kPa），造成锅炉 A/B/E 三台球磨火检大部分丢失，引起运行的 A/B/F 三台球磨跳闸，锅炉灭火保护动作，机组跳闸。高劳门杆弯曲变形原因为该阀执行器弯曲，只有两根引振动支撑杆连接，在高劳快开时的门杆弯曲，连接杆丝松动，造成汽缸与阀体上下不对中，气缸拉弯阀杆，造成阀门开关不动	锅炉专业	锅炉_辅机	锅炉_辅机_一次风机
3	7号炉火检冷却风机入异物压力低跳闸	炉火检冷却风机出口母管压力低报警，A 风机联启，热控保护动作。现场检查发现7号机组运行中 B 火检冷却风机入口被异物堵塞，3s 后，火检冷却风机入口联锁动作，联启 A 火检冷却风机后，由于 A 火检冷却风机出口顺利打开，没有顺利换门卡涩，火检冷却风母管压力低延时3s保护动作，锅炉 MFT 动作	B 火检冷却风机入口吸入塑料布，造成堵塞	锅炉专业	锅炉_辅机	锅炉_辅机_其他
4	3号炉二级再热器爆管停机	发现壁炉泄漏装置的第10、12、14、16、17测点泄漏报警，经退出吹灰装置后，现场检查发现在锅炉电梯6层 L2R 长吹处附近仍有明显流声，判断为锅炉再热器爆管	二级再热器 A8-8 出口下侧下部卡制造焊缝根部（融合线）开裂	锅炉专业	锅炉_本体	锅炉_本体_四管_再热器
5	1号炉二级再热器爆管停机	运行监盘人员发现1号机组凝汽器补水小阀开度均开至100%，挡板开度增大，立即检查风烟系统运行情况，发现引风机挡板开度增在1号锅炉电梯6楼 L2R 长吹处附近仍有明显气流声。经省调同意机组退出 AGC 控制方式，降负荷至200MW 进行爆管确认。判断锅炉爆管	二级再热器 A 屏第10屏外圈住内圈数第5根（简称 A10-5、下同）U 形管弯头前侧的60o弯头处出现如"天窗"状爆口，同一屏的 A10-4、A10-3 的炉前侧60o弯头上方直段处及 A11-5 的炉前侧 U 形管弯头处被吹薄	锅炉专业	锅炉_本体	锅炉_本体_四管_再热器

续表

序号	事件名称	直接原因	间接原因	直接原因一级	直接原因二级	直接原因三级
5	1号炉二级再热器爆管停机		而爆破；A10-5爆管后弯由变形穿过A8、A9屏，一直到A7屏最内圈处。爆口附近的A6、A7、A8、A9、A11屏的部分管子在不同程度吹损减薄	锅炉专业	锅炉_本体	锅炉_本体_四管_再热器
6	8号炉屏再泄漏爆管停机	发现8号炉甲侧末级再热器汽温偏高，补水量大5～6t，就地检查发现锅炉8层固侧（甲侧再热器）有泄漏声，初步判断为再热器漏，8号机组解列停机	发现左第19屏屏再第9根（φ63×4，12Cr1MoV）、第10根（φ63×4，12Cr1MoV）、第14根（φ63×5，12Cr1MoV）管子发生泄漏	锅炉专业	锅炉_本体	锅炉_本体_四管_再热器
7	4号炉再热器爆管停运	运行监盘发现4号机组主、再热蒸汽两侧温度偏差大，负荷930MW，主蒸汽温度左侧596℃，右侧576℃；再热汽温度左侧597℃，右侧578℃，较正常温增加50t/h左右。怀疑锅炉除盐水补水受热面泄漏，但4号炉泄漏仪没有报警。就地检查确认，二级再热器发生泄漏	引起高再管子泄漏的原因是管子有机械损伤；具体原因有待于根据西安热工院进行金相分析结果来确定	锅炉专业	锅炉_本体	锅炉_本体_四管_再热器
8	4号炉低温再热器爆管停机	运行人员发现4号炉IK25吹灰器区域有泄漏声	4号炉低温再热器A侧第1排，从标高42000mm的人孔门向下数第5根管子弯头处的迎风面部位，由于烟气冲刷磨损，造成管子壁厚减薄，发生的爆管	锅炉专业	锅炉_本体	锅炉_本体_四管_再热器
9	705号炉包覆管爆管停炉	705号炉运行人员到9m层测量粉仓粉位时，听到705号炉甲侧水平烟道高再管系处漏汽且声音大，检修人员现场观察认定包覆管磨损泄漏，705号炉四管流通被堵塞案头后，四管监测装置当时未报警，热工点报警。当运行人员申请在调度带负荷80MW，运行人员立即快速减带负荷，机组解列	对高极将高再管子进行检查，最终共换高再管6根，包覆管更换8根	锅炉专业	锅炉_本体	锅炉_本体_四管_再热器
10	3号屏式过热器爆管停机	负荷升至320MW，机组协调控制方式，发现磨炉泄漏报警，查凝汽器补水的测点2、8、13测点泄漏报警，经退出灰渣置后，现场检查发现在炉壁折档角A侧34.6m人孔门（折档角区域）附近仍有明显气流声，判断为锅炉过热器爆管。经中调同意降负荷，机组与电网解列	漏点位于前屏过热器A侧第4屏炉后侧入口段外圈住内圈数第12根管	锅炉专业	锅炉_本体	锅炉_本体_四管_过热器

表 9-9　　　某厂生产的 300MW 亚临界锅炉四管典型泄漏风险清单

受热面名称	失效类型	失效部位	风险等级
再热器	过热（由高温燃烧或异物堵塞）	再热器入口侧的高温区异种钢焊缝附近	3 级，中风险
		U 型管排下弯头及附近区域	3 级，中风险
		高热负荷区域	3 级，中风险
	开裂	T91/12Cr1MoV+奥氏体不锈钢异种钢焊接接头	3 级，中风险
		管排定位卡块区域	3 级，中风险
		管屏夹持管变壁厚焊缝区域	3 级，中风险
		TP347H、TP304H 材质的夹屏管及下弯头	2 级，中低风险
		人孔、吹灰孔附近的包墙管	1 级，低风险
		热室内密封板焊接区域	1 级，低风险
		集箱角焊缝	1 级，低风险
	吹损或磨损	夹持管、定位管与管排碰磨区域	2 级，中低风险
		墙式再热器管子之间以及与水冷壁管之间碰磨	2 级，中低风险
		吹灰器区域	1 级，低风险
		悬吊管与低再管交叉区域	1 级，低风险
		易形成烟气走廊区域	1 级，低风险
过热器	吹损或磨损	悬吊管与低过管交叉区域	3 级，中风险
		吹灰器区域	2 级，中低风险
		夹持管、定位管与管排碰磨区域	2 级，中低风险
		易形成烟气走廊区域	1 级，低风险
	过热（氧化皮等异物引起）	入口侧异种钢焊缝附近、高热负荷区	3 级，中风险
	过热（燃烧导致长期过热）	U 型管排下弯头及附近区域、过热器出口段	3 级，中风险
	开裂	T91/T22/G102/12Cr1MoV+奥氏体不锈钢异种钢焊接接头	3 级，中风险
		人孔、吹灰孔附近的包墙管	1 级，低风险
		热室内密封板焊接区域	1 级，低风险
		集箱角焊缝	1 级，低风险
		管排定位卡块区域	1 级，低风险
	烟气侧热疲劳	TP347H、TP304H 材质的夹屏管及下弯头	3 级，中风险

续表

受热面名称	失效类型	失效部位	风险等级
省煤器	吹损或磨损	省煤器低温段局部高烟速区	3 级，中风险
		吹灰器通道管排	2 级，中低风险
		中隔墙挡板破损区及其与侧包墙接合区等易形成烟气走廊的部位	2 级，中低风险
		易漏风区域如人孔	2 级，中低风险
		近进口集箱接管座的短管、下层飞灰磨损区	1 级，低风险
水冷壁	吹损或磨损	吹灰器区域	3 级，中风险
		冷灰斗斜坡	3 级，中风险
		冷灰斗侧墙与前后墙拐角	3 级，中风险
		燃烧器、观火孔区域	2 级，中低风险
		折焰角上部斜坡	1 级，低风险
		人孔门及吹灰孔弯管	1 级，低风险
	过热（燃烧导致、管内介质堵塞）	高热负荷区域	2 级，中低风险
	高温腐蚀	燃烧器区域水冷壁向火侧	3 级，中风险
	砸伤（掉焦、燃烧器掉落）	冷灰斗斜坡	3 级，中风险
	应力拉裂	水冷壁上集箱、中间集箱角焊缝	3 级，中风险
		吹灰孔让管弯头处鳍片	3 级，中风险
		侧墙与前后墙交界区域	3 级，中风险
		冷灰斗水封槽梳形板区域	2 级，中低风险
		冷灰斗水冷壁管下弯头	2 级，中低风险
		水冷壁管穿顶棚处	2 级，中低风险
		人孔、吹灰孔、燃烧器、中间集箱附近等宽鳍片区域	2 级，中低风险
		与刚性梁、限位及止晃装置、支吊架等相配合的拉钩等焊接区域（背火面）	1 级，低风险
		吹灰器密封盒区域（背火面）	1 级，低风险
	汽水侧垢下腐蚀（氢损伤）	高热负荷区域	1 级，低风险

（2）汽轮机系统。以 B 电厂 1 号机组汽轮机系统为例，共计调研与 B 电厂同厂家汽轮机机组 88 台，覆盖分布于 13 个省份 35 个电厂，形成汽轮机系统同厂家设备分布情况节选见表 9-10。

表 9-10　　　　　　　　　B 电厂 1 号机组同厂家汽轮机分布台账（节选）

机组名称	额定容量（MW）	投产日期	汽轮机设计热耗（kJ/kWh）
JL 燃煤 1 号	1030	2009-12-23	7318.00
JL 燃煤 2 号	1030	2010-12-03	7318.00
YH 电厂 1 号	1055	2006-11-28	7316.00
YH 电厂 2 号	1000	2006-12-30	7316.00
YH 电厂 3 号	1055	2007-11-11	7316.00
YH 电厂 4 号	1000	2007-11-25	7316.00
LW 电厂 6 号	1030	2015-12-24	7053.00
LW 电厂 7 号	1030	2016-11-09	7053.00
SL 电厂 1 号	660	2020-07-28	7479.00
SL 电厂 2 号	660	2020-09-19	7479.00
DB 电厂四期 7 号	660	2018-10-21	7653.00
DB 电厂四期 8 号	660	2019-04-30	7653.00
YK 电厂 3 号	600	2007-08-31	7428.00
YK 电厂 4 号	600	2007-10-14	7428.00
CX 电厂 1 号	660	2014-12-17	7344.00
CX 电厂 2 号	660	2014-12-29	7344.00
FZ 电厂 5 号	660	2010-07-22	7355.00
FZ 电厂 6 号	660	2010-11-15	7355.00
......			
合计			88 台

B 电厂汽轮机同厂家电厂部分非停事件台账节选见表 9-11。

2. 非停原因设备分布分析

在进行 RCM 分析时，需要进一步厘清各设备重要性、潜在风险及风险对应的影响程度，如对锅炉、汽轮机系统非停台账进行统计分析，各系统非停原因分布如图 9-16、图 9-17 所示，其分布情况如表 9-12、表 9-13 所示。

表 9-11　同汽轮机厂家电厂非停台账（节选）

序号	事件名称	直接原因	间接原因	直接原因一级	直接原因二级	直接原因三级
1	4号发电机"定子水流量低"跳机	4号机组带500MW负荷运行，司机监盘发现备用中的A定子水泵联启，发现地流量由95t/h上升到108t/h，巡视员赶往就地检查，发现运行的1号过滤器进水法兰垫喷开，定子水大量外泄，运行人员将故障过滤器切换，发电机因"定子水流量低"保护动作，发电机跳闸，联跳机炉	（1）该过滤器滤网法兰结合面使用的橡胶垫圈，可缩性较大，安装位置中橡胶垫圈紧力不够。在水泵变换运行中橡胶垫圈逐渐产生向边缘移动，在法兰紧力薄弱点就喷开，造成结合面泄漏。（2）定子水箱容积为1.8m³，设计的补子水无水量较小（φ32×4），泄漏量大于补水量，当泄漏到一定程度时，定子水泵入口吸入高度下降，泵运行产生汽化，流量和压力出现波动，达到低流量值，保护动作停机	汽轮机专业	汽轮机_辅机	汽轮机_辅机_其他
2	2号机发电机定冷水电接头疲劳泄漏跳闸	SOE显示机组跳闸首出原因为：定子水流量低保护动作，同时运行人员监视发现2号发电机内氢压下降，定子冷却水回路气泡也增大增多	定子绕组21号槽上层线棒端部与槽下层线棒联接铜弯头侧部爆裂直径约15mm孔洞，绝缘表层仅有局部过热痕迹（面积约20mm×20mm）。当剥开绝缘层后，发现该处水接头上层线棒连接部分已熔断，有直径约10mm贯穿性孔洞，且熔化的铜末已经进入上层和下层线棒的水电盒内	汽轮机专业	汽轮机_辅机	汽轮机_辅机_其他
3	2A号汽动给水泵进汽调门执行连杆断裂跳机	2B号小汽轮机突然跳闸，首出为超速保护动作；同时锅炉MFT保护动作，首出为锅炉MFT保护动作，设备联动正常，电泵联启正常	由于2A号汽动给水泵进汽调门执行机构连杆断裂（具体断裂原因见下面具体分析），2A号汽动给水泵低压进汽调门反馈保持在84%不变，同时2A汽动给水泵转速急剧下降，2B号汽动给水泵根据总指令迅速增加输出指令，指令输出达到95%时保持在875T/H迅速降低；2B号汽动给水泵转速已经超速至6107跳闸，2B号汽动给水泵的实际转速已经加至1134T/H，此时，2B号汽动给水泵由于失压超速至6107跳闸，在联启电泵过程中，给水流量低至锅炉给水流量低跳闸保护定值，MFT保护动作，2号机跳闸	汽轮机专业	汽轮机_辅机	汽轮机_辅机_给泵

续表

序号	事件名称	直接原因	间接原因	直接原因—一级	直接原因-二级	直接原因-三级
4	1 号机组差胀大	机组点火升速过程中，中压差胀快速负向增大，1600r/min，中压差胀-4.85mm；1900r/min，中压差胀-4.95mm；2500r/min，中压差胀-5.16mm；当转速升至 2600r/min，因中压差胀大手动破坏真空停机，转速继续开至 2750r/min 开始下降，中压差胀最大-5.29mm，随后开始负向减小	控制阀自动开启，并且在 20%～75%间不断动作，此阀自动开启后，中压系统的蒸汽径高排管道、再热冷却阀进入高，中压缸。从开始到发现，时间约 45min，因蒸汽温度低于汽缸内温度，高、中压转子受到冷收缩，而缸体收缩相对迟缓，从而表现出较大的中压负差胀	汽轮机专业	汽轮机_本体	汽轮机_本体_其他
5	2 号机低真空停机	2 号循环水泵跳闸，因循环水泵无任何，抢合 1 号、2 循环水泵不成功（冷却密封水压力低闭锁），2 号机因 2 号循环水泵跳闸，机组低真空（173mmHg）停机，发电机组解列，08:50 2 号机转速到 0，投盘车	（1）2 号循环水泵冷却密封水压力低，引起 2 号循环水泵冷却密封水低保护动作（该保护无延时），2 号循环水泵跳闸，凝器循环水中断，凝器真空下降，机组低真空保护动作。 （2）循环水泵冷却密封水供水管与工业水系统不合理。由于循环水泵冷却密封水供水管相比而言管径偏小，因此工业水系统中其他用户用水的变化会导致工业水压力产生波动，如波动过大就会导致冷却密封水压力低	汽轮机专业	汽轮机_辅机	汽轮机_循泵
6	B 侧主蒸汽压力变送器一次阀泄漏，停机	巡检到汽轮机 8.6m 层高旁附近时，发现从地面格删处有少量蒸汽冒出，立即进行查找确认为主蒸汽管路 B 侧压力测点表管根部泄漏冒汽，汇报主值班员。09:10 主值班员到现场确认泄漏点。现场设置围栏和警示牌。14:36 许可开工 3 号机主蒸汽压力测点 B 侧管道带压堵漏。12 日 02:25 检修报告：主蒸汽 B 侧压力测点泄漏变大，已无法处理，准备停机处理	（1）应力集中导致焊缝热影响区处产生开裂。 （2）接管座本身结构不合理，即大小接管座合部平台太长，焊缝热影响区与结构形变位置重合	汽轮机专业	汽轮机_本体	汽轮机_本体_其他

续表

序号	事件名称	直接原因	间接原因	直接原因-一级	直接原因-二级	直接原因-三级
7	1号机B侧主蒸汽暖管管道焊缝泄漏停运	运行巡检发现1号机B侧主蒸汽管道主汽门前垂直段上一温度测点附近有蒸汽外冒。联系生产部、检修到汽轮机专业人员到场，现场情况为：主汽门两侧进汽侧，B侧主蒸汽垂直管段上有蒸汽冒出，并有气流噪声发出；在17m层层高处比A侧附近温度较大；感觉B侧主汽门旁有过热蒸汽热浪边比A侧热汽浪声许多，并且蒸汽热浪冒过热蒸汽暖管道接口处为B侧主蒸汽外漏。初步分析认为B侧主蒸汽暖管接座前或焊缝泄漏	(1) 应力集中导致焊缝薄影响区处产生开裂。(2) 接管座本身结构不合理，即大小头接管座管部平台太短，焊缝薄影响区与结构重合。(3) 不排除该焊缝安装过程中，因存在大小头结构，焊后热处理包扎扎不紧密，造成热处理加热及恒温没有达到要求，检测该处硬度值略有偏高。(4) 可能存在的管道支吊架附加应力。(5) 该接口与汽门较近，汽门的开关导致汽流扰动比较大，温度变化也较大，加快了裂纹的产生和蔓延	汽轮机专业	汽轮机_本体	汽轮机_本体_其他
8	2号机危急保安器连接齿套压套螺栓断裂跳闸油泵	2号机负荷240MW，突发机组跳闸。查事故追忆：主汽门/中联门关闭，机停炉II值保护动作，横向保护联动停炉，发电机解列；就地检查汽轮机1号危急保安器动作指示"遮断"掉牌，经分析确认1号危急保安器动作跳机	危急保安器二次误动都是由主油泵齿型联轴器连接齿套压螺栓断裂所致：初始螺栓断裂残物或振动导致危急保安器第1次误动。当次扩大造成危急保安器继续直至危急保安器第2次误动动机(螺栓断裂，断裂金相分析有脱碳现象、断裂原因继续分析中)	汽轮机专业	汽轮机_本体	汽轮机_本体_其他
9	3号机凝结水泵入口滤网堵塞跳闸	3号机组3A、3B凝结水泵入口滤网堵塞，凝汽器水位高，机组跳闸	凝汽器内铁锈等杂物堵塞凝结水泵进口滤网是事故发生的直接原因。由于电网原因，分公司机组负荷一直受到，3号机自投产以后，实际运行时间不长，管道系统杂质没有得到很好的冲洗，还存在不少的铁锈是事故的重要原因。该厂凝结水泵进口滤网压差大，没有设置凝结水泵进口滤网差压高报警信号；没有整定凝结水泵进口滤网差压定值，差压超过规程规定值时，运行人员不易发现超限	汽轮机专业	汽轮机_辅机	汽轮机_本体_凝泵

续表

序号	事件名称	直接原因	间接原因	直接原因一级	直接原因二级	直接原因三级
10	2 号炉给水泵小汽轮机跳闸停炉	闭式水切换过程中，2 号机组闭式水箱跑水，导致 2A、2B 小汽轮机跳闸，2 号机组 MFT	直接原因：2 号机组闭冷水箱溢流管不满足溢流需要，设计管径太小；排空管直接排空，未加接导爆管，致使水箱水位波动时，水直接从排空气管溢出到下部各运转层，进一步顺着电缆流入 2 号机组小汽轮机交流控制柜 II 柜内，造成小汽轮机交流控制柜 II 工作电源开关跳闸。 间接原因：由于设计原因，1 期机组的炉侧闭冷水由 2 号机组供应时，必须通过 1 号机组闭冷水管才能实现，运行人员在倒闭冷水水源时必须经过两台机组的闭冷水并列运行的过程，由于两台机组的闭冷水系统参数不完全相同，并列运行时会发生串水现象	汽轮机专业	汽轮机_辅机	汽轮机_辅机_其他
11	一期环水泵房阀门井满水 1 号机跳闸	一期循环水泵组阀门井满水，1 号机组循环水泵跳闸，低真空保护动作，1 号机组跳闸	在 2 号机组循环水过程中，2A 号循环水泵出口蝶阀后排气阀冒水，造成 1A、1B、2A、2B 循环水泵出口蝶阀阀门井水位上升淹没这是事故发生的直接原因。 现场操作人员安排欠妥，现场巡视，操作安排了一名习进厂的见习巡检到一期循环水泵与配合联系。 运行辅管操作规程对循环水系统注水操作程序没有明确规定，没有制定循环水管注满水操作的检查标准，造成运行操作人员对整个注水操作缺乏依据，存在盲目性。这是事故管理存在漏洞。循环水泵出口排气阀安装在出口阀门井内，排气阀出口水直接排放到阀门井内，留下了事故隐患	汽轮机专业	汽轮机_辅机	汽轮机_辅机_循环水泵

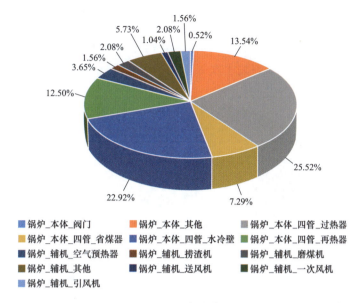

图 9-16　锅炉系统非停事件原因分布

表 9-12　　　　　　　　　　　锅炉系统非停时事件原因分布情况

设备	非停占比（%）
锅炉_本体_阀门	0.47
锅炉_本体_其他	12.32
锅炉_本体_四管_过热器	23.22
锅炉_本体_四管_省煤器	6.64
锅炉_本体_四管_水冷壁	20.85
锅炉_本体_四管_再热器	11.37
锅炉_本体_四管合计	62.08
锅炉_本体合计	74.88
锅炉_辅机_空气预热器	3.32
锅炉_辅机_捞渣机	1.42
锅炉_辅机_磨煤机	1.90
锅炉_辅机_其他	5.21
锅炉_辅机_送风机	0.95
锅炉_辅机_一次风机	1.90
锅炉_辅机_引风机	1.42
锅炉_辅机合计	16.11
锅炉_其他	9.00

　　经过统计可以看出，锅炉专业中造成机组非停的主要原因为锅炉四管，占比高达 62.08%。锅炉辅机中，为空气预热器、磨煤机及一次风机影响最大；汽轮机系统中，引

起机组非停的主要原因为汽轮机本体、EH 系统及辅机中的给水泵、循环水泵，在汽轮机系统中的占比分别高达 17.43%、13.76%、17.43%及 11.01%，在后续设备重要程度划分及检修决策优化时应予以重点关注。

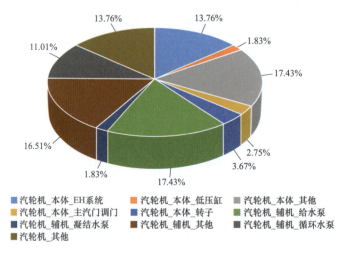

图 9-17　汽轮机系统非停事件原因分布

表 9-13　　　　　　　　　　　　汽轮机系统非停事件原因分布情况

设备	非停占比（%）
汽轮机_本体_EH 系统	13.76
汽轮机_本体_低压缸	1.83
汽轮机_本体_其他	17.43
汽轮机_本体_主汽门调门	2.75
汽轮机_本体_转子	3.67
汽轮机_本体合计	39.45
汽轮机_辅机_给水泵	17.43
汽轮机_辅机_凝结水泵	1.83
汽轮机_辅机_其他	16.51
汽轮机_辅机_循环水泵	11.01
汽轮机_辅机合计	46.79
汽轮机_其他	13.76

3. 典型非停事件重塑

在对各系统类似非停事件进行全面统计的基础上，选取了具备代表性的部分非停事件，组织各专业专家组对事件经过进行了重塑，对设备故障的影响链条进行了深入分析，对造成机组非计划停运的故障原因进行分析总结，进一步协助各重要设备失效机理的完善与故障模型的修正。案例分析节选如下所述。

案例 1 锅炉再热器泄漏停机。

（1）事件经过。

07:10（7 月 3 日），某厂 2 号机组负荷 330MW，运行人员现场检查发现 2 号炉 6 层左侧有微弱泄漏声，补水量变化不大；经专业技术人员检查，确认为水平烟道区域受热面泄漏。12:57，2 号机组停运。

16:00（7 月 5 日），锅炉放水冷却后，检修人员进入锅炉内检查发现，低温再热器水平段左数第 73 排前包墙处上数第 6 根（内 2 弯）固定支撑块处的焊缝泄漏，吹损 71、72 排内 1、内 2 弯管子，泄漏情况如 9-18 所示。

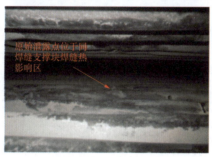

图 9-18　泄漏情况

（2）原因分析。

近几年来，2 号锅炉在检修后期再热器打压期间，多次发现泄漏点，泄漏点全部位于低再水平段管子（T22）固定支撑块内侧，常规防磨防爆检查手段无法发现，见图 9-19。

1）2B 检修再热器打压，发现低再水平段左数第 84 排靠中隔墙侧上数第 5、6 根管子间的固定支撑块焊缝内侧泄漏，右数第 89 排上数第 7、8 根管子间的固定支撑块焊缝内侧泄漏，处理后运行中未发生泄漏。

2）2C 检修再热器打压，发现低再水平段右数第 150 排上数第 5、6 根管子间、左数第 46 排上数第 5、6 根管间靠中隔墙侧固定支撑块焊缝内侧泄漏，见图 9-20 和图 9-21。处理后运行中未发生泄漏。

3）2B 检修再热器打压，发现低再水平段左数第 35、36 排之间和 149、150 排之间靠中隔墙侧固定支撑块焊缝内侧泄漏，处理后运行中未发生泄漏。

4）2C 检修再热器打压，未发现泄漏点。

低再水平管段所有发生泄漏位置的管材、管间固定支撑块均为 SA-213 T22 材质，经金相分析，SA-213 T22 管材具有明显的角焊缝热影响区再热裂纹倾向，固定支撑块焊缝因热应力产生再热裂纹，裂纹向管材内部扩展，最终导致管子泄漏。曾咨询 FW 公司，其未提供解决方案。经调研了解，FW 公司设计供货的江西九江电厂锅炉再热器结构形式、材质与该厂相同，上述位置管子也曾多次发生泄漏。

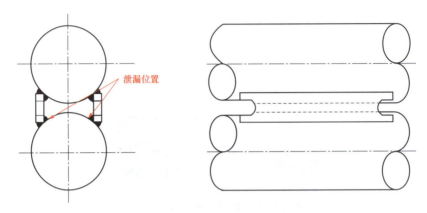

图 9-19　管子固定支撑结构

图 9-20　管子及固定支撑块照片

图 9-21　固定支撑块焊缝处泄漏点照片

（3）暴露问题。

1）低再水平管段固定支撑结构设计不合理，SA-213 T22 管材具有明显的角焊缝热影响区再热裂纹倾向，管道受热膨胀后，增大再热裂纹倾向。

2）电厂虽然在检修后期利用再热器打风压手段，检查低再水平段固定支撑块焊缝内侧是否泄漏，但未彻底检查所有固定支撑块（共 3240 个）焊缝内侧是否存在再热裂纹。

3）未对低再水平管段固定支撑结构进行改进，从而彻底消除支撑块焊缝因热应力产生再热裂纹的倾向。

（4）整改措施。

1）在每次检修期间，通过再热器打风压查找泄漏点，及时消除。

2）对再热器固定支撑结构进行改造：在大修期间将上述位置的固定支撑结构改成活动支撑结构，彻底消除此处焊缝的热应力，消除管子泄漏隐患。此种改造方案工作量较大，T22 材质的低再水平管段共 270 排，每排在靠近前包墙和中隔墙各有 6 个固定支撑块，总计 3240 处隐患泄漏点，需将所有管排拆开处理；另外此种改造方案可能引起管子乱排，形成烟气走廊，导致局部飞灰磨损，增加磨损爆管隐患，需咨询锅炉厂家进一步优化改造方案，如图 9-22 所示。

图 9-22　管间固定支撑临时处理方案

案例 2 汽轮机主油泵联轴器故障。

（1）事件经过。

某厂 4 号机组正常运行，负荷为 240MW，AGC 控制方式，炉给水流量为 690t/h，给水泵 A、B 运行，给水泵 C 热备用。

06:35，运行人员监盘发现，炉给水流量由 690t/h 突降至 0t/h，锅炉 MFT 保护动作，汽轮机跳闸，发电机 220kV 开关跳闸，发电机解列。运行人员确认机组已跳闸，即按运行规程进行停机操作。

在次日 01:00 之前，检查汽轮机热控保护及 DEH 控制系统均无异常和保护动作。故试开调速油泵液调系统建立高压油，发现 1、2 号危急保安器脱扣动作，显示"遮断"。同时在车头箱窥视孔内发现，主油泵齿型联轴器齿套压板脱落。故打开车头箱检查发现：主油泵齿型联轴器齿套压板（车头侧）脱落（2 个半圆），齿套已松动位移，压板螺栓全部断裂（$\phi 8 \times 12$）。即安排抢修，由制造厂提供备品进行更换。

次日 05:38，发电机并网，停机时间约 23h。

（2）原因分析。

1）主油泵齿型联轴器压板螺栓断裂（另分析）引起压板脱落，齿套松动位移，碰撞 1 号危急保安器"遮断"油门挂钩，导致 1 号危急保安器"遮断"油门动作。

2）因齿型联轴器齿套压板螺栓断裂及压板脱落的碎片残物或因此可能引发的齿型联轴器小轴振动等因素，导致 2 号危急保安器"遮断"油门动作。

（3）暴露问题。

1）加工公差大：齿套压板螺栓孔加工偏差大，在安装压板时，压板孔径与螺栓间错位存在剪切应力，引起螺栓断裂。

2）无工艺技术标准：在安装齿套压板时，无工艺技术标准。导致齿套压板外圆与齿套内圆存在安装间隙。压板在离心力作用下，对螺栓产生附加剪切应力。

3）技术要求掌握不够：对齿型联轴器技术要求及安装工艺标准未掌握。

（4）整改措施。

1）加强对安装前配件检查，并及时修正加工公差。

2）制订安装工艺质量标准，作为检修文件包中关键点和检验点，并严格监督执行。

3）在齿型联轴器结构上做适当的技术改进优化并加强对其他机组同类部位的检查。

4. 历史故障事件收集统计

进一步建立多层次多维度的故障原因分析方法，需要全面梳理各系统、设备及部件的故障模式及影响，对某厂锅炉系统和汽轮机系统过去 5～10 年间的设备故障情况进行了收集整理，主要情况如下：

（1）A 电厂锅炉系统历史故障事件，见表 9-14、表 9-15。

表 9-14　　　　　　　　　　　锅炉四管历史故障事件台账（节选）

序号	爆管位置及处理措施	爆管原因分析
1	B 侧水冷壁上集箱导汽管第 6 根（炉前向炉后数）与集箱安装焊缝砂眼，打磨后进行补焊处理	安装焊缝砂眼
2	主蒸汽减温器有三条裂纹。措施：挖补焊接	冷热交变导致焊缝开裂
3	位置后屏过热器 B 向 A 侧数第 9 屏，炉前向炉后数第 10 根弯头（$\phi54\times9$ 12Gr1MoV），标高从下弯头向上约 1.2m 处，同时吹损到第 9 根（$\phi54\times9$ SA－213T91）、第 10 屏第 1 根（$\phi60\times10$SA－213TP347H）、第 2 根（$\phi54\times9$ SA－213T304）、第 3 根（$\phi54\times9$ SA－213T304）。 处理措施： （1）后屏过热器 B 向 A 侧数第 9 屏，炉前向炉后数第 10 根从联箱管接头处闷掉，待大修中恢复。屏过热器入口联箱管接头规格 $\phi54\times10$ 15GrMoG，屏过热器出联箱管接头规格 $\phi42\times11$ 12Gr1MoV。采用管式焊接闷头，材质 12Gr1MoV，焊缝须无损探伤。 （2）后屏过热器 B 向 A 数第 9、10、11、12 屏，每屏的炉前向炉后数第 10、11、12、13 根下弯头及整圈直管段全部更换共计 15 根（爆管的除外），规格 $\phi54\times9$ SA－213T91；材质由原来 12Gr1MoV 升级为 SA－213T91；直管段换至离顶棚管 1m 处。第 9 屏第 9 根（被吹损管）更换 U 型弯头（$\phi54\times9$ SA－213T91）；第 10 屏第 1、2、3 根更换同等材质 U 型弯头。 扩大检查： （1）后屏过热器所有下弯头部位及直管段做蠕胀、氧化皮检查； （2）弯头向上 6m 处直管段做蠕胀、氧化皮检查； （3）根据检查结果对蠕胀、氧化皮超标管段进行更换	主要失效机理是长期蠕变，材质不良是导致爆管的根本原因，长期超温加速了后屏过热器的爆漏
4	前墙水冷壁标高 39m 处靠短吹处鳍片砂眼，带压堵漏	焊接缺陷
5	3 号炉再热蒸汽出口压力表管断裂泄漏	
6	3 号炉过热主蒸汽取样门后呲汽。措施：补焊	膨胀受阻
7	12 月 15 日发现 3 号炉大包顶部热再母管三通处压力仪表管焊缝裂纹泄漏，调停后更换	焊接缺陷
8	B 侧第 2 根前包墙过热器悬吊管与顶棚过热器鳍片产生环向裂纹，吹爆第 3 根管，停炉后检查前包墙过热器管母材与顶棚过热器鳍片之间焊缝存在表面裂纹，A-B 数第 24 根尤其严重。经打磨裂纹消除缺陷后更换 B 侧第 2.3 根、A-B 数第 24、28、31、73 共计 6 根管，补焊：A-B 数第 33、36、42、49、53、57、59、66、67、68、75、76、84、85、92、93、95、99、102 共计 19 根管。悬吊管高度中间部位（约 6m 高）加装疏型管卡固定防止管子运行中晃动	悬吊管晃动导致焊缝疲劳缺陷

续表

序号	爆管位置及处理措施	爆管原因分析
9	后屏过热器 B-A 数第 2 屏炉前第 11 根下弯头爆管，吹损第 2 屏炉前第 10 根、第 3 屏炉前第 8、9 根，更换 B-A 数第 1 屏炉前第 5、6 根；更换 B-A 数第 2 屏炉前第 10、11 根；更换 B-A 数第 3 屏炉前第 5、6、7、8、9、10、11、12、13 根；计 13 根	母材质量缺陷
10	A-B 侧数第 2 屏，炉后侧向炉前数第 14 根	短期超温爆管

表 9-15　　　　　　　　　　锅炉辅机历史故障事件台账（节选）

序号	设备	故障描述	原因分析及处理	控制措施
1	6 号炉 A 送风机	6 号炉 A 送风机本体振动大	经现场跟踪监测发现振动参数存在较大幅度波动，晃动无明显规律。经专业组讨论，多负荷工况试验和数据跟踪监测，排除影响因素，最终将 5 号炉 A 送风机转子整体调换至 6 号炉 A 送风机后恢复正常运行，运行振动参数恢复正常。6 号炉 A 送风机转子返厂解体大修（转子 8 年未进行大修），发现靠近轮毂侧轴承与轴接触部位，主轴表面存在明显磨损（最大处存在 10 丝间隙偏差），这种磨损产生颗粒，并氧化成特殊的棕色，导致研磨和松动加大，轴承内圈与轴配合紧力不够造成轴承跑内圈，引发送风机振动。已对主轴喷涂修复，转子轮毂和液压缸大修，正在准备回厂组装试验	（1）加强设备巡查，特别是智能化检测系统和 SIS 系统参数的跟踪，发现转机异常振动或振动波动，及时现场评估，提早发现隐患，采取必要控制措施。（2）加强送风机油箱滤油工作，加强油质监测，确保润滑油和控制油回油顺畅，辅助送风机轴承状态评估。（3）利用机组调停检修机会，对轮毂叶片、进出口风道、轴承箱轴封、等进行检查，发现问题隐患及时处理。（4）建立设备检修台账，根据状态检修监测和寿命管理评估结果，进行必要的轮毂解体大修检查
2	3 号炉 B 引风机	3 号炉引风机 B 电机联侧轴承振动大	3 号炉引风机 B 电机联侧轴承振动水平 10 丝，非侧轴承水平 9.4 丝缺陷。经现场跟踪分析判断 3 号炉 B 引风机本体存在不平衡现象，可能由于转子改造后剩余不平衡量较大，且由于轮毂断面密封局部不良造成轮毂进灰，使得转子存在不平衡现象。同时，本体两级叶片开度控制推盘与连杆可能存在磨损，导致连杆与转轴不同心，叶片开度调节过程中，叶片开度调节不一致，致使出现叶片通过频率，叠加振动。目前发现电机及本体振动呈周期性变化，振动范围相对稳定，未发现明显上升迹象，且受一定负荷的影响，目前除水平振动较大外，风机各参数均正常，风机运行正常，继续加强跟踪观察	加强设备巡查（早晚各测量一边），需重点跟踪观察 3 号炉 B 引风机运行情况，发现数值有劣化增长趋势时及时评估设备状态，避免出现危急 3 号炉 B 引风机稳定运行情况。加强引风机油液检测，每次滤油前后进行油质粒度化验分析，对比两次滤油过程中油质金属颗粒度的变化情况，同时注重电机侧轴瓦温度的变化；监视 3 号炉 A、B 引风机叶片开度与电流对应情况，避免出现叶片卡死现象。利用 3 号炉 A 修机会，对 3 号炉 B 引风机转子及叶片进行检查，需对相应轮毂解体检查，必要时轮毂返厂局部检修更换叶柄及驱动机构
3	3 号炉 B 引风机	3 号炉 B 引风机电机振动较大	3 号炉 B 引风机电机水平振动值较大，持续跟踪中，目前振动保持平稳，电机侧水平振动 8.5 丝，本体 7.5 丝，未有明显增长迹象，油站油温油压正常，未有明显增长迹象；现场评估分析，为 1X 分量突出，怀疑可能由于转子改造后剩余不平衡量较大，且由于轮毂断面密封局部不良造成轮毂进灰，使得转子存在不平衡现象，目前设备正常运行，风机转子叶片调节正常，电流稳定，运转正常	

序号	设备	故障描述	原因分析及处理	控制措施
4	5 号炉 C 磨煤机	5 号炉 C 磨煤机减速机加速度大	5 号炉 C 磨煤机减速机加速度达 7.1mm/s² (磨煤机减速机加速度一般不超过 3.0mm/s²)，且油系统滤网清洗时发现较脏，由此判断油中杂质较多，加速转动部分的磨损，建议在机组调停时对减速机进行检修并更换润滑油	机组调停时对减速机进行检修并更换润滑油
5	5 号炉 B 引风机	5 号炉氧量，总风量偏高，5 号炉 B 引风机出力大	通过对比检修前 5 号炉 AB 送风机叶片开度及电流对应关系，我们发现，B 侧风机的出力明显大于 A 侧风机，在 5 号炉 A 送风机转子返厂大修之后，为了使 AB 两侧送风机叶片开度及风机出力平衡，我们依照 B 侧送风机叶片开度的整个液压缸行程为参考依据，对大修后的 5 号炉 A 送风机叶片开度进行调整，导致 AB 送风机整体出力偏大。进一步分析，在叶片开度调节过程中，叶片开度的位置由液压缸的行程来控制，即根据液压缸的行程来设定风机叶片的全开全关位置。由于避免运行过程中，风机叶片开度超过机械限位而使电动执行器过力矩故障缺陷的发生，我们会将叶片的开度稍微留有一部分余量设定成叶片的零位，即执行器的零位并不是叶片真正的机械零位。因为每台机组数次计划性检修过程中对叶片开度不断校核调节，这部分余量未有明确统一标准，使得每台机组风机的液压缸行程大小逐渐产生了变化，零位设定也有所偏差，导致了四台机组叶片同开度情况下，风机出力有所偏差	(1) 综合考虑机组设备状况，利用 6 号机组调停的机会，对 6 号炉送风机叶片开度重新调整，在 6 号机现有送风机叶片开度行程的基础上，将机械限位释放，风机叶片开度全关位下调 5% 重新设定零位，记录此时液压缸零位行程位置数值；同时，将原执行器全开位的 80% 设定成叶片全开位，缩短整个液压缸控制行程，以此来增加叶片开度调节的灵敏性，记录此时液压缸全开行程位置数值。(2) 待 6 号机组运行，观察送风机叶片调节灵敏程度及量程是否满足机组深度调峰需求，若满足需要，则以此数据作为以后每台风机叶片开度调节依据，结合计划性检修，逐一调整，形成标准依据。目前 6 号炉已调节，经运行反馈效果良好
6	3 号炉 B 引风机	3 号炉 B 引风机本体存在不平衡现象	3 号炉引风机 B 电机侧轴承振动水平稳定在 8.5 丝，本体水平 8.2 丝缺陷。经现场跟踪分析判断 3 号炉 B 引风机本体存在不平衡现象，可能由于转子改造后剩余不平衡量较大，且由于轮毂断面密封局部不良造成轮毂进灰，使得转子存在不平衡现象。目前发现电机及本体振动呈周期性变化，振动范围相对稳定。本月发现经长周期运行，风机本体频谱分析，转子出现轻微松动迹象，分析由水平振动偏大引起，目前除水平振动较大外，风机各参数均正常，风机运行正常，继续加强跟踪观察	待机组调停，对轮毂密封及内部进行检查，对紧固螺栓进行检查，建议对轮毂及轴承箱返厂检查，确保风机状态可控
7	4 号炉 B 一次风机	4 号炉 B 一次风机本体轴承振动 4.48mm/s	经专业组现场分析评估，对比非侧轴向振动趋势图，发现振动突升突降存在随机性，与负荷的变化等无明显关联，分析原因有二，一是因为 4 号炉 B 一次风机柱销为重新加工更换，本次振动值突升，可能是由于改良过的尼龙柱销长度设计欠佳，柱销和联轴器销孔存在加工尺寸误差，使得柱销运行过程中仍然存在一定程度的轴向窜动引起，引发本次缺陷的发生，当运行一定时间，柱销销孔摩擦相互适应	(1) 加强设备巡查，跟踪一次风机本体轴向振动变化趋势，及时评估运行状态。(2) 待机组停运，检查更换非侧轴承，同时重新调整轴向间隙和压盖紧力至合格范围，避免类似缺陷的再次发生

序号	设备	故障描述	原因分析及处理	控制措施
7	4号炉B一次风机	4号炉B一次风机本体轴承振动4.48mm/s	后，振动恢复正常。二是可能因为非侧轴承端盖间隙调整不精准，轴承压盖紧力不足，使得非侧轴承在风机运行过程中存在轴向振动，导致轴向振动突然增加，当风机工况稳定，轴承恢复到稳定状态，振动恢复正常数值	（1）加强设备巡查，跟踪一次风机本体轴向振动变化趋势，及时评估运行状态。 （2）待机组停运，检查更换非侧轴承，同时重新调整轴向间隙和压盖紧力至合格范围，避免类似缺陷的再次发生
8	3号炉B引风机	3号炉B引风机本体存在不平衡现象（D修）	3号炉B引风机一级轮毂起吊孔底部腐蚀穿孔，大量灰尘进入一级轮毂并在轮毂内逐渐积聚，造成轮毂不平衡量逐渐增大，是引发本体转子振动逐渐变大的主要原因；3号炉A、B引风机入口烟道因低温腐蚀均存在锈蚀严重的问题，尤其是B侧，致使部分烟道壁剥落进入运行中的引风机，造成3号炉B引风机叶片发生轻微变形或损坏（一级轮毂有5片叶片发生变形，其中3片发现缺口损伤；二级轮毂有3片发生变形，未有缺口损伤）	

（2）B电厂汽轮机系统历史故障事件，见表9-16。

表9-16　　　　　　　　　汽机辅机历史故障事件台账（节选）

序号	故障描述	原因分析及处理	控制措施
1	三期循环水泵B泵轴承有异音且温度高	三期循环水泵B泵轴承有异音且温度高，更换轴承已好	更换轴承
2	6号机组A电动给水泵驱动端机械密封漏汽	一是机封密封面磨损；二是机封内弹簧在电泵启停时没有完全复位，导致无法压紧密封面，造成漏汽	
3	1号循环水泵电机振动偏大	经现场检查，泵的轴瓦温度正常，泵出力正常，电流正常，转速较高（960），已汇报领导，维持运行，加强观察。目前测量，泵的转速890r/min，出口压力0.22MPa，振动值：南北4.6丝，东西6.8丝，垂直1.2丝，在合格范围内	加强对1号循环水泵的观察跟踪，发现问题及时联系机辅机班进行处理
4	4号机汽动水泵前置泵自由端处滴油	现场检查排油烟风机运行情况及排油烟管道积油情况，没有发现明显异常。联系运行并泵、切泵，检修敲振回油管，无明显效果，随后降低进油温度到38℃，无效果；最后提高进油温度到44℃，油挡不再溢油，恢复正常。分析此次油挡溢油正好处在机组升负荷且小机转速提升过程中，可能是由于小机转速提升，各轴承进油量同时增大，造成最远的自由端轴承回油受到排挤，造成回油不畅；另外由于小机高速旋转，形成甩吸，造成回油口形成微负压，回油前后压差较小，导致回油不畅。经过专业组讨论，建议利用计划检修的机会，在前置泵自由端轴承上盖增加呼吸孔、检查清理回油管，并将前置泵自由端轴承改为直排回油管	加强对4号机组汽动水泵前置泵的观察跟踪，发现问题及时联系辅机班进行处理

序号	故障描述	原因分析及处理	控制措施
5	轴承甩水严重	原因分析：经现场检查分析，判断原因一是轴套磨损，二是盘根长周期使用导致磨损	更换盘根，暂时不漏，待循泵大修时更换轴套
6	1 号循环水泵电机振动偏大	检修周期较长（上次检修时间 2014 年，已 8 年），长时间运行，泵组易损件磨损，摆度变大，引起泵组振动变大	建议设备进行检查性大修，更换易损件（轴套及橡胶轴承），检查调整泵组摆度

5. 重要设备家族性故障事件分析

除厂内设备历史故障情况统计外，由于设计、制造工艺等原因，同厂家设备在投运后往往会呈现出具备相同故障特征的家族性缺陷。以 A 电厂设备为代表，推广家族性缺陷定位与收集工作，有利于进一步揭示同类产品故障规律性，更好地制定统一高效的低成本解决方案，弥补产品缺陷，全面提升发电设备管理水平。

对 C 厂电站风机的家族性缺陷收集工作，收集范围覆盖 49 家电厂，涉及 954 台风机，共收集到各类缺陷 81 条，C 厂电站风机的家族性缺陷见表 9-17、表 9-18，C 厂电站风机家族性缺陷分布图见图 9-23。

表 9-17 　　　　　　　　　　　　C 厂电站风机家族性缺陷台账（节选）

序号	电厂名	设备名称	故障类型
1	LY	引风机	（1）振动大； （2）叶轮调频环、叶片根部焊缝断裂
2	HL	引风机	（1）振动大； （2）轴承温度高
3	YKRD	引风机	伺服阀连接杆弯曲
4	JTRD	引风机	（1）气封齿密封不严，漏烟气严重； （2）动叶根部密封性较差，易出现积灰卡涩
5	BLS	引风机	轴承温度高
6	JYRD	引风机	（1）振动大； （2）叶轮积灰
7	DF	一次风机	（1）振动大； （2）风机效率下降
8	JT	引风机	（1）振动大； （2）主轴轴向裂纹； （3）电机侧联轴器膜片裂纹； （4）电机转子轴向裂纹； （5）烟道导流板断裂
9	HY	送风机	油系统调节阀故障

表 9-18 　　　　　　　　　　　　C 厂电站风机家族性缺陷分布

故障表现	数量	比例（%）
风机振动大	22	40

续表

故障表现	数量	比例（%）
轴承温度高	10	18
伺服机构连杆弯曲、断裂、脱落	8	15
叶片卡涩、磨损、腐蚀	7	13
油系统油阀、冷却器不可靠	7	13
轴承箱寿命短	6	11
轴承箱渗（漏）油	5	9
风机出力小、裕量大、电耗大	5	9
叶片（轮）积灰	4	8
叶片断裂	3	6

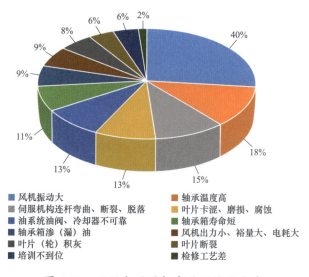

图 9-23　C 厂电站风机家族性缺陷分布

在失效及故障模式分析中，重点参考家族性故障情况，统筹考虑故障效应与建议措施。

第三节　火电机组设备健康状态评估

一、火电机组设备健康状态评估方法

对设备健康状态实现全面量化评估，真正掌握设备健康等级与潜在隐患是保证 RCM 决策精准有效的先决条件。本节重点介绍目前可用的火电机组设备状态监测与评估方法，并给出相关案例。

实施 RCM 前首先需要对火电机组健康状况进行基础评估，这是优化维护活动和提高系统可靠性的基础。该步骤有助于明确当前存在的问题和潜在的风险点，并为未来健康状况评估的发展提供了一个基准，用于衡量未来 RCM 实施的效果和成效。该过程需要应用各种先进的设备检测技术以实现有效的监控。美国国家电力科学研究院 EPRI 的 M&D 中心经过一系列实验，推出了多种在电力系统中得到广泛应用的有效检测技术[72]，包括红外线温度测定技术；振动分析技术；油液监测技术。

1. 红外线温度测定技术

红外温度测定技术是一种在线监测（不停电）式高科技检测技术，集光电成像技术、计算机技术、图像处理技术于一体，通过接收物体发出的红外线（红外辐射），将其热像显示在荧光屏上，从而准确判断物体表面的温度分布情况，这种技术不需要将测定仪安装在被测试的设备上，就可以得到正确、可重复显现的数据。

当使用红外温度测定技术进行火电机组等复杂系统的健康状况评估时，以下为一些关键操作步骤和注意事项：

（1）辐射系数的设置是衡量物体辐射红外能量能力的一个关键参数，其参数范围在 0 到 1 之间。该辐射系数受到多种因素的影响，包括被测设备的表面条件，如光洁度和颜色，以及设备的材料类型、温度和测量角度。因此，在进行红外温度测量之前，应根据被测设备的具体材料和条件来设定相应的辐射系数。

（2）使用合适的测量距离或焦距。红外传感器的光学分辨率与测量距离和目标尺寸有关，通常通过一个比率来定义，即 $D{:}S$。如果被测量的设备上的发热点较小，为了保持高分辨率，测量的距离需要相应地减小。然而，同时也需要注意与高压设备之间的安全距离，以确保测量人员的安全。

（3）对检测数据进行整理。完成测量后，应立即保存所有相关数据，并将这些数据整理成报告和表格，以便进行后续的分析和质量控制。在缺陷处理完毕后，再次进行测量并与前次数据进行对比，该步骤不仅可以确认问题是否已被有效解决，也可以作为未来预防措施的依据。

2. 振动分析技术

在电力行业中，振动分析技术在多种旋转机械的健康监测中起着关键作用。这主要包括发电厂的汽轮机、大型泵和风机等设备。机械振动分析技术是利用机器的机械振动属性在设备诊断技术领域普遍采用的振动诊断方法。这种技术通过频谱分析来指导潜在的机械缺陷，从而在不需要停机或拆卸设备的情况下，能诊断设备的故障原因、位置和恶化程度。

当设备运行异常时，机械振动通常会发生变化。通过振动和噪声分析，能够识别多数故障。这种在线和离线分析技术尤其在汽轮发电机组的推力轴承和支持轴承的油膜压力监测中显示良好的适用性，其具体执行方面，需要专业人员进行全面深入的振动分析检查，检查内容包括但不限于设备的振动、温度，以及其他主观判断标准如是否有油漏、异音或放电声等。

其具体步骤包括：

（1）设备评估及传感器覆盖度识别：在开始分析之前，识别出需要监测的关键设备，如汽轮机、大型泵、风机等。对设备上安装传感器的覆盖度进行充分识别，以监测振动、温度和其他重要参数。

（2）数据采集计划：根据设备的运行周期和重要性，制定数据采集计划，包括时间、人员、项目、路线等，数据采集应包括设备的振动数据、温度，以及其他可能的状态指标（如油温、油压等）。

（3）数据采集：根据分析确定的规定的定期检查项目使用专用设备（如振动数据采集器）进行数据采集所测得的数据填写在专用记录中。同时，记录任何主观观察，如异音、油漏或放电声等，便于查询和分析。设备测振记录如表 9-19 所示。

表 9-19　　　　　　　　　　　　　　　设备测振记录

设备名称									
×××设备	位置	本体联侧轴承 （轴温趋势：　　）			本体非侧轴承 （轴温趋势：　　）			加油情况	声音情况	其他情况
	方向	⊥	—	⊙	⊥	—	⊙			
	位移（μm）									
	速度（mm/s）									
	加速度（mm/s²）L									
	加速度（mm/s²）H									
	位置	电机联侧轴承 （轴温趋势：　　）			电机非侧轴承 （轴温趋势：　　）					
	方向	⊥	—	⊙	⊥	—	⊙			
	位移（μm）									
	速度（mm/s）									
	加速度（mm/s²）L									
	加速度（mm/s²）H									
	电机状态									
	机务评价：				电机评价：					

3. 油液监测技术

在使用油液监测技术时（需要注意的是：设备在用润滑油的可采样品量少，且经过一段时间的使用，可能会存在油泥、水、固体颗粒、纤维等杂质），要求油液监测设备消耗样品量少，不易堵塞，且耐用性强，抗干扰能力强，能快速监测及时反馈。同时，润滑油油液监测的主要内容有光谱元素、铁谱磨损、黏度、水分、酸度、氧化度、污染度等。黏度、酸值、氧化度等的变化反映润滑油润滑状态的改变；磨粒及铁谱组成分析、分布图像有助于分析设备磨损状态及原因，监测设备磨损趋势；金属元素、水分、颗粒的分析反映受污染程度，并有助于寻找污染物来源[73]。对油液状态进行测定的具体分析方式见表 9-20。

表 9-20　　　　　　　　　　　　　润滑油监测与分析方法对照

编号	测量类型	实施依据	测量方法	监测目的
1	光谱元素分析	NB/SH/T 0865—2013《在用润滑油中磨损金属和污染物元素测定-旋转圆盘电极原子发射光谱法》	测定小于 10μm 的金属和添加剂元素含量	评估油品污染水平、污染源，预测设备部件磨损

续表

编号	测量类型	实施依据	测量方法	监测目的
2	磨粒及铁谱分析	ASTM D7596—2014《使用直接成像集成测试仪的油的自动粒子计数和颗粒形状分类法》	自动粒子计数和智能分类磨损颗粒和铁屑	诊断设备异常磨损、磨损种类，判断外部污染影响
3	黏度测定	GBT 265—1988《石油产品运动黏度测定法和动力黏度计算法》	使用毛细管法或红外光谱技术测定黏度	黏度作为润滑效果的关键，评估是否影响润滑效果
4	油品状态监测	ASTM E2412-10（2018）《使用傅里叶变换红外（FT-IR）光谱法通过趋势分析对在线润滑剂进行状态监测的标准实践》	分析水分、烟炱、乙二醇、酸值、碱值、氧化度等	监测添加剂消耗、污染物积累，评估设备运行状态

二、某锅炉系统设备健康状态评估

在开展 RCM 之前，应用上述所述火电机组设备状态监测方法，对 A 厂锅炉系统各重点设备开展了设备状态全面综合"体检"专项工作，通过综合运用振动、温度、油液、噪声等多种状态监测方法对电厂设备状态数据的全面监测采集，同时进行了健康状态的建模分析与准确评估，以支撑运行及检修策略的进一步精准优化，主要情况如下：

1. 锅炉设备数据采集与监测

通过振动分析技术、承压管在线监测系统和油质监测与分析技术，完成针对 6 号机组锅炉侧 11 台设备的数据采集与监测工作，设备皆处于优良状态，如表 9-21 所示。

表 9-21　　　　　　　　　　　锅炉设备总体情况

设备名称	机组	状态优良	观察趋势	安排维修	紧急检修
锅炉及其电机设备	6 号机组	11	0	0	0

（1）锅炉"四管"泄漏报警监测。通过在线监测 6 号炉承压管在线测点 29 处，监测数据都在正常范围（点数值在 6.0 以下为正常），并且未发生数值明显波动及超预警值点。锅炉承压管道监测如表 9-22 所示。

表 9-22　　　　　　　　　　　锅炉承压管道监测

锅炉	测点 1	测点 2	测点 3	测点 4	测点 5	测点 6	测点 7	测点 8
	1.5	1.4	1.7	1.2	1.5	1.8	1.8	1.4
	测点 9	测点 10	测点 11	测点 12	测点 13	测点 14	测点 15	测点 16
	2.1	0.9	1.4	2.1	1.7	3.0	2.8	2.1
	测点 17	测点 33	测点 19	测点 20	测点 21	测点 22	测点 23	测点 24
	1.5	1.5	1.3	1.7	1.4	1.6	1.8	2.3
	测点 25	测点 26	测点 27	测点 28	测点 29			
	1.7	1.9	0.9	1.2	1.8			
异常情况说明								
备注								

（2）温度监测和振动监测分析。通过单通道振动分析仪、多通道振动分析仪和远红外成像分析仪，完成锅炉送风机、一次风机、引风机共 6 台设备的状态检测。6 号炉锅炉三大风机的监测如表 9-23～表 9-25 所示。

表 9-23　　　　　　　　　　　　6 号炉送风机监测数据

		6号炉送风机						
送风机（A）	位置	本体轴承（轴温趋势：47.4）				加油情况	声音情况	其他情况
	方向	⊥	—	⊙				
	位移（μm）	6	13	4				
	速度（mm/s）	0.5	0.7	1.4				
	加速度（mm/s²）L	1.8	1.6	5.4				
	加速度（mm/s²）H							
	位置	电机联侧轴承（轴温趋势：稳定）			电机非侧轴承（轴温趋势：稳定）	油位正常	无异音	正常
	方向	⊥ — ⊙			⊥ — ⊙			
	位移（μm）	8　7　4			11　12　4			
	速度（mm/s）	0.6　0.5　0.5			0.8　0.8　0.3			
	加速度（mm/s²）L	1.6　1.2　2			1.2　1.8　7			
	加速度（mm/s²）H	10　14　4			12　19　12			
	电机状态	正常						
检修机务评价：状态优良		检修电机评价：电机运行状态稳定，正常						
送风机（B）	位置	本体轴承（轴温趋势：42.6）				加油情况	声音情况	其他情况
	方向	⊥	—	⊙				
	位移（μm）	6	13	5				
	速度（mm/s）	0.4	1.1	1.9				
	加速度（mm/s²）L	2.9	4.3	8.7				
	加速度（mm/s²）H							
	位置	电机联侧轴承（轴温趋势：稳定）			电机非侧轴承（轴温趋势：稳定）	油位正常	无异音	正常
	方向	⊥ — ⊙			⊥ — ⊙			
	位移（μm）	6　7　8			6　7　5			
	速度（mm/s）	0.8　0.8　2.1			0.8　0.7　0.3			
	加速度（mm/s²）L	1.6　1.2　1.3			1.2　1.3　1.1			
	加速度（mm/s²）H	15　14　4			10　11　2			
	电机状态	正常						
机务评价：状态优良		电机评价：电机运行状态稳定，正常						

表 9-24　　　　　　　　　　　　　6 号炉一次风机监测数据

6 号炉一次风机									
一次风机（A）	位置	本体联侧轴承（轴温趋势：41）			本体非侧轴承（轴温趋势：40.3）			加油情况	声音情况	其他情况
	方向	⊥	—	⊙	⊥	—	⊙	油位正常	出口门有异音	正常
	位移（μm）	13	39	31	8	29	30			
	速度（mm/s）	0.8	2.5	3.4	0.6	1.9	1.8			
	加速度（mm/s²）L	2.1	3.0	4.1	0.9	1.2	1.1			
	加速度（mm/s²）H	4.3	4.4	2.2	1.1	1.3	1.5			
	位置	电机联侧轴承（轴温趋势：稳定）			电机非侧轴承（轴温趋势：稳定）					
	方向	⊥	—	⊙	⊥	—	⊙			
	位移（μm）	6	7	8	6	7	5			
	速度（mm/s）	0.8	0.8	2.1	0.8	0.7	0.3			
	加速度（mm/s²）L	1.6	1.2	1.3	1.2	1.3	1.1			
	加速度（mm/s²）H	15	14	4	10	11	2			
	电机状态	正常								
机务评价：状态优良		电机评价：电机运行状态稳定，正常								
一次风机（B）	位置	本体联侧轴承（轴温趋势：41.8）			本体非侧轴承（轴温趋势：38）			加油情况	声音情况	其他情况
	方向	⊥	—	⊙	⊥	—	⊙	油位正常	联侧轴承有异音	正常
	位移（μm）	2	10	12	1	9	9			
	速度（mm/s）	0.3	0.6	2.3	0.2	0.5	0.5			
	加速度（mm/s²）L	1.8	1.2	3.3	0.7	0.5	0.5			
	加速度（mm/s²）H	3.6	2.7	1.5	1.2	1.5	2.5			
	位置	电机联侧轴承（轴温趋势：稳定）			电机非侧轴承（轴温趋势：稳定）					
	方向	⊥	—	⊙	⊥	—	⊙			
	位移（μm）	9	16	17	6	18	13			
	速度（mm/s）	0.9	1.2	1.6	0.5	1.1	1.4			
	加速度（mm/s²）L	7	8	4	9	7	4			
	加速度（mm/s²）H	14	19	15	17	10	6			
	电机状态	正常								
机务评价：状态优良		电机评价：电机运行状态稳定，正常								

表 9-25　　　　　　　　　　　**6 号炉引风机监测数据**

		6 号炉引风机						加油情况	声音情况	其他情况
引风机（A）	位置	本体轴承（轴温趋势：43.6）						加油情况	声音情况	其他情况
	方向	⊥	—	⊙	⊥	—	⊙			
	位移（μm）	10	21	8						
	速度（mm/s）	1.4	1.7	1.5						
	加速度（mm/s²）L	5.2	7.6	8.0						
	加速度（mm/s²）H									
	位置	电机联侧轴承（轴温趋势：42.7）			电机联侧轴承（轴温趋势：41.7）			油位正常	无异音	正常
	方向	⊥	—	⊙	⊥	—	⊙			
	位移（μm）	2	16	6	4	20	5			
	速度（mm/s）	0.19	0.64	0.53	0.23	0.78	0.41			
	加速度（mm/s²）L	0.49	0.38	0.33	0.49	0.38	0.51			
	加速度（mm/s²）H									
	电机状态	正常								
	机务评价：状态优良	电机评价：电机运行状态稳定，正常								
引风机（B）	位置	本体轴承（轴温趋势：43.8）						加油情况	声音情况	其他情况
	方向	⊥	—	⊙	⊥	—	⊙			
	位移（μm）	11	16	8						
	速度（mm/s）	1.3	1.6	2.0						
	加速度（mm/s²）L	3.6	3.6	6.4						
	加速度（mm/s²）H									
	位置	电机联侧轴承（轴温趋势：42.0）			电机非侧轴承（轴温趋势：47.3）			油位正常	无异音	正常
	方向	⊥	—	⊙	⊥	—	⊙			
	位移（μm）	4	21	7	4	21	7			
	速度（mm/s）	0.18	0.80	0.40	0.24	0.81	0.39			
	加速度（mm/s²）L	0.66	0.50	0.56	0.56	0.91	0.56			
	加速度（mm/s²）H									
	电机状态	正常								
	机务评价：状态优良	电机评价：电机运行状态稳定，正常								

（3）引风机油站颗粒度监测。完成油液分析，6 号机组引风机油洁净度分析情况合格，无异常油质情况。引风机油站颗粒度如表 9-26 所示。

表 9-26　　　　　　　　　　　　　引风机油站颗粒度

2月3日		6 号炉 A 引风机	6 号炉 B 引风机
颗粒污染度 NAS		3 级	1 级
油中颗粒分布	2～5μm	1940	820
	5～15μm	520	420
	15～25μm	70	30
	25～50μm	10	10
	50～100μm	0	0
	>100μm	0	0
结果		合格	合格

2. 锅炉设备状态评估

（1）锅炉本体设备监测评估。

分析 6 号机组运行情况可知，锅炉承压管在线监测系统未出现数值明显波动及超预警值点，四管温度未监测到超温现象。

（2）转动设备状态监测与评估。

6 号机组锅炉侧 11 台设备皆状态优良。

（3）锅炉专业设备状态监测总结。

1）状态监测总结。完成运行机组锅炉辅机设备状态监测及设备评估工作，并根据状态监测开展 6 号炉 D 磨的定检工作。通过定检，发现 6 号炉 D 磨磨辊轴承故障。通过及时更换 6 号炉 D 磨磨辊轴承，消除隐患。锅炉 6 大风机整体运行状态良好。

2）工作建议。加强设备巡查，提高设备巡查质量，继续落实控非停、控异常措施的执行和检查；加强防寒防冻工作的开展，继续细化做好设备隐患排查内容，制定相应的控制措施并做好事故预想；做好调停机组的检修消缺，严控关键检修工艺；继续梳理锅炉技术监督项目整改，结合计划性检修推进。

加强对在运行的六大风机的状态监测，在做好振动分析的基础上，结合其他电厂发生的设备不安全事件，进行梳理排查，制定好相关措施，在运行中或者机组调停后进行详细的检查评估。加强空气预热器运行情况监测。关注空气预热器支撑轴承、导向轴承油温变化情况。监视减速机油泵泄漏情况，目前无泄漏。做好引风机油站的滤油工作，跟踪压差、油位等情况，及时更换滤网。

第十章 火电机组 RCM 风险理论分析及模型建立

基于火电厂对保障电力稳定供应、协助新能源深度调峰的需求，同时有效避免和减少故障事故，协助各级工作人员尽职和管理到位，落实到位故障预防和检测措施，就需要从源头上辨别、控制、消除故障隐患。针对目前火电机组划分重点系统部件及相应关键隐患的风险评估模型仍然存在科学性判据不充足、不充分的问题，同时为强化 RCM 决策逻辑的模型、提升对 RCM 实施效果的优化设计，火电机组 RCM 风险理论分析及模型建立工作可从建立火电机组重要度模型，建立火电机组功能与性能标准和建立火电机组故障模式、影响与危害度分析模型三个方面展开。在不断积累与提炼模型的过程中，要基于企业实际工作情况，不断吸纳企业内、外专家及技术人才，也可以组建各专项的专家组协助进行火电机组 RCM 风险理论分析和建立 RCM 模型。

第一节 火电机组重要度模型

基于火电机组本身的复杂性，以及深度调峰对运行检修工作带来的挑战，进一步强化实现火电机组各系统设备分类标准对发电设备精益化管理意义重大。将火电机组各系统和设备依照设备结构树与故障影响潜在的危害度划分为五大类，以作为重要依据指导失效模式分析及设置 RCM 决策分析资源投入重点。

第一类，此类设备发生异常时，严重影响甚至立即导致整个机组非计划停机。例如，锅炉的"四管"爆裂、大量泄漏，主机事故按钮的异常或被误动，以及汽包水位的异常；汽轮机的主机润滑油、密封油管道异常，汽动给水泵的异常以及主汽门系统的异常。

第二类，此类设备发生异常时，影响整个机组的非停，对机组的负荷或者环境产生严重的影响。例如，炉侧单侧三大风机、空气预热器及增压风机等的异常，安全门、PCV 阀的大量漏气，燃油系统的异常，汽轮机中 EH 油泵，氢冷器、高低加系统的异常，循环水泵、给水泵的异常，仪用空气压缩机的异常，高低旁系统的异常、汽轮机中压主汽门、高中压调门系统异常等。

第三类，没有立即影响整个机组的安全，但对机组的安全威胁相当大。例如，炉侧三大风机、增压风机及空气预热器的润滑、冷却系统异常；厂用空气压缩机的异常等，机侧凝结水泵变频器异常，汽动给水泵及电泵润滑、冷却系统异常，开闭式冷却系统，顶轴油泵异常等。

第四类，机炉主要辅机的配套系统异常，对机炉主要辅机的安全影响较大。例如，炉侧送风机油站及增压风机油系统的冷却水系统，空气预热器的油系统冷却系统以及吹灰系统异常，磨煤机石子煤系统异常；炉底加热推动系统；机侧密封油、闭冷水的冷却系统异常；真空泵冷水机组；胶球系统异常等。

第五类，影响现场环境美化的一般设备等。例如，一般现场照明、地沟地窖系统，现场墙面、油漆以及瓷砖缺陷等。

以 300MW 的锅炉系统和 1000MW 的汽轮机系统为例，分别搭建重要度模型。

（1）300MW 锅炉系统五类划分，如表 10-1 所示。

表 10-1　　　　　　　　　　　　锅炉系统五类分类

设备（专业）	一类设备	二类设备	三类设备	四类设备	五类设备
锅炉及系统	锅炉水冷壁、省煤器、过热器、再热器管	炉安全门、PVC 阀	锅炉泄漏监测装置、减温水系统	锅炉本体蒸汽吹灰系统、声波吹灰系统，加药取样管道	
	汽包水位计一次门前	汽包安全门，汽包测量筒水位计	汽包双色水位计	汽包电触点、满水水位计	
		给水、主再热蒸汽以及高压一次门前管道及阀门	锅炉疏水排污系统	连排扩容器、定排扩容器	
		送风机	送风机油泵、控制油系统、润滑油系统、冷却风机	送风机油站冷却系统	风道
		引风机	引风机油泵、控制油系统、润滑油系统、冷却风机	引风机油站冷却系统	烟道
		一次风机	一次风机导叶	一次风机轴承冷却水系统	风道
			密封风机		风道
		空气预热器	空气预热器油系统、传动系统、空气预热器控制系统	空气预热器冷却水系统、空气预热器蒸汽吹灰系统、空气预热器乙炔气吹灰系统	
			风烟系统风门挡板		
			火检冷却风机	滤网、管道	
		C 磨及润滑油泵	其他磨煤机、磨煤机润滑油泵、磨煤机润滑油箱	磨煤机石子煤系统（石子煤冲洗泵、捞石子煤机、石子煤冲洗控制柜）、磨煤机润滑油冷却器、磨煤机润滑油加热器、磨煤机送粉管道	

设备 （专业）	一类设备	二类设备	三类设备	四类设备	五类设备
锅炉及系统	汽包水位计一次门前	C 给煤机	其他给煤机	原煤仓空气炮、给煤机清扫电机	
		C 层一次风喷口	其他层一次风喷口		
			电除尘设备	除灰管道阀门	
			WGGH 热媒水循环泵、热媒水侧母管	WGGH 凝结水升压泵、凝结水加热器、辅汽加热器、烟冷器、再热器模块及吹灰系统	WGGH 烟道、可以单独隔离的热媒水管
			捞渣机驱动传动系统液压关断门、涨紧装置	补水系统	
			仪用空气压缩机	厂用空气压缩机、400V 冷干机、空气压缩机冷却水系统、储气罐	空气压缩机系统疏水
			锅炉二次门		
		锅炉燃油母管	各角油枪、油角阀、软管		
				锅炉大小暖通系统、冷却水机组	
			高辅联箱	炉底加热推动系统	

（2）1000MW 汽轮机系统五类划分，如表 10-2 所示。

表 10-2   汽轮机系统五类分类

设备 （专业）	一类设备	二类设备	三类设备	四类设备	五类设备
汽轮机及系统	汽轮机本体及润滑油系统	交、直流润滑油泵，顶轴油泵	主油箱、冷油器	润滑油排油烟机、润滑油储油箱	润滑油输送泵、润滑油加热器、滤网、油挡加热器
	汽轮机高压主汽门、中压主汽门	高中压调门、高排逆止门			
	氢气管阀系统	氢气冷却器			
	EH 油系统管道	EH 油泵	EH 油箱	EH 油冷油器、EH 油加热器、EH 油循环泵	
		高、低压加热器旁路系统	高、低压加热器旁路油泵	高旁减温水、低旁减温水管道阀门	
		汽动给水泵	小汽轮机进汽阀门、汽动给水泵交流、直流润滑油泵	冷油器、油箱、排烟风机	

续表

设备 （专业）	一类设备	二类设备	三类设备	四类设备	五类设备
汽轮机及系统		电动给水泵	给泵润滑油泵	空冷器、冷油器，	
		凝结水泵	轴承及油系统	冷却水及空气管路	精处理
		循环水泵	出口蝶阀及管道	循环水泵房排污泵、清污机、冷却塔	循泵房高位、低位油泵
		真空破坏阀	凝汽器	真空系统管道阀门	
		高压加热器	高压抽汽管道阀门		
		低压加热器	低压抽汽管道阀门		
		盘车装置			
			高辅联箱	辅汽供汽系统	管道阀门
		密封油泵	差压阀、平衡阀、密封油排油烟风机	密封油冷却器	密封油电加热装置
			除氧器及安全阀	管道阀门	
			定冷水泵、定冷水箱	定冷水冷却器、再生装置	管道阀门
			闭冷水泵、闭冷水箱	闭冷水冷却器、滤网	管道阀门
			开冷水泵	开冷水进口旋转滤网	管道阀门
			真空泵	真空泵冷水机组及循环泵	管道阀门
				轴加风机、轴封加热器	
				凝结水输送泵	
		供热系统分汽缸	压力匹配器	供热系统管道及阀门	用户供热系统
				低加疏水泵	
					汽轮机快冷装置
				1 号高扩、2 号高扩、低扩、危急疏水扩容器	
					胶球系统、凝泵坑排污泵

第二节　火电机组功能与性能标准

结合设备设计功能、实际功能，梳理设备可靠性所要求的功能，针对核心系统，按照系统—子系统—设备—部件的层次分层定义功能作用。同时，梳理适于诊断的各种标准（国际标准、国家标准、军用标准、规范和指导性文件等）来规定各单元及系统的数据界限标准，对每一类故障形成故障判断界限标准。以 300MW 锅炉系统和 1000MW 汽轮机系统为例，其核心设备的功能及性能标准定义库案例如下所述。

一、锅炉系统（300MW）功能性能标准库

某锅炉系统（机组容量 300MW）功能性能标准库，如表 10-3 所示。

表 10-3 锅炉系统功能性能标准库

子系统	设备	功能定义	部件	可参考性能标准
本体系统	锅炉本体	锅炉是一种能量转换设备，向锅炉输入的能量有燃料中的化学能、电能，锅炉输出具有一定热能的蒸汽、高温水或有机热载体	（1）喷口以下水冷壁； （2）喷口以上水冷壁； （3）折烟角及包墙水冷壁； （4）低温段过热器； （5）前、后屏及高温过热器； （6）壁式再热器； （7）高温再热器； （8）省煤器； （9）汽包； （10）喷燃器； （11）油枪； （12）安全阀； （13）调门； （14）截止阀； （15）吹灰器； （16）烟冷器	（1）GB/T 10184《电站锅炉性能试验规程》； （2）GB/T 12145《火力发电机组及蒸汽动力设备水汽质量》； （3）GB/T 19624《在用含缺陷压力容器安全评定》； （4）GB/T 30580《电站锅炉主要承压部件寿命评估技术导则》； （5）DL/T 438《火力发电厂金属技术监督规程》； （6）DL/T 439《火力发电厂高温紧固件技术导则》； （7）DL/T 440《在役电站锅炉汽包的检验及评定规程》； （8）DL/T 441《火力发电厂高温高压蒸汽管道蠕变监督规程》； （9）DL/T 561《火力发电厂水汽化学监督导则》； （10）DL/T 611《300MW～600MW 级机组煤粉锅炉运行导则》； （11）DL/T 612《电力行业锅炉压力容器安全监察规程》； （12）DL/T 616《火力发电厂汽水管道与支吊架维护调整导则》； （13）DL/T 654《火电机组寿命评估技术导则》； （14）DL/T 715《火力发电厂金属材料选用导则》； （15）DL/T 748《火力发电厂锅炉机组检修导则》； （16）DL/T 752《火力发电厂异种钢焊接技术规程》； （17）设备说明书
风烟系统	一次风机	提供一定压力、一定流量的一次风，将煤粉干燥并送入喷燃器。提供煤粉挥发分燃烧所需的氧气	（1）叶轮； （2）滚动轴承； （3）主轴； （4）轴承座； （5）联轴器； （6）进、出口导叶； （7）进口消音器； （8）进口风箱	（1）GB/T 6075《机械振动在非旋转部件上测量评价机器的振动》； （2）DL/T 290《电厂辅机用油运行及维护管理导则》； （3）ISO 4406《液压油清洁度标准》； （4）设备说明书
	密封风机	为正压直吹式制粉系统的磨煤机提供压力高于一次风压的冷空气，用于防止磨煤机磨辊、底部密封等处漏风，以满足磨煤机的密封需要	（1）叶轮； （2）滚动轴承； （3）主轴； （4）轴承座； （5）联轴器； （6）轴封	（1）GB/T 6075《机械振动在非旋转部件上测量评价机器的振动》； （2）DL/T 290《电厂辅机用油运行及维护管理导则》； （3）ISO 4406《液压油清洁度标准》； （4）设备说明书

子系统	设备	功能定义	部件	可参考性能标准
风烟系统	空气压缩机	可提供高品质的压缩空气，分别用于气动门开关、仪表吹扫用气、气力输灰、其他厂用气等方面	（1）滚动轴承； （2）阴阳转子； （3）联轴器； （4）转子； （5）机头； （6）卸荷阀； （7）安全阀	（1）JB/T 6430—2002《一般用喷油螺杆空气压缩机》； （2）设备说明书
	空气预热器	利用锅炉尾部烟气热量来加热燃烧所需要空气的一种热交换装置，由于它工作在烟气温度较低的区域，回收了烟气热量，降低了排烟温度，因而提高了锅炉效率	（1）空气预热器本体； （2）联轴器； （3）滚动轴承组； （4）冷却器； （5）润滑油	（1）GB 10184—88《电站锅炉性能试验规程》； （2）DL/T 748.8—2001《火力发电厂锅炉机组检修导则 第 8 部分：空气预热器的检修》； （3）DL/T 750—2016《回转式空气预热器运行维护规程》； （4）设备说明书
WGGH系统	热媒水泵	用于 WGGH 系统中输送热媒水	（1）轴承组； （2）联轴器； （3）轴承座	（1）GB/T 3216《回转动力泵 水力性能验收试验 1 级、2 级和 3 级》； （2）GB/T 6075《机械振动在非旋转部件上测量评价机器的振动》； （3）GB/T 18149—2017《离心泵、混流泵和轴流泵 水利性能试验规范 精密级》； （4）GB/T 29531—2013《泵的振动测量与评价方法》； （5）DL/T 290—2012《电厂辅机用油运行及维护管理导则》； （6）设备说明书
风烟系统	送、引风机	送风机主要是向锅炉燃烧燃料提供大量的空气，引风机主要是用于抽取炉膛内的热烟气	（1）轴承组； （2）联轴器； （3）轴承座； （4）叶轮和叶片； （5）主轴； （6）中间轴； （7）护套轴； （8）空心导叶； （9）护轴管； （10）轮毂； （11）轴承箱； （12）冷却风机； （13）伺服阀； （14）油泵； （15）出口闸板门； （16）执行器输入轴承； （17）电机轴瓦油挡	（1）GB/T 6075《机械振动在非旋转部件上测量评价机器的振动》； （2）DL/T 290《电厂辅机用油运行及维护管理导则》； （3）ISO 4406《液压油清洁度标准》； （4）设备说明书
制粉系统	磨煤机	把给煤机送入的原煤研磨成符合要求的一定细度的煤粉	（1）轴承组； （2）联轴器； （3）减速箱	（1）GB/T 6075《机械振动在非旋转部件上测量评价机器的振动》； （2）DL/T 290《电厂辅机用油运行及维护管理导则》； （3）ISO 4406《液压油清洁度标准》 （4）设备说明书

二、汽轮机系统（1000MW）功能性能标准库

某汽轮机系统（机组容量 1000MW）功能性能标准库，如表 10-4 所示。

表 10-4　　　　　　　　　　汽轮机系统功能性能标准库

子系统	设备	功能定义	部件	可参考性能标准
汽轮机本体	汽缸	将汽轮机的通流部分与大气隔开，以形成蒸汽的热能转化为机械能的封闭腔室	（1）缸体； （2）中分面螺栓； （3）滑销系统； （4）内缸疏水管； （5）进汽导管； （6）喷嘴组	
	转子	（1）在动叶通道中完成能量转换、主轴传递扭矩； （2）承受动叶和主轴在旋转中产生的离心力及各部分温差引起的热应力，以及振动产生的动应力	（1）叶片； （2）主轴； （3）联轴器	
	隔板、轴封体	（1）完成蒸汽在汽流通道中膨胀加速，将热能转化为动能，推动动叶并驱动发电机发电； （2）保证动静部分有适当间隙，同时防止蒸汽从动静部位泄漏	（1）隔板； （2）轴封体	
	液压盘车装置	在汽轮机启动冲转前和停机后，使转子以一定的转速连续地转动，以保证转子均匀受热和冷却	（1）盘车轴； （2）离合器； （3）盘车； （4）轴瓦	
	轴承箱	承担转子重量和旋转的不平衡力，并确定转子的径向位置；承受转子轴向推力，确定转子轴向位置，保证动静间隙	（1）径向轴承； （2）推力轴承； （3）油挡	Q/HN-1-52YH.12.001—2021《汽轮机主机检修规程》
汽动给水泵小汽轮机	盘车装置（其他设备与本体同）	在汽轮机启动冲转前和停机后，使转子以一定的转速连续地转动，以保证转子均匀受热和冷却	（1）对轮； （2）离合器； （3）轴承； （4）电机	
汽动引风机小汽轮机	盘车装置（其他设备与本体同）	在汽轮机启动冲转前和停机后，使转子以一定的转速连续地转动，以保证转子均匀受热和冷却	（1）对轮； （2）涡轮蜗杆； （3）轴承； （4）电机	
蒸汽系统（包括主蒸汽、再热蒸汽系统；旁路系统；轴封蒸汽系统；辅助蒸汽系统；回热抽汽系统等）	高中压主汽阀	（1）控制主蒸汽及再热蒸汽； （2）在汽轮机保护装置动作后，迅速切断汽轮机的进汽而停机，以保证设备不受损坏	（1）阀碟衬套； （2）阀座； （3）阀杆； （4）阀杆和操纵杆连接器； （5）填料函和轴封套； （6）预启阀； （7）阀体； （8）阀盖； （9）螺纹环	

续表

子系统	设备	功能定义	部件	可参考性能标准
蒸汽系统（包括主蒸汽、再热蒸汽系统；旁路系统；轴封蒸汽系统；辅助蒸汽系统；回热抽汽系统等）	高中压调节汽阀	通过改变阀门开度来控制进入汽轮机的进汽量	（1）阀碟衬套；（2）阀座；（3）阀杆；（4）阀杆和操纵杆连接器；（5）填料函和轴封套；（6）阀体；（7）螺纹环	Q/HN-1-52YH.12.001—2021《汽轮机主机检修规程》
	补汽阀	当汽轮机的最大进汽量与 THA 工况流量之比较大时，可采用补汽技术，超出额定流量部分由外置的补汽阀提供；可起到对汽缸冷却作用；具有提高变负荷速率功能，有利于提高大电网稳定性	（1）阀碟衬套；（2）阀座；（3）阀杆；（4）阀杆和操纵杆连接器；（5）填料函和轴封套；（6）阀体；（7）螺纹环	
	高压旁路阀	（1）机组安全而经济地启动；（2）启动时更容易满足汽轮机对蒸汽温度的要求；（3）使机组在甩负荷时不会跳机；（4）由于连续的流动可最大限度地减少硬质颗粒对汽轮机的冲蚀	（1）阀体；（2）阀盖；（3）阀笼；（4）阀芯；（5）阀座；（6）滤网；（7）执行机构	
	低压旁路阀	（1）机组安全而经济地启动；（2）启动时更容易满足汽轮机对蒸汽温度的要求；（3）使机组在甩负荷时不会跳机；（4）由于连续的流动可最大限度地减少硬质颗粒对汽轮机的冲蚀	（1）阀体；（2）阀盖；（3）阀笼；（4）阀杆；（5）阀芯；（6）阀座；（7）滤网；（8）执行机构	
给水系统	汽动给水泵	其作用是把除氧器贮水箱内具有一定温度、除过氧的给水，提高压力后输送给锅炉，以满足锅炉用水的需要	（1）叶轮；（2）轴瓦；（3）联轴器；（4）基础；（5）泵轴；（6）润滑	（1）Q/HN-1-52YH.12.002—2021《汽机辅机检修规程》；（2）《IHI-离心泵的标准》；（3）lASME-PTC 8.2《离心泵性能试验规范》
	除氧器	（1）除去锅炉给水中的氧和其他非凝结气体；（2）用汽轮机抽汽和其他方面的余汽、疏水等，将锅炉给水加热至除氧器运行压力下的饱和温度；提高机组的热效率；（3）将符合含氧量标准的饱和水，储存在水箱中	（1）除氧头；（2）除氧水箱；（3）喷嘴；（4）人孔门	（1）国家技术监督局《压力容器安全技术监察规程》；（2）JB/T 8190—99《高压加热器技术条件》；（3）ASME PTC12.1《给水加热器动力试验规范》
	高压加热器	（1）加热进入锅炉给水温度；（2）提升机组热效率	（1）换热管束；（2）隔板；（3）人孔门	（1）国家技术监督局《压力容器安全技术监察规程》；（2）JB/T 8190—99《高压加热器技术条件》；（3）ASME PTC12.1《给水加热器动力试验规范》

子系统	设备	功能定义	部件	可参考性能标准
给水系统	给水泵再循环调门	（1）防止给水泵因出水量太少出现汽蚀； （2）增强机组在低负荷时调节灵敏度	（1）阀体； （2）阀盖； （3）阀笼； （4）阀芯； （5）阀座； （6）滤网； （7）执行机构	（1）GB/T 26480—2011 阀门的检验与试验； （2）API598-96《阀门的检验与试验》
	给水三通阀	用于故障时关闭通往高加水路，确保锅炉给水畅通	（1）阀体； （2）阀盖； （3）阀芯； （4）阀座； （5）执行机构	（1）GB/T 26480—2011《阀门的检验与试验》； （2）API598-96《阀门的检验与试验》
凝结水系统（包括凝汽器、凝结水泵、抽真空系统等）	凝汽器	（1）在汽轮机排气口建立并维持真空； （2）保证蒸汽凝结并回收凝结水作为锅炉给水，凝结水先期除氧； （3）接受机组启停和正常运行中的疏水和甩负荷过程中的旁路排汽	（1）换热管束； （2）管板； （3）人孔门	（1）国家质量技术监督局《压力容器安全技术监察规程》； （2）JB/T 8190—99《高压加热器技术条件》； （3）ASME PTC12.1《给水加热器动力试验规范》
	凝结水泵	凝结水泵是将凝汽器底部热井的凝结水吸出，升压后流经低压加热器等设备输送到除氧器的水箱	（1）叶轮； （2）泵壳； （3）泵轴； （4）套管； （5）泵座； （6）轴承套筒； （7）轴护套； （8）节流套； （9）节流衬套； （10）轴承组件	（1）Q/HN-1-52YH.12.002—2021《汽机辅机检修规程》； （2）ASME-PTC 8.2《离心泵性能试验规范》
	汽侧真空泵	用于抽吸凝汽器水侧的空气及不可冷凝气体	（1）叶轮； （2）滚动轴承； （3）联轴器； （4）基础； （5）泵轴； （6）锥体； （7）汽水分离器； （8）板式换热器	（1）Q/HN-1-52YH.12.002—2021《汽机辅机检修规程》； （2）ASME-PTC 8.2《离心泵性能试验规范》
	低加疏水泵	5 号低压加热器正常疏水接至 6 号低压加热器，然后低加疏水泵将这部分水打至 6 号低压加热器出口的凝结水管道	（1）蜗壳； （2）进出水段； （3）叶轮； （4）泵轴； （5）平衡机构； （6）轴承； （7）机械密封	（1）Q/HN-1-52YH.12.002—2021《汽机辅机检修规程》； （2）IHI-离心泵的标准； （3）ASME-PTC 8.2《离心泵性能试验规范》
	低压加热器	（1）加热进入除氧器凝结水温度； （2）提升机组热效率	（1）换热管束； （2）隔板； （3）人孔门	（1）国家质量技术监督局《压力容器安全技术监察规程》； （2）JB/T 8190—99《高压加热器技术条件》； （3）ASME PTC12.1《给水加热器动力试验规范》

续表

子系统	设备	功能定义	部件	可参考性能标准
凝结水系统（包括凝汽器、凝结水泵、抽真空系统等）	轴封冷却器	（1）冷却轴封回汽，排出不凝结气体； （2）回收轴封疏水	（1）换热管束； （2）隔板； （3）轴封风机	
	定冷水泵	为定子冷却水系统提供稳定工作介质	（1）蜗壳； （2）轴承体； （3）转子； （4）叶轮； （5）联轴器； （6）密封环； （7）轴承	ASME-PTC 8.2《离心泵性能试验规范》
	循环水泵	（1）向汽轮机的凝汽器提供冷却水，以带走凝汽器内的热量，将汽轮机的排汽（通过热交换）冷却并凝结成凝结水； （2）为除灰系统和开式冷却水系统提供水源	（1）吸入口； （2）导叶体； （3）叶轮； （4）出水弯管； （5）泵轴； （6）联轴； （7）陶瓷轴承； （8）密封环； （9）内外筒体等	（1）Q/HN-1-52YH.12.002—2021《汽机辅机检修规程》； （2）ASME-PTC 8.2《离心泵性能试验规范》
	开式水泵	向闭式循环冷却水系统的设备（热交换器、凝汽器真空冷却器）提供冷却水	（1）叶轮； （2）泵轴； （3）滚动轴承； （4）联轴器； （5）泵壳、泵盖； （6）轴封部件（机械密封+盘根）	（1）Q/HN-1-52YH.12.002—2021《汽机辅机检修规程》； （2）ASME-PTC 8.2《离心泵性能试验规范》
	闭式水泵	向汽轮机、锅炉和发电机的辅助设备提供冷却水	（1）叶轮； （2）泵轴； （3）滚动轴承； （4）联轴器； （5）泵壳、泵盖； （6）轴封部件	（1）Q/HN-1-52YH.12.002—2021《汽机辅机检修规程》； （2）ASME-PTC 8.2《离心泵性能试验规范》
	闭式水换热器	冷却闭式水	（1）换热片； （2）支架； （3）拉杆	
汽轮机油系统（包括润滑油/顶轴油系统、润滑油净化系统、液压油系统等）	润滑油泵	（1）为汽轮机轴瓦提供润滑油； （2）为汽轮机轴承提供冷却介质	（1）蜗壳； （2）轴承体； （3）转子； （4）叶轮； （5）联轴器； （6）密封环； （7）轴承	ASME-PTC 8.2《离心泵性能试验规范》
	顶轴油泵	为汽轮机顶轴油系统提供动力油	（1）泵壳； （2）叶轮； （3）轴承； （4）联轴器	

续表

子系统	设备	功能定义	部件	可参考性能标准
汽轮机油系统（包括润滑油/顶轴油系统、润滑油净化系统、液压油系统等）	EH油泵	为汽轮机 EH 油系统的设备和管路内提供动力油	（1）泵壳； （2）活塞； （3）活塞盘； （4）分流盘； （5）控制阀； （6）联轴器； （7）轴承	（1）《REXROTH 用户使用维护手册》； （2）电厂《汽轮机检验规程》
	小汽轮机调节油泵	为汽轮机控制保安系统提供动力油	（1）壳体； （2）轴承体； （3）转子； （4）叶轮； （5）联轴器； （6）密封环； （7）轴承； （8）轴套	（1）HI-离心泵的标准； （2）ASME-PTC 8.2《离心泵性能试验规范》
	小汽轮机机润滑油泵	（1）为小汽轮机轴瓦提供润滑油； （2）为汽轮机轴承提供冷却介质	（1）壳体； （2）轴承体； （3）转子； （4）叶轮； （5）联轴器； （6）密封环； （7）轴承； （8）轴套	（1）HI-离心泵的标准； （2）ASME-PTC 8.2《离心泵性能试验规范》
	密封油泵	（1）为密封油系统提供稳定的密封油； （2）为密封瓦提供密封油； （3）为密封瓦提供浮动油； （4）为密封瓦提供润滑、冷却	（1）泵壳体； （2）螺杆； （3）轴承； （4）联轴器； （5）轴承体； （6）机械密封	Q/HN-1-52YH.12.002—2021《汽轮机辅机检修规程》
	油动机	（1）控制汽轮机汽阀开关； （2）调节汽轮机汽阀的开度； （3）为汽阀的调整提供动力源	（1）活塞缸； （2）碟簧； （3）活塞杆； （4）支架； （5）伺服阀	（1）《REXROTH 用户使用维护手册》； （2）电厂《汽轮机检验规程》
	润滑油温控阀	调节润滑油系统温度，并维持稳定	（1）阀体； （2）感温元件； （3）壳体	
	旁路油泵	为旁路液压系统提供动力油	（1）轴承； （2）转子； （3）联轴器； （4）壳体； （5）油封	

第三节 火电机组故障模式、影响与危害度分析模型

根据火力发电厂设备故障分析情况及发电设备实际运行工况信息收集和评估，对已

有数据进行系统性失效模式与影响分析（FMEA 分析）。

一、失效模式与影响分析的实施与步骤

FMEA 分析主要包括四方面内容：故障模式分析、故障影响分析、预防故障的措施和补偿控制、严重程度分析。

FMEA 分析的具体实施步骤与评估依据可参考第五章相关内容。

二、锅炉系统 FMEA 分析

收集和系统梳理锅炉系统子系统、设备乃至发生在实际运行中所有可能发生的各类故障，使用 FMEA 分析方法，可形成锅炉本体的故障模式库和 FMEA 分析模型。

以锅炉本体为例，常见故障模式包括短期过热、长期超温、飞灰磨损、吹灰磨损、高温腐蚀、应力腐蚀、焊接缺陷、热疲劳、材料缺陷、机械损伤、阀门不动作、阀门泄漏、韧性断裂、蠕变断裂、脆性断裂及腐蚀断裂、堵塞、变形等。

以 300MW 的锅炉本体为例，其 FMEA 分析如表 10-5 所示。篇幅原因，详细的锅炉系统 FMEA 库将在附录 A-1 中列出，以供参考。

表 10-5　　　　　　　　　　　　锅炉本体 FMEA 分析

设备	部件	故障模式	故障原因	故障效应			
				局部	特征	相邻	系统
送、引风机本体振动	1 叶片和叶轮	1.1 叶片磨损	1.1.1 磨损	损坏叶片	其振动频谱特征是： （1）1N，90%； （2）2N，5%； （3）3N 以上，5%； （4）同一轴承水平与垂直振动相位相差 90°； （5）产生 3 倍及以上的叶片通过频率并伴有边带； （6）冲击解调底噪抬高，一般在 30g 以下	1.8	流量和功率不正常减少，受力不平衡
		1.2 叶片积灰或锈蚀	1.2.1 叶片表面积灰	造成流道不均匀	其振动频谱特征是： （1）1N，90%； （2）2N，5%； （3）3N 以上，5%； （4）同一轴承水平与垂直振动相位相差 90°； （5）叶片通过频率附近出现气流扰动底噪，有时出现转频边带； （6）冲击解调底噪水平有一定程度抬高，一般在 30g 以下	1.8	造成压力流量效率下降，可能发生喘振
		1.3 叶片折断或脱槽	1.3.1 制造或装配不良	损坏构件，有噪声	其振动频谱特征是： （1）1N，90%； （2）2N，5%； （3）3N 以上，5%；	1.8	流量减少，威胁机组安全

设备	部件	故障模式	故障原因	故障效应			
				局部	特征	相邻	系统
送、引风机本体振动	1 叶片和叶轮	1.3 叶片折断或脱槽	1.3.1 制造或装配不良	损坏构件，有噪声	（4）同一轴承水平与垂直振动相位相差 90°； （5）产生 3 倍及以上的叶片通过频率并伴有边带； （6）冲击解调底噪抬高，一般在 30g 以下	1.8	流量减少，威胁机组安全
		1.4 动静摩擦	1.4.1 叶片与机壳接触	叶片碰到机壳，能听到金属摩擦声，损坏叶片和机壳	其振动频谱特征是： （1）1N，100%轴向及径向振动加大； （2）1 倍与 2 倍的叶片通过频率增大； （3）壳体的冲击值增高，具体幅值看摩擦的严重程度	1.9	降低流量，威胁机组安全
		1.5 喘振	1.5.1 运行进入喘振区	调整不当或设计不合理	其振动频谱特征是： （1）1N，90%； （2）流量和电流波动幅度较大且同步； （3）1、2、3 倍的叶片通过频率出现，并有较多的流体噪声，且轴向振动加大； （4）冲击解调加大一般小于 30g	1.8 1.9	流量和耗功不正常，调节难
		1.6 叶片变形	1.6.1 冷却时上下温差	叶轮不平衡	其振动频谱特征是： （1）1N，90%； （2）2N，5%； （3）3N 以上，5%； （4）1 倍的叶片通过频率附近出现转速边带； （5）冲击一般小于 10g	1.8	影响风机运行
		1.7 叶轮磨损	1.7.1 叶轮有磨损	导致轴承受力情况恶化	其振动频谱特征是： （1）1N，90%； （2）2N，5%； （3）3N 以上，5%； （4）叶片通过频率附近出现气流扰动底噪，有时出现转频边带； （5）冲击解调底噪水平有一定程度抬高小于 30g	1.8	会造成风机流量减少
		1.8 叶轮不平衡	1.8.1 动平衡精度的变化 1.8.2 叶轮明显的变形 1.8.3 叶片固定螺栓松动	振动并有噪声	其振动频谱特征是： （1）1N，90%； （2）2N，5%； （3）3N 以上，5%。 （4）频谱：径向 1 倍频值较高，尤其是水平方向。轴向振动较小。 （5）时域波形：应该是正弦波，如果不是，可能是其他故障，尽	3.1	会造成风机停车，威胁机组安全

设备	部件	故障模式	故障原因	故障效应				
				局部	特征	相邻	系统	

设备	部件	故障模式	故障原因	局部	特征	相邻	系统
送、引风机本体振动	1 叶片和叶轮	1.8 叶轮不平衡	1.8.4 检修安装的不良 1.8.5 叶轮明显的变形或者松动 1.8.6 叶轮或者叶片积灰、磨损、折断 1.8.7 转子因为材质、热膨胀等原因产生弯曲	振动并有噪声	量采用速度单位； （6）相位：相位是不平衡最好的指示，同一轴承（轴瓦）位置上的垂直和水平相位相差 90°。风机两端轴承（轴瓦）同一方向的振动相位相差 30°和 150°； （7）叶片通过频率附近出现气流扰动底噪，有时出现转频边带； （8）冲击解调底噪水平有一定程度抬高，小于 10g	3.1	会造成风机停车，威胁机组安全
		1.9 叶轮脱落、破损、松动	1.9.1 并帽松动 1.9.2 安装或材料缺陷 1.9.3 检修装配不良 1.9.4 叶轮材质不合格 1.9.5 叶轮固定销或键磨损、松动等	振动并有噪声，叶轮不平衡	其振动频谱特征是：其振动频谱特征是： （1）1N，90%； （2）2N，5%； （3）3N 以上，5%； （4）频谱、时域波形、相位特征同上（不平衡）	1.3	会造成风机停车，影响安全
		1.10 共振	1.10.1 转速进入临界转速	振动并有噪声	振动频谱特征是： （1）1N，100%； （2）轴承座径向振动大并伴有明显的噪声； （3）频谱：固有频率上有很大的峰值； （4）相位：风机两端轴承（轴瓦）轴向相位，垂直相位和水平相位相差是 180°； （5）辅助测试：变频、模态分析、伯德图、锤击试验、工作变形分析等	1.4	损坏风机

三、汽轮机系统 FMEA 分析

收集和系统梳理汽轮机系统子系统、设备乃至发生在实际运行中所有可能发生的各类故障，使用 FMEA 分析方法，可形成汽轮机系统的故障模式库和 FMEA 分析模型。

以 1000MW 的汽轮机本体为例，其 FMEA 分析如表 10-6 所示。篇幅原因，详细的汽轮机系统 FMEA 库将在附件 2 中列出，以供电厂设备管理人员参考。

表 10-6　　　　　　　　汽轮机本体 FMEA 分析

设备	部件	故障模式	故障原因	故障效应			
				局部	特征	相邻	系统
汽缸	1 缸体	1.1 水平结合面间隙过大	1.1.1 加工质量不良	漏汽	（1）汽缸局部保温超温； （2）汽缸局部漂汽、滴水		影响机组安全运行

续表

设备	部件	故障模式	故障原因	故障效应			
				局部	特征	相邻	系统
汽缸	1 缸体	1.1 水平结合面间隙过大	1.1.2 长期运行变形	漏汽	（1）汽缸局部保温超温；（2）汽缸局部漂汽、滴水		影响机组安全运行
			1.1.3 安装前未清理干净				
			1.1.4 中分面螺栓紧力不足				
		1.2 结合面上沟槽	1.2.1 检修工艺差、操作不正常				影响机组安全运行
		1.3 缸体上产生裂纹	1.3.1 焊接工艺不良				严重时影响机组安全运行
			1.3.2 运行方式不当				
			1.3.3 保温质量差				
		1.4 汽缸变形	1.4.1 保温质量差	局部保温超温、上下缸温差大	（1）汽缸局部保温超温；（2）上下缸温差大；（3）前箱产生振动并成一定固有频率		影响机组安全运行
			1.4.2 内缸中分面密封不良				
			1.4.3 内缸导汽环漏汽严重				
			1.4.4 内缸疏水管破损漏汽				
	2 中分面螺栓	2.1 断裂	2.1.1 长期运行发生蠕变	漏汽	局部保温超温、漏汽		严重时影响机组安全运行
			2.1.2 监测不力				
			2.1.3 螺栓伸长量过大				
		2.2 预紧力不足	2.2.1 螺栓冷紧力量不足				影响机组经济运行
			2.2.2 螺栓伸长量不足				
	3 滑销系统	3.1 卡涩	3.1.1 安装检修工艺不良	膨胀不畅、振动	（1）启、停机过程中汽缸膨胀、收缩时间长；（2）汽缸差胀显示不良		会影响机组启机
			3.1.2 运行方式不当				
	4 内缸疏水管	4.1 疏水管漏汽	4.1.1 安装时疏水管受损	上、下缸温变大	上、下缸缸温温差增大		
			4.1.2 疏水管质量不良				

续表

设备	部件	故障模式	故障原因	故障效应			
				局部	特征	相邻	系统
汽缸	5 进汽导管	5.1 进汽导管漏汽较重	5.1.1 弹性环卡涩引起漏汽重	上、下缸温差大	（1）汽缸局部缸温增大；（2）上、下缸缸温温差增大；（3）可能引起其他部件共振、异音		影响机组经济性及安全运行
			5.1.2 进汽导管插头裂纹				
		5.2 进汽导管法兰漏汽	5.2.1 法兰面接触不良	漏汽	汽缸局部漂汽、滴水		
			5.2.2 法兰螺栓紧力不足				
	6 喷嘴组	6.1 静叶片局部脱落	6.1.1 静叶片制造不良				影响机组经济性

四、小结

本章概述了在火电机组中实施 RCM 理论分析和模型构建的关键步骤，包括构建火电机组重要度模型、设定功能与性能标准与开展故障模式、影响与危害度分析的方法和流程，为实施者开展火电机组重点系统部件划分以及相应关键隐患风险评估模型的构建提供指导依据。本章所提供的故障模式库主要是依据分析对象电厂设备情况，可为行业实施 RCM 提供参考。值得注意的是，RCM 的具体实施人员应该结合第五章中 RCM 实施流程及工具，并结合具体的电厂情况来确定 RCM 实施分析的具体对象，故障效应也可以厂内管理习惯适当简化，仅有对于系统的故障效应为必须分析项，以实现灵活而有效的 RCM 执行。

第十一章 火电机组 RCM 检修策略逻辑流程及体系

火电机组是现代社会基础设施和经济发展中的重要组成部分，主要依赖于燃煤、燃气或其他化石燃料来生成电力。尽管火电具有成本低、可靠性高的优点，但也面临着环境污染、设备老化和运营成本等多重挑战。通过对火电机组的故障模式与检修方式进行全面分析，以及对火电机组检修策略模型优化，我们可以更有效地应对其运营和维护中的各种挑战。

本章重点讨论火电机组如何基于 RPN 分值开展故障模式策略分析以及维护策略制定的方法，通过科学建立并优化火电机组检修策略模型，保证核心系统的正常运行和安全，增加设备的可靠性、维修的技术适用性和经济性。

第一节 基于风险优先级的火电机组检修策略制定

在上一章节中，通过失效模式与影响分析（FMEA）的实际应用，我们对火电机组的多维失效模型进行了系统性的辨识和分类，初步构建了较为完整的火电机组失效模式数据库，同时也为本章节基于风险优先数（RPN）的检修策略制定提供了理论和实证依据。具体来说，对每一种故障模式开展 3 方面的深入分析，包括探究失效模式的发生度（O）、严重度（S）以及不可探测度（D），并综合这些因素计算各失效模式的风险优先数。需要注意的是，严重度、发生度和不可探测度在实施评估时都具有显著独立性，在评估其中一种参数时，应独立于另外两种参数，不考虑其相互关联及造成的潜在影响。最后，据此构建各故障模式风险等级及检修策略的对应关系。具体实施及应用流程如下所述。

1. 分析失效模式的原因及发生度

可对照具体的故障原因、预防措施和评估准则，结合故障发生的历史台账，通过统计分析确定粗略的发生度。统计样本数越大，粗略发生度分析的精确度越高。基于粗略的发生数值，根据以下 3 个方面完成发生度精细化。

（1）设备工艺及安装。评估设备的设计工艺以及设计优缺点，如果设备设计缺陷严重，则 O 值应该较高；评估设备的制造工艺水平，如果制造工艺水平较低，则 O 值应该较高；评估设备的安装水平、操作规范性和误差程度，如果安装水平较低，则 O 值应该较高。

（2）设备运行情况。评估设备运行所处的负荷状态，如果在恶劣条件（如超温、振动超标等）下运行时长较长，则 O 值应该较高。

（3）设备环境。评估设备使用的环境是否会对故障模式的发生概率产生影响，进而增加故障模式的发生概率。如果设备使用环境较差，则 O 值应该较高。

在实际使用中，可以根据具体情况灵活地考虑其他因素并结合经验进行划分。表 11-1 举例说明了煤粉锅炉本体发生度定性分级的一种形式，使用 1~4 的数字量表来划分 O 值，数字越高表示发生度越高。

表 11-1 发生度分级实例

O 值	发生度	描述
1	基本不存在	在设备生命周期内，故障在相似的设备中未出现，或故障出现周期≥20 年
2	罕有的	在类似设备或现有设备中，故障的发生比较罕见；或 20 年>故障出现周期≥10 年；或部件应用了新技术，在理论上可以确信避免故障，但无类似设备运行的经验
3	偶然的	偶然出现在类似、正在运行的设备中，或 10 年>故障出现周期≥2 年
4	频繁的	类似或现有设备故障频繁发生，或 2 年>故障出现周期

2. 分析失效模式的影响及严重度

故障模式揭示了故障对系统使用、功能和状态所导致的结果。针对每个故障模式，细致分析其失效后果以及可能带来的影响，具体包括从局部影响、相邻单元的影响以及对整个系统的最终影响这 3 个维度进行全面评估。当失效后果较为严重或影响设备、系统、机组安全运行时，更应高度重视评价，再由失效程度进行分级评价；评价时应同时考虑设备、部件在结构树中位置的重要程度及影响链条。同时确定并说明设备故障及参数劣化表征对应的原因及影响，重点分析影响参数变化的内部影响因素、外部环境因素及其机理变化。

严重度评估是对已经识别的故障影响严重程度的评估。在对严重度等级进行划分时，应灵活运用评估准则：

（1）若是关键设备，建议从系统层面判定后果严重度；

（2）若非关键设备，建议从设备本身层面评估后果严重度；

（3）从相关标准、建议、组织本身等准则来源出发；

（4）从人员伤害、设备功能影响、资产损失、环境影响、声誉损失等维度综合评估出发。

在实际使用中，可以根据具体情况灵活地考虑其他因素并结合经验进行划分。表 11-2 举例说明了煤粉锅炉本体严重度定性分级的一种形式，使用 1~5 的数字量表来划分 S 值，数字越高表示影响越严重。

3. 分析失效控制措施及探测难度

在故障模式影响分析的基础上，针对每个故障模式在使用、设计方面采取的用以消除或减轻故障影响的补偿措施进行调研分析，以明确各故障模式所采取的控制措施和探测难度。控制措施主要是在失效情况下采取的控制措施及方法，它可以检测故障并识别故障，减少故障、预防故障。探测难度的主要作用是明确现行控制措施的有效程度。

表 11-2　　　　　　　　　　　　　　针对最终影响的严重度分级实例

S 值	严重性	描述
1	轻微	可能潜在使系统稍有退化，但对系统不会有损伤，不构成人身威胁或伤害
2	轻度	可能潜在使系统的性能、功能退化，但对系统没有明显的损伤，对人身没有明显的威胁或伤害
3	中度	可能潜在使系统的性能、功能严重退化，致使系统有明显的损伤，对人身没有明显的威胁或伤害
4	重度	可能潜在导致系统基本功能丧失，致使系统和环境有相当大的损坏，但不严重威胁生命安全或人身伤害
5	灾难性	可能潜在导致系统基本功能丧失，致使系统和环境严重毁坏或人员伤害

在评估不可探测度时，可根据以下两个方面进行划分：

（1）探测故障的方法：是否有特殊工具或设备［如是否具备在线监测系统（如高温部件寿命在线监测系统、吹灰器使用在线监测系统、膨胀指示监测系统等）］及离线监测装置（如四管防磨防爆检查等）、是否需要拆卸设备等。

（2）故障的可见性：是否容易观察到故障的发生，是否需要特殊的检查方法，如声学四管泄漏监测报警系统、红外监测、振动监测、无损监测等方法。

除此之外，电厂也可发展先进的算法及数字化高阶应用，通过实时监控和基于数据的设备异常预警及检测进一步提高对故障模式的早期识别能力，以此提高故障模式的可探测性能。

在实际使用中，可以根据具体情况灵活地考虑其他因素并结合经验进行划分。表 11-3 举例说明了煤粉锅炉本体不可探测度定性分级的一种形式，使用 1～5 的数字量表来划分 D 值，数字越高表示影响越严重。

表 11-3　　　　　　　　　　　　　　不可探测度分级实例

D 值	探测难度	描述
1	极容易	故障原因或故障模式极容易被发现（极易显示：外在表现、声音、热辐射等），如管道漏水、漏汽、漏灰等现象
2	容易	故障原因或故障模式可以通过普通检测手段发现（运行操作人员可探测到），如保温外壳温度过高等现象
3	一般	故障原因或故障模式是可发现的，但有一种或少数几种不能被探测到（普通维修人员可探测到），如焊接存在砂眼、气孔、未熔透等现象
4	困难	故障模式或原因被发现是很困难的，或探测元件几乎不能使用（专业人员可探测到），比如炉管泄漏时不能准确定位哪根管道，有几根管道泄漏
5	极困难	针对该故障模式，没有手段可以在其发生时探测到，如炉管内氧化皮脱落

4. 发生失效的风险系数计算

计算失效的风险系数是采用风险优先数（RPN）将故障后果、可能性和发现问题的能力结合以综合评估其危险性。风险优先数是将故障后果、发生可能性和发现问题的能力结合以综合评估其危险性的参数，该数值越高意味着发生的概率越大，对于管理者应该采取必要的措施进行改正或预防，以便于控制缺陷或故障的发生。

RPN 分值可以提供评级范围，其数值为故障模式的严重度（S）、故障模式的发生度（O）和故障模式的不可探测度（D）的乘积，即

$$RPN = S \times O \times D$$

式中　S——严重度，表示一种故障模式对系统或用户的影响严重程度；

　　　O——发生度，表示一种故障模式在预先确定或预定的时间段内发生的频率；

　　　D——不可探测度，表示在系统或用户受影响前识别和消除故障的估计概率。

5. 故障模式风险等级计算

风险优先数可用于确定不同故障模式的风险等级。表 11-4 举例说明了风险优先数确定风险等级的一种形式，RPN 值经过计算后应该在 1～100 的区间，以及可依据的分值划分如下。

表 11-4　　　　　　　　　　　　　　风险等级分级实例

RPN 分值	风险等级
＜10	1 级，低风险
10～19	2 级，中低风险
20～39	3 级，中风险
40～59	4 级，中高风险
≥60	5 级，高风险

依据所确定的故障模式建立煤粉火电机组故障模式与检修方式之间的逻辑关系，对照逻辑关系确立具体判断标准，结合设备故障模式分析结果选择事后检修、状态检修（预知性检修）、定期检修（技术监督执行、优化检查和维护等工作）、改进性检修等检修类型。

针对发电设备的 RCM 检修策略，在对故障模式风险进行梳理及对应检修策略选择的基础上，对于各设备、部件综合考虑设备、部件各故障模式的风险等级大小，在确定设备级检修策略时趋向于选择风险等级较高的故障模式对应的检修策略。一般可以根据 RPN 值的大小划分不同的风险等级，并根据风险等级制定相应的检修策略和优先级，以保证核心系统的正常运行和安全。

对于 3 级及以上风险等级的故障模式，可以分析 RPN 的计算过程中造成风险较大的主要原因，对应可从 S、O、D 三个维度确定降低风险的方法及可采取的措施。

（1）对于严重度较高的故障模式：主要从系统及设备可靠性提升，即安全裕度提升的思路降低故障模式 S，或通过缩短检修频次、增加维护保养等工作保证严重度可以控

制在较低水平。

（2）对于发生度较高的故障模式：可以通过日常维护、增加在线监测系统、改进性检修等方式降低故障的发生度。

（3）对于探测难度较高的故障模式：主要通过增加巡检频次，针对性优化状态监测的内容、标准、方法、周期等手段，配备相应离在线监测等手段降低探测难度。

表 11-5 举例说明了煤粉锅炉本体检修策略库建立的一种形式，包括 RPN 分数与风险等级、检修策略。

表 11-5　　　　　　　　　　　　　　　　检修策略

RPN 分值	风险等级	检修策略
<10	1 级，低风险	风险大小及影响可以接受，可以以事后检修为主，如风管膨胀节有少许漏气
10~19	2 级，中低风险	可考虑采取状态检修，通过对设备状态进行监测与评估保证设备的高可靠性运行，如火检风机，可以通过振动温度的监测提高设备可靠性
20~39	3 级，中风险	可以采取定期的预防性维护措施，例如锅炉壳体表面出现轻微的腐蚀或污垢，可以采取的清洗和保养措施。同时，可以考虑实施一些状态监测和故障预警措施，以提前发现潜在的故障
40~59	4 级，中高风险	需要采取定期的预防性维护措施，例如锅炉水位控制系统出现偏差或失控，可能导致设备的过热或爆炸等故障，需要采取定期检修（如定期检查和校准水位控制系统、更换易损件等）
≥60	5 级，高风险	需要采取全面的 RCM 检修策略，包括定期对设备进行完整的检修、更换和校准。可以采用先进的检测和诊断技术，以提高检修的效率和准确性。此外，还需要考虑增加备用设备或增强备件库存，以降低突发故障的影响，如主汽门安全阀的检修

第二节　火电机组检修策略制定应用

根据以上准则，构建了一个多维度、多层次的风险评估框架，其中包含失效原因的发生度评价准则（见表 11-1）、失效影响的严重度评价准则（见表 11-2），探测性措施的不探测度评价准则（见表 11-3）。同时，进一步引入风险优先数（RPN）作为量化风险的关键指标，并基于此制定了 RPN 风险分级标准（见表 11-4）。

基于此，针对火电机组锅炉系统和汽轮机系统分别进行 RPN 值的评分及计算应用示范，识别了该系统中的高风险失效模式，并依据不同风险等级的故障制定相适应的检修策略，以防止故障、减轻故障后果以及提高故障的可检测性。

1. 锅炉系统

以锅炉系统（300MW）送、引风机本体为例，通过专家经验及大数据故障统计，分别得出了每类故障模式的 S、O、D 数值，对应形成了每类故障模式的风险等级，其故障模式风险等级措施对应表如表 11-6 所示。由于篇幅原因，详细的锅炉系统故障模式及策略库将在附录 A-1 中列出，以供电厂设备管理人员参考。

表 11-6　　　　　　　　　　送、引风机本体故障模式风险等级措施

设备	部件	故障模式	风险等级	措施
送、引风机本体振动	1 叶片和叶轮	1.1 叶片磨损	5 级，中高风险	（1）定期进行叶片的完整检修、更换和校准。 （2）采用先进的检测和诊断技术。 （3）增加备用叶片或增强备件库存。 （4）必要时采取改进性检修
		1.2 叶片积灰或锈蚀	4 级，中高风险	定期进行清洗、去除积灰和锈蚀
		1.3 叶片折断或脱槽	3 级，中风险	（1）定期检查叶片的完整性。 （2）及时更换有折断或脱槽风险的叶片
		1.4 动静摩擦	4 级，中高风险	定期检修，确保动静叶片之间的间隙合适
		1.5 喘振	1 级，低风险	当发现有喘振现象时，再进行检修
		1.6 叶片变形	2 级，中低风险	当发现叶轮有磨损时，再进行检修
		1.7 叶轮磨损	1 级，低风险	（1）定期检查叶轮的平衡状态。 （2）及时进行调整
		1.8 叶轮不平衡	3 级，中风险	（1）定期检修，确保叶轮的固定状态。 （2）及时更换有脱落、破损、松动风险的叶轮
		1.9 叶轮脱落、破损、松动	4 级，中高风险	（1）定期检修，确保叶轮的固定状态。 （2）及时更换有脱落、破损、松动风险的叶轮
		1.10 共振	2 级，中低风险	通过对设备共振状态进行监测与评估保证设备的高可靠性运行

2. 汽轮机系统

以 1000MW 的汽轮机系统汽轮机本体为例，通过专家经验及大数据故障统计，分别得出了每类故障模式的 S、O、D 数值，对应形成了每类故障模式的风险等级，其故障模式风险等级措施对应表如表 11-7 所示。由于篇幅原因，详细的汽轮机系统故障模式及策略库将在附录 A-2 中列出，以供各厂设备管理人员参考。

表 11-7　　　　　　　　　　汽轮机本体故障模式风险等级措施

设备	部件	故障模式	风险等级	措施
汽缸	1 缸体	1.1 水平结合面间隙过大	4 级，中高风险	（1）设置检修 W 点。 （2）每年进行一次检修，更换缸体垫片
		1.2 结合面上沟槽	4 级，中高风险	（1）设置检修 W 点。 （2）定期进行一次专门的沟槽检修和易损件更换
		1.3 缸体上产生裂纹	3 级，中风险	（1）设置检修 W 点。 （2）定期更换易损件、进行液压油的更换、清洗过滤器，并实施在线状态监测
		1.4 汽缸变形	4 级，中高风险	定期开展巡查缸温变化
	2 中分面螺栓	2.1 断裂	3 级，中风险	（1）设置检修 W 点。 （2）定期开展螺栓完整性检查
		2.2 预紧力不足	3 级，中风险	（1）设置检修 W 点。 （2）定期开展螺栓紧固度检查
	3 滑销系统	3.1 卡涩	4 级，中高风险	（1）设置检修 W 点。 （2）调整运行方式。 （3）定期滑销系统的润滑和检查

续表

设备	部件	故障模式	风险等级	措施
汽缸	4　内缸疏水管	4.1　疏水管漏汽	4 级，中高风险	定期进行一次缸温巡查
	5　进汽导管	5.1　进汽导管漏汽较重	3 级，中风险	定期进行一次进汽导管的密封性检查
		5.2　进汽导管法兰漏汽	4 级，中高风险	定期进行一次汽缸漏汽情况巡查
	6　喷嘴组	6.1　静叶片局部脱落	5 级，高风险	全面的 RCM 检修策略，包括定期对设备进行完整的检修、更换和校准，增加备用设备或备件库存
转子	1　叶片	1.1　叶片断裂	5 级，高风险	全面的 RCM 检修策略，包括定期对叶片进行完整的检修、更换和校准
		1.2　纵树型叶根的叶片轴向移位	5 级，高风险	全面的 RCM 检修策略，包括定期对叶片进行完整的检修、更换和校准
	2　主轴	2.1　主轴热弯曲	5 级，高风险	全面的 RCM 检修策略，包括定期对主轴进行完整的检修、更换和校准
		2.2　轴颈磨损	5 级，高风险	全面的 RCM 检修策略，包括定期对轴颈进行完整的检修、更换和校准
		2.3　靠背轮及其靠背轮螺栓	3 级，中风险	设置检修 W 点
		2.4　平衡块	4 级，中高风险	设置检修 W 点
隔板、轴封体	1　隔板	1.1　塑性变形	4 级，中高风险	定期进行专门的隔板检修
		1.2　阻汽片脱落	4 级，中高风险	定期进行专门的阻汽片检修
		1.3　汽封磨损	4 级，中高风险	定期进行专门的汽封检修
	2　轴封体	2.1　轴封体裂纹	4 级，中高风险	可以采取定期检修的方式进行维护。例如，每月进行一次检修、更换等
		2.2　轴封磨损	4 级，中高风险	可以采取定期检修的方式进行维护。例如，每月进行一次检修、更换等
		2.3　轴封漏汽严重磨损	4 级，中高风险	可以采取定期检修的方式进行维护。例如，每月进行一次检修、更换等
盘车装置	1　盘车轴	1.1　盘车轴齿轮损坏	5 级，高风险	全面的 RCM 检修策略，包括定期对齿轮进行完整的检修、更换和校准
	2　离合器	2.1　离合器磨损	5 级，高风险	全面的 RCM 检修策略，包括定期对离合器进行完整的检修、更换和校准
	3　盘车轴瓦	3.1　振动大	5 级，高风险	全面的 RCM 检修策略，包括定期对盘车设备进行完整的检修、更换和校准。必要时可采取改进性检修
轴承	1　支持轴承	1.1　瓦温高	3 级，中风险	定期进行轴承瓦的温度检查，并实施在线状态监测
		1.2　前后温差大	3 级，中风险	定期进行轴承瓦的温度检查，并实施在线状态监测
		1.3　轴振	3 级，中风险	定期进行轴振检查，并实施在线状态监测
	2　推力轴承	2.1　瓦温高	3 级，中风险	定期进行轴承瓦的温度检查，并实施在线状态监测
		2.2　轴振	3 级，中风险	定期进行轴振检查，并实施在线状态监测

设备	部件	故障模式	风险等级	措施
轴承	3 油挡	3.1 漏油	5级，高风险	全面的 RCM 检修策略，包括定期对油挡进行完整的检修、更换和校准。必要时可采取改进性检修
		3.2 油挡积碳严重	3级，中风险	（1）定期检查汽压。 （2）定期进行油挡的碳积检查，并实施在线状态监测。同时，可以考虑实施一些在线状态监测和故障预警措施，以提高故障的可预见性

以上为通过专家经验及大数据故障统计得到的每类故障模式的风险等级及对应风险等级措施。值得注意的是，为方便生产企业统一对标管理，以及 RCM 实施效果的闭环优化验证，可以通过数字化手段和统一平台的建设工作，逐步实现经验量化和优化，以确保 RCM 工作的持续有效进行。后续，随着定量化技术的迭代升级和数据量的逐步积累，RCM 辅助决策方面的价值将逐渐提升。同时，其在开展现场决策的准确性也会显著增强。

上述分析对分析对象的设备的每个故障模式，根据量化风险评估结果确定了对应的检修策略及措施。在此基础上，为保证所指定的策略及措施得到严谨执行，应在 RCM 理论框架指导下对应编制检修或设备维护大纲/计划。其中，大纲/计划应当包含检修工期、项目和费用三个部分。

检修项目按风险优先数（RPN）分为标准项目和特殊项目两类。其中，标准项目涉及日常维护和预防性检修（如可定义为 3 级中风险及以下的故障模式进所制定的检修项目）；特殊项目则对应于 RCM 分析中识别的更严重的故障模式（如可定义为 4 级中风险及以上的故障模式所制定的检修项目）。

检修工期的确定应考虑执行特殊项目、技术改造项目和专项处理项目的需求。其中，综合考虑特殊项目中对高风险设备的深度检查或复杂的修理工作时间需求及其对整体检修计划的影响；规划技术改造的时间框架，确保其与检修计划同步进行，尽量减少对电厂运行的额外影响；同时优化标准检修项目，如调整频率和采用高效技术，旨在最小化对电厂运行的干扰。

电厂需综合考虑生产、安全、经营等因素，对全厂主辅机设备检修作出策划，提出下一年度全厂机组主辅机设备检修计划（包括工期计划、项目及费用计划）建议，主要包括：制定设备运行、维护保养措施、重点检修项目、检修工期、检修计划时间、检修优化建议、检修费用、结合检修开展的技术改造等；提出检修工期初步计划、检修项目及费用初步计划。

基于 RCM 制定的检修计划应当充分综合设备状态监测结果，并可以根据实际情况灵活性调整。因此，在月度定期评价、动态评价、停机离线检测、停电检查、检修解体检查等环节中，若出现新的情况需要提升或降低 RPN 风险等级、增加或取消重点检修项目、延长或缩短检修间隔时、增加或减少检修工期等，应组织开展相应的申报阶段计划调整决策、实施前计划调整决策、实施阶段计划调整决策。

第十二章　火电机组 RCM 应用效果评估及优化

鉴于火电机组系统的高度复杂性和对可靠性的严格要求，火电机组的维护管理成为一项极具挑战性的任务。前面章节已经深入讲述了以可靠性为中心的检修（RCM）在火电机组的具体实施流程和详细步骤，然而，如何准确地评估 RCM 在火电机组中的实际效益，便成了火电厂管理和运营决策的关键依据。

基于此，本章旨在提供一套全面而精确的性能指标和评估方法，用于量化 RCM 理论在火电机组实际运行中的具体效益。这一评估体系不仅对火电机组的运营和维护人员具有极高的实用价值，而且能够为管理层提供有力的决策支持。同时，本章还将介绍一系列专门针对火电机组特性而设计的 RCM 改进和优化方案（包括但不限于维护计划的制定、人员培训的安排，以及数据管理的优化），旨在解决 RCM 实施过程中可能遇到的各种问题。通过这些综合性的改进措施，以期望火电机组在实施 RCM 之后，达到最优的运行状态和最高的效能水平。

综上，本章力求为火电机组的 RCM 实施提供一个全面、实用和高效的评估和优化框架，以推动火电行业在可靠性和效率方面达到新的高度。

第一节　火电机组 RCM 实施效果评估

一、RCM 预期效益

在火电机组的运行和维护中，RCM 可以给预期效益及作用范围等方面带来广泛和深远的影响。这些效益不仅涵盖了设备性能和运营成本，还包括团队协作和数据管理等多个方面。

（1）从设备性能的角度来看，实施 RCM 后，火电机组的设备可用性和可靠性将得到显著提升。具体来说，通过对设备进行系统性的风险评估和故障模式分析，维护团队能够更准确地识别潜在的故障点，并提前进行预防性维护。这将大大降低设备故障率，提高平均故障间隔时间（*MTBF*）。同时，通过预测性维护，如振动分析和热成像技术，设备的使用寿命也将得到延长。这一点对于火电机组的长期稳定运行至关重要，因为设备的高可用性和低故障率直接关系到电厂的生产效率和经济效益。

（2）在运营成本和能效方面，RCM 的实施将有助于优化火电机组的运行成本。通过精细化的维护计划和数据驱动的决策，将大幅降低维护成本。此外，通过对设备性能的持续监控和优化，能源消耗将减少，从而提高整体的能效。这将进一步降低单位产能的成本，有助于提高火电机组的经济效益。

（3）在安全性和环境完整性方面，在火电机组中实施 RCM 也将显著提升火电生产安全性和环境完整性。一方面是由于在 RCM 实施应用之前，通常会对所有可能导致明显故障的因素进行全面和系统性的审查，以确保安全性和环境完整性成为整个维护管理过程中不容忽视的关键因素。这种审查不仅局限于设备和机械故障，还延伸到可能对人员安全和环境造成威胁的其他因素。因此，从一开始，安全和环境就被纳入了整个维护计划的核心考虑范围内。进一步地，RCM 采用逻辑决断和结构化的方法来识别和处理那些可能导致安全事故和环境污染的隐蔽故障。这些隐蔽故障可能在日常运营中不容易被发现，但在某些特定条件下，它们可能触发更严重的问题或多重故障。通过这样的逻辑和结构化分析，RCM 能够预先识别这些潜在风险，并据此制定相应的预防和应对措施。这大大降低了因多重故障导致的安全事故和环境污染的概率。因此，从安全性角度来看，RCM 通过系统性的风险评估和故障模式分析，RCM 能够识别出可能导致安全事故的潜在风险因素，并通过预防性维护或其他控制措施来消除或减轻这些风险。这不仅保护了员工的生命安全，还避免了因安全事故导致的巨额赔偿和声誉损失；从环境完整性角度来看，RCM 通过对设备性能的持续监控和优化，有助于减少能源消耗和排放，从而降低对环境的负面影响。例如，通过优化燃烧效率，可以减少二氧化碳和硫氧化物的排放，有助于减缓气候变化和酸雨等环境问题。

（4）从组织和人力资源的角度，RCM 促进了维护团队之间的高效协作和信息共享。通过实时的设备监控和维修数据库，团队能够迅速响应各种故障和问题，从而减少设备停机时间，提高生产效率。这一点不仅提升了电厂内部的工作效率，还增强了电厂在市场竞争的优势。

（5）RCM 提供了一个全面的、整体化的管理框架，涵盖了从风险评估、设备采购到运营维护的全过程，不仅有助于火电厂管理层更为有效地分配和利用资源，还为火电机组的长期可持续发展提供了有力的支持。

综上所述，实施 RCM 在火电机组具有多方面的预期效益，从提高设备性能和降低运营成本，到促进团队协作和数据管理，都有助于实现火电机组的最优化运营。

二、火电机组实施效果评价指标

虽然 RCM 已在火电机组中证明是一种广泛应用的最佳实践，但是实施 RCM 并不是一个短期内就能看到明显效果的过程。尽管某些应用场景可能在短短两周或者更少的时间内就能实现效益的提升，但是在大多数情况下，真正显著的效益需要几个月甚至更长时间的持续努力和优化。因此，我们将围绕着上述 RCM 实施的预期效果，重点探讨火电机组实施 RCM 的效果评价指标，以量化评估 RCM 实施带来的各种效益。

1. 设备状态综合评价

在评估火电机组综合性能和运行效率时，设备状态的全面评价显得尤为重要，不仅涉及电厂的总体发电能力，还包括了能源效率、可靠性、运营成本以及对环境的影响。

（1）总发电量是否达到预定目标的比例。总发电量是否达到预定目标的比例是一个基础的度量方式，该指标的核心在于衡量火电机组是否能够达到预先设定的发电目标，比率低可能意味着需要进行更多的维护或者技术改进；如果机组不能达到预期的发电量，通常意味着更高的运营成本和可能的合同罚款。其具体公式为

$$总发电量达标率 = \frac{实际总发电量}{预计目标} \times 100\%$$

（2）能源效率。能源效率通常用于衡量火电机组的运行效率，即电能输出与燃料能量输入的比例。该比例受到多种因素的影响，包括使用的燃料类型（如煤、天然气等）和机组的设计特点。一般来说，火电机组的能源效率通常为 35%～47%，能源效率的提升不仅意味着经济效益的提高，还可能带来环境影响的降低。

$$能源效率 = \frac{实际输出能量}{输入燃料能量} \times 100\%$$

然而，仅凭总产量达标和能源效率还不足以全面评价设备状态综合性能。为了得到更全面的评价，还需要考虑其他因素，如可靠性、经济性等。例如，可靠性高的机组可能更少出现故障和停机，从而提高整体效率和降低维护成本。同样，运营成本的降低也是评价火电机组效能的重要方面。通过综合考虑这些方面的因素，可以更准确地衡量资产如何有效地发挥其性能，从而实现更高效和可持续的运营。

2. 设备可靠性评价

在火电机组的运营和维护中，设备可靠性的评价是确保电站持续、稳定运行的关键。可靠性评价不仅涉及机组自身的性能，还直接关联到电网的稳定性和供电的可靠性。通过对火电机组的可靠性进行综合评估，可以更有效地规划维护活动，降低运营风险，同时提升整体的运营效率。以下是对火电机组可靠性评价的几个关键方面。

（1）可靠性。用于描述故障发生的频率。通常通过"平均故障间隔时间（$MTBF$）"或"故障率（λ）"来度量，这两者都是衡量机组出现故障频次高低的指标，其计算式为

$$MTBF = \frac{总运行时间}{故障次数}$$

$$故障率 \lambda = \frac{故障次数}{总运行时间}$$

$MTBF$ 用于描述机组在两次故障之间平均能运行多长时间，而故障率则表示在特定时间内发生故障的频率。

（2）寿命。用于描述设备的持久性的重要指标，通常以厂家推荐值作为基准，同时融合历史经验进行 RCM 前后对比判据。

（3）停机时间和不可用度。当机组发生故障时，其"停机时间"或"不可用度"也是一个重要的度量标准。当机组发生故障时，它将需要一段时间进行修复，这段时间被称为"停机时间"，即机组因故障或维护而不能进行正常发电的时间段。与此相关的是"不可用度"，它用百分比表示机组不能完成其主要功能（即发电）的时间占总运行时间的比例。火电机组通常是电网的主要"电源"之一，其不可用度高意味着电网稳定性和供电可靠性的下降。

$$不可用度 = \frac{停机时间}{总运行时间+停机时间} \times 100\%$$

（4）可依赖性。该指标描述了机组在下一个运行周期内发生故障的可能性，从而为维护计划和风险评估提供依据。高可依赖性不仅意味着机组更少出现故障，还意味着电厂能更稳定地向电网供电，进而提高整体运营效率。

B10 寿命则是可依赖性的一个具体量化参数，即从机组开始运行到不超过 10% 的机组发生故障所需的时间。它表示从火电机组投入运营开始，到其中不超过 10% 的机组出现故障所需的平均运行时间。这个指标对于预测机组的长期性能和确定预防性维护周期都具有重要价值。

这些度量方式都是火电机组维护和运行效能的关键指标。在火电机组的维护和效能管理中，选择合适的度量方式是至关重要的，因为不同的运营目标和场景需求不同的性能指标。例如，对于单位输出能耗极低的涡轮发电机组，最适宜的维护效能指标往往是"可用度"。这是因为在这种情况下，即便操作人员偶尔以低于最大负荷的方式运行，或者因特定原因而频繁关闭机组，这些因素主要影响的是机组的"利用率"，而非"可用度"。相对地，如果发电机组主要在电力高峰期投入使用，那么"经常可用性"或"故障率"将成为更为关键的度量标准。这是因为在这种运营模式下，最重要的是确保机组在紧急或高需求时刻能够立即响应。通过针对不同运营需求和目标选择最合适的度量指标，电厂不仅能更深入地了解火电机组的综合性能，还能更精准地优化其可用性和可靠性，从而实现更高效和稳定的电力生产。这样的多角度、多维度的评估方法不仅增强了火电机组性能的全面了解，还为提升其长期可用性和可靠性提供了有效途径。

3. 设备经济性评价

火电机组的经济性评价是一个多维度的概念。其更多地关注如何最有效地利用维修资源，包括人力、物料和时间，以达到预定的维修目标，主要包括维修费用、劳动力、备件与材料，以及计划与控制四个方面。

（1）维修费用。

1）整体维修费用：用于衡量整个电厂或单个机组的维修成本。

①整个电厂的维修费用：此指标为所有机组维修费用的总和，通常用于评估电厂的整体维修效率。其计算式为

$$整体维修费用 = \frac{总维修费用}{总机组数}$$

②各个机组的维修费用：用于评估单个机组的维修成本，有助于识别哪些机组可能

需要改进或更换。其计算式为

$$各机组维修费用 = \frac{单个机组维修费用}{机组运行时间}$$

③关键系统或设备的维修费用：专注于评估单个关键系统或设备的维修成本，以便进行针对性的维护。其计算式为

$$关键系统或设备维修费用 = \frac{单个系统或设备的维修费用}{系统或设备运行时间}$$

2）每兆瓦时的维修费用。其计算式为

$$每兆瓦时维修费用 = \frac{总维修费用}{总发电量（MWh）}$$

该指标用于衡量电厂每生产 1MWh 电能所需的维修成本，以便对生产成本的构成进行分析，并进行相应的优化。

3）零件费用与工时费的比率。其计算式为

$$零件与工时费比率 = \frac{零件费用}{工时费}$$

该比率用于评估维修成本中零件和人工的相对重要性。一个高的比率可能意味着零件成本过高，需要进行供应链优化。

（2）劳动力。

1）工时费。其计算式为

$$总费用 = 工时 \times 工资率$$

$$单位费用 = \frac{总费用}{总工时}$$

该指标用于衡量维修人员的工资成本，包括总费用和单位费用。其便于管理层评估人力资源的使用效率。

2）恢复时间。其计算式为

$$恢复时间比例 = \frac{完成特定任务所需时间}{总时间}$$

该比例用于衡量维修人员完成特定任务所需的时间与总时间的比例，这助于了解维修人员的工作效率。

3）加班时间。其计算式为

$$加班时间比例 = \frac{加班小时数}{正常工作小时数}$$

该比例用于衡量维修人员的加班情况，方便管理层判断是否需要增加人手或进行排班优化。

（3）备件与材料。

1）备件和材料的总支出。其计算式为

$$总支出 = 备件成本 + 材料成本$$

该指标用于衡量电厂在备件和材料上的总支出，以便了解该方面的成本构成。

2）库存周转率。其计算式为

$$库存周转率 = \frac{库存成本}{年度支出}$$

该指标用于衡量库存备件和材料的使用效率，从而优化库存管理。

3）服务水平。其计算式为

$$服务水平 = \frac{库存量}{需求量} \times 100\%$$

该指标用于衡量电厂是否有足够的备件和材料来满足生产需求，以减少因缺乏备件或材料而导致的生产中断。

（4）计划与控制。

1）预计工作总时数。其计算式为

$$预计工作总时数 = 预计性工作时数 + 预防性工作时数 + 故障检查工作时数$$

该指标用于衡量电厂预计进行的所有维修工作的总时数，便于进行资源分配和计划管理。

2）实际完成与计划工作的比率。其计算式为

$$完成率 = \frac{实际完成的工作时数}{计划工作时数} \times 100\%$$

该指标用于衡量电厂实际完成的维修工作与计划工作的匹配程度，有助于了解维修部门的执行能力。

3）有时间估算的工作所占的比例。其计算式为

$$有时间估算的工作比例 = \frac{有时间估算的工作时数}{总工作时数} \times 100\%$$

该指标用于衡量电厂有多少维修工作是有时间估算的，用于了解维修工作的计划性和可预测性。

在使用这些指标进行 RCM 经济效益评估时，在收益改善以及成本量化方面，存在一些挑战性问题：①成本归因的模糊性。在实施 RCM 的过程中，很难明确区分哪些活动是成本驱动的，哪些活动则没有直接产生成本。这种模糊性使得成本分析变得复杂，从而增加了评估 RCM 投资回报的难度。②RCM 投资的非物质性。与传统的资本支出不同，RCM 的投资往往不是以有形资产的形式进行。更多的是通过人力、时间和技术等无形资产来实现。此外，实施 RCM 通常需要多阶段、多次的投资，这进一步增加了识别和计算成本构成的复杂性。

由于成本归因的不明确和 RCM 投资的非物质性质，增加了对 RCM 经济效益的全面评估的复杂性。基于此，Stephen M. Hess 等学者详细地列出了各种可能的收益和成

本[74, 75]，如表 12-1 所示。

表 12-1　　　　　　　　　　　RCM 收益及成本项目

收益	成本	
	最初成本	执行成本
（1）更少的直接的维修劳动力； （2）更少的间接的运用劳动力； （3）更少的维修库存和采购劳动力（原料需求更少）； （4）更少的办公、计划和管理时间（更有效率的维修计划）； （5）加班工资减少； （6）更低的培训和招聘支出（更少的劳动力需求）； （7）更低的转包商支出； （8）更少的维修消耗品需求（维修活动减少）； （9）减少备用需求（改进了备用安排）； （10）废弃备用品的处理； （11）更少的流程中断使得工作量减少； （12）更低的成本； （13）更可靠的客户服务； （14）更高的产品质量； （15）更高的生产力； （16）防止销量的损失（停工期减少）； （17）更长的设备利用时间； （18）更低的运行成本； （19）降低资产成本； （20）减少了在非盈利维修技术和服务上的投资	（1）管理知识/意识培训； （2）咨询费用； （3）RCM 项目团队成本； （4）执行前审计成本	（1）管理层培训成本； （2）劳动力培训成本； （3）后续咨询服务成本； （4）增加员工成本； （5）加班费用； （6）遣散费用； （7）招聘费用； （8）技能提高后加发的奖金； （9）计算机硬件费用； （10）计算机软件费用； （11）增加备用品和材料采购费用； （12）购买和安装诊断设备费用； （13）执行后的审计成本； （14）RCM 造成的附加活动

　　在完成收益和成本的计算后，企业可以通过投资经济分析来深入评估 RCM 项目的绩效。常用的分析方法有回收期法、折现回收期法、净现值法（NPV）和内部收益率法（IRR）。特别是净现值法（NPV）和内部收益率法（IRR）这两种基于折现技术的方法，它们不仅能量化项目的现金流入和流出，还能考虑资金的时间价值。这样做能更准确地揭示项目的长期盈利能力和投资回报率。

　　以一个具体的电厂案例为例，可以更加清晰地理解这一过程。在供暖季期间，2 号机组通过实施 RCM，成功识别出引风机轮积灰问题是一种家族性缺陷。因此电厂采取了一系列针对性的改造措施，以减少因积灰导致的停机。改造后，每台风机的停机次数显著减少，每减少一次停机，就能显著增加发电量和供热量。从经济角度来看，每年供暖季因清理引风机轮积灰需停机 2 台次（2 台×1 次），每台风机停机 2d，影响负荷率按 50% 估算。按照机组日发电量 336 万 kWh、日供热量 24000GJ 计算，每减少停机 1 台次，增加发电量 336 万 kWh，增加供热量 24000GJ。按上网电价 0.3598 元/kWh 和热力出厂价格 30 元/GJ 计算，每年供暖季减少停机 2 台次，避免损失 386 万元；并节省检修维护费用为 25 万～30 万元。更重要的是，这种家族性缺陷的改造并不局限于单个机组。考虑到区域内有 38 台机组共 76 台同类型引风机，这一改造措施的应用可以在整个区域内带来显著的经济效益提升。如果将这种优化技术推广到所有相关机组，预计整个集团的增收可以达到 1.5 亿～2.5 亿元。这不仅提高了单个机组的效率，还显著提升了整个经济性能。

通过这样的案例分析，不仅可以看到 RCM 项目对单个机组的具体经济效益，还能从更宏观的角度理解这种优化措施在整个行业的潜在经济价值。这种综合评估方法不仅有助于准确计算投资回报，还能为未来的维护计划和投资决策提供重要的参考。

4．其他评价

（1）系统安全性与环境完整性。评估 RCM 在火电机组中的应用效果不仅局限于设备可靠性和运营成本的优化，更进一步地，它涉及整个系统的安全性和环境完整性。火电机组是一个高度复杂和多变的工程系统，涵盖了高温、高压、化学反应等多个复杂因素。在这样一个环境中，即便是微小的故障或操作失误都有可能引发严重的安全事故或环境污染。因此，安全性和环境完整性不仅是评估 RCM 效果的重要组成部分，而且是衡量其应用成功与否的关键指标。

在实际操作中，对安全性和环境完整性的评估通常采用事故发生频率作为主要的量化指标。具体来说，安全性通常通过"每百万工时损失事件的次数"来度量。这实际上是"平均故障间隔时间"概念的一个特定应用，它能有效地反映在一定时间内系统运行的安全状况。同样地，环境完整性则通过"每年违规事件的次数"来评估，这些违规事件通常是违反环境标准或法规的事故，具体量化指标公式如下：

1）安全性评估公式。

$$\text{安全性指标（safety assessment index，SAI）} = \frac{\text{每百万工时损失事件的次数}}{\text{总工时（百万）}}$$

其中，"每百万工时损失事件的次数"是在一定时间内（通常是一年）发生的损失事件数量，而"总工时（百万）"是在同一时间段内所有员工的累计工时（以百万为单位）。

2）环境完整性评估公式。

$$\text{环境完整性指标（environmental integrity index，EII）} = \frac{\text{每年违规事件的次数}}{\text{总运行天数}} \times 365$$

其中，"每年违规事件的次数"是在一年内发生的所有违反环境标准或法规的事件数量，"总运行天数"是火电机组在同一年内的实际运行天数。

（2）团队协作与响应速率。RCM 在提高维修效率方面具有显著优势。其中，团队协作起到了关键作用。通过高效的团队协作，维修人员能够更快地诊断和解决问题，从而大大减少了设备的停机时间。这不仅提高了生产效率，还降低了由停机时间导致的潜在收入损失。此外，高效和流畅的团队协作通常会提升员工的工作满意度。当员工看到他们的努力能够迅速地转化为实际成果时，通常会更加投入到工作中，这进一步降低了人员流动率和与之相关的招聘和培训成本。

为了量化这些效益，有几个关键指标值得关注：

1）响应时间：一个衡量从接收维修请求到开始实际维修工作所需时间的指标。短的响应时间通常意味着更高的维修效率。

响应时间（分钟）＝维修开始时间－维修请求接收时间

2）团队协作评分：这可以通过定期的员工问卷调查或者同行评审来进行。评分高意味着团队协作更为高效，从而可能促成更高的员工满意度和更低的人员流动率。

（3）维修数据库的性能。维修数据库能够系统地存储和管理 RCM 活动所有与维修相关的数据和信息。这样的集中式管理不仅提高了数据的准确性和可用性，还简化了报告和分析过程，从而加速策略制定。更重要的是，通过对历史数据的分析，可以预测未来可能出现的故障，从而实现预防性维护，减少紧急维修的需要。

其主要量化指标为数据准确率和查询响应时间。

1）数据准确率：衡量数据库中数据准确性的指标，通常通过数据审计或抽样检查来进行。

$$数据准确率 = \left(\frac{准确数据条目数}{总数据条目数} \right) \times 100\%$$

2）查询响应时间：从发出数据查询请求到接收查询结果所需的时间。

查询响应时间（s）＝ 查询结束时间－查询开始时间

第二节　火电机组 RCM 实施改进与优化

在火电机组的可靠性中心维护（RCM）实施过程中，持续改进和优化不仅是必要的，而且是确保项目长期成功的关键。前面的章节已经详细讨论了如何对火电机组的 RCM 实施效果进行全面评价。如果评价结果显示实施效果达到或超过了预期，那么这些成功的实践可以作为未来工作的参考；反之，如果没有达到预期，那么就需要针对这些不足进行改进和优化。最终的目标是通过不断的改进，使火电机组的运行更加高效、可靠和经济。

为了实现这一目标，本节将详细探讨如何识别需要改进之处，通过提升设备重要程度分级科学性、提高故障模式库覆盖率、提高设备状态监测性能、提高设备检修决策准确性等方面提升 RCM 的整体分析效率。

（1）提升设备重要程度分级科学性。提升设备重要程度分级管理科学性能够确保维护资源被高效且准确地分配给最关键的设备，具体措施可包含：

1）建立科学量化的设备重要程度管理体系来评估和分类设备管理程度的重要性，并能有效评估设备运行情况、历史故障数据和其对生产流程的影响。

2）制定标准化的设备分级管理流程，包括处于采购、安装、运行和报废不同生命周期的设备如何进行有效分级管理和持续监控。

3）实现企业设备数量准确统计及科学管理，利用现代化的管理工具和技术，如 ERP 系统，实现对设备数量的准确统计和分析，以支持更好的生产规划和设备管理决策。

4）进行维修记录和技术数据统计分析的优化，提高日常设备运行指标和发展趋势的总计能力，并进行必要的状态监测定性分析。

5）统筹规划和健全制度并建立更新机制，以确保所有相关措施通过制度文件规范化，并定期对这些制度和流程进行审查和更新，以适应技术进步和运营环境的变化。

通过上述措施，可以更精确地识别和维护关键设备，从而有效降低系统的运营风险和意外停机，提高设备运行的效率和可靠性。同时，采用数据驱动的分级方法能够提高决策的客观性和准确性，增强维护活动的整体效能。

（2）提高故障模式库覆盖率。故障模式库是 RCM 核心分析的基础，随着故障模式库的逐步完善和丰富，RCM 分析的决策精度和可靠性将不断提高。在复杂的设备运行条件下，各种部件可能出现多种故障类型，包括隐蔽性故障和具有多重后果的故障。隐蔽性故障的处理通常会较为复杂，因为它们在正常运行条件下不容易被操作人员察觉。虽然这类故障本身可能没有直接的影响，但它们可能增加系统发生更严重、多重故障的间接风险或后果。

故障模式库的建设，特别是对隐蔽性故障的详细记录和分析，对于监测潜在的隐蔽后果和预判可能引发的多重后果至关重要。通过这种方式，不仅帮助理解和记录设备的故障模式，还为制定更加精确和有效的维护策略提供了支持，从而提高整个系统的性能和可靠性。

提升故障模式库的覆盖率可以通过如下措施进行：

1）建立系统化的故障模式库更新机制，包括制定模式库固定更新计划或时间表，比如每季度或每半年进行一次更新，以确保故障模式库反映最新的设备性能和故障模式；设计包含故障数据收集、分析、验证和录入库中的标准化流程以及分配制度，从而保障故障模式信息更新的准确性和失效性。对于新引进的设备或者新型技术，更应特别关注其故障模式的及时收集和记录。

2）传统上，故障模式的记录依赖于人工手动输入或基于经验的方法。可以通过开发和集成智能化工具，比如机器学习和数据挖掘算法，以便自动化地识别和记录新的故障模式。同时，这些工具还可以利用历史数据和经验来预测和识别潜在的隐蔽性故障，从而进一步提高故障模式库的预测能力和覆盖面。

3）与设备制造商建立合作关系，共同进行故障模式的分析。可以对同一设备家族或类似类型设备的故障模式进行集中分析，从而识别共有的缺陷或趋势。另外，也可以建立公司内部或与其他同类型企业的信息共享和交流机制，通过制定标准化的报告格式和数据交换协议，确保不同组织间故障信息的高效共享，从而增强整体故障响应和预防能力。

通过这些综合措施，可以提高故障模式库的覆盖率和精确度，加强故障响应的及时性和有效性，从而提升 RCM 整体性能。

（3）提高设备状态监测性能。状态监测的数据可用于评估故障模式的影响，高效的状态监测系统可以更早地识别出设备的异常情况和潜在故障，允许维护团队在问题恶化之前进行干预。状态监测提供的数据有助于不断监控维护策略的有效性，并根据实际情况进行调整和优化，而这种迭代的改进过程又能确保维护策略与 RCM 设备和组织的不断变化需求保持一致。

下面列举了一些提升设备状态监测的典型方式，以辅助 RCM 提升现有决策水平，具体内容包含：

1）采用多种监测技术：根据设备特性和可能的故障模式选择适当的监测技术。例如，振动分析、电机电流分析、油液分析、热成像、动态压力测量等技术可以提供关于设备状态的全面视图。

2）适当的传感器应用：使用不同类型的传感器来监测特定的设备参数。例如，振动传感器可用于检测轴承和齿轮的磨损情况；速度传感器可用于与振动传感器配合，将振动与转速和轴角位置相关联；电机电流传感器则用于检测电机相关的问题。

3）持续监控和动态分析：实时监控设备的状态，并进行动态分析以识别趋势和潜在问题；若一旦发生故障，状态监测系统应能自动记录并追踪机组故障过程并确保其分析到位。

4）数据驱动的维护决策：利用收集的数据来优化维护计划和策略。根据设备的实际状况，而非预设的维护时间表，来安排维护活动。

5）使用先进技术：如 5G、边缘计算平台等，以提高数据处理速度和准确性，从而更好地进行设备状态监测。

值得注意的是，设备监测并不是种类越多越好。关键在于选择对特定设备和场景最有效的监测技术和传感器，并确保收集的数据对维护决策有实际价值。过度监测可能导致不必要的成本和数据过载，因此需要平衡监测的范围和深度。通过有针对性的监测和数据分析，可以有效地提高设备的运行效率和可靠性，同时降低维护成本。

（4）提高设备检修决策准确性。精准的检修决策意味着可以更有效地识别和解决设备的潜在问题，确保维护资源（如时间、人员、资金和物料）被有效地分配到最需要的地方。在 RCM 中，准确的检修决策通常基于对设备性能和故障模式的深入理解，这有助于实施预测性维护策略，即在问题发生之前进行干预，从而减少反应性检修（即事后检修）的需求。其具体措施可以包含如下内容：

1）在 RCM 中，预测性维护是关键组成部分，通过实时监测和数据分析来预测设备潜在的故障，有助于提前识别问题，从而减少突发性维护和修理，提高维修决策的准确性。

2）借助数据驱动的方法制定维修决策，采用如计算机化维护管理系统（CMMS）等平台来收集和分析维护数据，基于全面的历史和实时数据开展维修决策，增强 RCM 的数据驱动性，提高决策的准确性和可靠性。

3）通过回顾故障模式来识别当前和潜在的风险区域，并相应地调整现有的维护计划。通常倾向于采用预测性、预防性和反应性维护策略的组合，以便全面进行风险评估和维护优化，从而降低风险并改善维护策略。

通过采用上述策略，可进一步提高维护决策的精确性，从而提高运营效率，降低成本，并更好地管理资源。

第三篇
水电机组 RCM 应用实践

- 第十三章　水电机组 RCM 应用分析
- 第十四章　水电机组检修现状分析及评价
- 第十五章　水电机组 RCM 风险理论分析及模型建立
- 第十六章　水电机组 RCM 检修策略逻辑流程及体系
- 第十七章　水电机组 RCM 应用效果评估及优化

第十三章 水电机组 RCM 应用分析

水电在现代社会基础设施和经济发展中发挥着重要的作用，尤其是在"碳达峰、碳中和"的新时代背景下，水电角色由传统的"电量供应为主"转变为"电量供应与灵活调节并重"。这种调节活动一方面体现在水电可通过灵活调节水库水位，实现水资源的有效管理和极端天气条件下的应对策略；另一方面，水电站在电力系统中提供调峰功能，可以迅速响应电网负荷的变化，确保电力供应的稳定性和可靠性。因此，如何保证水电设备的可靠性并适应无人值守或少人值守的运行模式，对运行检修的计划性和执行性提出了更高的要求。本章旨在全面分析水电机组在设备管理现状下的普遍实践和主要挑战，同时侧重于水电机组的特殊应用环境，探讨 RCM 在水电机组中的适用性，以及明确实施该方法所需的基础条件。

本章从 RCM 的应用和实施角度进行切入，探讨水电机组与 RCM 之间的关系，以期能为水电机组的设备管理和维护工作提供有力的理论支持和实用指导，从而更有效地提升设备的可靠性和经济效益。

第一节 水电机组设备管理现状

在全球范围内，水电机组的设备管理策略和技术都在不断地演进和发展。

以委内瑞拉的 EDELCA 公司为例，作为该国最大的电力供应商（水力发电量占全国的 94%），其采纳的是传统的定期计划检修制度，涵盖从定期维护、检修到技术改造等各个环节，通过固定的时间间隔进行设备的保养和维护。

相较之下，巴西的伊泰普水电站在此基础上做出了一些创新。除了传统的定期检修，它实施了闭环控制策略，将检修流程细分为计划、实施、控制和成本效益分析等步骤，强调针对设备特性进行科学的维护，并适时地进行非周期性的维修以提高设备的可靠性。

而在技术更为发达的国家，例如美国垦务局水电站和加拿大魁北克水电公司，尽管定期计划检修依然是主流，但是在先进的状态监测技术的帮助下，水电站开始强化对设备状态的实时监控和故障诊断，使检修工作更加智能和精确。这不仅可以提高设备的可靠性，确保持续和稳定的电力供应，还可以有效降低维护成本，优化设备的可用性。

近年来，国内的水电机组设备管理也取得了显著的进展。受益于苏联的经验，国内电厂在早期主要采纳事后维修和定期计划检修的模式。但随着技术的进步，特别是在线监测技术在水电领域的广泛应用，诸如广州蓄能水电站和太平哨发电站等都开始尝试以设备可靠性为中心的检修策略。此外，国内还有一些水电站，如彭水水电站、三峡和葛洲坝水电站，它们基于大量的检修数据，结合各种先进的检修策略和自身电站的特点，推广应用了更为高效和科学的维护方法。

相比于其他电力设备，水电机组有其独特的工作环境和运行模式。国内外水电站检修制度当前仍以定期检修为主，部分水电企业积极试行了状态检修工作，通过及时的状态评估，采取对应手段保证设备状态，成功延长了检修周期，降低了检修费用。但目前水电设备管理现状仍然面临着三大问题，存在着进一步提升的空间：

（1）水电机组波动性运行导致的临时性检修频繁：由于水电站受到水源供应的季节性影响，其运行模式具有明显的波动性。这种运行模式要求设备能够快速启动和停机，以满足电网要求。频繁的启停可能导致设备过早磨损，从而增加临时性检修的需要。

（2）水电特殊运行环境下非标准问题的检修不足：定期检修制度是基于预定的时间表对设备进行检查和维护。在这种制度下可能会导致水电站中一些非标准问题被忽视。例如：水电机组的运行严重依赖于水的流量和流质，泥沙侵蚀可能会影响涡轮叶片的效率，而季节性降雨、上游地貌变化和水库的运营策略导致泥沙沉积和侵蚀的速度不固定，定期检修制度可能无法适应这种不均匀的侵蚀速度。

（3）设备之间的相互依赖导致维修过剩：水电机组主要依赖于水动力来驱动涡轮发电，由于涡轮、发电机和变压器等关键部件的紧密协同，任何单一部件的维护可能需要其他部件进行暂时停机或操作调整，这种维护的同步性也增加了对其他部件进行预防性检修的机会。

第二节　水电机组应用特点及 RCM 适用性分析

一、水电机组介绍

水轮机是水电站核心设备之一，它的主要功能是将水的势能或动能转化为机械能，进而通过发电机转化为电能，按照不同的划分方式，水轮机可以分为多种类型：

1. 按照主轴装置的位置

水轮机可以分为立式水轮机和卧式水轮机。

（1）立式水轮机。立式水轮机的特点为其主轴是垂直布置的，主要应用于大中型水电站。该类型水轮机的垂直设计优化了空间利用率，因此通常占地面积较小，与大型发电机的结合更为紧密和高效。但同时，垂直结构也意味着设备维护可能相对困难。

（2）卧式水轮机。相对之下，卧式水轮机的主轴是水平安装的。这种设计一般用于小型或微型水电站。因其结构较为紧凑，它们在安装和维护方面相对简单。但由于其水平布局，这种机器可能需要更大的占地面积。

2. 根据能量转换的特征，可将水轮机分为反击式、冲击式两大类

各种类型水轮机按照其水流方向和工作特点不同又有不同的形式，如图 13-1 所示。

图 13-1　水轮机的类型

（1）反击式水轮机：反击式水轮机是一种在水流与叶片之间存在相对运动的水轮机。反击式水轮机可以进一步分为以下 4 种：

1）混流式水轮机。这种水轮机结合了轴流式和径流式的特点。水首先径向进入轮子，然后沿轴向流出。它们适用于中到低的水头和较大的流量。

2）轴流式水轮机。在这种水轮机中，水流的方向与轮轴平行。它们主要适用于低水头和大流量的场合。常见的是卡普兰轮。

3）贯流式水轮机。这种水轮机的设计使得水径向流过叶片，从内部流向外部或从外部流向内部。它们通常用于中等水头。

4）斜流式水轮机。这种水轮机的水流方向介于径流和轴流之间，是两者的结合。它们适用于广泛的水头和流量范围。

（2）冲击式水轮机是一种水流直接冲击叶片的水轮机。冲击式水轮机可以进一步分为以下 3 种：

1）水斗式水轮机。这种水轮机使用一个或多个斗状结构来引导水流冲击叶片。它们通常适用于高水头。

2）斜击式水轮机。这是一种特殊的冲击式水轮机，在其中水以斜向方式冲击叶片。其优点是能更有效地利用水的动能。

3）双击式水轮机。这种设计结合了直接冲击和斜向冲击的特点，使得叶片可以从两个方向接受水流的冲击。

二、水电机组应用特点

相较于其他类型的发电机组（如火电机组），水电机组的组成结构相对简单。一般而言，水电机组由水轮机（或涡轮发电机组）和发电机两部分构成。具体工作过程是，水轮机将水流的动能转化为机械能，然后发电机将这种机械能转化为电能。不同于火电机组需要进行燃料燃烧及蒸汽循环的过程，水电机组并不涉及这一复杂步骤，也无需额外的锅炉、脱硫设备等众多附加设施。

然而，尽管水电机组的构成相对简单，其运维过程面临着多种挑战，这主要归因于复杂的环境因素和生产要求。水电机组运维的复杂性在于需要充分考虑以下因素：

（1）复杂的调度机制。由于水电机组受制多个调度目标，涉及诸如防洪、发电、供水、航运、生态、灌溉等多个方面，机组在短时间内可能需要从低出力模式切换到高出力模式，或者由停机转为发电状态，复杂的调度机制导致水电机组频繁的运行状态切换。这种频繁的切换对机组的设备磨损和热循环造成影响，增加了维护需求。

（2）自然灾害风险。水电机组实际运行过程中通常面临旱涝极端事件的风险，直接影响水电机组的水源供应、水资源利用效率及发电效率。在干旱期间，水流减少，可能降低水电机组的发电产能，甚至导致机组停机。相反，暴雨引发的洪水可能导致水电机组的过载和损坏风险，因为突然增加的水流可能超出机组的承载能力。旱涝事件会导致水轮机的运行环境剧烈变化，影响水轮机的效率和稳定性，使得机组在缺水或过剩水的情况下运行，可能导致机械应力增加，进而影响机组的寿命和可靠性。另外，水电站也可能面临洪水、地震等自然灾害风险，即洪水可能导致水电站的设备受损，地震可能导致水电站的结构受损，给水电机组的运行和维护带来极大的挑战。

（3）水位变化。水电机组的运行受不同时间阶段的水位变化影响较大，不同水位可能导致设备受力和受压不同。在汛期，河流水位上涨，水流速度增快，导致机组受力情况发生变化，可能影响机组的运行稳定性。与此相对，非汛期的水位下降可能使设备受到不同的力，可能降低设备的稳定性和寿命。

（4）水质变化。水电机组的运行效率和可靠性在很大程度上也会受到水质的影响，如水中的杂质、腐蚀性等。例如，水电机组过流件（如涡轮叶片和推力轴承等），在长期浸泡在水中的情况下，会不断受到水流的冲刷和腐蚀性物质的侵蚀。这些部件因而有可能导致表面腐蚀、微裂纹，甚至在严重情况下出现断裂。转动部件的密封件，如 O 形圈和垫片，也容易因长时间的水浸而出现磨损和老化，降低了密封效果，进而可能引发泄漏问题。

三、水电机组 RCM 适用性分析

在此背景下，RCM 在解决水电机组复杂和多变环境条件带来的运维挑战中表现出显著而高效的实用价值和适用性，具体分析如下所述。

在面对旱涝、地震等自然灾害风险使水电机组运维工作面临的负载型和不确定因素，RCM 可通过故障模式和效应分析预先分析和识别哪些关键组件在自然灾害条件下最容易出现故障，从而优先对这些组件进行维护或更换，以减少因自然灾害引发的故障风险；RCM 可通过实时设备监控和数据分析灵活调整维修计划，这在自然灾害环境中尤为重要。例如，在洪水期间，可以通过实时数据来监控水位和流量，从而优先处理那些在灾害环境下更容易出问题的设备和系统，以防止过载或损坏。

由于水电的固有特点，其汛期与非汛期内水位变化及指导维护策略措施不同。汛期时间长达 5、6 个月，汛期来水量多，如在汛期内机组出现影响生产安全的质量问题而不得不进行检修，势必会造成弃水和电量影响；在非汛期来水较少，通常只能满足机组运行的要求，为充分利用年度来水量，水电机组大修可安排在非汛期进行，在此期间大修不会造成发电损失。基于此，RCM 能够通过数据分析和故障模式识别来有针对性地安排维护活动，并可以根据实际运行状况和环境因素（如水位）进行快速调整。在汛期，RCM

建议更频繁的检查和预防性维护,以最大化生产能力并减少意外停机的风险;在非汛期,RCM 则会推荐执行更为全面的维修和更新计划,因为此时停机对生产影响较小。

最后,RCM 也强调与其他系统和目标的整合,这与水电机组多目标(如防洪、供水、发电等)的运行特点高度吻合。这样的整合性维护策略不仅提高了设备本身的可靠性和寿命,还能确保整个水电系统在满足多样化需求时,依然能保持高效和可靠的运行。

第三节　水电机组实施 RCM 基础要求

一、在考虑水电特性和其工况的特殊性的情况下,针对水电机组实施 RCM 的基础要求

在水电机组实施 RCM 的过程中,除了与火电机组类似的一般性基础要求外,还需要考虑水电特性和其工况的特殊性,以下是一些针对水电机组实施 RCM 的基础要求:

(1)全面掌握多类型维修方法。因为水电机组面临着复杂的调度要求,如防洪、发电和供水等,使得水电机组会面临更加复杂的工况,所以维修团队需要更加熟悉预防性维护、预测性维护和条件检修等多种先进维修方法。同时,与火电机组相比,水电机组需要综合考虑流量、水位和气象条件等多种参数辅助支持,这些则需要在故障模式与影响分析和维修策略中得到充分考虑。

(2)组织和人力资源的支持。成功实施 RCM 需要高级管理层的强力支持。这包括在财务和资源分配上的灵活性,特别是在汛期和非汛期的不同操作环境下。水电机组因为其自身的季节性特点和复杂工况,需要管理层能够更加细致地理解 RCM 的长期价值和实用性。同时,在团队建设中,需要考虑纳入涉水结构和水文学专家以进行更全面的 RCM 分析。

(3)制定更具水文适用性特点的 RCM 机制。由于水电站需要面对不同的水文周期(如汛期和非汛期),以及复杂的多目标调度需求,RCM 策略需要具备更高的灵活性和适应性。因此,需要开发适用于不同水文条件和优化目标的维修策略,以确保最大限度地提高电量输出和系统安全。同时,设置与多目标调度和季节性工况相关的 RCM 绩效指标,并基于绩效指标和实时数据,不断优化 RCM 策略,以适应水电机组的动态工况和环境变化。

二、水电机组实施 RCM 分析需要综合考虑的要素

同时,虽然以可靠性为中心的检修(RCM)在很多水电机组中已经证明了其价值,但并不是所有的水电机组都适合或需要实施 RCM。文献[76]中曾对中、小型水电机组开展 RCM 应用分析,一些中、小型水电机组由于单机容量小,年收益不高,按照相关检修技术规程(如 DL/T 817—2002《立式水轮发电机检修技术规程》),水电机组大修周期为 3~6 年,虽然 RCM 在延长设备检修间隔,以及减少设备检修项目和提供检修重点方面提供优势,但其投资较大,且可节省的大修费用较为有限。因此水电机组实施 RCM

分析需要综合考虑以下要素：

（1）小规模运营的水电机组。因为 RCM 通常需要高度的专业知识和时间投资，所以对于小型或社区级别的水电站，实施 RCM 可能过于复杂和成本高昂。在这种情况下，更传统的维护策略，如时间或使用量基础的预防性维护，可能更为适用。

（2）初创的水电机组。RCM 的成功实施需要大量的故障历史数据来进行故障模式和效应分析（FMEA）。若一个水电机组是新建的或者没有足够的历史运行数据作为支撑，将制约 RCM 分析的质量和准确性。

（3）水电机组设备老化或接近寿命末期。当水电机组的设备已经表现出明显的老化迹象或者接近预期寿命末期的情况下，实施 RCM 可能不是最经济的选择。这时，直接更换或大规模翻新设备可能是一个更实用和成本效益更高的选择。

（4）具有单一任务或简单运行模式的水电机组。一些水电机组可能只有一个非常特定的运行目的，如仅用于季节性灌溉或作为应急电源，如果采用 RCM 可能会是一个复杂且成本较高的解决方案。RCM 通常更适用于需要面对复杂运行条件和多重故障模式的系统。

综上可知，并非所有的水电机组都会从 RCM 中受益，在考虑是否应该在水电机组中实施 RCM 时，应当仔细评估该方案是否适合特定的运营规模、设备状态和应用需求。

第十四章 水电机组检修现状分析及评价

基于前一章节对水电机组的应用特点和 RCM 适用性的全面分析，明确水电机组具有结构简单、运行模式灵活、环境友好等显著优点。尽管如此，作为水电机组的心脏，水轮机系统的性能和可靠性仍然是决定整个水电站运行效率和安全性的关键因素。

因此，本章的主要任务是深入剖析水电机组的检修现状，并重点讨论水轮机系统的结构划分、历史故障溯源、检修现状。这将为我们提供关于水电机组核心系统的健康状况和维护需求的全面视图，为后续章节的深入讨论和分析提供坚实的基础。

第一节 水电机组 RCM 系统划分与分析层次确立

一、水电机组 RCM 系统划分

系统划分和选择研究系统是 RCM 实施过程首先需要解决的两个基本问题。在对水电机组进行系统划分时，第九章提出的火电机组系统划分的一般性准则（如费用直观、功能相关、相互独立、属性相近、易于维护和监控、遵循法规和标准、具备灵活性和可拓展性）针对水电机组依然适用，然而考虑到水电机组尤其特定的运作模式和维护需求，除了一般性准则外还应考虑：①季节性和流量变化：由于水电站的运行强烈依赖水流量，系统划分应考虑到这一点，特别是在涉及能量储存或备用能源等方面。②灾害预防与应急响应：水电站可能面临泥石流、洪水等自然灾害的风险，系统划分应考虑这些因素，以便快速和有效地应对这些紧急情况。

因此，水电机组主要由以下几个关键系统组成：水轮机系统、发电机系统以及一系列辅助系统（包括油系统、冷却水系统和压缩气系统）。为了应对可能的灾害和实施紧急响应，还需要配置防洪系统。以下是各关键系统的简要功能、相关之间的连接方式，以及物质能量交换的描述。

（1）水轮机系统。水轮机系统是水电机组的核心部分，负责将水的动能转化为机械能。水轮机系统通常包括水轮机、调速器和联轴器等主要组件。

（2）发电机系统。发电机系统与水轮机系统紧密相连，负责将机械能转化为电能。其主要包括发电机、励磁系统和电气控制装置。

（3）油系统。油系统主要用于润滑和冷却机组的各个运动部件，以确保机组长时间、高效地运行。其主要包含从油箱、油泵到各个润滑和冷却点，以及油路和过滤器。

（4）冷却水系统。负责冷却发电机和其他电气设备，通常由冷却塔、冷却水泵和相关管道组成。

（5）压缩气系统。用于操作一些需要气动控制的设备，如阀门和气缸。

（6）防洪系统。出于安全考虑，防洪系统用于控制和管理大量的水流，以防止可能的洪水灾害。这通常包括泄洪道、闸门和相关的控制设备。

对以上系统分别根据其结构连接关系和物质能量交换方式进行分析，如表14-1～表14-7所示。

表 14-1　　　　　　　　　　　水轮机系统边界及接口描述

连接方式	（1）与发电机系统通过联轴器连接； （2）与控制系统通过调速器连接
物质能量交换方式	与动力水的接口位于涡壳进口，负责将水流的动能转换为机械能

表 14-2　　　　　　　　　　　发电机系统边界及接口描述

连接方式	（1）与水轮机系统通过联轴器连接； （2）与输电系统的接口是发电机出口断路器的发电机侧
物质能量交换方式	与冷却水系统进行热量交换，以保持发电机的正常运行温度

表 14-3　　　　　　　　　　　控制系统边界及接口描述

连接方式	（1）与水轮机系统通过调速器和相关传感器连接，用于控制水轮机的转速和负荷； （2）与发电机系统通过电气控制装置连接，用于调节电压和电流； （3）与防洪系统通过泄洪道和闸门控制装置连接，用于实时监控和调整水位
物质能量交换方式	与各子系统进行信息和信号交换，但不直接进行物质能量交换

表 14-4　　　　　　　　　　　油系统边界及接口描述

连接方式	与水轮机系统和发电机系统的轴承和其他运动部件连接，提供必要的润滑
物质能量交换方式	（1）与冷却水系统进行热量交换，以维持油的温度在一个合适的范围内； （2）与各个需要润滑的机械部件进行油脂交换，以减少摩擦和磨损

表 14-5　　　　　　　　　　　冷却水系统边界及接口描述

连接方式	与发电机系统进行热量交换，以冷却发电机和其他电气设备
物质能量交换方式	与外界大气进行热量交换，以维持冷却水的温度

表 14-6　　　　　　　　　　　压缩气系统边界及接口描述

连接方式	与需要气动控制的阀门和气缸连接，用于操作这些气动设备
物质能量交换方式	与外界大气进行气体交换，用于补充和排放压缩气

表 14-7　　　　　　　　　　　防洪系统边界及接口描述

连接方式	与控制系统通过水位传感器和闸门控制装置连接，用于实时监控和调整水位
物质能量交换方式	与水库或河流进行水流交换，以防止可能的洪水灾害，并在需要时，与排水系统或其他安全设施进行水流交换

通过对上述子系统进行连接方式及物质能量分析，得到水电机组系统功能框图，如图 14-1 所示。

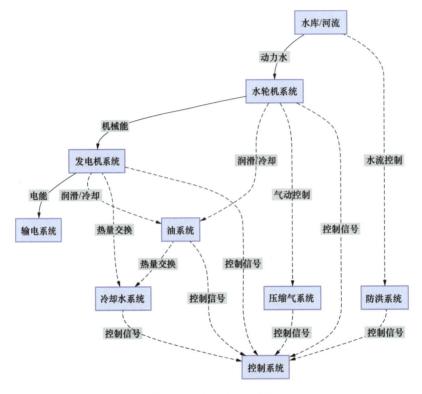

图 14-1　水电机组功能

二、水电机组 RCM 研究对象确定

由第九章介绍，RCM 应用对象的确定主要依据以下 5 种情况：

（1）预防维护工作量较大的系统；

（2）事故检修工作量较大的系统；

（3）事故检修费用较高的系统；

（4）导致非计划停运和降负荷较多的系统；

（5）与安全、环保、能耗等有密切关系的系统。

依据以上分析要素开展对水轮机系统、发电机系统以及油系统、冷却水系统和压缩气系统、防洪系统进行评级判定，得到系统评级结果如表 14-8～表 14-13 所示。

表 14-8　　　　　　　　　　　　水轮机系统评级判定

判断依据	系统评级	描述
预防维护工作量大的系统	高	涉及水流控制、转速和负荷调节等多个关键过程，预防维护工作量大
事故检修工作量和费用高的系统	高	维修通常涉及大型机械和复杂的水力模型，费用高

判断依据	系统评级	描述
高风险导致非计划停运和降负荷的系统	高	如果发生故障，可能导致整个电站停运
与安全、环保、能耗等有密切关系的系统	高	水流控制和转速调节直接影响电站的安全和效率

表 14-9　　　　　　　　　　　发电机系统评级判定

判断依据	系统评级	描述
预防维护工作量大的系统	中	主要涉及电气部件和转子，预防维护工作量相对较小
事故检修工作量和费用高的系统	高	维修通常涉及高电压和大电流的工作环境，费用高
高风险导致非计划停运和降负荷的系统	高	如果发生故障，可能导致整个电站停运
与安全、环保、能耗等有密切关系的系统	中	主要影响电站的效率，但对环境影响较小

表 14-10　　　　　　　　　　　油系统评级判定

判断依据	系统评级	描述
预防维护工作量大的系统	高	涉及多个润滑和冷却点，预防维护工作量大
事故检修工作量和费用高的系统	中	维修通常涉及更换油和过滤器，费用相对较低
高风险导致非计划停运和降负荷的系统	中	油系统故障通常不会导致整个电站停运，但可能影响效率
与安全、环保、能耗等有密切关系的系统	中	油质和温度直接影响机组的安全和效率

表 14-11　　　　　　　　　　　冷却水系统评级判定

判断依据	系统评级	描述
预防维护工作量大的系统	中	主要涉及水泵和冷却塔，预防维护工作量相对较小
事故检修工作量和费用高的系统	低	维修通常涉及更换泵和清洗冷却塔，费用相对较低
高风险导致非计划停运和降负荷的系统	中	故障可能导致发电机过热，但通常不会导致整个电站停运
与安全、环保、能耗等有密切关系的系统	中	水质和温度直接影响机组的安全和效率

表 14-12　　　　　　　　　　　压缩气系统评级判定

判断依据	系统评级	描述
预防维护工作量大的系统	低	主要涉及压缩机和气压储存罐，预防维护工作量较小
事故检修工作量和费用高的系统	低	维修通常涉及更换压缩机和气压储存罐，费用较低

续表

判断依据	系统评级	描述
高风险导致非计划停运和降负荷的系统	低	故障通常不会导致整个电站停运
与安全、环保、能耗等有密切关系的系统	低	主要用于操作阀门和气缸，对整体安全和环保影响较小

表 14-13　　　　　　　　　　防洪系统评级判定

判断依据	系统评级	描述
预防维护工作量大的系统	中	涉及泄洪道和闸门，预防维护工作量相对较小
事故检修工作量和费用高的系统	中	维修通常涉及闸门和泄洪道，费用相对较低
高风险导致非计划停运和降负荷的系统	高	如果发生故障，可能导致洪水灾害，影响整个电站和周边区域
与安全、环保、能耗等有密切关系的系统	高	直接影响水库和河流的水位，对环境和社会安全有重大影响

根据以上评级判定，水轮机系统针对各判断依据得到了较高的优先级，因此本书将重点介绍水轮机系统 RCM 研究与实践成果。在具体实施过程中，电厂可根据自身实际需求灵活调整 RCM 应用范围。

三、水电机组结构层次划分

在确定 RCM 应用对象系统为水轮机系统后，按照第九章描述的水电机组层次划分准则，对照电厂硬件构成的层次关系与结构树确定 RCM 分析层次，形成针对水轮机核心系统结构树，举例说明如下：

针对某电站（650MW）水轮机系统进行结构划分和功能分析，可将水轮机及其辅助设备划分为导水部件、主阀、水导轴承、过流部件、主轴、调速器、供排水系统与进水口快速闸门共 8 个重点子系统，各部分结构树如图 14-2～图 14-9 所示。

1. 导水部件

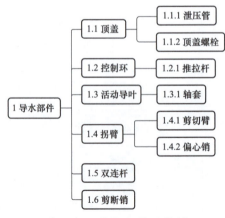

图 14-2　导水部件结构树

2. 主阀

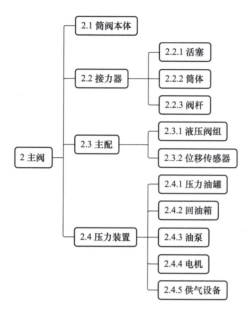

图 14-3　主阀结构树

3. 水导轴承

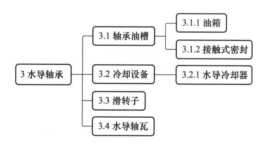

图 14-4　水导轴承结构树

4. 过流部件

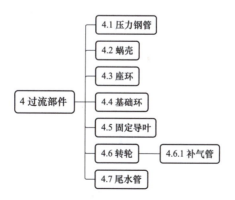

图 14-5　过流部件结构树

5. 主轴

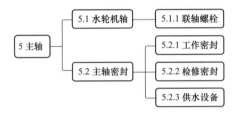

图 14-6 主轴结构树

6. 调速器

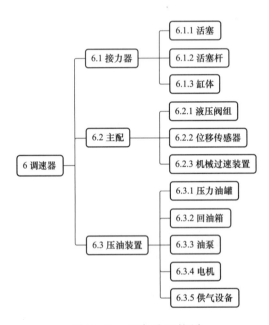

图 14-7 调速器结构树

7. 供排水设备

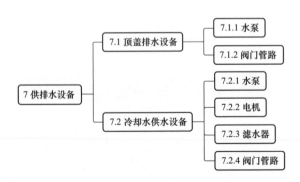

图 14-8 供排水设备结构树

8. 进水口快速闸门

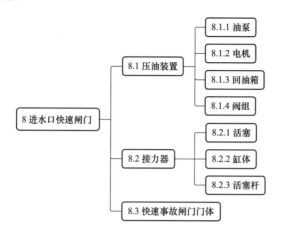

图 14-9　进水口快速闸门结构树

第二节　水电机组历史故障溯源分析与影响链条评估

一、水电机组数据收集

在进行水电机组的 RCM 分析时，同样需要收集一系列基础资料。这些资料包括设备基本资料、设计资料、运行和维护资料，以及其他相关信息（如人机接口、外部环境和使用条件等）。详细资料清单见表 14-14。

表 14-14　　　　　　　　　　水电机组 RCM 分析资料整合表

序号	资料类别	详细资料名称
1	设备概况信息	水电机组设计说明书
2		水电机组技术协议
3		水电机组质量控制报告
4		水电机组调试报告
5		水电机组图纸
6		水电机组操作维修手册
7		水电机组铭牌参数
8	设备运行信息	水电机组运行属性：设备运行编号（KKS 编码）
9		水电机组 SCADA 实时系统
10		水电机组设备巡视记录
11		水电机组运行分析记录
12		水电机组维护记录

序号	资料类别	详细资料名称
13		水电机组故障跳闸记录
14		水电机组缺陷和消缺记录
15		水电机组启停记录
16		水电机组在线运行监测检测数据
17	设备的检修试验信息	水电机组 A 级检修修前、修后检查报告
18		水轮发电机组关注分析报告
19		水电机组每月专业缺陷分析报告
20		水电机组检修报告
21		水电机组检修备件更换清单
22		水电机组设备停机检查记录
23		发电机定子、转子试验记录
24		水电机组改造报告（如有）
25	其他信息	针对水电机组特定问题和解决措施，如叶轮磨损、轴承问题等

二、重点设备与检修模式对应关系

在完成 RCM 分析和详细资料收集之后，接下来的关键步骤是要确定水电机组重点设备与其相应的检修模式。

表 14-15 是以 C 电站水轮机组作为重点研究对象，详细列出的重点设备及其与检修模式的对应关系，以便进行更深入的分析和管理。

表 14-15　　　　　　　　　　　　C 电厂重点设备与检修模式

设备名称	部件名称	检修模式	检修周期	备注
水轮机系统	导水机构	状态检修	1 年	各系统随机组检修同时开展。基于状态评估的情况，检修周期基本为 1 年。根据设备状态分析，制定年度检修计划
	筒阀	状态检修	1 年	
	水导轴承	状态检修	1 年	
	过流部件	状态检修	1 年	
	主轴	状态检修	1 年	
	调速器	状态检修	1 年	
	供排水系统	状态检修	1 年	
	进水口快速闸门			无

三、设备故障影响链条分析

由于水电机组相对于其他类型的电力设备（如火电、核电等）具有较为简单的结构和工作原理，其运行过程中发生非计划停机的概率相对较低。这一特点使得对水电机组非停事件的溯源分析通常无需像其他复杂系统那样详尽和深入。

然而，即使是结构相对简单的水电机组，也不是完全没有故障风险。为了更好地了解和管理这些潜在风险，在执行 RCM 分析过程中，需要对水轮机系统的历史故障信息进行整理。这一整理工作通常会形成一份详细的台账，用于记录和分析各种与水轮机系统相关的故障事件。这份台账不仅记录了各类故障事件的时间、性质和影响，还对可能的故障原因和采取的应对措施进行了简要描述。

此部分分析工作，可以极大帮助后续 RCM 执行过程中开展故障模式和高风险组件的识别，从而有针对性地进行预防性维护或更换，减少未来故障的可能性。

以某水电站水轮机系统历史故障事件为例，整理台账节选如表 14-16 所示。

表 14-16　　　　　　　　　水轮机历史故障事件台账（节选）

序号	专业类别	缺陷情况	处理情况
1	调速器、筒阀	筒阀 1 号油泵出口双筒过滤器切换装置底部端盖渗油	完成筒阀 1 号油泵出口过滤器底部端盖渗油处理，解体切换装置，发现底部端盖密封圈压缩量偏小，且密封偏硬，更换此处及切换装置其他 4 处密封圈后回装到位，建议检查无渗漏
2	调速器、筒阀	筒阀回油箱液位计底部法兰面渗油	更换聚四氟乙烯垫片，紧固法兰螺栓到位，开阀检查无渗漏
3	调速器、筒阀	筒阀同步分流器 1、2、5 号出口阀两侧法兰轻微渗油	完成 1、2、5 号出口阀两侧法兰密封更换，并完成螺栓紧固
4	调速器、筒阀	筒阀 2 号接力器同步阀组单向阀密封面渗油	完成筒阀 2 号接力器同步阀组顶部单向阀密封面渗油处理，拆卸阀门发现密封圈压缩量偏小，1 只密封圈压溃，更换所有矩形密封圈后回装阀门，建压后检查无渗漏
5	水轮机	蜗壳进口压力管道堵塞	完成蜗壳进口压力管道疏通清洁
6	水轮机	蜗壳进口压力管道砂眼	已对蜗壳进口压力管道砂眼进行点焊处理
7	水轮机	蜗壳进口压力管道密封老化	完成蜗壳进口压力管道密封更换
8	水轮机	蜗壳盘形阀接力器阀杆处渗油	完成蜗壳盘形阀接力器阀杆处压盖密封更换
9	水轮机	水导冷却器出口阀法兰轻微渗油	拆卸发现法兰密封为石棉垫且已老化，已更换为 89mm×138mm×3mm 的聚四氟乙烯垫，加油后检查无渗漏
10	水轮机	进水口事故门 YV6 电磁阀锈蚀	已对进水口液压系统 YV6 电磁阀更换处理

第三节　水电机组设备健康状态评估

一、水电机组设备状态监测方法

对水轮机进行健康检查的工作是一项全面而细致的任务。在此之前需要对水轮机进行数据采集与监测，监测内容不仅包括了有功负荷、温度和振摆等基础参数，还涉及更为复杂的机械和电气性能指标。这些检查项目通过多种查询方式进行，例如机旁盘温度屏用于实时监测轴承油温，而状态监测系统则用于跟踪机架和定子的振动情况。

除了基础的监测参数外，这些检查还包括了一系列预设的报警和停机值。这些值是根据设备的工作条件和历史运行数据设定的，旨在提供一个即时的反馈机制，以便在出现潜在问题时能够立即采取措施。所制定相应项目检查如表 14-17 所示。

表 14-17　　　　　　　　　　　　项目检查

类型	项目名称	查询方式	备注	机组号
				检查结果
有功	机组负荷（MW）			
温度	上导轴承油温（℃）	机旁盘温度屏（取最大值）	上、下导瓦温报警值 65℃，停机 70℃。推力瓦温报警值 85℃，停机值 90℃。各轴承油温报警值 50℃，停机值 55℃（投信号）	
	推力轴承油温（℃）			
	下导轴承油温（℃）			
	上导轴承瓦温（℃）			
	推力轴承瓦温（℃）			
	下导轴承瓦温（℃）			
振摆	上机架 X 向水平振动	状态监测系统查询	应在机组负荷稳定、且不在振动区运行时进行检查	
	上机架 Y 向水平振动			
	上机架 X 向垂直振动			
	定子机架 X 向水平振动			
	定子机架 Y 向水平振动			
	下机架 X 向水平振动			
	下机架 Y 向水平振动			
	下机架 X 向垂直振动			
	顶盖 X 向水平振动			
	顶盖 Y 向水平振动			
	顶盖 X 向垂直振动			
	上导 X 向水平摆度			
	上导 Y 向水平摆度			
	定子铁芯水平振动 1			
	定子铁芯水平振动 2			
	定子铁芯水平振动 3			
	定子铁芯垂直振动 1			
	定子铁芯垂直振动 2			
	定子铁芯垂直振动 3			
	下导 X 向水平摆度			
	下导 Y 向水平摆度			
	水导 X 向水平摆度			
	水导 Y 向水平摆度			
检查结果（是否正常）				

同时，也需要对各机组顶盖排水泵、调速器油泵、筒阀油泵等辅助设备运行情况分析，按照表 14-18 进行信息收集统计。

表 14-18　　　　　　　　　　　　　辅助设备运行情况

机组	设备名	本月运行次数	本月运行总时长（h）	本月单次运行时间（min）	本月运行次数	本月运行总时长（h）	本月单次运行时间（min）

二、水电厂设备健康状态评估

以某电厂水轮机系统为例，按照上述规则对水轮机系统健康状态实现全面量化评估，其主要情况如下所述。

1. 水轮机系统设备数据采集与监测

（1）机组振摆数据。4 号机组各部位振摆统计情况如表 14-19 所示。

表 14-19　　　　　　　　　　　4 号机组 12 月振摆统计　　　　　　　　　　（μm）

机组	4 号
上导摆度特征值	54.53
上机架水平振动特征值	15.57
上机架垂直振动特征值	16.91
下导摆度特征值	41.87
下机架水平振动特征值	4.92
下机架垂直振动特征值	16.91
水导摆度特征值	62.89
顶盖水平振动特征值	12.83
顶盖垂直振动特征值	16.38
定子机架水平振动特征值	7.31
定子铁芯垂直振动特征值	8.22
定子铁芯水平振动特征值	14.7

以上导摆度为例，如图 14-10 所示对各机组振摆数据进行对比分析。

（2）机组温度数据。4 号机组各部位 12 月温度特征值统计如表 14-20 所示。

表 14-20　　　　　　　　　　4 号机组各部位 12 月温度特征值统计　　　　　　　　（℃）

特征值	4 号机组
上导瓦温特征值	46.55
上导瓦温极差特征值	4.94

续表

特征值	4号机组
下导瓦温特征值	47.1
下导瓦温极差特征值	4.57
水导瓦温特征值	54.66
水导瓦温极差特征值	3.73
推力瓦温特征值	68.73
推力瓦温极差特征值	1.86
定子线圈温度特征值	59.13
定子线圈温度偏差特征值	6.86
定子铁芯温度特征值	54.91
定子铁芯温度偏差特征值	3.96

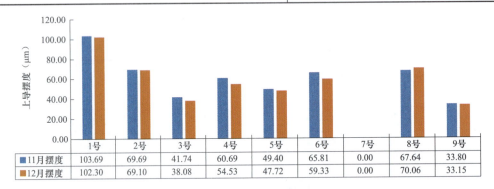

	1号	2号	3号	4号	5号	6号	7号	8号	9号
11月摆度	103.69	69.69	41.74	60.69	49.40	65.81	0.00	67.64	33.80
12月摆度	102.30	69.10	38.08	54.53	47.72	59.33	0.00	70.06	33.15

图 14-10 各机组上导摆度对比

以上导瓦温为例（见图 14-11），对各机组温度数据进行对比分析。

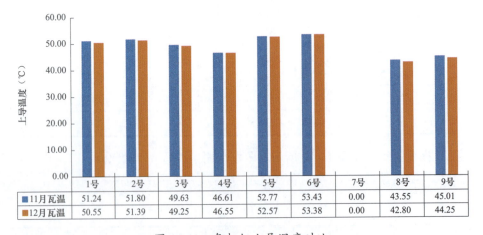

	1号	2号	3号	4号	5号	6号	7号	8号	9号
11月瓦温	51.24	51.80	49.63	46.61	52.77	53.43	0.00	43.55	45.01
12月瓦温	50.55	51.39	49.25	46.55	52.57	53.38	0.00	42.80	44.25

图 14-11 各机组上导温度对比

结论：各机组上导瓦温特征值均在正常范围内，4号机组上导温度特征值基本稳定，机组稳定运行时上导瓦温特征值无持续上升趋势。

（3）辅助设备运行分析。对各机组顶盖排水泵、调速器油泵、筒阀油泵等辅助设备运行情况进行对比分析，并给出运行建议。以4号顶盖排水泵为例开展运行情况分析，如表14-21所示。

表14-21　　　　　　　　　　　　顶盖排水运行情况

机组	泵	11月运行次数	11月运行总时长（h）	11月单次运行时间（min）	12月运行次数	12月运行总时长（h）	12月单次运行时间（min）
4号	1号泵	289	81.46	16.91	400	129.34	19.40
	2号泵	288	79.41	16.54	401	127.45	19.07

结论：各机组顶盖排水泵运行正常，4号机组顶盖排水泵启动次数正常，水泵轮换正常。

建议运行人员关注机组顶盖排水泵运行情况及主轴密封水流量变化情况。

2. 水轮机系统设备状态评估

（1）机组振摆、温度分析。

1）机组振摆：4号机组各部位振摆数据均在正常范围内。

2）机组温度：4号机组各部位温度数据正常。

（2）辅助设备运行分析。

4号机组顶盖排水泵启动次数正常，水泵轮换正常。4号机组调速器、筒阀油泵启动次数、平均运行时间正常，油泵轮换正常。

第十五章　水电机组 RCM 风险理论分析及模型建立

虽然水电机组的设备相较于火电机组的系统逻辑和故障模式更为简单，但水电机组容量更大，除了保障电力供应，还承担着防洪抗旱的重要调节责任。水电机组 RCM 风险理论及模型能通过提前预计故障的发生发展从而减少检修项目、缩短检修周期，把有限的时间和资金放在影响设备寿命和健康水平的关键节点上，在避免人力、物力的重复浪费的同时，提升机组的自动化运行水平。

在进行水电机组 RCM 风险理论分析及模型建立时，要结合企业实际情况，通过吸收专家和技术人才来组建各专项的专家组，从建立水电机组重要度模型、建立水电机组功能与性能标准和建立水电机组故障模式、影响与危害度分析模型三个方面展开。

第一节　水电机组重要度模型

基于水力发电的系统设备特性和运行检修模式，根据设备重要程度和对设备进行分类管理，将设备分为三类。

（1）第一类，此类设备发生异常时，严重威胁系统主设备安全运行及人身安全。

（2）第二类，此类设备发生异常时，暂时不影响机组继续运行，但对设备安全经济运行和人身安全有一定威胁，继续发展将导致设备停止运行或损坏，需机组停役或降低出力才能彻底解决。虽对设备安全经济运行和对人身安全没有威胁，也不影响出力，但造成严重环境污染。

（3）第三类，即没有立即影响整个机组的安全，不影响主设备的运行，不需要停用主设备或降低出力，可在检修或停机备用期间进行处理。

以 650MW 的水轮机系统为例，对系统设备进行三类划分如表 15-1 所示。

表 15-1　　　　　　　　　　水轮机系统三类分类

设备（专业）	一类设备	二类设备	三类设备
水轮机	转轮	拐臂	油泵
	活动导叶	泄压管	电机
	水导瓦	补气装置	技术供水泵

续表

设备（专业）	一类设备	二类设备	三类设备
水轮机	主配	导叶剪断销	主轴密封滤水器
	压力油罐	控制环	液压系统管路
	主轴密封	顶盖排水泵	水系统管路
	进水口事故门	顶盖泄压安全阀	水导冷却循环管路
	导叶接力器	控制环推拉杆	水导密封盖
	水导冷却器	拐臂轴套	水导摆度传感器
	液压控制阀组	剪切臂	技术供水管路
	主配位移传感器	自动锁锭	主轴密封滤水器
	顶盖螺栓	顶盖排水泵	技术供水阀门
	事故配压阀		回油箱
	导叶轴套		检修密封
			技术供水泵

第二节　水电机组功能与性能标准

结合设备设计功能、实际功能，梳理设备可靠性所要求的功能，针对核心系统，按照系统—子系统—设备—部件的层次分层定义功能作用。同时，梳理适于诊断的各种标准（国际标准、国家标准、军用标准、规范和指导性文件等）来规定各单元及系统的数据界限标准，对每一类故障形成故障判断界限标准。以 650MW 的水轮机系统为例，形成核心设备的功能及性能标准定义库案例见表 15-2。

表 15-2　　　　　　　　　　　650MW 水轮机系统功能性能标准库

系统	设备	功能定义	部件	可参考性能标准
水轮机系统	1　导水部件	形成和改变进入转轮的水流环量；调节水轮机的过机流量，以适应电力系统负荷的变化	1.1　顶盖 1.2　控制环 1.3　活动导叶 1.4　拐臂 1.5　双连杆 1.6　剪断销	（1）《水电站设备状态检修管理导则》（DL/T 1246—2013）； （2）《水轮发电机组安装技术规范》（GB/T 8564—2003）； （3）《混流式水泵水轮机基本技术条件》（GB/T 22581—2008）； （4）《水轮机基本技术条件》（GB/T 15468—2006）
	2　主阀	水轮机的主阀，机组正常或事故停机时截断水流	2.1　筒阀本体 2.2　接力器 2.3　主配 2.4　压力装置	（1）《水电站设备状态检修管理导则》（DL/T 1246—2013）； （2）《水轮发电机组安装技术规范》（GB/T 8564—2003）； （3）《混流式水泵水轮机基本技术条件》（GB/T 22581—2008）； （4）《水轮机基本技术条件》（GB/T 15468—2006）

系统	设备	功能定义	部件	可参考性能标准
水轮机系统	3 水导轴承	承受机组运行时的机械不平衡力和电磁不平衡力，使主轴在轴承间隙范围内运行	3.1 轴承油槽 3.2 冷却设备 3.3 滑转子 3.4 水导轴瓦	（1）《水电站设备状态检修管理导则》（DL/T 1246—2013）； （2）《水轮发电机组安装技术规范》（GB/T 8564—2003）； （3）《混流式水泵水轮机基本技术条件》（GB/T 22581—2008）； （4）《水轮机基本技术条件》（GB/T 15468—2006）
	4 过流部件	使水流以较小的水力损失、均匀轴对称地进入转轮，将水流的能量转化为转轮旋转的机械能，并将转轮出口处的水流平顺地引向下游，同时回收部分能量	4.1 压力钢管 4.2 蜗壳 4.3 座环 4.4 基础环 4.5 固定导叶 4.6 转轮 4.7 尾水管	（1）《水电站设备状态检修管理导则》（DL/T 1246—2013）； （2）《水轮发电机组安装技术规范》（GB/T 8564—2003）； （3）《混流式水泵水轮机基本技术条件》（GB/T 22581—2008）； （4）《水轮机基本技术条件》（GB/T 15468—2006）
	5 主轴	连接发电机轴，将水轮机的旋转机械能传递给发电机	5.1 水轮机轴 5.2 主轴密封 5.3 检修密封	（1）《水电站设备状态检修管理导则》（DL/T 1246—2013）； （2）《水轮发电机组安装技术规范》（GB/T 8564—2003）； （3）《混流式水泵水轮机基本技术条件》（GB/T 22581—2008）； （4）《水轮机基本技术条件》（GB/T 15468—2006）
	6 调速器	用来检测被控参数如转速、功率、水位、流量等，与给定量的偏差，并将其按照一定的特性转换成调速器主接力器行程偏差的装置，以达到调节机组负荷的目的	6.1 接力器 6.2 主配 6.3 压油装置	（1）《水电站设备状态检修管理导则》（DL/T 1246—2013）； （2）《水轮发电机组安装技术规范》（GB/T 8564—2003）； （3）《混流式水泵水轮机基本技术条件》（GB/T 22581—2008）； （4）《水轮机基本技术条件》（GB/T 15468—2006）
	7 供排水设备	为水导轴承冷却系统、工作密封提供稳定压力、流量、清洁的水流，防止水导轴承烧瓦、水淹顶盖	7.1 顶盖排水设备 7.2 冷却水供水设备	（1）《水电站设备状态检修管理导则》（DL/T 1246—2013）； （2）《水轮发电机组安装技术规范》（GB/T 8564—2003）； （3）《混流式水泵水轮机基本技术条件》（GB/T 22581—2008）； （4）《水轮机基本技术条件》（GB/T 15468—2006）
	8 进水口快速闸门	机组事故时可动水关闭，快速截断水流，机组正常运行时保持在全开位	8.1 压油装置 8.2 接力器 8.3 快速事故闸门门体	（1）《水电站设备状态检修管理导则》（DL/T 1246—2013）； （2）《水轮发电机组安装技术规范》（GB/T 8564—2003）； （3）《混流式水泵水轮机基本技术条件》（GB/T 22581—2008）； （4）《水轮机基本技术条件》（GB/T 15468—2006）

第三节 水电机组故障模式、影响与危害度分析模型

收集和系统梳理水力发电系统子系统、设备乃至发生在实际运行中所有可能发生的各类故障，使用 FMEA 分析方法，可形成系统的故障模式库和 FMEA 分析模型。

以 650MW 的水轮机中的导水机构为例，其 FMEA 分析如表 15-3 所示。

表 15-3   水导轴承 FMEA 分析

设备	部件	故障模式	故障原因	故障效应				风险等级	措施
				局部	特征	相邻	系统		
1 导水机构	1.1 底环	1.1.1 底环上表面磨损	导叶下端面间隙过小或下端面间隙内存在异物	导叶下端面与底环上表面异常磨损	导叶动作过程存在异常卡阻、抖动、声响、开度异常	1.3	运行时剪断销剪短将造成机组摆度、振动增大，停机过程中剪断销剪断将会造成机组事故停机	3	（1）加强专业组日常巡检深度，并做好缺陷记录、分析工作。（2）检修时测量导叶端面间隙，修磨高点，对不合格的数据进行调整，彻底清理导叶端面间隙
	1.2 控制环	1.2.1 抗磨板磨损、老化	抗磨板严重磨损或脱落。抗磨板使用年限大于厂家推荐使用年限	抗磨板断裂、抗磨面附近存在大量碎屑	控制环运行不畅，磨损严重时存在金属摩擦声	1.3	影响调速器系统对导叶开度的控制	3	（1）加强专业组日常巡检深度，并做好缺陷记录、分析工作。（2）检修时更换抗磨板并调整控制环水平度满足要求
	1.3 导叶	1.3.1 导叶动作卡涩、异常声响	导叶端面间隙过小或端面间隙内存在异物	导叶上、下端面分别与底环上表面、顶盖下表面抗磨板异常磨损	导叶动作过程存在异常卡阻、抖动、声响、开度异常	1.1、4.3	运行时剪断销剪短将造成机组摆度、振动增大，停机过程中剪断销剪断将会造成机组事故停机	3	（1）加强专业组日常巡检深度，并做好缺陷记录、分析工作。（2）检修时测量导叶端面间隙，修磨高点，对不合格的数据进行调整，彻底清理导叶端面间隙
		1.3.2 导叶轴套密封漏水	导叶轴套密封损坏	轴套密封破损	水流从导叶套筒处渗出	4.3	水淹顶盖，漏水使顶盖上机械部件锈蚀	3	（1）加强专业组日常巡检深度，并做好缺陷记录、分析工作。（2）检修时拆除导叶套筒，更换密封
		1.3.3 导叶全关时漏水量大	导叶立面间隙不合格	导叶全关时漏水量大	导叶全关时水机室内水流声大，导叶出水边气蚀严重	1.2	加剧导叶出水边间隙气蚀程度	3	（1）加强专业组日常巡检深度，并做好缺陷记录、分析工作。（2）检修时测量导叶立面间隙，对不合格的间隙进行调整

第十六章　水电机组 RCM 检修策略逻辑流程及体系

　　水电机组作为一个高度集成的能量转换系统，设计用于将水的动能高效且可靠地转换为电能。由于其运营涉及液压、机械和电气工程等多个学科，机组的稳定性和可靠性对电网供电质量和整体经济效益具有直接影响。在这一背景下，建立基于 RCM 的精细化决策流程体系，能够确保机组在复杂和多变的运营环境中实现最大的可用性和成本效益还能更好地适应电网需求和市场变化，从而实现更高的经济和社会价值。

　　本章将深入探讨基于 RCM 的水电机组策略逻辑体系，并重点讨论水电机组如何基于 RPN 分值开展故障模式策略分析以及维护策略制定的方法。本章旨在通过科学量化的方法合理优化维护周期和资源分配，从而提高整体运行效率和可靠性。

第一节　基于风险优先级的水电机组检修策略制定

　　针对上一章节中构建的水电机组 FMEA 库，对每一种已识别的失效模式从发生度（occurrence，O）、严重度（severity，S）、不可探测度（detection，D）三个维度进行量化评估，并综合这些因素计算各失效模式的风险优先数，并据此构建各故障模式风险等级及检修策略的对应关系。

1. 分析失效模式的原因及发生度。

　　专家组对每个失效模式的故障发生度（O）进行认定。对于水电机组，除了需要考虑火电机组中提到的设备工艺及安装情况、设备运行情况外（见第十一章），还需要考虑以下由于水电机组特殊环境因素对其造成的影响：

　　（1）水流情况。水流的季节性变化或突发性变化（如洪水）是否会影响失效模式的发生概率。

　　（2）水质因素。水中悬浮物、杂质或化学成分是否会影响设备的正常运行。

　　（3）远程地理位置。水电站通常位于偏远地区，是否因这一特点增加了发生概率（比如维护不及时等）。

　　在实际应用中，水电机组的失效模式发生度（O 值）可以灵活地根据实际情况和经验进行评定。使用 1～4 的量值来表示故障发生的概率，数字越高，表示故障发生的可能性越大。表 16-1 表示了以水轮机组导水机构为例的一种发生度分级方式。

表 16-1　　　　　　　　　　　　　　　发生度分级

O 值	发生概率	描述
1	基本不存在	在设备寿命周期内，故障在相似的设备中未出现，或出现周期不超过 8～10 年
2	罕有的	在类似设备或现有设备中，故障的发生比较罕见；或出现周期（5～7）年；或部件应用了新技术，在理论上可以确信避免故障，但无类似设备运行的经验
3	偶然的	偶然出现在类似、正在运行的设备中，或故障与季节性水流或特殊水质事件相关，2～4 年频次
4	频繁的	类似或现有设备故障频繁发生，或故障与常规水流或水质问题紧密相关，频次 2 年以下

2. 分析失效模式的影响及严重度

对于水电机组，失效模式及其后果的影响分析需要考虑水电特有的操作环境和风险因素。下面分别从局部影响、相邻单元的影响和对系统最终影响 3 个维度进行分析。在对每个失效模式的严重度（S）进行认定时，可灵活使用以下评估原则：

（1）若是关键设备，建议从系统层面判定后果严重度。

（2）若非关键设备，建议从设备本身层面评估后果严重度。

（3）从相关标准、组织本身等准则来源进行评估。

（4）从安全影响、生产影响、经济影响、环境影响、社会影响和可接受的风险水平等维度综合评估，具体来讲，可包括：

1）安全影响。失效模式是否会对安全造成影响？如果失效模式可能导致坝体失效或水位过高，直接影响到下游社区的生命财产安全，那么 S 值应该较高。

2）生产影响。失效模式是否会对生产造成影响？如果失效模式会削弱电站的电力生产能力和水资源管理，从而直接影响电力供应和水库的多用途价值，那么 S 值应该较高。

3）经济影响。失效模式是否会对公司造成经济损失？如果失效模式会对电站或公司造成巨大经济损失，包括直接的修复成本和间接的机会成本（例如由于失效导致的电力交易损失），那么 S 值应该较高。

4）环境影响。失效模式是否会对环境造成影响？如果失效模式可能导致水质变差、生态系统受损或土壤侵蚀，那么 S 值应该较高。

5）社会影响。失效模式是否会对社会造成影响？鉴于水电机组受制于水电航运、发电、灌溉等复杂的调度模式，需要考虑失效模式是否引发社会不满，比如导致供水短缺或影响农业灌溉，那么 S 值应该较高。

6）可接受的风险水平。在某些情况下，即使失效模式可能会对人员、生产、经济或环境造成一定程度的影响，但仍可能被认为是可以接受的风险水平。在这种情况下，S 值应该相应较低。

由于水电机组具有其独特的操作环境和风险因素，比如可能涉及大规模的水体、生态环境影响，甚至跨国水资源。在实际使用中，可以根据具体情况灵活地考虑这些因素进行划分。使用 1～5 的数字值表来定量 S 值，其中 1 表示"轻微影响"，5 表示"灾难性影响"。一种严重度分级示例如表 16-2 所示。

表 16-2　　　　　　　　　　　　　　　严重度分级

S 值	严重性	描述
1	轻微	轻度影响机组效率或电力输出，但不影响人员安全、水资源管理或电力供应
2	轻度	影响机组的部分功能，如冷却系统失效，潜在影响到电站的部分运行，但不会影响到电力供应或安全。可能需要暂停操作进行维修，但不紧急
3	中度	对电站运行有明显影响，可能需要紧急维修。不直接影响人员安全，但可能影响电力供应或水资源管理
4	重度	对电站运行有严重影响，并可能需要立即停机进行紧急维修。可能对人员安全构成威胁，或有潜在环境影响（如水质问题）
5	灾难性	有直接威胁到人员安全或可能导致坝体破裂、环境破坏。需立即停机和紧急干预。可能引发灾难性后果，如大规模人员伤亡、环境污染和电力系统崩溃

3. 分析失效控制措施及探测难度

在对各项故障模式就使用、设计方面采取的用以消除或减轻故障影响的补偿措施及可探测措施进行评估时，可根据以下内容进行划分：

（1）探测故障的方法。是否需要特殊工具或设备〔如是否利用在线传感器（如电涡流传感器）对关键测点信息（如轴摆度）进行实施测量，所安装探测性工具和设备的合理性（如由于水电机组相比于火电机组额定转速更低，且受到现场电磁干扰、温湿度变化影响传感器种类及安装位置的选择）〕，是否需要拆卸设备等。

（2）故障的可见性。是否容易观察到故障的发生，是否需要特殊的检查方法。

（3）修复故障的难易程度。是否需要专业技能，是否需要拆卸设备，是否需要更换部件等。

在实际使用中，可以根据具体情况灵活地考虑其他因素并结合经验进行划分。通常使用 1～5 的数字量值来划分 D 值，数字越高表示影响越严重。表 16-3 为水电机组不可探测度分级方法。

表 16-3　　　　　　　　　　　　　　　不可探测度分级表

D 值	探测难度	描述
1	极容易	通过常规监控和自动化系统，如嵌入式传感器和水质监测，失效模式或原因容易被识别（例如，外在表现，即震动、异常声音、水位变化等）
2	容易	失效原因或模式可以通过运行人员的日常检查和一般仪表板识别（例如，压力下降、电流异常等）
3	一般	虽然大多数失效模式是可探测的，但可能需要定期由维修人员使用专用设备进行检查（例如，内部腐蚀、机械疲劳等）
4	困难	失效模式可能很难探测，需依赖专业人员和高级诊断设备，可能还需要定期的停机维护（例如，液压系统内部泄漏、微小裂纹等）
5	极困难	有些失效模式几乎无法在其发生时被探测到，即便使用了最先进的检测技术（例如，长期材料疲劳导致的突然断裂）

4. 发生失效的风险系数计算

采用风险优先数（RPN）作为评估失效风险的量化指标，其数值为故障模式的严重度（S）、故障模式的发生度（O）和故障模式的不可探测度（D）的乘积，即

$$RPN = S \times O \times D$$

式中　S——严重度，即一种故障模式对系统或用户的影响严重程度；

　　　O——发生度，即一种故障模式在预先确定或预定的时间段内发生的频率；

　　　D——不可探测度，即在系统或用户受影响前识别和消除故障的估计概率。

5. 故障模式风险等级计算

与火电机组类似，对于各故障模式风险按照风险系数的大小进行划分，RPN 值经过计算后应该在 1～100 的区间，划分方式见表 16-4。

表 16-4　　　　　　　　　　　　　RPN 与风险等级

RPN 分值	风险等级
<10	1 级，低风险
10～19	2 级，中低风险
20～39	3 级，中风险
40～59	4 级，中高风险
>60	5 级，高风险

针对水电机组的 RCM 检修策略，一般可以根据 RPN 值的大小划分不同的风险等级，并采取相应的检修策略。RPN 分数与风险等级、检修策略的对应关系如表 16-5 所示。

表 16-5　　　　　　　　　　　　　检修策略

RPN 分值	风险等级	检修策略
<10	1 级，低风险	风险大小及影响可以接受，可以以事后检修为主
10～19	2 级，中低风险	可考虑采取状态检修，通过对设备状态进行监测与评估保证设备的高可靠性运行
20～39	3 级，中风险	需要采取定期的预防性维护措施，例如定期更换易损件，进行液压油的更换、水质检测、清洗过滤器等。同时，可以考虑实施一些在线状态监测和故障预警措施，以提高故障的可预见性
40～59	4 级，中高风险	可以采取定期检修的方式进行维护。例如，年度或半年度全面检修，个别系统可能需要部分更换或大修
>60	5 级，高风险	需要采取全面的 RCM 检修策略，包括定期对设备进行完整的检修、更换和校准。可以采用先进的检测和诊断技术，以提高检修的效率和准确性。此外，还需要考虑增加备用设备或增强备件库存，以降低突发故障的影响。必要时可采取改进性检修

根据以上 RPN 风险分级标准，针对水电机组不同故障模式制定相应的检修策略和优先级，对于 3 级及以上风险等级的故障模式，分析 RPN 的计算过程中造成风险较大的主要原因，确定降低风险的方法及可采取的措施如下：

（1）对于严重度较高的故障模式。主要从系统及设备可靠性提升，即安全裕度提升

的思路降低故障模式 *S*，例如，针对水质引发的腐蚀问题，可以升级设备材料或定期进行水质处理。或通过缩短检修频次、增加维护保养等工作保证严重度可以控制在较低水平。

（2）对于发生度较高的故障模式。可以通过日常维护、增加在线监测系统、改进性检修等方式降低故障的发生度。

（3）对于探测难度较高的故障模式。主要通过增加巡检频次、针对性优化状态监测的内容、标准、方法、周期等手段，或者升级在线监测系统来提高故障探测的准确性。对于水电机组，可能需要更高级的振动分析和声学监测技术。

第二节　水电机组检修策略制定应用

基于此，针对水电机组水轮机系统进行 *RPN* 值的评分及计算实例，如表 16-6 所示。

表 16-6　　　　　　　　　　　　水轮机系统故障模式风险等级措施

设备	部件	故障模式	风险等级	措施
1 导水机构	1.1 底环	1.1.1 底环上表面磨损	3级，中风险	（1）加强专业组日常巡检深度，并做好缺陷记录、分析工作。 （2）检修时测量导叶端面间隙，修磨高点，对不合格的数据进行调整，彻底清理导叶端面间隙
	1.2 控制环	1.2.1 抗磨板磨损、老化	3级，中风险	（1）加强专业组日常巡检深度，并做好缺陷记录、分析工作。 （2）检修时更换抗磨板并调整控制环水平度满足要求
	1.3 导叶	1.3.1 导叶动作卡涩、异常声响	3级，中风险	（1）加强专业组日常巡检深度，并做好缺陷记录、分析工作。 （2）检修时测量导叶端面间隙，修磨高点，对不合格的数据进行调整，彻底清理导叶端面间隙
		1.3.2 导叶轴套密封漏水	3级，中风险	（1）加强专业组日常巡检深度，并做好缺陷记录、分析工作。 （2）检修时拆除导叶套筒，更换密封
		1.3.3 导叶全关时漏水量大	3级，中风险	（1）加强专业组日常巡检深度，并做好缺陷记录、分析工作。 （2）检修时测量导叶立面间隙，对不合格的间隙进行调整
2 筒阀系统	2.1 筒阀本体	2.1.1 筒阀全关时漏水量大	3级，中风险	（1）加强专业组日常巡检深度，并做好缺陷记录、分析工作。 （2）检修时检查筒阀上、下密封损坏情况以及上、下密封压板和压板螺栓缺失情况，对损坏的部件进行更换，压板螺栓头处应全部涂抹环氧树脂进行封堵
	2.2 各管路、阀组、接力器、过滤器	2.2.1 管路接头、焊缝处漏油	2级，中低风险	（1）加强专业组日常巡检深度，发现渗漏缺陷及时处理并分析缺陷原因。 （2）对于振动较大的管路，日常巡检时应对管夹进行检查，检修时进行全面检查。 （3）严格按照施工方案开展焊接工作，严控焊接质量，确保焊缝无砂眼、裂纹等缺陷

续表

设备	部件	故障模式	风险等级	措施
2 筒阀系统	2.2 各管路、阀组、接力器、过滤器	2.2.2 阀组卡涩	3级，中风险	（1）每季度对回油箱进行取油化验，若水量、颗粒度超标则需对回油箱内透平油进行过滤。（2）检修时对电磁阀、液控阀进行解体检查，修复锈蚀部位，并做阀芯灵活性测试
		2.2.3 接力器行程不一致	3级，中风险	（1）加强专业组日常巡检深度，并做好缺陷记录、分析工作。（2）检修时对筒阀接力器活塞密封进行检查、更换
		2.2.4 过滤器堵塞	2级，中低风险	（1）加强专业组日常巡检深度，并做好缺陷记录、分析工作，定期开展油路切换。（2）每季度对回油箱进行取油化验，若水量、颗粒度超标则需对回油箱内透平油进行过滤。（3）每年结合检修对过滤器滤芯进行更换
	2.3 压力油罐、回油箱	2.3.1 压力油罐失压或超压	3级，中风险	（1）加强专业组日常巡检深度，并做好缺陷记录、分析工作。（2）结合检修对压力油罐自动补气阀进行解体检修。（3）每年对压力油罐安全阀进行校验
		2.3.2 压力油罐进人门螺栓断裂	3级，中风险	结合检修对压力油罐进人门螺栓进行探伤检查，更换不合格螺栓，并做好螺栓更换台账记录
		2.3.3 压力油罐或回油箱泄漏	3级，中风险	（1）加强专业组日常巡检深度，并做好缺陷记录、分析工作。（2）按照特种设备相关管理要求定期对压力油罐进行检验，对发现的缺陷及时处理。（3）利用检修对压力油罐、回油箱结构焊缝进行宏观检查，重点对渗漏部位进行探伤检查、处理
	2.4 油泵、电机	2.4.1 油泵、电机运行时噪声大	2级，中低风险	（1）加强专业组日常巡检深度，并做好缺陷记录、分析工作。（2）回油箱液位低于油泵吸油口时及时补油，并重新调高回油箱液位低报警定值
	2.5 同步分流器	2.5.1 同步分流器运行时噪声大、震动大	3级，中风险	修后充油建压时，压力油罐压力不得超过0.5MPa，并通过测压管对管路进行彻底排气
	2.6 机械过速装置	2.6.1 机械过速装置异常动作	4级，中高风险	（1）机械过速装置应定期检验，并建立定检台账。（2）检修时调整机械过速与飞摆之间间隙至合理范围，并对过速装置及飞摆固定螺栓进行紧固性检查
	2.7 压力油罐供气系统	2.7.1 管路接头、焊缝漏气	2级，中低风险	（1）加强专业组日常巡检深度，发现渗漏缺陷及时处理并分析缺陷原因。（2）对于振动较大的管路，日常巡检时应对管夹进行检查，检修时进行全面检查。（3）严格按照施工方案开展焊接工作，严控焊接质量，确保焊缝无砂眼、裂纹等缺陷
3 水导轴承	3.1 轴承油槽	3.1.1 油槽渗漏	3级，中风险	（1）加强专业组日常巡检深度，发现渗漏缺陷及时处理并分析缺陷原因。（2）严格按照施工方案开展焊接工作，严控焊接质量，确保焊缝无砂眼、裂纹等缺陷。（3）油槽密封不应超过使用年限，应结合机组大修进行更换

设备	部件	故障模式	风险等级	措施
3　水导轴承	3.2　水导冷却系统	3.2.1　冷却器堵塞	2级，中低风险	（1）加强专业组日常巡检深度，发现渗漏缺陷及时处理并分析缺陷原因。 （2）结合检修对技术供水滤水器进行检修，保证滤水效果。对冷却器进行开盖检查，清洁换热管
		3.2.2　冷却器泄漏	3级，中风险	（1）加强专业组日常巡检深度，发现渗漏缺陷及时处理并分析缺陷原因。 （2）冷却器达到厂家使用年限后应进行更换
	3.3　水导轴承摆度监测系统	3.3.1　摆度传感器损坏	2级，中低风险	每年检修对传感器及端子接线进行检查，确保设备安全可靠
	3.4　水导轴瓦	3.4.1　水导轴瓦瓦温升高	3级，中风险	检修对时测量轴瓦间隙值，对不合格的间隙进行重新分配

第十七章　水电机组 RCM 应用效果评估及优化

与火电机组相比，水电机组运营不仅需要考虑机械设备的可靠性和效率，还需要兼顾考虑水资源的可用性，季节性流量波动，以及社会经济和环境因素等。因此，RCM 在水电机组的维护管理中具有特殊的重要性，其综合和全面的管理策略能够为运维工作提供强有力的保障。

本章旨在深入探讨 RCM 在水电机组运维中的实际应用和成效，并介绍一套专为水电机组定制的性能指标和评估方法（这些工具旨在量化 RCM 的实际效益，并为其进一步的优化提供依据）。此外，本章还将提出一系列针对水电机组特性的 RCM 改进和优化方案，以期实现水电机组运营的最优化。

综上所述，本章旨在为水电机组的 RCM 运维效果评估和优化构建一个全面、科学和实用的框架，用于衡量和优化水电机组在实施 RCM 后的运维表现，并通过持续的评估和反馈机制，期望推动水电机组的维护管理朝着更具战略意义和可持续性的方向发展。

第一节　水电机组 RCM 实施效果评估

在针对水电机组开展 RCM 实施效果评估时，仍然保留了与火电机组相同的核心维度，如设备综合状态评价、设备可靠性、设备经济性等，因为这些维度是发电行业的通用关注点，也与第十二章提到的 RCM 预期效果一致。然而，由于水电机组具有特殊的运营环境和设备特性，如依赖于水流和可能对水体生态系统产生更大影响，因此对某些指标进行了调整或添加以更准确地反映水电机组的特定需求和挑战，并描述如下：

（1）在设备可靠性方面。水质问题（如泥沙含量）可能会影响设备的可靠性，新增了"水质影响"的指标。通过设备因水质问题导致的故障次数与总故障次数的比例来衡量的，其计算式为

$$水质影响指数 = \frac{设备故障次数由于水质问题}{总设备故障次数} \times 100\%$$

（2）在设备经济性方面。引入了"水源管理成本"这一新指标，包括水库维护和水质监测的成本，以更全面地反映水电机组的运营成本。其计算式为

$$水源管理成本 = 水库维护成本 + 水质监测成本$$

（3）在其他指标方面。在团队协作中添加了"环境影响响应时间"这一指标，用以

衡量团队对可能影响水体生态系统的事件的响应速度。该指标是通过平均响应时间（h）来计算的。其计算式为

$$环境影响响应时间 = 平均响应时间（h）$$

这些调整和新增的指标在第十二章讨论指标结果基础上，还考虑了水电机组在水源管理、环境影响以及设备特性方面的特定需求和挑战，从而更准确地评估水电机组的 RCM 实施效果。

第二节　水电机组 RCM 实施改进与优化

类似于火电机组，在综合评估后，如果发现水电机组的 RCM 实施效果未达到预期，需要从以下几个方面进行特别关注和优化改进。

（1）如果前期的 RCM 效果评价在数据管理方面显示不足，尤其是在水电机组的特定环境下，则需要进行优化。当前的数据管理系统应不仅覆盖机械设备状态，还需全面考虑水流、水位和水质等关键因素，因而其优化措施应包括实施多维度监控，建立全面的数据存储系统，促进跨部门数据整合，以及实现综合数据驱动的决策支持等。同时，针对水电机组的特殊性，如水流的不确定性和水轮发电机的特殊机械结构，RCM 需要特别关注水力学参数和机械耐久性的监测及分析，同时在提升设备重要程度分级的精确性方面，需要更加强调对水流动力学影响的评估和对水轮机机械部件的精确监控。例如，可以通过分析水流速度、流量及其对水轮机叶片磨损的影响来优化维护策略。

（2）在故障模式库的覆盖率和精度方面，由于水电站的自然环境因素，如洪水、泥石流等极端天气条件的影响，需要将这些特殊因素纳入故障模式分析中。这不仅包括了对设备自身故障模式的分析，还包括了对环境因素影响的评估。例如，通过增加对极端天气条件下水电站设备表现的监控和分析，可以有效提高故障预测的准确性和及时性。

（3）在设备状态监测方面，特别强调对水轮发电机和大坝结构的完整性监测。利用先进的监测技术，如声学监测、振动分析和结构健康监测系统，可以更有效地识别潜在的结构性问题。此外，考虑到水电站的环境敏感性，环境监测（如水质监测、鱼类迁徙路径监测）也是水电机组 RCM 中不可或缺的一部分。

（4）在提高设备检修决策的准确性方面，由于水电机组的特殊运行模式和环境影响，预测性维护策略应更多地侧重于水力设备的季节性调整和应对极端天气事件的准备。例如，根据降雨量和水位变化预测性地调整维护计划，以适应季节性运行模式的变化。因此，对于水电机组，维护计划需要特别考虑水质、水流和季节性因素等。如果现有的维护计划未能有效地处理这些特定问题，那么需要进行优化，同时维护计划还应与生产计划紧密结合，以最小化停机时间和生产损失。

综合以上因素，RCM 的实施在水电机组中不仅能带来即时的效益（如成本降低和效率提升），还能为水电厂的长期战略规划和可持续发展提供坚实的基础，因此，RCM 在水电机组具有极高的市场价值和广泛的应用前景。

第四篇
RCM 前瞻性思考

● 第十八章　RCM 发展与展望

第十八章　RCM 发展与展望

在前述章节中，本书详尽探讨了 RCM 的理论基础、发展历程、火电与水电行业应用实践，以及关键技术和管理体系配套建设的策略和方法，为读者提供了一套全面的 RCM 知识架构和实施指南。

本章节则重点聚焦对 RCM 发展方向和未来展望的探讨，旨在从更宏观的角度深入审视 RCM 在电力及其他关键行业中应对新技术挑战与抓住转型机遇发挥的作用。另外，重点考察了新型技术对 RCM 实践的影响、数字化转型如何促进 RCM 策略的创新应用，以及 RCM 在新能源领域的潜在应用价值，为 RCM 的未来发展路径提供了前瞻性的思考和分析。

第一节　RCM 发展方向

2022 年 4 月 16 日，国家发展和改革委员会令第 50 号公布《电力可靠性管理办法（暂行）》，强调电力可靠性管理工作要始终坚持以习近平新时代中国特色社会主义思想为指引，贯彻落实构建新型电力系统、建设能源强国、实现碳达峰、碳中和等党中央国务院决策部署，服务国家能源安全总体部署，坚持问题导向，精准发力，进一步完善工作体系、监管体系和保障措施，全力维护电力的可靠供应和系统的稳定运行，促进电力工业高质量发展。

2022 年 7 月以来，为贯彻落实《电力可靠性管理办法（暂行）》（国家发展和改革委员会令第 50 号），推动提升电力设备安全性和可靠性，国家能源局牵头成立 RCM 策略研究工作专班，组织电力企业探索开展 RCM 策略试点工作。试点取得积极成效，RCM 作为一种较为成熟的设备运行检修方法可以积极适应新型电力系统发展需求，推动可靠性管理工作向电力设备全寿命周期管理延伸。

2023 年 5 月以来，国家能源局为贯彻落实党中央、国务院相关战略部署，以"优化检修策略，提升电力设备全寿命周期可靠性"为主题，开启以可靠性为中心的电力设备检修（以下简称 RCM）策略研究第二批试点项目，鼓励和引导电力企业、电力设备制造企业更加广泛地采用最优混合检修方式，提升电力设备可靠性管理水平，保障电力系统安全稳定运行和电力可靠供应。

为深入贯彻革新电力可靠性管理理念和手段，进一步提高可靠性数据的准确性、及时性、完整性，深化可靠性数据应用。2023 年 9 月 1 日，国家能源局发布"加强电力可靠性数据治理深化可靠性数据应用发展"通知（国能发安全〔2023〕58 号），强调要优化电力可靠性评价体系，推动发电可靠性动态评价。发电企业要按照设备类型、生产厂家、产品型号、装机容量等细分归类，加强对非计划停运事件的技术分析，定期评估影响机组可靠性的风险因素，及时掌握设备状态、特性和运行规律，建立动态优化的设备运行、检修和缺陷管理评价体系。同时，要深化电力可靠性数据信息应用，积极稳妥推进可靠性信息应用与推广。以电力可靠性多元化应用、差异化管理、实用化评价为导向，坚持试点先行、科学验证、以点带面、有序推广，聚焦行业需求，找准应用场景，积极推广以可靠性为中心的电力设备检修（RCM）模式，统筹考虑安全、可靠、经济等因素，提升检修质效，到 2024 年，RCM 试点项目覆盖发电、输变电（含直流）、供电领域主要设备。探索新型电力系统可靠性、低压供电可靠性、用户可靠性等领域试点示范工作，实现电力可靠性管理向多元负荷用户和终端用户延伸，促进电力可靠性高质量发展。

推广 RCM 研究成果是国家能源局电力安全监管重点任务之一，也是提升设备可靠性水平的重要手段。国家能源局鼓励电力行业要积极参与相关工作，通过 RCM 引导企业科学制定设备检修策略，深入总结 RCM 试点典型经验，安排部署 RCM 成果推广应用工作，让试点项目成果更有效地推出去、用起来、见成效。未来将加强宣传引导力度，扩大 RCM 应用覆盖范围，开展规模化应用流程，推动 RCM 标准体系建设，建立 RCM 专家库，开展 RCM 专业人才培养，并筹划建设行业内部技术交流平台，进一步优化检修资金和时间安排、压减运行维护成本、积累设备管理经验和提升可靠性管理水平。各大电力集团积极响应国家能源局的号召，先后启动了集团内 RCM 分步推广实施计划，以实际行动践行对提升能源效率及确保电力可靠性的重大承诺。可以预见，在不远的将来，以可靠性为中心的检修将在电力行业内得到大规模应用，为整个行业带来深远的变革。

第二节　RCM 未来展望

一、新型技术在 RCM 中的应用与挑战

以可靠性为中心的检修理论从 20 世纪 70 年代首先在民航领域开始发展起来，到 80 年代已经广泛应用于许多工业领域，包括电力工业，迅速成为设备维修管理的一种基本策略体系。RCM 方面的研究和新型技术的发展主要体现在两方面，RCM 在不同行业的应用研究和 RCM 的方法研究。

1. RCM 在不同分支方向的应用研究

RCM 起源于美国民航领域，经过多年的发展得到了不断的完善。RCM 技术适用于

不同的对象，在电力设备、核电、石化、机械加工领域都有应用。Park G P[77]的论文主要对系统维修中的组合爆炸问题给出了解决办法。Ghorani R[78]研究了一种新颖的方法，将 RCM 应用在复合发电和输电系统中，识别关键部件以便更集中的维护管理、临界评估，关注组件故障发生的可能性和基于成本的后果。Abbasghorbani M[79]着重研究了基于 RCM 的电力断路器维修规划，提出了一种三阶段过程，对断路器的重要性进行准确评估。Adoghe A U[80]基于一个定量的统计分析故障数据提出了一种增强的 RCM 方法。Jagannath D[81]提出了一个通用框架用于风力发电机维护计划的制定，通过概率模型来描述维护活动，然后制定一个统一的维护优化平台以获得最优维护策略。Igba J[82]提议将系统思维的方法应用于风力发电机齿轮箱的维护，以降低维修成本。Zhao H[83]针对维护风力发电机的关键部件的故障可能导致固定维护成本高的问题，提出一种新的维修策略，以便获得最低的维护成本。Vilayphonh O 等人[84]提出了以可靠性为中心的检修理论的变电站检修维护工作中的实施应用。Lazecky D 等人[85]提出了将可靠性为中心的维修理论如何固化应用到相应预防性检修软件中应用。Yuniarto H A 等人[86]开展了针对地热电站的以可靠性为中心的检修方法研究。Fonseca I[87]提出了基于状态维修的风力发电机组维修策略。Sarbjeet Singh 等人[88]提出了基于在线监测的 RCM 方法的风力发电机组齿轮箱的故障维修方法。Katharina Fischer 等人[61]针对风力发电机组齿轮箱提出了基于风力发电机组实际数据分析和实际运行经验的 RCM 维修方法。

2. RCM 的方法研究

近几年，针对 RCM 理论研究一直持续开展，对 RCM 理论进行深入拓展和研究，并将优化拓展后的 RCM 理论进行尝试应用。Reder W 等[89]将 RCM 技术运用于管理地下电缆的分布。Li D[90]在 RCM 的基础上提出一种新的维修方式 RM（彻底维修），并研究了在传统 RCM 中使用 RM 以便达到合理分配维护资源，并提高维修质量的目的。Pourahmadi F 等人[91]提出了基于博弈论的以可靠性为中心的检修在电力系统中的应用。Gania I P 等人[92]提出了 RCM 在生产和服务类企业应用的方法。Umamaheswari E 等人[93]提出了基于随机模型的蚂蚁算法在以可靠性为中心的预防性维修理论在发电机检修计划中的应用。Joel Igba 等人[62]针对风力发电机组齿轮箱提出了基于系统法的 RCM 维修策略。

二、RCM 与数字化转型的结合及前景

数字化和智能化的发展和应用，带动了电力系统的改革，以可靠性为中心的检修（RCM）技术也从中获得了新的动力，RCM 软件平台和数字化产品技术也随之诞生。

例如，Aladon 公司的 RCM3 软件，在了解每项资产对组织运营的重要性后，可以确定要应用于每项资产的维护策略。对于那些对运营影响重大的资产，采用 RCM3[TM]方法显得尤为重要。RCM3 流程可通过细致分析每项资产的关键因素，例如输出、吞吐量、速度、范围和承载能力等，定义用户在风险（安全和环境完整性）、质量（精度、准确性、一致性和稳定性）、控制、舒适性、遏制性、经济性、客户服务等方面的需求，有针对性地进行 FMECA（故障模式、影响和危害度分析），以合理识别可能导致每个故障状态的

所有事件。RCM3 侧重于保留资产或系统功能，同时降低或消除物理和经济风险。通过 RCM3 进行物理资产管理也构成了成功实现管理、维护、运营和工程文化变革的框架，可实现更高的安全性和环境完整性、更高的运营性能和盈利能力、更高的维护成本效益以及更长的物理资产使用寿命。

目前，国内也有不少行业针对目标需求和特定情况开展 RCM 的软件平台开发，例如苏州院设备管理团队面对核电行业开发了将 RtCM 分析流程软件、维修模板数据库以及 PM 定量化分析模块集于一体的 RtCM 分析与应用平台软件，针对原 RCM 分析方法过于依赖分析人员经验，以及缺乏定量化分析的问题，进行了分析流程改进、知识库引入、定量模型引入的改进。华能集团清洁能源技术研究院的 RCM 数字化平台，通过引入关键部件寿命曲线建模、可靠性指标自动计算、风险评估模型动态修正等技术，实现对设备功能结构划分、故障模式及影响分析、风险等级动态评估、检修逻辑决策分析等模块的集成，从而深入指导电厂 RCM 检修流程的全面开展等。

未来随着大数据、机器学习、边缘计算等数字化技术的进一步发展和普及，数据计算和处理将会更加迅速和高效，RCM 数据库将会实现动态积累和迭代，从而使维护决策更加精确和及时。与此同时，数字化技术能够助力 RCM 提供更加定制化和个性化的维护解决方案，适应不同设备和运营环境的具体需求，大大提高维护策略的有效性和资源利用率。

三、RCM 在新能源行业中的应用潜力

在"十四五"计划和碳达峰、碳中和的目标下，为推动新能源成为电力供应主体，构建新型电力系统，新能源将成为增量主体，将占据中国更大的装机比例和发电比例。提高新能源发电设备的可靠稳定，保障新能源发电系统的稳定经济运行，对提高绿色电能替代、确保新能源安全供应具有重要意义。与火力发电和水力发电相比，新能源发展实践的时间较短，而且对设备全寿命周期和疲劳损耗的经验较少。而 RCM 运用风险分析理论能从战略层面全面的梳理设备故障，通过系统地组织专家研究、系统地梳理家族性缺陷、系统地分析设备故障概率及影响，为保障设备可靠性提供有力支撑。目前，RCM 除了在风电领域部分设备有学术理论研究外，在光伏领域、氢能领域、储能领域等新能源及新能源相关领域都处于空白阶段，具有极大的发展空间和重大意义。

附　录

附 录 A-1　锅炉系统重要设备故障模式库

一、锅炉本体故障模式及影响分析

设备	部件	故障模式	故障原因	故障效应				风险等级	措施
				局部	特征	相邻	系统		
锅炉本体	1 喷口以下水冷壁	1.1 短期过热	1.1.1 基建遗留杂物或未吹扫彻底	局部向火侧爆口	边缘明显减薄	2.1	威胁燃烧	1	加强检修或安装的工艺纪律
			1.1.2 检修遗留劣质易溶纸或清洁度管控不到位，杂物遗留	局部向火侧爆口	边缘明显减薄	2.1	威胁燃烧	1	加强检修或安装的工艺纪律，特别需加强清洁度全过程管控
		1.2 长期超温	1.2.1 基建遗留杂物或未吹扫彻底	局部向火侧爆口	边缘粗糙	2.2	威胁燃烧	2	加强检修或安装的工艺纪律，胀粗检查
			1.2.2 检修遗留劣质纸或易溶纸	局部向火侧爆口	边缘粗糙	2.2	威胁燃烧	2	加强检修或安装的工艺纪律，胀粗检查及超温管射线检测节流孔圈、炉内弯头
		1.3 炉内飞灰	掉大焦冲击斜坡水冷壁	斜坡水冷壁正面斜向上	损伤性凹坑	2.3	—	3	加强四管检查、泄漏监测
		1.4 内壁腐蚀	化学水处理不合格	氢脆爆管	腐蚀性减薄砂眼	2.5	全水冷壁垢下腐蚀	1	加强水质管理、泄漏监测
		1.5 焊接缺陷	鳍片焊接损伤	冷灰斗前后墙与左右墙角搭接处	拉裂	2.8	拉裂母材泄漏威胁燃烧	3	加强检查、泄漏监测

续表

设备	部件	故障模式	故障原因	故障效应				风险等级	措施
				局部	特征	相邻	系统		
锅炉本体	1 喷口以下水冷壁	1.6 材料缺陷	裂纹或砂眼	局部爆口	微小泄漏	2.9	裂纹泄漏不可控、威胁机组安全运行	2	加强进货验收和供货方管理、泄漏监测
	2 喷口以上水冷壁	2.1 短期过热	2.1.1 基建遗留杂物或溶纸或未吹扫彻底	局部向火侧爆口	边缘明显减薄	3.1	威胁燃烧	2	加强检修或安装的工艺纪律
			2.1.2 检修或溶纸易溶纸或清洁度控不到位，杂物遗留	局部向火侧爆口	边缘明显减薄	3.1	威胁燃烧	2	加强检修或安装的工艺纪律
		2.2 长期超温	2.2.1 基建遗留杂物或未吹扫彻底	局部向火侧爆口	边缘粗糙	3.2	威胁燃烧	3	加强检修、胀粗检查
			2.2.2 检修遗留劣质易溶纸或清洁度控不到位，杂物遗留	局部向火侧爆口	边缘粗糙	3.2	威胁燃烧	3	加强检修、胀粗检查及超温管射线检测节流孔圈、炉内下弯头
		2.3 炉内飞灰	2.3.1 一、二次风带粉，同时喷口损环或安装不到位。吹损喷口附近水冷壁	局部磨损	减薄	3.3	威胁燃烧	4	逢停必查
			2.3.2 手孔及灭火元件带漏风	局部磨损	减薄	3.3	威胁燃烧	4	逢停必查
		2.4 吹灰磨损	蒸汽带水、枪口位置调整不当	局部冲刷	成片减薄	3.4	爆口大、影响燃烧、影响水位	4	重点检查，做热喷防磨涂层
		2.5 管内壁腐蚀	化学水处理不合格	氢脆爆管	腐蚀性减薄砂眼	3.5	全水冷壁垢下腐蚀	1	加强水质管理及割管取样分析
		2.6 烟气侧腐蚀	结焦、高温腐蚀	片状腐蚀	块状脱落	3.6	爆口小、发展快	4	防止高温区域结焦

设备	部件	故障模式	故障原因	故障效应				风险等级	措施
				局部	特征	相邻	系统		
锅炉本体	2 喷口以上水冷壁	2.7 热疲劳	焊接残留应力	焊缝砂眼	针眼状	一	微裂纹	3	热影响区域γ源拍片检查
		2.8 焊接缺陷	鳍片焊接咬边严重	裂纹	针眼状	3.7	微裂纹	3	检修监督检查、泄漏监测
		2.9 材料缺陷	小厂生产、壁厚不均、组织不均	分层或开裂	纵向裂纹	3.8	不确定性较大、纵向裂纹发展很快	2	严把入厂关、泄漏监测
		3.1 短期过热	3.1.1 基建遗留杂物或未吹扫彻底	局部向火侧爆口	边缘明显减薄	1.1	影响水质和空气预热器积灰	1	加强检修安装的工艺纪律
			3.1.2 检修遗留劣质易溶纸或清洁度安装不到位、杂物遗留	局部向火侧爆口	边缘明显减薄	1.1	影响水质和空气预热器积灰	1	加强检修安装的工艺纪律，特别需加强清洁度全过程管控
		3.2 长期超温	3.2.1 基建遗留杂物或未吹扫彻底	局部向火侧爆口	边缘粗糙	1.2	影响水质和空气预热器积灰	1	加强检修安装的工艺纪律，服役检查
			3.2.2 检修遗留劣质易溶纸	局部向火侧爆口	边缘粗糙	1.2	影响水质和空气预热器积灰	1	加强检修安装的工艺纪律，服役检查
	3 折烟角及包墙水冷壁	3.3 炉内飞灰	3.3.1 侧墙烟气走廊	局部磨损	减薄焊管	1.3	影响水质和空气预热器积灰	5	逢停必查
			3.3.2 手孔及热工元件处漏风	局部磨损	减薄焊管	1.3	影响水质和空气预热器积灰	4	逢停必查
			3.3.3 拉稀管弯头烟气走廊	局部磨损	减薄焊管	1.3	影响水质和空气预热器积灰	4	逢停必查
			3.3.4 后包前墙与管煤器密封处	局部磨损	减薄焊管	1.3	影响水质和空气预热器积灰	5	逢停必查
		3.4 吹灰磨损	斜坡水冷壁积灰如吹喷砂，加上吹灰喷口停留时间长	中部灰飞磨损	减薄焊管	2.4	影响水质和空气预热器积灰	5	逢停必查

设备	部件	故障模式	故障原因	故障效应				风险等级	措施
				局部	特征	相邻	系统		
锅炉本体	3 折烟角及包墙水冷壁	3.5 管内壁腐蚀	化学水处理不合格	氢脆爆口	腐蚀性减薄砂眼	1.4	全水冷壁垢下腐蚀	2	加强水质管理
		3.6 烟气侧腐蚀	折烟角结焦，高温腐蚀	片状腐蚀	块状脱落	2.6	爆口小，发展快	4	防止高温区域结焦
		3.7 焊接缺陷	鳍片焊接咬边严重	裂纹	针眼状	2.8	微裂纹	3	检修督查，泄漏监测
		3.8 材料缺陷	小厂生产，组织不均，壁厚不均	分层或开裂	纵向裂纹	2.9	不确定性较大，纵向裂纹发展很快	2	严把入厂关，泄漏监测
	4 低温段过热器	4.1 短期过热	4.1.1 基建遗留杂物或未吹扫彻底	局部向火侧爆口	边缘明显减薄	5.1	影响水质和空气预热器积灰	1	加强检修检或安装的工艺纪律
			4.1.2 检修遗留劣质易溶纸或清洁度管控不到位，杂物遗留	局部向火侧爆口	边缘明显减薄	5.1	影响水质和空气预热器积灰	1	加强检修检或安装的工艺纪律，特别需加强清洁度全过程管控
		4.2 长期超温	4.2.1 基建遗留杂物或未吹扫彻底	局部向火侧爆口	边缘粗糙	5.2	影响水质和空气预热器积灰	2	加强检修检或安装的工艺纪律，胀粗检查
			4.2.2 检修遗留劣质易溶纸	局部向火侧爆口	边缘粗糙	5.2	影响水质和空气预热器积灰	2	加强检修检或安装的工艺纪律，胀粗检查
		4.3 炉内飞灰	4.3.1 侧面烟气走廊	局部磨损	减薄焊管	5.3	大面积吹损，发展快	5	逢停必查
			4.3.2 手孔及热工元件处漏风	局部磨损	减薄焊管	5.3	大面积吹损，发展快	3	逢停必查
		4.4 吹灰磨损	蒸汽带水，或卷吸喷砂	侧面沿烟气方向深度冲刷	噪声，泄漏报警	5.3	大面积爆管	5	蒸汽吹灰改声波吹灰
		4.5 焊接缺陷	未融合、未焊透、夹渣、裂纹、气孔	焊接工艺执行不到位	微漏	5.7	缓慢发展	2	γ源拍片检查；泄漏监测

设备	部件	故障模式		故障原因	故障效应				风险等级	措施
					局部	特征	相邻	系统		
锅炉本体	4 低温段过热器	4.6 材料缺陷		小厂生产，壁厚不均，组织不均	分层或线开裂	纵向裂纹	5.8	不确定性较大，纵向裂纹发展很快	2	严把入厂关
		4.7 异种钢焊接		接口热处理不好	热影响区涨粗或沿熔合线开裂	微裂纹	5.9	缓慢发展	2	金属监督，泄漏监测
	5 前、后屏及高温过热器	5.1 短期过热	5.1.1	基建遗留杂物或未吹扫彻底	局部向火侧爆口	边缘明显减薄	6.1	相互冲刷，发展快	3	加强检修或安装的工艺清理，加强清洁检查及清理
			5.1.2	检修遗留劣质易溶渣纸或清洁度轻不到位，杂物遗留	局部向火侧爆口	边缘明显减薄	6.1	相互冲刷，发展快	3	加强检修或安装的工艺纪律及超温射线检测节流孔圈，炉内下弯头
		5.2 长期超温	5.2.1	基建遗留杂物或未吹扫彻底	局部向火侧爆口	组织变化，边缘粗糙	6.2	相互冲刷，发展快	5	加强检修或安装的工艺纪律，壁温监测管理，加强清洁检查及清理
			5.2.2	检修遗留劣质易溶渣纸或清洁度轻不到位，杂物遗留	局部向火侧爆口	组织变化，边缘粗糙	6.2	相互冲刷，发展快	5	加强检修或安装的工艺纪律，壁温监测管理；清洁度检查
			5.2.3	火焰中心严重偏移	局部向火侧爆口	组织变化，边缘粗糙	6.2	相互冲刷，发展快	5	加强检修或安装的工艺纪律，壁温监测管理，燃烧调整管理
		5.3 炉内飞灰	5.3.1	烟气走廊	局部磨损	减薄焊管	4.3	加剧飞灰磨损，发展快	5	逢停必查及加装防磨措施
			5.3.2	手孔及热工元件处漏风	局部磨损	减薄焊管	4.3	加剧飞灰磨损，发展快	3	逢停必查并消除漏风点
		5.4 吹灰吹损		吹灰器角度偏移、蒸汽带水、卷吸喷砂	吹灰器吹灰范围内受热面管	减薄炉管	4.4	噪声、泄漏报警	4	逢停必查，加强吹灰过热度控制并加强吹灰疏水，加装防磨护瓦或热喷涂防磨涂层

续表

设备	部件	故障模式	故障原因	故障效应				风险等级	措施
				局部	特征	相邻	系统		
锅炉本体	5 前及后屏高温过热器	5.5 烟气侧腐蚀	结焦、高温腐蚀	片状腐蚀	块状脱落	6.3	爆口小，发展快	3	防止高温区域结焦
		5.6 振动疲劳	烟气扰动、卡门涡街、管卡脱落	疲劳裂纹	微漏	7.6	整屏影响	4	逢停必查、泄漏监测
		5.7 焊接缺陷	未融合、未焊透、气孔、夹渣、裂纹	焊接工艺执行不到位	微漏	4.5	缓慢发展	2	γ源拍片检查；泄漏监测
		5.8 材料缺陷	小厂生产、壁厚不均、组织不均	分层或开裂	纵向裂纹	4.6	不确定性较大，纵向裂纹发展很快	2	严把入厂关
		5.9 异种钢焊接	接口热处理不好	热影响区涨粗或沿融合线开裂	微裂纹	4.7	缓慢发展	2	金属监督、泄漏监测
		5.10 机械损伤	5.10.1 整屏晃动大、冷却固定管摩擦损伤	碰磨、管屏穿顶棚密封板、焊接处	(1) 凹坑。(2) 拉裂	7.1	发展慢	4	逢停必查、泄漏监测
			5.10.2 膨胀拉裂	应力集中或膨胀受阻	母材拉伤	7.1	发展慢	4	逢停必查、泄漏监测
		5.11 氧化皮堵塞	管壁超温	T91、TP347H、TP304H管材下弯头通流面积堵塞或减少	爆口边缘明显减薄	7.11	爆口小，发展快	4	管壁温监测、泄漏监测
	6 壁式再热器	6.1 短期过热	6.1.1 基建遗留杂物或未吹扫彻底	局部向火侧爆口	边缘明显减薄	7.1	个别现象	1	加强检修或安装的工艺纪律
			6.1.2 检修遗留劣质易溶落纸	局部向火侧爆口	边缘明显减薄	7.1	个别现象	1	加强检修或安装的工艺纪律
		6.2 长期超温	6.2.1 基建遗留杂物或未吹扫彻底	局部向火侧爆口	组织变化，边缘粗糙	7.2	个别现象	2	加强检修或安装的工艺报警

续表

设备	部件	故障模式	故障原因	故障效应 局部	故障效应 特征	故障效应 相邻	故障效应 系统	风险等级	措施
锅炉本体	6 壁式再热器	6.2 长期超温	6.2.2 检修遗留劣质易溶纸	局部向火侧爆口	组织变化，边缘粗糙	7.2	个别现象	2	加强检修或安装的工艺纪律；泄漏报警
			6.2.3 火焰中心严重偏移	局部向火侧爆口	组织变化，边缘粗糙	7.2	个别现象	2	加强检修或安装的工艺纪律；泄漏报警
		6.3 腐蚀	结焦、高温腐蚀	片状腐蚀	块状脱落	7.5	爆口小，发展快	3	防止高温区域结焦
		6.4 焊接缺陷	未融合、未焊透、夹渣、裂纹	焊接工艺执行不到位	微漏	5.7	缓慢发展	2	γ源拍片检查；泄漏监测
		6.5 材料缺陷	小厂生产、壁厚不均、组织不均	分层或开裂	纵向裂纹	5.8	不确定性较大，纵向裂纹发展很快	2	严把入厂关
	7 高温再热器	7.1 短期过热	7.1.1 基建遗留杂物或未吹扫彻底	局部向火侧爆口	边缘明显减薄	5.1	相互冲刷，发展快	3	加强检修或安装的工艺纪律
			7.1.2 检修遗留劣质易溶纸	局部向火侧爆口	边缘明显减薄	5.1	相互冲刷，发展快	3	加强检修或安装的工艺纪律
		7.2 长期超温	7.2.1 基建遗留杂物或未吹扫彻底	局部向火侧爆口	组织变化，边缘粗糙	5.2	相互冲刷，发展快	5	加强检修或安装的工艺纪律，胀粗检查，壁温监测管理
			7.2.2 检修遗留劣质易溶纸	局部向火侧爆口	组织变化，边缘粗糙	5.2	相互冲刷，发展快	5	加强检修或安装的工艺纪律，胀粗检查，壁温监测管理
			7.2.3 火焰中心严重偏移	局部向火侧爆口	组织变化，边缘粗糙	5.2	相互冲刷，发展快	5	加强检修或安装的工艺纪律，胀粗检查，壁温监测管理
		7.3 炉内飞灰	7.3.1 烟气走廊	局部磨损	减薄焊管	5.3	加剧飞灰磨损，发展快	5	逢停必查
			7.3.2 手孔及热工元件处漏风	局部磨损	减薄焊管	5.3	加剧飞灰磨损，发展快	3	逢停必查

续表

设备	部件	故障模式	故障原因	故障效应				风险等级	措施
				局部	特征	相邻	系统		
锅炉本体	7 高温再热器	7.4 吹灰磨损	吹灰角度偏移，蒸汽带水，或卷吸喷砂	吹灰器吹灰范围内受热面管	减薄焊管	5.4	喷声、泄漏报警	4	逢停必查，加强吹灰过度控制并加强吹灰疏水，加装防磨护瓦或热喷防磨涂层
		7.5 烟气侧腐蚀	结焦、高温腐蚀	片状腐蚀	块状脱落	5.5	爆口小、发展快	3	防止高温区域结焦
		7.6 振动疲劳	烟气扰动、卡门蜗街、管卡脱落	疲劳裂纹	微漏	5.6	整屏影响	4	逢停必查，泄漏监测
		7.7 焊接缺陷	未融合、未焊透、气孔、夹渣、裂纹	焊接工艺执行不到位	微漏	6.4	缓慢发展	2	γ源拍片检查；泄漏监测
		7.8 材料缺陷	小厂生产、壁厚不均、组织不均	分层或裂开	纵向裂纹	6.5	不确定性较大，纵向裂纹发展很快	2	严把入厂关
		7.9 异种钢焊接	接口热处理不好	热影响区粗或沿熔合线开裂	微裂纹	5.9	缓慢发展	2	金属监督，泄漏监测
		7.10 机械损伤	7.10.1 管卡松动后，整屏晃动大，摩擦损伤	碰磨、管材穿顶棚密封板、焊接处	(1)凹坑。(2)拉裂	5.10	发展慢	4	逢停必查，泄漏监测
			7.10.2 膨胀拉裂	应力集中或膨胀受阻	拉裂	5.10	发展慢	4	逢停必查，泄漏监测
		7.11 氧化皮堵塞	管壁超温	T91、TP347H、TP304H管材下弯头通流面积堵塞或减少	爆口边缘明显减薄	5.11	爆口小，发展快	4	管壁温监测，泄漏监测
	8 省煤器	8.1 炉内飞灰	8.1.1 烟气走廊	局部磨损	减薄爆管	7.3	影响水位和空气预热器	5	逢停必查
			8.1.2 手孔及热工元件处漏风	局部磨损	减薄爆管	7.3	影响水位和空气预热器	4	逢停必查

续表

设备	部件	故障模式	故障原因	故障效应 局部	故障效应 特征	故障效应 相邻	故障效应 系统	风险等级	措施
锅炉本体	8 省煤器	8.1 炉内飞灰	8.1.3 前后包墙管与省煤器密封板交界处	局部磨损	减薄爆管	7.3	影响水位和空气预热器	5	逢停必查
		8.2 吹灰磨损	吹灰如同喷砂，加剧飞灰磨损，加上吹灰喷口停留时间长	全行程吹灰通道省煤管	减薄爆管	5.4	影响水位和空气预热器	4	逢停必查，加装防磨瓦或冷喷防磨涂层
		8.3 烟气侧腐蚀	硫含量高、烟温低、低温腐蚀	片状腐蚀	块状脱落	—	爆口小，发展快	2	关注露点温度
		8.4 管内壁腐蚀	化学水处理不合格	氢脆爆管	腐蚀性减薄砂眼	3.5	全省煤器拆下腐蚀	2	加强水质管理
		8.5 焊接缺陷	未融合、未焊透、气孔、夹渣、裂纹	焊接工艺执行不到位	微漏	7.7	缓慢发展	2	泄漏监测
		8.6 材料缺陷	小厂生产、壁厚不均、组织不均	分层或开裂	纵向裂纹	—	不确定性较大，纵向裂纹发展很快	2	严把入厂关
	9 汽包	9.1 漏汽	9.1.1 云母片老化、螺栓紧紧力不够	(1)双色水位计云母片老化水位看不清。	刺汽	8.5	影响机组安全运行	3	(1)定期更换。(2)检修后、启停炉后热紧。(3)定期检验
			9.1.2 密封垫损坏、螺栓紧紧力不够	(1)双色水位计云母片老化、螺栓垫损坏。(2)人孔门垫片密封力不够螺栓密封失效	刺汽	8.5	影响机组安全运行	4	(1)定期更换。(2)检修后、启停炉后热紧。(3)定期检验
			9.1.3 膨胀不均、焊缝缺陷	仪表管道膨胀受阻及焊缝存在缺陷	刺汽	8.5	影响机组安全运行	4	(1)定期更换。(2)检修后、启停炉后热紧。(3)定期检验

续表

设备	部件	故障模式	故障原因	故障效应				风险等级	措施
				局部	特征	相邻	系统		
锅炉本体	10 喷燃器	10.1 漏粉	喷燃器磨穿	两侧箱体、浓淡板减薄	变形	—	漏粉影响燃烧以及火灾隐患	2	加强检查、更换、改进喷嘴及钝体材质、增加防磨措施
		10.2 喷嘴变形	局部过热、选用材质较差	一次风口钝体、喷嘴开裂或烧损	变形、塌陷、断裂	—	缓慢发展	1	加强检查、更换、改进喷嘴及钝体材质、增加防磨措施
		10.3 吹爆水冷壁管	喷嘴吹损、一次风带灰	一次喷口附近、燃尽风喷口附近水冷壁管吹损	凹痕	—	缓慢发展	5	加强四管检查、用高温封堵胶将易磨部位封堵，加装一次风导向板
	11 油枪	11.1 漏油	螺纹损坏、金属软管损坏	软管接头密封失效、金属软管老化开裂	断裂、砂眼	—	影响机组安全运行	3	定期维护
		11.2 过油量小	枪头堵塞、滤网堵	枪头结碳、滤网杂物堵塞	点不着火	—	影响投油稳燃	1	定期维护
		11.3 卡涩	导向套变形、枪身变形	导向套、枪身卡涩	拒动	—	影响投油稳燃	1	定期维护
		11.4 雾化不好	枪身不到位、油配风调整不当、雾化组件磨损	油枪燃烧不稳	点不着火	—	影响投油稳燃	1	定期维护
		11.5 点不着火	枪头与点火枪位置配合不当、油配风调整不当	油枪点火失败	点不着火	—	影响投油稳燃	1	定期维护
	12 安全阀	12.1 阀门不动作	12.1.1 定值不准	(1)汽包、再热、主汽安全阀拒动。(2)弹簧失效	(1)误动或拒动。(2)阀体溢流孔漏水或飘汽	—	影响机组安全运行	4	热态校准定值
			12.1.2 弹簧失效	汽包、再热、主汽安全阀弹簧弹性变形或失效	(1)误动。(2)阀体溢流孔漏水或飘汽、安全阀漏	—	影响机组安全运行	4	更换弹簧

设备	部件	故障模式	故障原因	故障效应				风险等级	措施
				局部	特征	相邻	系统		
锅炉本体	12 安全阀	12.1 阀门不当动作	12.1.3 喷嘴环调整不当	喷嘴环调整不到位	(1) 误动或拒动。(2) 阀体溢流孔漏水或飘汽，安全阀内漏	—	影响机组安全运行	4	(1) 调整环齿数，向右转动，即抬高喷嘴环高度，增强起跳动作，增大起跳压力。(2) 向左转动，即降低喷嘴环高度，降低起跳动作，减小起跳闭压力。
		12.2 阀门内漏	结合面损坏	结合面吹损或存在杂质	阀门外壁温度高、有泄漏	—	影响机组经济性	4	解体研磨结合面达到标准，解体时清理阀体内杂物。
		12.3 阀门内漏	定值偏低	安全阀弹簧调整不到位	阀门外壁温度高、有泄漏	—	影响机组经济性	3	(1) 适量旋紧阀杆螺母，提高定值。(2) 热态校准定值。(3) 轻敲弹簧(内漏轻微情况)。(4) 如弹簧失效则更换弹簧
		12.4 阀门不回座	12.4.1 导向环定值不准 12.4.2 弹簧失效	(1) 导向环调整不到位。(2) 弹簧弹性变形或失效	不回座	—	影响机组经济性	5	(1) 导向环向右转动，即抬高导向环，减小起跳压差。(2) 轻敲弹簧
	13 调门	13.1 阀门不动作	13.1.1 执行器故障	执行器部件损坏、阀杆螺母与螺纹损坏与阀杆抱死	拒动、不是全行程	14.1	影响机组安全运行	2	(1) 定期检验。(2) 高温天气加强巡查
			13.1.2 阀芯与阀座卡涩	阀内杂物卡涩、传动机构缺油或油脂干涩	拒动、不是全行程	14.1	影响机组安全运行	2	(1) 清理阀门内部杂质。(2) 定期加油润滑

续表

设备	部件	故障模式		故障原因	故障效应					风险等级	措施
					局部	特征	相邻	系统			
锅炉本体	13　调门	13.1　阀门不动作		13.1.3　阀芯脱落、阀杆弯曲	阀芯与阀杆连接件不牢、行程调整不当阀杆弯曲	拒动，不是全行程	14.1	影响机组安全运行	2	（1）定期检验。（2）阀芯与阀杆连接件加固。（3）调整阀门行程
				13.1.4　气囊损坏	气囊破损漏气或仪用气压力较高	全开或全关	14.1	影响机组安全运行	2	（1）加强巡查。（2）更换高质量气囊并适当调整仪用气压力
				13.1.5　内部异物	汽水系统内杂物或检修期间清洁度控制不到位	（1）特定位置无法关闭。（2）门后温度高、有泄漏	14.1	影响机组安全运行	2	（1）清理阀门内部杂质。（2）及时取出异物，阀内结合面研磨检修
		13.2　阀门内漏		13.2.1　结合面损坏，由介质中杂质引起卡涩	结合面冲刷损坏	阀门外壁温温度高、有泄漏	14.2	运行机组经济性	3	（1）利用计划检修，临检对内漏阀门了解体研磨并研磨确认。（2）联系热工进行行程确认。（3）提高研磨技能
				13.2.2　行程不到位	阀芯阀座未严密到位	门后外壁温度高、有泄漏	14.2	运行机组经济性	2	（1）利用计划检修，临检对内漏阀门了解体检验并研磨。（2）联系热工进行行程确认。（3）提高研磨技能
		13.3　阀门外漏		13.3.1　阀内密封垫损坏	密封垫冲刷缺损或老化失效	（1）流量大于5%。（2）刺汽	14.3	运行机组经济性	2	（1）选用优质钢锻造件阀体。（2）提高检修技能及责任心。（3）根据漏点情况、位置进行在线消缺

续表

设备	部件		故障模式		故障原因		故障效应				风险等级	措施
						局部	特征	相邻	系统			
	13　调门		13.3　阀门外漏	13.3.2	填料室泄漏	密封石墨填料阀杆带出或吹损	(1) 流量大于 5%。 (2) 刺汽	14.3	外漏危及人身安全	5	(1) 选用优质钢锻造件阀体。 (2) 提高检修技能及责任心。 (3) 根据漏点情况、位置进行在线消缺
				13.3.3	阀体外漏	上下阀体螺栓紧力不足、密封垫损坏	(1) 流量大于 5%。 (2) 刺汽	14.3	外漏危及人身安全	5	(1) 选用优质钢锻造件阀体。 (2) 提高检修技能及责任心。 (3) 根据漏点情况、位置、进行在线消缺
锅炉本体	14　截止阀		14.1　阀门不动作	14.1.1	执行器故障	执行器部件损坏、阀杆螺母螺纹损坏与阀杆抱死	(1) 拒动，不是全行程。 (2) 阀门外壁温度高（大于环境温度 60℃），内漏大	13.1	影响机组安全运行	2	(1) 加强设备巡查。 (2) 高温天气加强巡查
				14.1.2	阀芯与阀座卡涩	阀内杂物卡涩，传动机构缺油或油脂干涩	(1) 拒动，不是全行程。 (2) 阀门外壁温度高（大于环境温度 60℃），内漏大	13.1	影响机组安全运行	2	(1) 清理阀门内部杂质。 (2) 定期加油润滑。 (3) 定期检验
				14.1.3	阀芯脱落、阀杆弯曲。阀杆螺母损坏	阀芯与阀杆连接件不牢、行程调整不当阀杆弯曲、阀杆螺母丁型螺纹损坏	(1) 拒动，不是全行程。 (2) 阀门外壁温度高（大于环境温度 60℃），内漏大	13.1	影响机组安全运行	2	(1) 加固阀杆与阀芯连接件。 (2) 定期加油润滑。 (3) 加强设备巡查

续表

设备	部件	故障模式	故障原因	故障效应				风险等级	措施
				局部	特征	相邻	系统		
锅炉本体	14　截止阀	14.2 阀门内漏	14.2.1 结合面损坏，由于介质中杂质引发卡涩	结合面冲刷损坏	阀门外壁温度高（大于环境温度60℃），内漏大	13.2	影响机组安全运行	2	(1)利用计划检修，临检对内漏阀门解体检验并研磨。(2)联系热工进行行程确认。(3)提高研磨技能。
			14.2.2 行程不到位	阀芯阀座未严密到位	阀门外壁温度高（大于环境温度60℃），内漏大	13.2	影响机组安全运行	2	(1)利用计划检修，临检对内漏阀门解体检验并研磨。(2)联系热工进行行程确认。(3)提高研磨技能。
		14.3 阀门外漏	14.3.1 填料室泄漏	密封石墨填料阀杆带出或吹损	漏水、刺汽	13.3	影响机组安全运行	5	(1)选用优质钢锻造件阀体。(2)提高检修技能及责任心。(3)填料环、自密封安装符合标准，热态及时复紧。(4)根据漏点情况、位置进行在线消漏。
			14.3.2 阀体外漏	上下阀体螺栓紧力不足、密封垫损坏	漏水、刺汽	13.3	外漏危及人身安全	5	(1)选用优质钢锻造件阀体。(2)提高检修技能及责任心。(3)垫片安装符合标准，热态及时复紧。(4)根据漏点情况、位置进行在线消漏。

续表

设备	部件	故障模式	故障原因	故障效应				风险等级	措施
				局部	特征	相邻	系统		
锅炉本体	15 吹灰器	15.1 行程开关动作失效	15.1.1 安装位置错位	行程开关松动或位移	行程不到位或行程过长	—	吹灰枪不到位	2	(1) 跟踪设备，在设备运行时注意观察，及时处理出应急并做行程开关。(2) 更换行程开关。(3) 重新接线
			15.1.2 密封不良，进水、进灰、转动轴粘灰、油漆渗入	吹灰枪卡涩或电流偏大	卡涩、行程不到位	—	卡枪危及四管安全	1	(1) 跟踪设备，在设备运行时注意观察，及时处理出应急并做行程开关。(2) 更换行程开关。(3) 重新接线
			15.1.3 接线松动、脱落	吹灰枪拒动	枪管无法动作	—	枪管运行中接线松动定点吹受热面，影响锅炉安全运行	1	(1) 跟踪设备，在设备运行时注意观察，及时处理出应急并做行程开关。(2) 更换行程开关。(3) 重新接线
			15.1.4 选型不当，触头烧损、腐蚀，允许电流过小	枪管行进不畅或拒动	行程不到位或行程过长	—	影响锅炉安全运行	1	(1) 跟踪设备，在设备运行时注意观察，及时处理出应急并做行程开关。(2) 更换行程开关。(3) 重新接线
		15.2 长吹灰管挠度、晃动过大	15.2.1 设计结构不佳，耐热不够，无校正安装，冷却流量不够	枪管烧损、变形、弯曲	(1) 挠度过大 (2) 枪管晃动大	—	吹损受热面，影响锅炉安全运行	1	(1) 巡检过程中认真观察，有无异常。(2) 定期检测枪管厚度。(3) 及时更换枪管，避免造成损失

续表

设备	部件	故障模式	故障原因	故障效应				风险等级	措施
				局部	特征	相邻	系统		
锅炉本体	15 吹灰器	15.2 长吹灰枪管挠度、晃动过大	15.2.2 直线性校正不佳，定向弯曲，挠度过大	枪管变形、弯曲	(1) 挠度过大。(2) 枪管晃动大	—	吹损受热面，影响锅炉安全运行	2	(1) 巡检过程中认真观察，有无异常。(2) 定期检测枪管厚度。(3) 及时更换枪管，避免造成损失
			15.2.3 行走小车左右导轮间隙过大	枪管晃动、电流突升	枪管晃动大	—	吹损受热面，影响锅炉安全运行	1	(1) 巡检过程中认真观察，有无异常。(2) 定期检测枪管厚度。(3) 及时更换枪管，避免造成损失
		15.3 退不回	15.3.1 行程开关失效	行程开关失效	枪管无法退回	—	吹损受热面	4	(1) 巡检过程中认真观察，有无异常。(2) 定期检测枪管厚度。(3) 及时更换枪管，避免造成损失
			15.3.2 用后严重变形，前托轮锈蚀	前托轮锈死	枪管无法退回	—	吹损受热面	4	(1) 巡检过程中认真观察，有无异常。(2) 定期检测枪管厚度。(3) 及时更换枪管，避免造成损失
		15.4 管壁减薄	内外腐蚀	枪管断裂	局部变薄，与标准厚度不一	—	吹损受热面	4	(1) 巡检过程中认真观察，有无异常。(2) 定期检测枪管厚度。(3) 及时更换枪管，避免造成损失

设备	部件	故障模式	故障原因	故障效应 局部	特征	相邻	系统	风险等级	措施
锅炉本体	15 吹灰器	15.5 焊缝及热影响应力裂纹	反复疲劳，工艺，用材，热处理不当	枪管漏汽，局部开裂	枪管局部出现碎裂纹	—	吹损受热面	3	（1）巡检过程中认真观察，有无异常。（2）定期检测枪管厚度。（3）及时更换枪管，避免造成损失
		15.6 喷嘴头烧损	炉膛吹灰管未退到位，包括行程开关动作不正确	枪管喷头失效，影响吹灰效果	喷头出现碎裂，损坏，喷汽	—	吹损受热面	3	（1）巡检过程中认真观察，有无异常。（2）定期检测枪管厚度。（3）及时更换枪管，避免造成损失
		15.7 喷嘴孔口增大	正常磨损	枪管喷头蒸汽流量加大	喷头孔口增大，流量仪表反映流量增大	—	缓慢发展	1	（1）巡检过程中认真观察，有无异常。（2）定期检测枪管厚度。（3）及时更换枪管，避免造成损失
		15.8 填料压盖泄漏	填料消耗严重或填料压盖松动	填料，填料压盖漏汽	填料压盖处出现漏汽情况	14.3	内管	1	（1）巡检过程中认真观察，有无异常。（2）定期检测枪管厚度。（3）及时更换内管，避免造成损失
		15.9 内管头部和内壁腐蚀	烟气冷凝水腐蚀	内管头部以及内壁减薄	内管头部以及内壁出现缺口、变薄、锈迹	—	内管变形、断裂	2	（1）巡检过程中认真观察，有无异常。（2）定期检测枪管厚度。（3）及时更换内管，避免造成损失

续表

设备	部件	故障模式	故障原因	故障效应				风险等级	措施
				特征	局部	相邻	系统		
锅炉本体	16 烟冷器	16.1 泄漏	设计不当，管壁离吹灰器较近；吹灰器吹损	(1) WGGH补水量大。(2) 电除尘输灰不畅，内部灰潮湿结块。(3) 湿度报警	吹灰器加剧吹损	—	影响机组安全运行	4	(1) 加强WGGH补水监视。(2) 加强电除尘输灰情况跟踪。(3) 结合"四管"检查，检查吹灰器管壁情况，及时处理。(4) 技术改进为声波吹灰器

二、送、引风机，一次风机故障模式及影响分析

1. 送、引风机振动故障模式及影响分析（本体）

（1）送、引风机振动故障模式及影响分析（本体）。

设备	部件	故障模式	故障原因	故障效应				风险等级	措施
				特征	局部	相邻	系统		
送、引风机	1 叶片和叶轮	1.1 叶片磨损	1.1.1 磨损	其振动特征是：(1) 频率成分特征：①1N，90%；②2N，5%；③3N以上，5%。(2) 相位特征：同一轴承水平与垂直振动相位相差90°。(3) 调制特征：产生3倍及以上的叶片通过频率并伴有边带。(4) 冲击特征：冲击解调噪声高，一般在30g以下	损坏叶片	1.8	流量和功率不正常减少，受力不平衡	5	监测轴承振动特征及变化趋势

续表

设备	部件	故障模式	故障原因	故障效应				风险等级	措施
				局部	特征	相邻	系统		
送、引风机	1 叶片和叶轮	1.2 叶片积灰或锈蚀	1.2.1 叶片表面积灰	造成流道不均匀	其振动特征是：（1）频率成分特征：①1N，90%；②2N，5%；③3N以上，5%。（2）相位特征：同一轴承水平与垂直振动相位相差90°。（3）调制特征：叶片通过频率附近出现气流扰动底噪，有时出现转频边带。（4）冲击特征：冲击解调存在一定底噪有所抬高	1.8	造成压力流量效率下降，可能发生喘振	4	监测轴承振动特征及变化趋势
		1.3 叶片折断或脱槽	1.3.1 制造或装配不良	损坏构件，有噪声	其振动特征是：（1）频率成分特征：①1N，90%；②2N，5%；③3N以上，5%。（2）相位特征：同一轴承水平与垂直振动相位相差90°。（3）调制特征：产生3倍以上的叶片通过频率并伴有边带。（4）冲击特征：冲击底噪抬高，一般在30g以下	1.8	流量减少，威胁机组安全	3	监测轴承振动特征及变化趋势

续表

设备	部件	故障模式	故障原因	故障效应				风险等级	措施
				局部	特征	相邻	系统		
送、引风机	1 叶片和叶轮	1.4 动静摩擦	1.4.1 叶片与机壳接触	叶片碰到机壳，能听到金属摩擦声，损坏叶片和机壳	其振动特征是：（1）频率成分加大：①1N，100%轴向及径向振动加大与①1倍与2倍的叶片通过频率增大。（2）冲击特征：壳体的冲击值增高，具体幅值看摩擦的严重程度	1.9	降低流量，威胁机组安全	4	监测轴承振动特征及变化趋势
		1.5 喘振	1.5.1 运行进入喘振区	调整不当或设计不合理	其振动特征是：（1）频率成分增大：①1N，90%；②1~3倍的叶片通过频率出现，并有较多的流体噪声，轴向振动加大。（2）冲击特征：冲击解调加大一般小于30g。其电气特征是：（1）流量和电流波动幅度较大且同步。	1.8，1.9	流量和耗功不正常，调节难	1	监测轴承振动特征及变化趋势
		1.6 叶片变形	1.6.1 冷却时上下温差	叶轮不平衡	其振动特征是：（1）频率成分增大：①1N，90%；②2N，5%；③3N以上，5%。（2）调制特征：1倍的叶片通过频率附近出现调制频率边带。（3）冲击特征：冲	1.8	影响风机运行	2	监测轴承振动特征及变化趋势

设备	部件	故障模式	故障原因	故障效应 局部	故障效应 特征	故障效应 相邻	故障效应 系统	风险等级	措施
送、引风机	1 叶片和叶轮	1.6 叶片变形	1.6.1 冷却时上下温差	叶轮不平衡	击解调加大一般小于10g。其电气特征是：流量和电流波动幅度较大且同步	1.8	影响风机运行	2	监测轴承振动特征及变化趋势
		1.7 叶轮磨损	1.7.1 叶轮有磨损	导致轴承受力情况恶化	其振动特征是：(1) 频率成分特征：①1N，90%；②2N，5%；③3N以上，5%；同一轴承垂直振动相位相差90°。(2) 调制特征：叶片通过频率附近出现气流扰动底频，有时出现转频边带。(3) 一定底特征：冲击调有一定特征，击底特征高，一般在30g以下	1.8	会造成风机流量减少	1	监测轴承振动特征及变化趋势
		1.8 叶轮不平衡	1.8.1 动平衡精度的变化	振动并有噪声	其振动特征是：(1) 频率成分特征：①1N，90%；②2N，5%；③3N以上，5%；(2) 振动行为特征：径向1倍频幅值较高，尤其是水平方向，轴向振动较小。(3) 时域波形特征：应该是正弦波，如果不是，可能是其他故障，尽量采用速度单位。	3.1	会造成风机停车，威胁机组安全	3	每月监测轴承振动特征及变化趋势

续表

设备	部件	故障模式	故障原因	故障效应				风险等级	措施
				局部	特征	相邻	系统		
送、引风机	1 叶片和叶轮	1.8 叶轮不平衡	1.8.1 动平衡精度的变化	振动并有噪声	（4）相位特征：相位是不平衡最好的指示，同一轴承（轴瓦）位置上的垂直和水平相位相差90°。风机两端的振动相位相差一方向的振动相位相差30°和150°。（5）调制特征：叶片通过频率附近出现气流扰动底噪，有时出现转频边带。（6）冲击特征：冲击解调有一定噪声有一定抬高，小于10g	3.1	会造成风机停车，威胁机组安全	3	每月监测轴承振动特征及变化趋势
			1.8.2 叶轮明显的变形	振动并有噪声	其振动特征是：（1）频率成分特征：①1N，90%；②2N，5%；③3N以上，5%。（2）振动行为特征：径向1倍频幅值较高，尤其是水平方向。轴向振动值较小。（3）时域波形特征：应该是正弦波，如果其他故障，可能是其他单位，尽量采用速度单位。（4）相位特征：相位是不平衡最好的指示，同一轴承（轴瓦）位置上的垂直和水平相位相差90°。风机两端	3.1	会造成风机停车，威胁机组安全	3	每月监测轴承振动特征及变化趋势

续表

设备	部件	故障模式	故障原因	故障效应					风险等级	措施
				局部	特征	相邻	系统			
送、引风机	1 叶片和叶轮	1.8 叶轮不平衡	1.8.2 叶轮明显的变形	振动并有噪声	端轴承（轴瓦）同一方向的振动相位相差30°和150°。 （5）调制频率：叶片通过频率附近出现气流扰动底噪，有时出现转频边带。 （6）冲击特征：冲击解调有一定底噪，有一定噪声有一定拾高，小于10g	3.1	会造成风机停车，威胁机组安全	3	每月监测轴承振动特征及变化趋势
			1.8.3 叶片固定螺栓松动	振动并有噪声	其振动特征是： （1）频率成分特征：①1N，90%；②2N，5%；③3N以上，5%。 （2）振动行为特征：径向1倍频幅值较高，尤其是水平方向。轴向振动较小。 （3）时域波形特征：应该是正弦波，如果不是，可能是其他故障。尽量采用速度单位。 （4）相位特征：相位是不平衡的指示，同一轴承（轴瓦）位置上的相位水平示，风机两相邻轴承垂直和水平相差90°。同一轴承（轴瓦）端轴承同一方向的振动相位相差30°和150°。 （5）调制特征：叶片通过频率附近出现	3.1	会造成风机停车，威胁机组安全	3	每月监测轴承振动特征及变化趋势

设备	部件	故障模式	故障原因	故障效应				风险等级	措施
				局部	特征	相邻	系统		
送、引风机	1　叶片和叶轮	1.8　叶轮不平衡	1.8.3　叶片固定螺栓松动	振动并有噪声	气流扰动底噪，有时出现转频边带。 （6）冲击特征：冲击解调有一定底噪，小于10g	3.1	会造成风机停车，威胁机组安全	3	每月监测轴承振动特征及变化趋势
			1.8.4　检修安装不良	振动并有噪声	其振动特征是： （1）频率成分特征：①1N，90%；②2N，5%；③3N以上，5%。 （2）振动行为特征：径向1倍频幅值较高，尤其是水平方向。轴向振动较小。 （3）时域波形特征：应该是正弦波，如果不是，可能是其他故障，尽量采用速度单位。 （4）相位特征：相位是不平衡最好的指示，同一轴承（轴瓦）位置上的垂直和水平相位相差90°。风机两端轴承同一方向的振动相位相差30°和150°。 （5）调制特征：叶片通过频率附近出现气流扰动底噪，有时出现转频边带。 （6）冲击特征：冲击解调有一定底噪，小于10g	3.1	会造成风机停车，威胁机组安全	3	每月监测轴承振动特征及变化趋势

设备	部件	故障模式	故障原因	故障效应				风险等级	措施
				局部	特征	相邻	系统		
送、引风机	1 叶片和叶轮	1.8 叶轮不平衡	1.8.5 叶轮明显的变形或者松动	振动并有噪声	其振动特征是： （1）频率成分特征：①1N，90%；②2N，5%；③3N以上，5%。 （2）振动行为特征：径向1倍频幅值较高，尤其是水平方向。轴向振动较小。 （3）时域波形特征：应该是正弦波，如果不是，可能是其他故障，尽量采用速度单位。 （4）相位特征：相位不平衡最好的指示，同一轴承（轴瓦）位置上的垂直和水平相位相差90°。风机两端轴承（轴瓦）同一方向的振动相位相差30°和150°。 （5）调制特征：叶片通过频率附近出现气流扰动的底噪，有时出现转频边带。 （6）冲击特征：冲击解调频有一定底噪，有一定抬高，小于10g	3.1	会造成风机停车，威胁机组安全	3	每月监测轴承振动特征及变化趋势
			1.8.6 叶轮或者叶片积灰、磨损、折断	振动并有噪声	其振动特征是： （1）频率成分特征：①1N，90%；②2N，5%；③3N以上，5%。 （2）振动行为特征：	3.1	会造成风机停车，威胁机组安全	3	每月监测轴承振动特征及变化趋势

续表

设备	部件	故障模式	故障原因	故障效应			相邻	系统	风险等级	措施
				局部	特征					
送、引风机	1 叶片和叶轮	1.8 叶轮不平衡	1.8.6 叶轮或者叶片积灰、磨损、折断	振动并有噪声	径向1倍频幅值较高，尤其是水平方向。轴向振动较小。 （3）时域是正弦波，如果不是，可能是其他故障，尽量采用速度单位。 （4）相位特征：相位是不平衡最好的指示，同一轴承（轴瓦）位置上的相差90°。风机两端轴承（轴瓦）同一方向的振动相位相差30°和150°。 （5）调制特征：叶片通过频率附近出现气流扰动底噪，有时出现转频边带。 （6）冲击特征：冲击解调有一定底噪，有一定抬高，小于10g。		3.1	会造成风机停车，威胁机组安全	3	每月监测轴承振动特征及变化趋势
			1.8.7 转子因为材质、热膨胀等原因产生弯曲	振动并有噪声	其振动特征是： （1）频率成分特征：①1N，90%；②2N，5%；③3N以上，5%。 （2）振动行为特征：径向1倍频幅值较高，尤其是水平方向。轴向振动较小。 （3）时域波形特征：应该是正弦波，如果		3.1	会造成风机停车，威胁机组安全	3	每月监测轴承振动特征及变化趋势

续表

设备	部件	故障模式	故障原因	故障效应				风险等级	措施
				局部	特征	相邻	系统		
送、引风机	1 叶片和叶轮	1.8 叶轮不平衡	1.8.7 转子因为材质、热膨胀等原因产生弯曲	振动并有噪声	不是，可能是其他故障，尽量采用速度单位。(4) 相位特征：相位是不平衡最好的指示，同一轴向（轴瓦）位置上的相差90° 风机两端轴承（轴瓦）同一方向的振动相位相差30°和150°。(5) 调制特征：叶片通过频率附近出现气流扰动的底边，出现转频边带。(6) 冲击特征：冲击解调有一定底噪高，小于10g	3.1	会造成风机停车，威胁机组安全	3	每月监测轴承振动特征及变化趋势
		1.9 叶轮脱落、破损、松动	1.9.1 并帽松动	振动并有噪声，叶轮不平衡	其振动频率成分特征为：(1) 1N，90%；(2) 2N，5%；(3) 3N以上，5%	1.3	会造成风机停车，影响安全	4	每月监测轴承振动特征及变化趋势
			1.9.2 安装或材料缺陷	振动并有噪声，叶轮不平衡	其振动频率成分特征为：(1) 1N，90%；(2) 2N，5%；(3) 3N以上，5%	1.3	会造成风机停车，影响安全	4	每月监测轴承振动特征及变化趋势
			1.9.3 检修装配不良	振动并有噪声，叶轮不平衡	其振动谱成分特征为：(1) 1N，90%；(2) 2N，5%；(3) 3N以上，5%	1.3	会造成风机停车，影响安全	4	每月监测轴承振动特征及变化趋势

续表

设备	部件	故障模式	故障原因	故障效应				风险等级	措施
				局部	特征	相邻	系统		
送、引风机	1 叶片和叶轮	1.9 叶轮脱落、破损、松动	1.9.4 叶轮材质不合格	振动并有噪声，叶轮不平衡	其振动频谱成分特征为： (1) 1N，90%； (2) 2N，5%； (3) 3N以上，5%	1.3	会造成风机停车，影响安全	4	每月监测轴承振动特征及变化趋势
			1.9.5 叶轮固定销或键磨损、松动等	振动并有噪声，叶轮不平衡	其振动频谱成分特征为： (1) 1N，90%； (2) 2N，5%； (3) 3N以上，5%	1.3	会造成风机停车，影响安全	4	每月监测轴承振动特征及变化趋势
		1.10 共振	1.10.1 转速进入临界转速	振动并有噪声	其振动特征是： (1) 频率成分特征：1N，100%； (2) 振动行为特征：轴承座径向振动大并伴有明显的噪声。 (3) 频谱特征：固有频率上有很大的峰值。 (4) 相位特征：风机两端轴承（轴瓦）轴向相位，垂直相位和水平相位相差是180°。 注：辅助测试分析（变频、模态分析、伯德图、锤击试验、工作变形分析等）结果可用于验证	1.4	损坏风机	2	监测轴承振动特征及变化趋势

续表

设备	部件	故障模式	故障原因	故障效应				风险等级	措施
				局部	特征	相邻	系统		
送、引风机	2　轴承组	2.1　轴承（轴瓦）失效	2.1.1　剥落、裂纹等	造成工作条件的恶化，可能导致轴承温度升速高于5℃/min，使轴承烧损	其振动频率特征是： （1）频率成分特征：①1N，70%；②100～200Hz，20%；③200Hz以上，5%。 （2）频谱特征：故障频率出现。 （3）冲击特征：①冲击大于50g时解体可见损伤；②冲击是解调频谱下轴承故障频率不突出，频谱较低且无架动迹象；③轴承保持架频率较清晰，轴向振动较大，冲击频率30g以下；④轴承保持架频率在清晰，冲击不大；⑤轴向3、4、5倍频较高	1.4、1.8	会造成停车事故	4	监测轴承振动特征及变化趋势
			2.1.2　滚轴润滑不良	造成工作条件的恶化，可能导致轴承温度升速高于5℃/min，使轴承烧损	其振动频率特征是： （1）频率成分特征：①1N，70%；②100～200Hz，20%；③200Hz以上，5%。 （2）频谱特征：故障频率出现。 （3）冲击特征：①冲击大于50g时解体可见损伤；②冲击是解调	1.4、1.8	会造成停车事故	4	监测轴承振动特征及变化趋势

续表

设备	部件	故障模式	故障原因	故障效应				风险等级	措施
				局部	特征	相邻	系统		
送、引风机	2 轴承(轴)组	2.1 轴承(轴瓦)失效	2.1.2 滚轴润滑不良	造成工作条件的恶化，可能导致轴承温度升速高于5℃/min，使轴承烧损	底噪较高，但是解调频谱下轴承故障频率不突出，频率较低且无松动迹象；③轴承保持架频率较清晰，轴向振动较大，冲击频率30g以下；④轴承保持架频率在频谱下清晰，冲击不大；⑤轴向3、4、5倍频较高	1.4、1.8	会造成停车事故	4	监测轴承振动特征及变化趋势
			2.1.3 受载过大	造成工作条件的恶化，可能导致轴承温度升度高于5℃/min，使轴承烧损	其振动频率特征是：(1)频率成分特征：①1N，70%；②100~200Hz，20%；③200Hz以上，5%。(2)频率特征：故障频率出现。(3)冲击特征：①冲击大于50g时解体可见损伤；②冲击频率高；底噪较高，但是解调频谱下轴承故障频率不突出，频率较低且无松动迹象；③轴承保持架频率较清晰，轴向振动较大，冲击频率30g以下；④轴承保持架频率在频谱下清晰，冲击不大；⑤轴向3、4、5倍频较高	1.4、1.8	会造成停车事故	4	监测轴承振动特征及变化趋势

设备	部件	故障模式	故障原因	故障效应 局部	故障效应 特征	故障效应 相邻	故障效应 系统	风险等级	措施
送、引风机	2 轴承组	2.1 轴承（轴瓦）失效	2.1.4 安装不良	造成工作条件的恶化，可能导致轴承温度升速高于5℃/min，使轴承烧损	其振动频率成分特征是：(1) 频率成分特征：①1N，70%；②100～200Hz，20%；③200Hz以上，5%。(2) 频谱特征：故障频率出现。(3) 冲击特征：①冲击大于50g时可见损伤；②冲击谱解体可见损伤；轴承底噪较高，但是解调频谱下轴承故障频率较低且无故障迹象；③轴承较清晰，冲击振动较大，轴向振动30g以下；④轴承保持架及解调谱在频谱下清晰，冲击不大；⑤轴向3、4、5倍频较高	1.4、1.8	会造成停车事故	4	监测轴承振动特征及变化趋势
		2.2 间隙增大	2.2.1 磨损	油位不正常，有时导致轴承温度超温	其振动特征是：(1) 频率成分特征：①1N，90%；②2N，5%；③3N以上，5%。(2) 频谱特征：频谱为松动谱。(3) 解调特征：解调以1倍频最清晰。(4) 冲击特征：冲击值不高	1.8	会造成停车事故	4	监测轴承振动、温度特征及变化趋势

续表

设备	部件	故障模式	故障原因	故障效应				风险等级	措施
				局部	特征	相邻	系统		
送、引风机	2 轴承组	2.3 内外圈"跑圈(套)"	2.3.1 轴承外圈与座孔配合太松或轴承内圈同轴颈配合太松	在运行中引起轴承相对运动，轴承产生裂纹等故障	内外圈"跑圈(套)"的振动特征是：(1) 内圈跑套特征：① (0%～40%) N、② (40%～40%) N、40%；③ (50%～100%) N、40%。(2) 外圈跑套特征：(0%～50%) N、40%。(3) 时域波形转频周期出现尖峰	1.8	会造成停车事故，严重影响机组运行	4	监测轴承振动、温度特征及变化趋势
		2.4 松动	2.4.1 安装不良	损坏轴承	其振动特征是：(1) 频谱成分特征：(0%～50%) N、90%。(2) 频谱特征：转频整数倍频；偶尔有分数倍频出现	1.8	会造成停车事故	4	监测轴承振动、温度特征及变化趋势
			2.4.2 轴承座螺丝松动	损坏轴承	其振动特征是：(1) 频谱成分特征：(0%～50%) N、90%。(2) 频谱特征：转频整数倍频；偶尔有分数倍频出现	1.8	会造成停车事故	4	监测轴承振动、温度特征及变化趋势
			2.4.3 轴承座破损或开裂	损坏轴承	其振动特征是：(1) 频谱成分特征：(0%～50%) N、90%。(2) 频谱特征：转频整数倍频；偶尔有分数倍频出现	1.8	会造成停车事故	4	监测轴承振动、温度特征及变化趋势

续表

设备	部件	故障模式	故障原因	故障效应				风险等级	措施
				局部	特征	相邻	系统		
送、引风机	2 轴承组	2.4 松动	2.4.4 轴承座基础开裂	损坏轴承	其振动特征是：(1) 频谱成分特征：(0%~50%) N, 90%。转频谱特征：偶尔有分数倍频出现	1.8	会造成停车事故	4	监测轴承振动、温度特征及变化趋势
		2.5 轴向振动	2.5.1 轴向窜动间隙预留不准确	损坏轴承	其振动特征是：(1) 频率成分特征：①1N, 40%；②2N, 50%；③3N以上, 5%。(2) 振动行为特征：轴向振动增大	1.8	会造成停车事故	4	监测轴承振动、温度特征及变化趋势
	3 主轴	3.1 弯曲	3.1.1 刚度不够	损坏轴承、温度升高	其振动特征是：(1) 频率成分特征：①1N, 90%；②2N, 5%；③3N以上, 5%。(2) 振动行为特征：转子弯曲接近轴中心时，主要是1倍频轴向振动接近联轴器时，会有2倍频振动，径向振动频谱中有1倍频和2倍频峰值，但2倍频是关键是轴向数据。(3) 相位特征：支撑转轴的轴承（轴瓦）轴向相位相差180°，同一轴承（轴瓦）端面的轴向相位相同的轴向沿着同一转轴轴向回来运动。	1.1, 2.1	会造成停车事故，严重影响机组运行	2	监测轴承振动、温度特征及变化趋势

续表

设备	部件	故障模式	故障原因	故障效应				风险等级	措施
				局部	特征	相邻	系统		
送、引风机	3　主轴	3.1　弯曲	3.1.1　刚度不够	损坏轴承，温度升高	（4）时域波形特征：对应弯曲特征：它并不是好的判断指标。弯曲是正弦波。弯曲接近联轴器，会有抖动，"M""W"的形状取决于相位角。（5）冲击特征：冲击较低	1.1、2.1	会造成停车事故，严重影响机组运行	2	监测轴承振动、温度特征及变化趋势
			3.1.2　裂纹	损坏轴承，温度升高	其振动特征是：（1）频率成分特征：①1N，90%；②2N，5%；③3N以上，5%。（2）振动行为特征：转子弯曲接近轴中心时，主要是1倍频轴向振动弯曲时，会有2倍频振动，径向振动谱中会有1倍频和2倍频，但是关键轴是轴向数据。（3）相位特征：支撑转轴的轴承（轴瓦）轴向相位相差180°，同一轴承（轴瓦）端面的轴向相位相同——转轴沿着轴向来回运动。（4）时域波形特征：对应弯曲特征：它并不是	1.1、2.1	会造成停车事故，严重影响机组运行	2	监测轴承振动、温度特征及变化趋势

续表

设备	部件	故障模式	故障原因	故障效应				风险等级	措施
				局部	特征	相邻	系统		
送、引风机	3　主轴	3.1　弯曲	3.1.2　裂纹	损坏轴承，温度升高	好的判断指标。弯曲接近轴中心，形状是正弦波，会有拍动，"M""W"的形状取决于相位角。（5）冲击特征：冲击较低	1.1、2.1	会造成停车事故，严重影响机组运行	2	监测轴承振动、温度特征及变化趋势
			3.1.3　检修装配不良	损坏轴承，温度升高	其振动特征是：（1）频率成分特征：①1N，90%；②2N，5%；③3N以上，5%。（2）振动行为特征：转子弯曲接近轴中心时，主要是1倍频轴向振动接近连接轴承时，会有2倍频振动，径向振动频谱中会有1倍频和2倍频　2倍频是关键是轴向数据。（3）相位特征（轴瓦）：支撑转轴的轴承（轴瓦）同一轴向相位相差180°，端面的轴向相位相同——转轴沿着轴向来回运动。（4）时域波形特征：对应弯曲，它并不是好的判断指标，弯曲形状是接近轴中心，形状是	1.1、2.1	会造成停车事故，严重影响机组运行	2	监测轴承振动、温度特征及变化趋势

续表

设备	部件	故障模式	故障原因	故障效应				风险等级	措施
				局部	特征	相邻	系统		
3 送、引风机	主轴	3.1 弯曲	3.1.3 检修装配不良	损坏轴承、温度升高	正弦波。弯曲接近联轴器，会有扫动，"M"的形状取决于相位角。（5）冲击特征：冲击较低	1.1、2.1	会造成停车事故，严重影响机组运行	2	监测轴承振动、温度特征及变化趋势
			3.1.4 转子因为热膨胀等原因产生弯曲，导致转子组件的质量中心偏移量超标	损坏轴承、温度升高	其振动特征是：（1）频率成分特征：①1N，90%；②2N，5%；③3N以上，5%。（2）振动行为特征：转子弯曲接近轴中心时，主要是1倍频轴向振动；弯曲接近联轴器时，会有2倍频轴向振动，径向振动频谱中会有1倍频和2倍频，但关键是轴向数据。（3）相位特征：支撑转轴的轴承（轴瓦）轴向相位相差180°，同一轴承（轴瓦）端面的轴向相同——转轴沿着轴向来回运动。（4）时域波形特征：对应弯曲，它并不是好的判断指标。弯曲接近轴中心，形状是正弦波。弯曲接近联轴器，会有扫动，"M"	1.1、2.1	会造成停车事故，严重影响机组运行	2	监测轴承振动、温度特征及变化趋势

续表

设备	部件	故障模式	故障原因	故障效应 局部	故障效应 特征	故障效应 相邻	故障效应 系统	风险等级	措施
送、引风机	3 主轴	3.1 弯曲	3.1.4 转子因为热膨胀等原因产生弯曲，导致转子组件的质量中心偏移量超标	损坏轴承，温度升高	"W"的形状取决于相位角；(5)冲击特征：冲击较低	1.1、2.1	会造成停车事故，严重影响机组运行	2	监测轴承振动、温度特征及变化趋势
		3.2 对中不良	3.2.1 轴承座发生变形	造成联轴器对中的变化，导致联轴器连接螺栓产生变形应力	其振动特征是：(1)频率成分特征：①1N，40%；②2N，50%；③3N以上，5%。(2)振动行为特征：2倍频是主导频率，1倍频振动幅值逐渐升高。(3)频谱特征：对于轴不对中，1倍频径向幅值较高；对于平行不对中，会看到1倍频，2倍频，3倍频，甚至4倍频、5倍频高径向主导振动，一端垂直方向振动幅值大，而另一端水平方向大。(4)相位特征：对于角不对中，风机两端（轴瓦）轴向相位相反，垂直相位和水平相位可能是0°或者180°。联轴器两端（电机或者小汽机驱动端）垂直相位相反。(5)时域波形特征：	1.8	会造成停车事故，严重影响机组运行	4	每月监测轴承振动特征及变化趋势

续表

| 设备 | 部件 | 故障模式 | 故障原因 | 故障效应 | | | | 风险等级 | 措施 |
				局部	特征	相邻	系统		
送、引风机	3　主轴	3.2　对中不良	3.2.1　轴承座发生变形	造成联轴器对中的变化，导致联轴器连接螺栓产生交变应力	是1倍频、2倍频或者其他频率的组合，因此形状是"M""W"的形状	1.8	会造成停车事故，严重影响机组运行	4	每月监测轴承振动特征及变化趋势
			3.2.2　基础沉降不均匀	造成联轴器对中的变化，导致联轴器连接螺栓产生交变应力	其振动特征是：（1）频率成分特征：①1N, 40%；②2N, 50%；③3N以上，5%。（2）振动行为特征：1倍频是主导频率，1倍频振动幅值逐渐升高。（3）频谱特征：对于角不对中，1倍频轴向幅值较高；对于平行不对中，会看到1倍频、2倍频、3倍频，甚至4倍频、5倍频高振动，径向主导垂直方向振动幅值大，而另一端方向大。（4）相位特征：对于角不对中，风机两端轴承（轴瓦）轴向相位相反，和水平相位可能是0或180°。联轴器两端（电机或者小汽机驱动端和风机驱动端）垂直相位相反。（5）时域波形特征：	1.8	会造成停车事故，严重影响机组运行	4	每月监测轴承振动特征及变化趋势

续表

设备	部件	故障模式	故障原因	故障效应				风险等级	措施
				局部	特征	相邻	系统		
送、引风机	3 主轴	3.2 对中不良	3.2.2 基础沉降不均匀	造成联轴器对中的变化，导致联轴器连接螺栓产生交变应力	是1倍频、2倍频的组合或者其他频率的组合，因此形状是"M""W"的形状	1.8	会造成停车事故，严重影响机组运行	4	每月监测轴承振动特征及变化趋势
			3.2.3 安装时找正不准	造成联轴器对中的变化，导致联轴器连接螺栓产生交变应力	其振动特征是： （1）频率成分特征：①1N，40%；②2N，50%；③3N以上，5%。 （2）振动行为特征：1倍频是主导频率，1倍频振动幅值逐渐升高。 （3）频谱特征：对于轴不对中，1倍频轴向平行不对中，会看到1倍至4倍频，3倍频，甚至4倍频、5倍频的高风机，径向主导垂直方向振动幅值大，而另一端水平方向大。 （4）相位特征：对于轴不对中，风机两端轴承（轴瓦）轴向相位相反，和水平相位可能是0°或180°。联轴器两端（电机或者小汽机驱动端和风机驱动端）垂直相位相反。 （5）时域波形特征：	1.8	会造成停车事故，严重影响机组运行	4	每月监测轴承振动特征及变化趋势

续表

设备	部件	故障模式	故障原因	故障效应				风险等级	措施
				局部	特征	相邻	系统		
		3.2 对中不良	3.2.3 安装时找正不准	造成联轴器中的变化，导致联轴器连接螺栓产生交变应力	是1倍频、2倍频或者其他频率的组合，因此形状是"M""W"的形状	1.8	会造成停车事故，严重影响机组运行	4	每月监测轴承振动特征及变化趋势
送、引风机	3 主轴		3.2.4 未正确安装	造成联轴器中的变化，导致联轴器连接螺栓产生交变应力	其振动特征是：(1) 频率成分特征：①1N，40%；②2N，50%；③3N以上，5%。(2) 振动行为特征：1倍频是主导频率，2倍频振动幅值逐渐升高。(3) 频谱特征：对于角不对中，1倍频轴向幅值较高；对于平行不对中，会看到1倍频、2倍频、3倍频，甚至4倍频、5倍频的径向主导幅值高振动幅值，一端垂直方向振动幅值大，而另一端垂直方向大。(4) 相位特征：对于角不对中，风机两端轴承（轴瓦）轴向相位相反，垂直和水平相位可能是0°或者180°。联轴器两端（电机或者小汽机驱动端和风机驱动端垂直相位相反。(5) 时域波形相位相反：	1.8	会造成停车事故，严重影响机组运行	4	每月监测轴承振动特征及变化趋势

续表

设备	部件	故障模式	故障原因	故障效应				风险等级	措施
				局部	特征	相邻	系统		
		3.2 对中不良	3.2.4 未正确安装	造成联轴器对中的变化，导致联轴器连接螺栓产生交变应力	是1倍频、2倍频或者其他频率的组合，因此形状是"M""W"的形状	1.8	会造成停车事故，严重影响机组运行	4	每月监测轴承振动特征及变化趋势
送、引风机	3 主轴	3.3 联轴器（膜片、蛇形簧等）故障	3.3.1 设计制造有缺陷	风机振动加大	其振动特征是：(1) 频率成分特征：①1N，40%；②2N，50%；③3N以上，5%。(2) 振动行为特征：轴向振动增大。(3) 冲击值较低，小于20g	1.8	会造成停车事故，严重影响机组运行	3	监测轴承振动、温度特征及变化趋势
			3.3.2 膜片、蛇形簧变形	风机振动加大	其振动特征是：(1) 频率成分特征：①1N，40%；②2N，50%；③3N以上，5%。(2) 振动行为特征：轴向振动增大。(3) 冲击值较低，小于20g	1.8	会造成停车事故，严重影响机组运行	3	监测轴承振动、温度特征及变化趋势
			3.3.3 未正确安装	风机振动加大	其振动特征是：(1) 频率成分特征：①1N，40%；②2N，50%；③3N以上，5%。(2) 振动行为特征：轴向振动增大。(3) 冲击值较低，小于20g	1.8	会造成停车事故，严重影响机组运行	3	监测轴承振动、温度特征及变化趋势

续表

设备	部件	故障模式	故障原因	故障效应 局部	故障效应 特征	故障效应 相邻	故障效应 系统	风险等级	措施
送、引风机	3 主轴	3.4 定位	3.4.1 轴向间隙大	转子轴向窜动	其振动特征是：（1）频率成分特征：①1N，40%；②2N，50%；③3N以上，5%。（2）冲击特征：冲击值不高，小于10g	5.1	会造成停车事故，严重影响机组运行	3	监测轴承振动、温度特征及变化趋势
	4 轴承座	4.1 松动	4.1.1 螺栓松动	振动	其振动特征是：（1）频率成分特征：（0%～50%）N，90%。（2）冲击特征：冲击变化不大，垂直振动会加大主要以1倍频为主。（3）倍频特征：转频整数倍频；偶尔有分数倍频出现	1.8	会造成停车事故，严重影响机组运行	2	监测轴承振动、温度特征及变化趋势
			4.1.2 裂纹	振动	其振动特征是：（1）频率成分特征：（0%～50%）N，90%。（2）冲击特征：冲击变化不大，垂直振动会加大主要以1倍频为主。（3）倍频特征：转频整数倍频；偶尔有分数倍频出现	1.8	会造成停车事故，严重影响机组运行	2	监测轴承振动、温度特征及变化趋势

续表

设备	部件	故障模式	故障原因	故障效应 局部	特征	相邻	系统	风险等级	措施
送引风机	5 润滑	5.1 润滑油少	5.1.1 未定期加油	损坏轴承；振动高	其振动特征是：（1）频率成分特征：①1N，40%；②2N，50%；③3N以上，5%。（2）冲击特征：冲击解调频底噪声较高，但是解调频谱下轴承故障频率不突出，频谱轴承频率故障频率较低且无松动迹象	1.1、1.3、2.1	会造成停车事故，严重影响机组运行	2	监测轴承振动、温度特征及变化趋势
			5.1.2 定期加油量少	损坏轴承；振动高	其振动特征是：（1）频率成分特征：①1N，40%；②2N，50%；③3N以上，5%。（2）冲击特征：冲击解调频底噪声较高，但是解调频谱下轴承故障频率不突出，频谱轴承频率故障频率较低且无松动迹象	1.1、1.3、2.1	会造成停车事故，严重影响机组运行	2	监测轴承振动、温度特征及变化趋势
		5.2 润滑油变质	5.2.1 油种混	损坏轴承；振动高	油质超标	1.1、1.3、2.1	会造成停车事故	4	定期加油
			5.2.2 油质量差	损坏轴承；振动高	油质超标	1.1、1.3、2.1	会造成停车事故	4	定期加油
			5.2.3 规格型号不对	损坏轴承；振动高	油质超标	1.1、1.3、2.1	会造成停车事故	4	定期加油

续表

设备	部件	故障模式	故障原因	故障效应 局部	故障效应 特征	故障效应 相邻	故障效应 系统	风险等级	措施
送、引风机	5 润滑	5.3 （稀油润滑）油压异常	5.3.1 润滑油泵故障	损坏轴承；振动高	就地或远程传送的压力低于限定值	1.1、1.3、2.1	会造成停车事故，严重影响机组运行	4	每天记录、每月相关分析一次
			5.3.2 管道、阀门泄漏	损坏轴承；振动高	就地或远程传送的压力低于限定值	1.1、1.3、2.1	会造成停车事故，严重影响机组运行	4	每天记录、每月相关分析一次
			5.3.3 供油调节门开度不够等	损坏轴承；振动高	就地或远程传送的压力低于限定值	1.1、1.3、2.1	会造成停车事故，严重影响机组运行	4	每天记录、每月相关分析一次
	6 联轴器	6.1 对中不良	6.1.1 轴承座变形	联轴器对中度变化，导致联轴器连接螺栓产生交变应力	其振动特征是：(1)频率成分特征：①1N，40%；②2N，50%；③3N以上，5%。(2)振动行为特征：轴向振动增大	1.8	会造成停车事故，严重影响机组运行	4	监测轴承振动特征及变化趋势
			6.1.2 基础沉降不均	联轴器对中度变化，导致联轴器连接螺栓产生交变应力	其振动特征是：(1)频率成分特征：①1N，40%；②2N，50%；③3N以上，5%。(2)振动行为特征：轴向振动增大	1.8	会造成停车事故，严重影响机组运行	4	监测轴承振动特征及变化趋势
			6.1.3 找正时对中不好	联轴器对中度变化，导致联轴器连接螺栓产生交变应力	其振动特征是：(1)频率成分特征：①1N，40%；②2N，50%；③3N以上，5%。(2)振动行为特征：轴向振动增大	1.8	会造成停车事故，严重影响机组运行	4	监测轴承振动特征及变化趋势

设备	部件	故障模式	故障原因	故障效应 局部	故障效应 特征	故障效应 相邻	故障效应 系统	风险等级	措施
送、引风机	6 联轴器	6.1 对中不良	6.1.4 未正确安装膜片等	联轴器对中度变化，导致联轴器连接螺栓产生交变应力	其振动特征是：(1) 频率成分特征：①1N，40%；②2N，50%；③3N以上，5%；(2) 振动行为特征：轴向振动增大	1.8	会造成停车事故，严重影响机组运行	4	监测轴承振动特征及变化趋势
		6.2 松动	6.2.1 联轴器螺栓松动	振动增大、运行不稳	其振动特征为：(0%~50%) N，90%	—	会造成停车事故，影响机组运行	4	监测轴承振动特征及变化趋势
		6.3 轴向串动	6.3.1 轴向间隙	检修工艺差	其振动特征是：(1) 频率成分特征：①1N，40%；②2N，50%；③3N以上，5%；(2) 振动行为特征：轴向振动增大	—	会造成停车事故，影响机组运行	4	监测轴承振动特征及变化趋势
	7 基础	7.1 基础松动	7.1.1 基础刚度不够	损坏轴承；振动高	其振动频率成分特征：(1) (40%~50%) N，20%；(2) 1N，60%；(3) 2N，10%；(4) 1/2N，10%	1.1、1.3、2.1	会造成停车事故	4	监测轴承振动、温度特征及变化趋势
			7.1.2 地脚螺栓松动	损坏轴承；振动高	其振动频率成分特征：(1) (40%~50%) N，20%；(2) 1N，60%；(3) 2N，10%；(4) 1/2N，10%	1.1、1.3、2.1	会造成停车事故	4	监测轴承振动、温度特征及变化趋势

续表

设备	部件	故障模式	故障原因	故障效应 局部	故障效应 特征	故障效应 相邻	故障效应 系统	风险等级	措施
	7 基础	7.1 基础松动	7.1.3 基础开裂等	损坏轴承；振动高	其振动频率成分特征为：(1)(40%~50%)N,20%。(2)1N,60%。(3)2N,10%。(4)1/2N,10%	1.1、1.3、2.1	会造成停车事故	4	监测轴承振动、温度特征及变化趋势
送、引风机	8 中间轴	8.1 弯曲	8.1.1 设计或制造缺陷	损坏轴承；振动高	其振动行为特征是：(1)频率成分特征：①1N,90%；②2N,5%；③3N以上,5%。(2)振动方向特征：转子弯曲接近轴中心时,主要是1倍频轴向振动接近联轴器,径向振动频谱中会有2倍频和2倍频峰值,但是关键是轴向数据。(3)相位特征(轴瓦)：支撑转轴的轴(轴瓦)轴向相位相差180°,同一轴承(轴瓦)端面的轴向相位相同——转轴沿着轴向相同的来回运动。(4)时域波形特征：对应弯曲,它不是好的判断指标。弯曲接近轴中心,形状是正弦波。弯曲接近联轴器,会有抖动,"M""W"的形状状取决于相位角	1.8	会造成停车事故	4	监测轴承振动、温度特征及变化趋势

续表

设备	部件	故障模式	故障原因	故障效应				风险等级	措施
				局部	特征	相邻	系统		
送、引风机	8 中间轴	8.1 弯曲	8.1.2 受热不均	损坏轴承；振动高	其振动特征是： （1）频率成分特征：①1N，90%；②2N，5%；③3N 以上，5%。 （2）振动行为特征：转子弯曲接近轴中心时，主要是 1 倍频轴向振动弯曲接近轴承器时，会有 2 倍频振动，径向振动频谱中会有 1 倍频和 2 倍频峰值，但是关键是轴向数据。 （3）相位特征：支撑转轴的轴承（轴瓦）同一轴向相位相差 180°，轴承（轴瓦）端面的轴向相位相着一转轴轴向来回运动。 （4）时域波形特征：对应弯曲，它并不是好的判断指标。弯曲是正弦波。弯曲接近正弦轴联轴器，会有扭动，"M" 或 "W" 的形状取决于相位角	1.8	会造成停车事故	4	监测轴承振动、温度特征及变化趋势
			8.1.3 对中不良	损坏轴承；振动高	其振动特征是： （1）频率成分特征：①1N，90%；②2N，5%；③3N 以上，5%。	1.8	会造成停车事故	4	监测轴承振动、温度特征及变化趋势

续表

设备	部件	故障模式	故障原因	故障效应				风险等级	措施
				局部	特征	相邻	系统		
送、引风机	8 中间轴	8.1 弯曲	8.1.3 对中不良	损坏轴承；振动高	（2）振动行为特征：转子弯曲接近轴中心时，主要是 1 倍频轴向振动弯曲接近联轴器时，会有 2 倍频振动，径向振动频谱中会有 1 倍频和 2 倍频峰值，但是关键是轴向的判断数据。（3）相位特征：支撑转轴的轴承（轴瓦）同一轴向相位相差180°，同一轴承（轴瓦）端面的轴向相着同相的转轴沿着轴向来回运动。（4）时域波形特征：对应弯曲，它并不是好的判断指标。弯曲接近轴中心，形状是近正弦波。弯曲接近联轴器，"M" "W"，会有抖动，的形状取决于不平衡角	1.8	会造成停车事故	4	监测轴承振动、温度特征及变化趋势
	9 护套	9.1 松动	9.1.1 支撑不牢固	动静摩擦，振动加大	其频率成分特征是：(0%~50%) N, 90%	1.8	会造成停车事故	2	检修 W 点
	10 空心导叶	10.1 减薄	10.1.1 低温腐蚀	产生金属碰磨声	异音	—	烟气进入轴承箱冷却室，引起热工测点损坏，轴承温度偏高；严重时导致风机出口风压局量低，影响风机并联运行	2	现场声音、检修 W 点

续表

设备	部件	故障模式	故障原因	故障效应 局部	故障效应 特征	故障效应 相邻	故障效应 系统	风险等级	措施
送引风机	10 空心导叶	10.1 减薄	10.1.2 系统漏风	产生金属碰磨声	异音	—	烟气进入轴承箱冷却室,引起热工测点损坏,严重时导致偏高;出口风压风量低,影响风机并联运行	2	现场声音、检修 W 点
		10.2 焊缝脱焊、裂纹	10.2.1 焊接质量差	产生金属碰磨声	异音	4.1、7.1	严重时引起轴承座松动、基础松动特征	3	现场声音、轴承振动
	11 护轴管	11.1 减薄	11.1.1 低温腐蚀	无明显特征	异音	1.8	烟气直接冲刷一级轮毂端面、减少端面密封寿命,严重时造成一级轮毂积灰	3	轴承振动、检修 W 点
			11.1.2 系统漏风	无明显特征	异音	1.8	烟气直接冲刷一级轮毂端面、减少端面密封寿命,严重时造成一级轮毂积灰	3	轴承振动、检修 W 点
	12 轮毂	12.1 积灰	12.1.1 轮毂端面密封不良	不平衡;动叶卡死操作不动	其振动特征是: (1)频率成分特征: ①1N,90%;②2N,5%;③3N以上,5%。 (2)频谱特征:径向1倍频幅值较高,轴向是水平方向。尤其是水平方向,振动较小。 (3)时域波形波,应该是正弦波,如果不是,可能是其他单位。障,尽量采用速度单位:相 (4)相位特征:相	1.8、11.1	影响动叶调节、风机出力	3	轴承振动、动叶操作灵活性

续表

设备	部件	故障模式	故障原因	故障效应				风险等级	措施
				局部	特征	相邻	系统		
送、引风机	12 轮毂	12.1 积灰	12.1.1 轮毂端面密封不良	不平衡；动叶卡死操作不动	位是不平衡最好的指示，同一轴承（轴瓦）位置上的垂直和水平相位相差90°。风机两相邻轴承（轴瓦）同一方向的振动相位相差30°和150°。（5）调制特征：叶片通过频率附近出现气流扰动底频，有时出现转频边带。（6）冲击特征：冲击解调底噪有一定程度抬高，小于10g	1.8、11.1	影响动叶调节，风机出力	3	轴承振动、动叶操作灵活性
			12.1.2 叶片根部密封不良	不平衡；动叶卡死操作不动	其振动特征是：（1）频率成分特征：①1N，90%；②2N，5%；③3N以上，5%；（2）频谱特征：径向1倍频幅值较高，尤其是水平方向，轴向振动较小。（3）时域波形特征：应该是正弦波，如果不是，可能是其他故障，尽量采用速度单位。（4）相位特征：相位是不平衡最好的指示，同一轴承（轴瓦）位置上的垂直和水平相位相差90°。风机两相邻轴承（轴瓦）同一	1.8、11.1	影响动叶调节，风机出力	3	轴承振动、动叶操作灵活性

续表

设备	部件	故障模式	故障原因	故障效应				风险等级	措施
				局部	特征	相邻	系统		
送、引风机	12 轮毂	12.1 积灰	12.1.2 叶片根部密封不良	不平衡；动叶卡死操作不动	方向的振动相位相差30°和150°。（5）调制特征：叶片通过频率附近出现气流扰动底带，有时出现转频边带。（6）冲击特征：冲击解调底带有一定程度抬高，小于10g	1.8、11.1	影响动叶调节、风机出力	3	轴承振动、动叶操作灵活性

（2）送、引风机轴承温度故障模式及影响分析（本体）。

设备	部件	故障模式	故障原因	故障效应				风险等级	措施
				局部	特征	相邻	系统		
送、引风机	1 滚动轴承组	1.1 失效	1.1.1 剥落、裂纹等	造成工作条件的恶化，可能导致轴承温度导致高于5℃/min，使轴承烧损	其振动频率成分特征为：（1）1N，70%。（2）100～200Hz，20%。（3）200Hz以上，5%	2.1、1.3、5.2	会造成停车事故	4	监测轴承振动、温度特征及变化趋势
			1.1.2 滚轴润滑不良	造成工作条件的恶化，可能导致轴承温度导致高于5℃/min，使轴承烧损	其振动频率成分特征为：（1）1N，70%。（2）100～200Hz，20%。（3）200Hz以上，5%	2.1、1.3、5.2	会造成停车事故	4	监测轴承振动、温度特征及变化趋势

续表

设备	部件	故障模式	故障原因	故障效应				风险等级	措施
				局部	特征	相邻	系统		
送、引风机	1 滚动轴承组	1.1 失效	1.1.3 受载过大	造成工作条件的恶化，可能导致轴承温度升速高于 5℃/min，使轴承烧损	其振动频率成分特征为：(1) 1N，70%；(2) 100~200Hz，20%；(3) 200Hz 以上，5%	2.1、1.3、5.2	会造成停车事故	4	监测轴承振动、温度特征及变化趋势
			1.1.4 安装不良	造成工作条件的恶化，可能导致轴承温度升速高于 5℃/min，使轴承烧损	其振动频率成分特征为：(1) 1N，70%；(2) 100~200Hz，20%；(3) 200Hz 以上，5%	2.1、1.3、5.2	会造成停车事故	4	监测轴承振动、温度特征及变化趋势
		1.2 间隙增大	1.2.1 磨损	不稳	其振动频率成分特征为：(1) 1N，90%；(2) 2N，5%；(3) 3N 以上，5%	1.1、2.1	会造成停车事故	4	监测轴承振动、温度特征及变化趋势
		1.3 内外圈(套)"跑圈"	1.3.1 轴承外圈与座孔配合太松或轴承内圈同轴颈配合太松	在运行中引起轴承相对，轴承产生裂纹等故障，温度升高	其振动频率成分特征为：(1) 内圈跑套：①(0%~40%) N，40%；②(40%~40%) N，40%；③(50%~100%) N，40%；(2) 外圈跑套：(0%~50%) N，90%	2.1	会造成停车事故，严重影响机组运行	4	监测轴承振动、温度特征及变化趋势

续表

设备	部件	故障模式	故障原因	故障效应				风险等级	措施
				局部	特征	相邻	系统		
送、引风机	1 滚动轴承组	1.4 松动	1.4.1 安装不良	损坏轴承，温度升高	其振动频率成分特征为： (1) 1N，90‰ (2) 2N，5‰ (3) 3N 以上，5%	2.1	会造成停车事故	4	监测轴承振动、温度特征及变化趋势
		1.5 轴向振动	1.5.1 推力弹簧失效	损坏轴承，温度升高	其振动频率成分特征为： (1) 1N，90‰ (2) 2N，5‰ (3) 3N 以上，5%	1.3、2.1	会造成停车事故	4	监测轴承振动、温度特征及变化趋势
			1.5.2 推力轴承失效	损坏轴承，温度升高	其振动频率成分特征为： (1) 1N，90‰ (2) 2N，5‰ (3) 3N 以上，5%	1.3、2.1	会造成停车事故	4	监测轴承振动、温度特征及变化趋势
	2 叶轮	2.1 不平衡	2.1.1 平衡精度的变化	损坏轴承，温度升高	其振动频率成分特征为： (1) 1N，90‰ (2) 2N，5‰ (3) 3N 以上，5%	1.1、1.3、1.5	会造成风机停车，威胁机组安全	4	监测轴承振动、温度特征及变化趋势
			2.1.2 叶轮明显的变形	损坏轴承，温度升高	其振动频率成分特征为： (1) 1N，90‰ (2) 2N，5‰ (3) 3N 以上，5%	1.1、1.3、1.5	会造成风机停车，威胁机组安全	4	监测轴承振动、温度特征及变化趋势
			2.1.3 叶片固定螺栓松动	损坏轴承，温度升高	其振动频率成分特征为： (1) 1N，90‰ (2) 2N，5‰ (3) 3N 以上，5%	1.1、1.3、1.5	会造成风机停车，威胁机组安全	4	监测轴承振动、温度特征及变化趋势

续表

设备	部件		故障模式	故障原因	故障效应					风险等级	措施
					局部	特征		相邻	系统		
送、引风机	3	主轴	3.1 弯曲	3.1.1 刚度不够	损坏轴承，温度升高	其振动特征是： （1）频率成分特征：①1N，90%；②2N，5%；③3N以上，5%。 （2）振动行为特征：转子弯曲接近轴中心时，主要是弯曲接近联轴器时，会有2倍频振动，径向振动频谱中会有1倍频和2倍频峰值，但是关键是轴向数据。 （3）相位特征：支撑转轴的轴承（轴瓦）轴向相位相差180°，同一轴向相位相同——的轴向相位相同转轴沿着相同轴向来回运动。 （4）时域波形特征：对应弯曲，它并不是好的判断指标。弯曲接近轴中心，形状是正弦波。弯曲接近联轴器，会有抖动，"M""W"的形状取决于相位角	1.1、2.1	会造成停车事故，严重影响机组运行	2	监测轴承振动、温度特征及变化趋势
				3.1.2 裂纹	损坏轴承，温度升高	其振动特征是： （1）频率成分特征：①1N，90%；②2N，5%；③3N以上，5%。	1.1、2.1	会造成停车事故，严重影响机组运行	2	监测轴承振动、温度特征及变化趋势

续表

设备	部件	故障模式	故障原因	故障效应				风险等级	措施
				局部	特征	相邻	系统		
送、引风机	3 主轴	3.1 弯曲	3.1.2 裂纹	损坏轴承，温度升高	（2）振动行为特征：转子弯曲接近轴中心时，主要是1倍频轴向振动弯曲接近联轴器时，径向振动2倍频振动，会有2倍频振动中会有1倍频振动和2倍频峰值，但是关键是轴向数据。（3）相位特征：支撑转轴的相位差180°，同一轴承（轴瓦）端面的轴向相位相同——转轴沿着轴向来回运动。	1.1、2.1	会造成停车事故，严重影响机组运行	2	监测轴承振动、温度特征及变化趋势
			3.1.3 检修装配不良	损坏轴承，温度升高	（4）时域波形特征：对应弯曲，它并不是接近轴中心，形状是正弦波。弯曲是接近轴中心，形状近似正弦波，弯曲抖动，"M"轴器，会有抖动，"W"的形状取决于联轴位角。其振动特征是：（1）频率成分特征：①1N，90%；②2N，5%；③3N以上，5%。（2）振动行为特征：转子弯曲接近轴中心时，主要是1倍频轴向振动弯曲接近联轴	1.1、2.1	会造成停车事故，严重影响机组运行	2	监测轴承振动、温度特征及变化趋势

续表

设备	部件	故障模式	故障原因	故障效应 局部	故障效应 特征	故障效应 相邻	故障效应 系统	风险等级	措施
送引风机	3　主轴	3.1　弯曲	3.1.3　检修装配不良	损坏轴承，温度升高	器时，会有2倍频振动，径向振动频谱中2倍频是1倍频，但是关键是轴向数据。 （3）相位特征：支撑转轴的轴承（轴瓦）同一轴瓦（轴承）端面的轴向相位相差180°，转轴沿着相同的轴向回运动。 （4）时域波形特征：对应弯曲，它并不是好的判断指标。弯曲接近轴中心，会呈现接近弯曲滚波。弯曲接近联轴器，"会有抖动，"M""W"的形状取决于相位角。	1.1、2.1	会造成停车事故，严重影响机组运行	2	监测轴承振动、温度特征及变化趋势
			3.1.4　转子因为热膨胀等原因产生弯曲，导致转子组件的质量中心偏移量超标	损坏轴承，温度升高	其振动特征是： （1）频率成分特征：①1N，90%；②2N，5%；③3N以上，5%。 （2）振动行为特征：转子弯曲接近轴中心时，主要是1倍频轴向振动接近弯曲接近轴承时，径向振动频谱中2倍频振动，会有2倍频振动和2倍频是1倍频，但是关键是轴向数据。	1.1、2.1	会造成停车事故，严重影响机组运行	2	监测轴承振动、温度特征及变化趋势

续表

设备	部件	故障模式	故障原因	故障效应				风险等级	措施
				局部	特征	相邻	系统		
送、引风机	3 主轴	3.1 弯曲	3.1.4 转子因为热膨胀等原因产生弯曲，导致转子组件的质量中心偏移量超标	损坏轴承、温度升高	（3）相位特征：支撑转轴的轴承（轴瓦）轴向相位相差180°，同一轴承（轴瓦）端面的轴向相位相同，转轴沿着相同转轴向来回运动。（4）时域波形特征：对应轴向弯曲，它并不是好的判断指标，弯曲是否接近轴中心，形状是正弦波。弯曲接近正联轴器，会有抖动，"M""W"的形状决于相位角	1.1、2.1	会造成停车事故，严重影响机组运行	2	监测轴承振动、温度特征及变化趋势
	4 轴承箱	4.1 松动	4.1.1 螺栓紧力不均松动	损坏轴承、温度升高	其振动频率成分特征为：（1）1N，90%；（2）2N，5%；（3）3N以上，5%	1.3、2.3	会造成停车事故	2	监测轴承振动、温度特征及变化趋势
			4.1.2 裂纹	损坏轴承、温度升高	其振动频率成分特征为：（1）1N，90%；（2）2N，5%；（3）3N以上，5%	1.3、2.3	会造成停车事故	2	监测轴承振动、温度特征及变化趋势
	5 润滑	5.1 润滑油少	5.1.1 未定期加油	损坏轴承、温度升高	振动、温度异常	1.1、1.3、2.1	会造成停车事故，严重影响机组运行	2	（1）监测轴承振动、温度变化及特征变化趋势（2）定期加油

设备	部件	故障模式	故障原因	故障效应				风险等级	措施
				局部	特征	相邻	系统		
送、引风机	5 润滑	5.1 润滑油少	5.1.2 定期加油量少	损坏轴承，温度升高	振动、温度异常	1.1、1.3、2.1	会造成停车事故，严重影响机组运行	2	（1）监测轴承振动、温度特征及变化趋势。（2）定期加油
		5.2 润滑油变质	5.2.1 油种混	损坏轴承，温度升高	油质超标	1.1、1.3、2.1	会造成停车事故	4	定期取样分析干监测
			5.2.2 油质量差	损坏轴承，温度升高	油质超标	1.1、1.3、2.1	会造成停车事故	4	定期取样分析干监测
			5.2.3 规格型号不对	损坏轴承，温度升高	油质超标	1.1、1.3、2.1	会造成停车事故	4	定期取样分析干监测
		5.3 （稀油润滑）油压异常	5.3.1 润滑油泵故障	损坏轴承，温度升高	油压异常	1.1、1.3、2.1	会造成停车事故	4	每天记录、每月相关分析一次
			5.3.2 管道、阀门漏泄	损坏轴承，温度升高	油压异常	1.1、1.3、2.1	会造成停车事故	4	每天记录、每月相关分析一次
			5.3.3 供油调节门开度不够等	损坏轴承，温度升高	油压异常	1.1、1.3、2.1	会造成停车事故	4	每天记录、每月相关分析一次
	6 冷却风机	6.1 一台冷却风机故障	6.1.1 电机等电气故障	一台冷却风机停运	温度略升高，局部风量降低	1.1	负荷转移到另一台风机，不影响系统运行，但长期搬运行或加剧加剧机磨损，降低系统可靠性	1	建议电气定检

续表

设备	部件	故障模式	故障原因	故障效应					风险等级	措施
				局部	特征	相邻	系统			
送、引风机	6　冷却风机	6.1　一台冷却风机故障	6.1.2　风机轴承损坏	一台冷却风机停运	温度略升高，局部风量降低	1.1	负荷转移到另一台风机，不影响系统运行，但长期运行或加剧另一台风机磨损，降低系统可靠性	1	建议电气定检
			6.1.3　风机动静摩擦	一台冷却风机停运	温度略升高，局部风量降低	1.1	负荷转移到另一台风机，不影响系统运行，但长期运行或加剧另一台风机磨损，降低系统可靠性	1	建议电气定检
		6.2　两台冷却风机故障	6.2.1　电机等电气故障	两台冷却风机均停	跳风机	1.1	系统冷却风量完全丧失，导致主机设备过热损坏，或造成停车事故	4	建议电气定检
			6.2.2　风机轴承损坏	两台冷却风机均停	跳风机	1.1	系统冷却风量完全丧失，导致主机设备过热损坏，或造成停车事故	4	建议电气定检
			6.2.3　风机动静摩擦	两台冷却风机均停	跳风机	1.1	系统冷却风量完全丧失，导致主机设备过热损坏，或造成停车事故	4	建议电气定检

续表

设备	部件	故障模式	故障原因	故障效应				风险等级	措施
				局部	特征	相邻	系统		
送、引风机	6 冷却风机	6.3 风道或挡板内漏	6.3.1 挡板关闭不严	漏风	影响冷却轴承效果	1.1	长期漏风降低冷却效果，加快设备损耗和损坏	3	检查挡板密封性，修复变形或卡涩部位，清理异物，确保风道密封良好
			6.3.2 挡板卡涩或风道内漏	漏风	影响冷却轴承效果	1.1	长期漏风降低冷却效果，加快设备损耗和损坏	3	检查挡板密封性，修复变形或卡涩部位，清理异物，确保风道密封良好
			6.3.3 挡板变形	漏风	影响冷却轴承效果	1.1	长期漏风降低冷却效果，加快设备损耗和损坏	3	检查挡板密封性，修复变形或卡涩部位，清理异物，确保风道密封良好
		6.4 风道堵塞	6.4.1 异物堵塞	冷却风量变小	影响冷却轴承效果	1.1	冷却能力下降，导致轴承温度升高，加快设备损耗和损坏	2	定期清扫

（3）送、引风机功能故障模式及影响分析。

设备	部件	故障模式	故障原因	故障效应				风险等级	措施
				局部	特征	相邻	系统		
送、引风机	1 油站	1.1 润滑油变质	1.1.1 油种混	损坏轴承，温度升高	清洁度超标或者乳化度超标	3.1	会造成停车事故	3	设置检修W点
			1.1.2 油质量差	损坏轴承，温度升高	清洁度超标或者乳化度超标	3.1	会造成停车事故	3	设置检修W点
			1.1.3 规格型号不对	损坏轴承，温度升高	清洁度超标或者乳化度超标	3.1	会造成停车事故	3	设置检修W点

续表

设备	部件	故障模式	故障原因	故障效应					风险等级	措施
				局部	特征	相邻	系统			
送引风机	2 伺服阀	2.1 调节故障	2.1.1 错油门的阀座、阀套、滑阀配合间隙不符合要求	运行不稳,叶片角度无法调整	电机电流特降	—	会造成停车事故,威胁机组安全	4	调停检查
			2.1.2 反馈齿条损坏	运行不稳,叶片角度无法调整	电机电流特降	—	会造成停车事故,威胁机组安全	4	调停检查
			2.1.3 伺服阀 O 型圈坏	运行不稳,叶片角度无法调整	电机电流特降	—	会造成停车事故,威胁机组安全	4	调停检查
			2.1.4 油中有杂质	运行不稳,叶片角度无法调整	电机电流特降	—	会造成停车事故,威胁机组安全	4	调停检查
			2.1.5 执行器问题	运行不稳,叶片角度无法调整	电机电流特降	—	会造成停车事故,威胁机组安全	4	调停检查
			2.1.6 伺服阀封轴漏油	运行不稳,叶片角度无法调整	电机电流特降	—	会造成停车事故,威胁机组安全	4	调停检查
			2.1.7 连接油管道泄漏	运行不稳,叶片角度无法调整	电机电流特降	—	会造成停车事故,威胁机组安全	4	调停检查
			2.1.8 执行器输入轴夹块螺栓松脱	运行不稳,叶片角度无法调整	电机电流特降	—	会造成停车事故,威胁机组安全	4	调停检查
			2.1.9 反馈轴承损坏	运行不稳,叶片角度无法调整	电机电流特降	—	会造成停车事故,威胁机组安全	4	调停检查
			2.1.10 反馈杆固定螺丝松脱	运行不稳,叶片角度无法调整	电机电流特降	—	会造成停车事故,威胁机组安全	4	调停检查
			2.1.11 执行器输入轴对轮尼龙销断裂	运行不稳,叶片角度无法调整	电机电流特降	—	会造成停车事故,威胁机组安全	4	调停检查

续表

设备	部件	故障模式		故障原因	故障效应				风险等级	措施
					局部	特征	相邻	系统		
送、引风机	2 伺服阀	2.1 调节故障	2.1.12 连接"8"字簧片断裂	运行不稳，叶片角度无法调整	电机电流特降	—	会造成停车事故，威胁机组安全	4	调停检查
	3 油泵对轮弹垫	3.1 裂纹或者破裂	3.1.1 老化	油泵和电机振动	油压不稳定	—	出力减少，影响安全	3	设置检修 W 点
			3.1.2 质量原因	油泵和电机振动	油压不稳定	—	出力减少，影响安全	3	设置检修 W 点
	4 出口闸板门	4.1 卡涩	4.1.1 电动头失灵	无法隔绝系统	倒风烟	—	影响系统隔绝	3	调停检查
			4.1.2 铜螺母损坏	无法隔绝系统	倒风烟	—	影响系统隔绝	3	调停检查
			4.1.3 门板卡涩	无法隔绝系统	倒风烟	—	影响系统隔绝	3	调停检查
	5 油站冷却水	5.1 轴承高温	5.1.1 冷却器结垢	降低冷却效果或者油箱带水	油温高或者油位升高	—	出力减少，影响安全	4	调停检查
			5.1.2 冷却器进出口阀门故障	降低冷却效果或者油箱带水	油温高或者油位升高	—	出力减少，影响安全	4	调停检查
			5.1.3 冷却器穿孔	降低冷却效果或者油箱带水	油温高或者油位升高	—	出力减少，影响安全	4	调停检查
	6 本体机壳围带	6.1 泄漏	6.1.1 围带断裂	漏烟气	烟气污染	—	出力减少，影响安全	1	每日巡查
			6.1.2 围带螺栓松动	漏烟气	烟气污染	—	出力减少，影响安全	1	每日巡查
			6.1.3 衬带破损	漏烟气	烟气污染	—	出力减少，影响安全	1	每日巡查

续表

设备	部件	故障模式	故障原因	故障效应				风险等级	措施
				局部	特征	相邻	系统		
送、引风机	7 空心导叶	7.1 破裂	7.1.1 导叶焊缝裂纹	漏烟气，冷却风带烟气严重时本体振动变大	间断异常声音出现	—	出力减少，影响安全	3	每日巡查
	8 执行器输入轴承	8.1 动叶无法操作	8.1.1 UC30轴承缺油卡涩	动叶失效	DCS 开度和电流不对应	—	造成风机无法运行，威胁机组安全	5	调停检查
			8.1.2 关节轴室室漏灰、漏烟气	动叶失效	DCS 开度和电流不对应	—	造成风机无法运行，威胁机组安全	5	调停检查
			8.1.3 UC30轴承质量问题	动叶失效	DCS 开度和电流不对应	—	造成风机无法运行，威胁机组安全	5	调停检查
	9 电机轴瓦油档	9.1 轴瓦高温	9.1.1 油档蹭轴	影响机组安全	轴的温度高于轴瓦温度	—	导致设备温升和损坏，影响风机运行稳定性	5	小修检查处理
			9.1.2 油档和间隙小	影响机组安全	轴的温度高于轴瓦温度	—	导致设备温升和损坏，影响风机运行稳定性	5	小修检查处理
			9.1.3 油档槽道进杂质	影响机组安全	轴的温度高于轴瓦温度	—	导致设备温升和影响风机运行损坏，行稳定性	5	小修检查处理
			9.1.4 油档限位块破损	影响机组安全	轴的温度高于轴瓦温度	—	导致设备温升和影响风机运行损坏，行稳定性	5	小修检查处理
			9.1.5 油档弹簧断裂	影响机组安全	轴的温度高于轴瓦温度	—	导致设备温升和影响风机运行损坏，行稳定性	5	小修检查处理

续表

设备	部件	故障模式	故障原因	故障效应					风险等级	措施
				局部	特征	相邻	系统			
送、引风机	10 油站油压	10.1 控制油压力低	10.1.1 油泵泄漏	动叶调节故障	就地油压显示低	—	影响机组稳定供风和负荷控制,可能造成风机停运	4	调停检查
			10.1.2 调节阀堵塞	动叶调节故障	就地油压显示低	—	影响机组稳定供风和负荷控制,可能造成风机停运	4	调停检查
			10.1.3 压力管道泄漏	动叶调节故障	就地油压显示低	—	影响机组稳定供风和负荷控制,可能造成风机停运	4	调停检查
			10.1.4 系统滤网脏	动叶调节故障	就地油压显示低	—	影响机组稳定供风和负荷控制,可能造成风机停运	4	调停检查
	11 冷却风	11.1 冷却风量小	11.1.1 冷却风机进口堵	轴承温度高	出风口风量和压力都小	—	每日巡查风机进口出口及管道,清理堵塞物、检查软连接,及时维修或更换损坏部分	3	每日巡查
			11.1.2 冷却风机出口切换挡板不到位	轴承温度高	出风口风量和压力都小	—	每日巡查风机进口出口及管道,清理堵塞物、检查软连接,及时维修或更换损坏部分	3	每日巡查
			11.1.3 冷却风出口管道连接软连接破裂	轴承温度高	出风口风量和压力都小	—	每日巡查风机进口出口及管道,清理堵塞物、检查软连接,及时维修或更换损坏部分	3	每日巡查

续表

设备	部件	故障模式	故障原因	故障效应 局部	故障效应 特征	故障效应 相邻	故障效应 系统	风险等级	措施
送、引风机	12 风道	12.1 积灰	12.1.1 设计不合理	风道积灰或阻塞	出力减少	—	增加风机运行阻力,降低通风效率	2	设置检修 W 点
		12.2 漏风烟	12.2.1 磨损、腐蚀	烟气污染	出力减少	—	增加风机运行阻力,降低通风效率	2	设置检修 W 点
		12.3 膨胀节漏水	12.3.1 磨损、腐蚀	地面污染物	出力减少	—	增加风机运行阻力,降低通风效率	2	设置检修 W 点
	13 油泵	13.1 故障	13.1.1 电机故障跳闸	油压异常	油压低报警	—	风机停运	3	检查
			13.1.2 供油泵磨损、卡涩	油压异常	油压低报警	—	风机停运	3	检查
			13.1.3 供油泵叶轮松动、脱落	油压异常	油压低报警	—	风机停运	3	检查
			13.1.4 供油泵间隙大或者严重漏泄等	油压异常	油压低报警	—	风机停运	3	检查

2. 一次风机振动故障模式及影响分析（本体）

（1）一次风机本体振动故障模式及影响分析。

设备	部件	故障模式	故障原因	故障效应 局部	故障效应 特征	故障效应 相邻	故障效应 系统	风险等级	措施
一次风机	1 叶轮	1.1 叶轮磨损	1.1.1 磨损	损坏叶轮	其振动频率成分特征为:(1) 1N,90%。(2) 2N,5%。(3) 3N 以上, 5%	1.8	流量和功率不正常减少,受力不平衡	3	设置检修 W 点

续表

设备		部件		故障模式		故障原因		故障效应				风险等级	措施
								局部	特征	相邻	系统		
一次风机	1	叶轮	1.2	叶轮积灰	1.2.1	叶片表面积灰	造成流道不均匀	征为： (1) 1N，90‰。 (2) 2N，5‰。 (3) 3N 以上，5%	其振动频率成分特	1.8	造成压力流量效率下降，发生喘振	1	设置检修 W 点
			1.3	叶轮破裂	1.3.1	制造不良	损坏其他构件，有噪声	征为： (1) 1N，90‰。 (2) 2N，5‰。 (3) 3N 以上，5%	其振动频率成分特	1.8	流量减少，威胁机组安全	3	设置检修 W 点
			1.4	接触	1.4.1	叶轮和机壳接触	叶轮碰到机壳，在机壳处能听到金属摩擦声，会损坏叶片	征为：1N，100%	其振动频率成分特	1.9	降低流量，威胁机组安全	4	设置检修 W 点
			1.5	喘振	1.5.1	运行进入喘振区	调整不当或设备不合理	征为：1N，90%	其振动频率成分特	1.8、1.9	流量和耗功不正常，调节难	1	设置检修 W 点
			1.6	叶轮变形	1.6.1	冷却时上下温差	叶轮不平衡	征为： (1) 1N，90‰。 (2) 2N，5‰。 (3) 3N 以上，5%	其振动频率成分特	1.8	影响风机运行	2	设置检修 W 点
			1.7	叶轮腐蚀	1.7.1	叶轮有腐蚀	导致轴承受力情况恶化	征为： (1) 1N，90‰。 (2) 2N，5‰。 (3) 3N 以上，5%	其振动频率成分特	1.8	会造成风机流量减少	1	设置检修 W 点

续表

设备	部件	故障模式	故障原因	故障效应				风险等级	措施
				局部	特征	相邻	系统		
一次风机	1 叶轮	1.8 叶轮不平衡	1.8.1 平衡精度的变化	导致轴承受力情况恶化	其振动频率成分特征为：(1) 1N, 90‰ (2) 2N, 5% (3) 3N以上, 5%	3.1	会造成风机停车，威胁机组安全	3	每天测振记录
			1.8.2 叶轮明显的变形	导致轴承受力情况恶化	其振动频率成分特征为：(1) 1N, 90‰ (2) 2N, 5% (3) 3N以上, 5	3.1	会造成风机停车，威胁机组安全	3	每天测振记录
			1.8.3 叶片没有装正确	导致轴承受力情况恶化	其振动频率成分特征为：(1) 1N, 90‰ (2) 2N, 5% (3) 3N以上, 5%	3.1	会造成风机停车，威胁机组安全	3	每天测振记录
		1.9 叶轮脱落、破损、松动	1.9.1 并帽松动	振动并有噪声，叶轮不平衡	其振动频率成分特征为：(1) 1N, 90‰ (2) 2N, 5%	1.3	会造成风机停车，影响安全	5	每月测振，频谱分析100Hz 一次/记录
			1.9.2 安装或材料缺陷	振动并有噪声，叶轮不平衡	其振动频率成分特征为：(1) 1N, 90‰ (2) 2N, 5%	1.3	会造成风机停车，影响安全	5	每月测振，频谱分析100Hz 一次/记录
		1.10 气流共振	1.10.1 转速近临界转速	振动并有噪声	其振动频率成分特征为：1N, 90%	1.4	损坏风机	2	每月测振，频谱分析100Hz 一次/记录

设备	部件	故障模式	故障原因	故障效应				风险等级	措施
				局部	特征	相邻	系统		
一次风机	2 滚动轴承组	2.1 失效	2.1.1 剥落、裂纹等	造成工作条件的恶化，可能导致温速率高于5℃/min，使轴承温度上升	其振动频率成分特征为： (1) 1N，70‰； (2) (100～300) Hz，20‰； (3) 2000Hz以上，5%	1.4、1.8	会造成停车事故	5	每月测振并测频谱100、200、5000Hz各一次
			2.1.2 滚轴润滑不良	造成工作条件的恶化，可能导致温速率高于5℃/min，使轴承温度上升	其振动频率成分特征为： (1) 1N，70‰； (2) (100～300) Hz，20‰； (3) 2000Hz以上，5%	1.4、1.8	会造成停车事故	5	每月测振并测频谱100、200、5000Hz各一次
			2.1.3 受载过大	造成工作条件的恶化，可能导致温速率高于5℃/min，使轴承温度上升	其振动频率成分特征为： (1) 1N，70‰； (2) (100～300) Hz，20‰； (3) 2000Hz以上，5%	1.4、1.8	会造成停车事故	5	每月测振并测频谱100、200、5000Hz各一次
			2.1.4 安装不良	造成工作条件的恶化，可能导致温速率高于5℃/min，使轴承温度上升	其振动频率成分特征为： (1) 1N，70‰； (2) (100～300) Hz，20‰； (3) 2000Hz以上，5%	1.4、1.8	会造成停车事故	5	每月测振并测频谱100、200、5000Hz各一次

续表

设备	部件	故障模式	故障原因	故障效应				风险等级	措施
				局部	特征	相邻	系统		
一次风机	2 滚动轴承组	2.2 间隙增大	2.2.1 密封磨损	油位不正常，有时导致轴承温度不升	其振动特征为：(1) 1N 主导。(2) 振动不稳	1.8	造成停车事故	4	每月测振并测频谱100、200、5000Hz 各一次
		2.3 内外圈"跑动"	2.3.1 轴承外圈与座孔配合太松或轴承内圈同轴颈配合太松	在运行中引起相对运动造成的，会造成轴承产生裂纹	其振动频率成分特征为：(1) 内圈跑套：① (0%~40%) N，40%；② (40%~40%) N，40%，100% N，40%。(2) 外圈跑套：(0~50%) N，90%	1.8	会造成停车事故，严重影响机组运行	4	每月测振并测频谱100、200、5000Hz 各一次
		2.4 松动	2.4.1 安装不良	损坏轴承	其振动频率成分特征为：(0%~50%) N，90%	1.8	会造成停车事故，严重影响机组运行	4	每月测振并测频谱100、200、5000Hz 各一次
	3 主轴	3.1 弯曲	3.1.1 刚度不够	不平衡	其振动频率成分特征为：(1) 1N，90%。(2) 2N，5%。(3) 3N 以上，5%	1.8, 1.4	会造成停车事故	3	设置检修 W 点
			3.1.2 裂纹	不平衡	其振动频率成分特征为：(1) 1N，90%。(2) 2N，5%。(3) 3N 以上，5%	1.8, 1.4	会造成停车事故	3	设置检修 W 点
	4 轴承座	4.1 松动	4.1.1 螺栓松动	振动	其振动频率成分特征为：(0%~50%) N，90%	1.8	会造成停车事故，严重影响机组运行	2	设置检修 W 点

续表

设备	部件	故障模式	故障原因	故障效应					风险等级	措施
				局部	特征		相邻	系统		
一次风机	4 轴承座	4.1 松动	4.1.2 裂纹	振动	其振动频率成分特征为：(0%～50%)N,90%		1.8	会造成停车事故，严重影响机组运行	2	设置检修 W 点
	5 联轴器	5.1 对中不良	5.1.1 轴承座发生变形	造成联轴器对中的变化，导致联轴器联接螺栓产生交变应力	其振动频率成分特征为：(1) 1N，40‰(2) 2N，50‰(3) 3N 以上，5%		5.3	增加传动系统故障风险，可能导致联轴器失效影响设备运行	4	设置检修 W 点
			5.1.2 基础沉降不均匀	造成联轴器对中的变化，导致联轴器联接螺栓产生交变应力	其振动频率成分特征为：(1) 1N，40‰(2) 2N，50‰(3) 3N 以上，5%		5.3	增加传动系统故障风险，可能导致联轴器失效影响设备运行	4	设置检修 W 点
			5.1.3 安装时找中不准	造成联轴器对中的变化，导致联轴器联接螺栓产生交变应力	其振动频率成分特征为：(1) 1N，40‰(2) 2N，50‰(3) 3N 以上，5%		5.3	增加传动系统故障风险，可能导致联轴器失效影响设备运行	4	设置检修 W 点
			5.1.4 未正确安装	造成联轴器对中的变化，导致联轴器联接螺栓产生交变应力	其振动频率成分特征为：(1) 1N，40‰(2) 2N，50‰(3) 3N 以上，5%		5.3	增加传动系统故障风险，可能导致联轴器失效影响设备运行	4	设置检修 W 点
		5.2 棒销卡死	5.2.1 尼龙棒销损坏	电机及本体振动	其振动特征为：(1) 轴向振动大。(2) 1N 主导。(3) 振动不稳		—	增加轴承和电机损坏风险，影响设备传动稳定性，可能导致停机	3	定期检查

289

续表

设备	部件	故障模式	故障原因	故障效应				风险等级	措施
				局部	特征	相邻	系统		
一次风机	5 联轴器	5.3 定位	5.3.1 轴向间隙大	转子轴向窜动	其振动频率成分特征为：(1) 1N，40‰；(2) 2N，50‰；(3) 3N 以上，5%	5.1	增加轴承受力不均，导致润滑失效，影响运行稳定性	3	设置检修 W 点
	6 基础不良	6.1 基础不良	6.1.1 基础刚度不够	运行不稳	其振动频率成分特征为：(1)(40%~50%) N，20%；(2) 1N，60%；(3) 2N，10%；(4) 1/2N，10%	1.8	增加设备结构变形或损坏风险，可能导致运行故障	2	定期检查基础刚度和螺栓松紧度
			6.1.2 地脚螺栓松动	运行不稳	其振动频率成分特征为：(1)(40%~50%) N，20%；(2) 1N，60%；(3) 2N，10%；(4) 1/2N，10%	1.8	增加设备结构变形或损坏风险，可能导致运行故障	2	定期检查基础刚度和螺栓松紧度

（2）一次风机本体轴承温度故障模式及影响分析。

设备	部件	故障模式	故障原因	故障效应				风险等级	措施
				局部	特征	相邻	系统		
一次风机	1 滚动轴承组	1.1 失效	1.1.1 剥落、裂纹等	温升速率高于 1℃/min	其振动特征为：(1) 1N 主导；(2) 振动高频	2.1、1.3、5.2	会造成停车事故	5	每天记录，每月相关分析（烟温、加油时间、电流）

续表

设备	部件	故障模式	故障原因	局部	故障效应 特征	相邻	系统	风险等级	措施
一次风机	1 滚动轴承组	1.1 失效	1.1.2 滚动轴润滑不良	温升速率高于1℃/min	其振动特征为:(1) 1N主导。(2) 振动高频	2.1、1.3、5.2	会造成停车事故	5	每天记录，每月相关分析，加油时间、电流
			1.1.3 受载过大	温升速率高于1℃/min	其振动特征为:(1) 1N主导。(2) 振动高频	2.1、1.3、5.2	会造成停车事故	5	每天记录，每月相关分析，加油时间、电流
			1.1.4 安装不良	温升速率高于1℃/min	其振动特征为:(1) 1N主导。(2) 振动高频	2.1、1.3、5.2	会造成停车事故	5	每天记录，每月相关分析，加油时间、电流
		1.2 间隙增大	1.2.1 磨损	不稳	其振动特征为:(1) 1N主导。(2) 振动不稳	1.1、2.1	会造成停车事故	5	每月测振并测频谱100、200、5000Hz各一次
		1.3 内外圈"跑动"	1.3.1 轴承外圈与座孔配合太松或轴承内圈同轴颈配合太松	温度不稳	其振动特征为:(1) 1N主导。(2) 振动不稳	2.1	会造成停车事故,严重影响机组运行	5	每月测振并测频谱100、200、5000Hz各一次
		1.4 松动	1.4.1 安装不良	温度不稳	其振动特征为:(1) 1N主导。(2) 振动不稳	2.1	会造成停车事故	5	每月测振并测频谱100、200、5000Hz各一次
		1.5 轴向振动	1.5.1 推力弹簧失效	轴承温度高	其振动特征为:(1) 轴向振动大。(2) 振动不稳	1.3、2.1	会造成停车事故	5	每月测振并测频谱100、200、5000Hz各一次
			1.5.2 推力轴承失效	轴承温度高	其振动特征为:(1) 轴向振动大。(2) 振动不稳	1.3、2.1	会造成停车事故	5	每月测振并测频谱100、200、5000Hz各一次
	2 叶轮	2.1 不平衡	2.1.1 平衡精度的变化	振动大	其振动频率成分特征为:1N主导	1.1、1.3、1.5	会造成停车事故,严重影响机组运行	2	监测轴承振动特征及变化趋势

附　　录

续表

设备	部件	故障模式	故障原因	故障效应 局部	故障效应 特征	相邻	系统	风险等级	措施
一次风机	2 叶轮	2.1 不平衡	2.1.2 叶轮明显的变形	振动大	其振动频率成分特征为：1N 主导	1.1、1.3、1.5	会造成停车事故，严重影响机组运行	2	监测轴承振动特征及变化趋势
			2.1.3 叶片固定螺栓松	振动大	其振动频率成分特征为：1N 主导	1.1、1.3、1.5	会造成停车事故，严重影响机组运行	2	监测轴承振动特征及变化趋势
	3 主轴	3.1 弯曲	3.1.1 刚度不够	振动大	其振动频率成分特征为：1N 主导	1.1、2.1	会造成停车事故	2	设置检修 W 点
			3.1.2 裂纹	振动大	其振动频率成分特征为：1N 主导	1.1、2.1	会造成停车事故	2	设置检修 W 点
	4 轴承座	4.1 松动	4.1.1 螺栓紧力不均松动	振动大	其振动特征为：(1)差别振动大。(2)振动不稳	1.3、2.3	会造成停车事故，严重影响机组运行	2	设置检修 W 点
			4.1.2 裂纹	振动大	其振动特征为：(1)差别振动大。(2)振动不稳	1.3、2.3	会造成停车事故，严重影响机组运行	2	设置检修 W 点
	5 润滑	5.1 润滑油少	5.1.1 未定期加油	温度高	振动加速度大	1.1、1.3、2.1	会造成停车事故	5	定期加油
			5.1.2 定期加油少	温度高	振动加速度大	1.1、1.3、2.1	会造成停车事故	5	定期加油
		5.2 润滑油变质	5.2.1 油种混	温度高	振动加速度大	1.1、1.3、2.1	会造成停车事故	5	定期加油
			5.2.2 油质量差	温度高	振动加速度大	1.1、1.3、2.1	会造成停车事故	5	定期加油
	6 冷却	6.1 进水阀	6.1.1 阀芯脱落	温度高	阀门功能失效，风机温度升高	—	风机运行异常或停机	4	每天检查
			6.1.2 脏物堵死						

292

附　录

三、空气预热器故障模式及影响分析

设备	部件	故障模式	故障原因	故障效应 局部	故障效应 特征	故障效应 相邻	故障效应 系统	风险等级	措施
空气预热器	1 空气预热器本体	1.1 径向柔性密封片故障	1.1.1 磨损	有碰磨声 电流有一定波动	其振动特征为:(1) 1N主导。(2) 振动不稳	1.2	流量和功率不正常减少，受力不平衡	3	设置检修W点
		1.2 轴向密封故障	1.2.1 磨损	有碰磨声 电流有一定波动	其振动特征为:(1) 1N主导。(2) 振动不稳	1.1	造成压力流量效率下降，发生喘振	1	设置检修W点
		1.3 扇形板故障	1.3.1 磨损	漏风率增加	其振动特征成分明显。(2) 振动不稳 (3) 出现倍频成分	4.2	流量减少，威胁机组安全	3	设置检修W点
		1.4 换热元件故障	1.4.1 变形	空气预热器差压变化	压差变大，换热效率下降	—	降低流量 机组安全	4	设置检修W点
			1.4.2 腐蚀	空气预热器差压变化	压差变大，换热效率下降	—	降低流量 机组安全	4	设置检修W点
			1.4.3 结垢	空气预热器差压变化	压差变大，换热效率下降	—	降低流量 机组安全	4	设置检修W点
	2 联轴器	2.1 对中不良	2.1.1 轴承座发生变形	造成联轴器对中的变化，导致联轴器连接螺栓产生变应力	其振动特征为:(1) 1N频率成分明显。(2) 2N频率成分明显。(3) 3N频率成分明显	2.2	联轴器外圈晃动	2	每月进行频谱分析

续表

设备	部件	故障模式	故障原因	故障效应					风险等级	措施
				局部	特征	相邻	系统			
空气预热器	2 联轴器	2.1 对中不良	2.1.2 基础沉降不均匀	造成联轴器对中的变化，导致联轴器连接螺栓产生交变应力	其振动特征为： (1) 1N 频率成分明显。 (2) 2N 频率成分明显。 (3) 3N 频率成分明显	2.2	联轴器外圈晃动	2	每月进行频谱分析
			2.1.3 安装时找中不准	造成联轴器对中的变化，导致联轴器连接螺栓产生交变应力	其振动特征为： (1) 1N 频率成分明显。 (2) 2N 频率成分明显。 (3) 3N 频率成分明显	2.2	联轴器外圈晃动	2	每月进行频谱分析
			2.1.4 未正确安装	造成联轴器对中的变化，导致联轴器连接螺栓产生交变应力	其振动特征为： (1) 1N 频率成分明显。 (2) 2N 频率成分明显。 (3) 3N 频率成分明显	2.2	联轴器外圈晃动	2	每月进行频谱分析
		2.2 松动	2.2.1 联轴器松动	运行不稳	其振动特征为： (1) 1N 频率成分明显。 (2) 振动不稳。 (3) 出现倍频成分	2.1	晃动	1	每月进行频谱分析
			2.2.2 棒销磨损	运行不稳	其振动特征为： (1) 1N 频率成分明显。 (2) 振动不稳。 (3) 出现倍频成分	2.1	晃动	1	每月进行频谱分析

设备	部件	故障模式	故障原因	故障效应				风险等级	措施
				局部	特征	相邻	系统		
空气预热器	2 联轴器	2.3 磨损	2.3.1 联轴器磨损	运行不稳	其振动特征为：(1) 1N 频率成分明显。(2) 2N 频率成分明显。(3) 3N 频率成分明显	一	键销孔大	3	每月进行频谱分析
	3 基础	3.1 基础不良	3.1.1 基础刚度不够	运行不稳	其振动特征为：(1) 1N 主导。(2) 振动不稳	2.2	晃动	2	每月进行频谱分析
			3.1.2 地脚螺栓松动	运行不稳	其振动特征为：(1) 1N 主导。(2) 振动不稳	2.2	晃动	2	每月进行频谱分析
	4 滚动轴承组	4.1 失效	4.1.1 剥落、裂纹等	造成工作条件的恶化，可能导致温升速率高于 5℃/min，使轴承温度上升	其振动特征为：(1) 1N 主导。(2) 振动高频	4.2	温度高	5	每天测振、每月频谱分析
			4.1.2 滚轴	造成工作条件的恶化，可能导致温升速率高于 5℃/min，使轴承温度上升	其振动特征为：(1) 1N 主导。(2) 振动高频	4.2	温度高	5	每天测振、每月频谱分析
			4.1.3 受载过大	造成工作条件的恶化，可能导致温升速率高于 5℃/min，使轴承温度上升	其振动特征为：(1) 1N 主导。(2) 振动高频	4.2	温度高	5	每天测振、每月频谱分析
			4.1.4 安装不良	造成工作条件的恶化，可能导致温升速率高于 5℃/min，使轴承温度上升	其振动特征为：(1) 1N 主导。(2) 振动高频	4.2	温度高	5	每天测振、每月频谱分析

续表

设备	部件	故障模式	故障原因	故障效应				风险等级	措施
				局部	特征	相邻	系统		
空气预热器	4 滚动轴承组	4.2 间隙增大	4.2.1 磨损	油质不良,有时导致轴承温度升	其振动特征为:(1) 1N主导。(2) 振动不稳	4.1	温度高	4	每天测振,每月频谱分析
			4.2.2 润滑不良	油质不良,有时导致轴承温度升	其振动特征为:(1) 1N主导。(2) 振动不稳	4.1	温度高	4	每天测振,每月频谱分析
		4.3 内外圈"跑动"	4.3.1 轴承外圈与座孔配合太松或轴承内圈同轴颈配合太松	在运行中引起相对运动造成的,会造成轴承产生裂纹	其振动特征为:(1) 1N主导。(2) 振动不稳	4.2	温度高	4	每天测振,每月频谱分析
		4.4 松动	4.4.1 安装不良	损坏轴承	其振动特征为:(1) 1N主导。(2) 振动不稳	4.2	晃动	4	每天测振,每月频谱分析
		4.5 轴向振动	4.5.1 联轴器卡死	(1) 损坏轴承。(2) 振动	其振动特征为:(1) 1N主导。(2) 晃动	—	润滑油温高	3	每天测振,每月频谱分析
		4.6 齿非侧轴承外圈松脱	4.6.1 外圈未定位	大小齿轮坏	其振动特征为:(1) 1N频率成分明显。(2) 振动不稳。(3) 出现倍频成分	—	润滑油温高	4	每天检查
	5 冷却器 水中断	5.1 冷却水中断	5.1.1 阀门芯脱落	冷却效果下降,油温升高	油温升高	—	磨煤机润滑失效、轴承及齿轮异常磨损,可能导致停机	4	每天检查,及时反冲洗
			5.1.2 水中杂质多	冷却效果下降,油温升高	油温升高	—	磨煤机润滑失效、轴承及齿轮异常磨损,可能导致停机	4	每天检查,及时反冲洗

续表

设备	部件	故障模式	故障原因	故障效应 局部	故障效应 特征	故障效应 相邻	故障效应 系统	风险等级	措施
空气预热器	5 冷却器	5.1 冷却水中断	5.1.3 冷却器内部结垢	冷却效果下降，油温升高	油温升高	—	磨煤机润滑失效，轴承及齿轮异常磨损，可能导致停机	4	每天检查，及时反冲洗
			5.1.4 法兰盘垫子坏	冷却效果下降，油温升高	油温升高	—	磨煤机润滑失效，轴承及齿轮异常磨损，可能导致停机	4	每天检查，及时反冲洗
	6 润滑油	6.1 油位低	6.1.1 漏油	大小人字齿烧坏	其表现特征为：(1)振动高频；(2)异音；(3)壳体温度高	—	磨煤机润滑失效，轴承及齿轮异常磨损，可能导致停机	4	每天检查
		6.2 油路堵塞	6.2.1 油系统进灰	油温偏高或无异常	泵不出油	—	冷却油泵不出油	3	及时清理油路；泵过滤；计划性检修对油系统进行清洗补焊

四、磨煤机故障模式及影响分析

1. 磨煤机大瓦轴承座振动故障模式及影响分析

设备	部件	故障模式	故障原因	故障效应 局部	故障效应 特征	故障效应 相邻	故障效应 系统	风险等级	措施
磨煤机	1 大瓦轴承座	1.1 变形	1.1.1 筒体上下温差大	(1)振动，噪声。(2)大瓦温度高	(1)振动，噪声大。(2)大瓦温度高	—	流量和功率不正常波动，受力不平衡	5	检修W点
			1.1.2 筒体、钢球自重	(1)振动，噪声。(2)大瓦温度高	(1)振动，噪声大。(2)大瓦温度高	—	流量和功率不正常波动，受力不平衡	5	检修W点

续表

设备	部件	故障模式	故障原因	故障效应 局部	特征	相邻	系统	风险等级	措施
磨煤机	1 大瓦轴承座	1.1 变形	1.1.3 空心轴颈或筒体端盖断裂	损坏其他构件,有振动、噪声。	(1) 振动、噪声大。(2) 大瓦温度高	—	流量和功率不正常波动,受力不平衡	5	检修 W 点
			1.1.4 衬板脱落	损坏其他构件,有振动、噪声。	(1) 振动、噪声大。(2) 大瓦温度高	—	流量和功率不正常波动,受力不平衡	5	检修 W 点
		1.2 水平超标	1.2.1 空心轴颈断裂	损坏其他构件,有漏粉	漏粉大瓦温度高	—	流量和功率不正常	3	检修 W 点
			1.2.2 安装不良	损坏其他构件,有漏粉	漏粉大瓦温度高	—	流量和功率不正常	3	检修 W 点
			1.2.3 筒体端盖断裂	损坏其他构件,有漏粉	漏粉大瓦温度高	—	流量和功率不正常	3	检修 W 点
			1.2.4 烧瓦	损坏其他构件,有漏粉	漏粉大瓦温度高	—	流量和功率不正常	3	检修 W 点
		1.3 M42 连接螺栓断	1.3.1 制造、材质不良	漏粉、振动、噪声	漏粉	—	流量和功率不正常波动,受力不平衡	1	大、中修探伤更换
			1.3.2 绞孔太大	漏粉、振动、噪声	漏粉	—	流量和功率不正常波动,受力不平衡	1	大、中修探伤更换
			1.3.3 受大牙与筒体变形剪切	漏粉、振动、噪声	漏粉	—	流量和功率不正常波动,受力不平衡	1	大、中修探伤更换
			1.3.4 螺栓松动	漏粉、振动、噪声	漏粉	—	流量和功率不正常波动,受力不平衡	1	大、中修探伤更换

设备	部件	故障模式	故障原因	故障效应				风险等级	措施
				局部	特征	相邻	系统		
磨煤机	1 大瓦轴承座	1.3 M42连接螺栓断	1.3.5 受变变应力冲击	漏粉、振动、噪声	漏粉	—	流量和功率不正常波动、受力不平衡	1	大、中修探伤更换
		1.4 同心度超标	1.4.1 空心轴颈或筒体端盖断裂	(1)振动、噪声大。(2)瓦温度高	温度升高，振动变大、异常噪声	—	长期运行可能导致轴承抱死	2	定期测振监测温度变化、检查安装精度和调整同心度
			1.4.2 安装不良	(1)振动、噪声大。(2)瓦温度高	温度升高，振动变大、异常噪声	—	长期运行可能导致轴承抱死	2	定期振监监测温度和调整同心度

2. 磨煤机大瓦温度故障模式及影响分析

设备	部件	故障模式	故障原因	故障效应				风险等级	措施
				局部	特征	相邻	系统		
磨煤机	1 大瓦	1.1 轴瓦与轴瓦间碰磨、卡死	1.1.1 膨胀不畅	轴向窜动温度、轴向瓦面磨痕重	温度异常增大，振动增大	—	会造成磨煤机停，威胁机组安全	5	定期检查轴承膨胀间隙
		1.2 瓦卡死，不能自由摆动	1.2.1 球面粗糙，不光滑，润滑差	温度高，单边"烧瓦"	瓦表面变色或烧伤痕迹	—	会造成磨煤机停，威胁机组安全	4	定期检查轴承膨胀间隙
		1.3 瓦口间隙大小不均	1.3.1 刮瓦工艺差	间隙不均匀导致局部磨损	温度偏高	—	会造成磨煤机停，威胁机组安全	3	检修 W 点
		1.4 瓦面刀痕严重	1.4.1 刮瓦工艺差	瓦温升高	瓦表面存在划或磨损痕迹	—	会造成磨煤机停，威胁机组安全	3	检修 W 点
	2 冷却器	2.1 冷却效果差	2.1.1 冷却器水温高	瓦温升高	冷却效率降低	—	会造成磨煤机停，威胁机组安全	3	定期清洗冷却系统和滤网，检查冷却阀门运行状态，保持冷却系统畅通和水温正常

续表

设备	部件	故障模式	故障原因	故障效应 局部	故障效应 特征	故障效应 相邻	故障效应 系统	风险等级	措施
磨煤机	2 冷却器	2.1 冷却效果差	2.1.2 杂质多	瓦温升高	冷却效率降低	—	会造成磨煤机组安全停，威胁机组安全	3	定期清洗冷却系统和滤网，检查水阀门运行状态，保持冷却系统畅通和水温正常
			2.1.3 水阀门芯脱落	其表现特征为：瓦温升高	冷却效率降低	—	会造成磨煤机组安全停，威胁机组安全	3	定期清洗冷却系统和滤网，检查水阀门运行状态，保持冷却系统畅通和水温正常
	3 油泵	3.1 失效	3.1.1 间隙大	造成工作条件的恶化，可能导致温升	振动频率异常，压力不稳	1.8	流量和功率不正常，波动减少	3	定期检查间隙和轴承状态
			3.1.2 滚针轴承损坏	造成工作条件的恶化，可能导致温升	振动频率异常，压力不稳	1.8	流量和功率不正常，波动减少	3	定期检查间隙和轴承状态
			3.1.3 泵体漏气	造成工作条件的恶化，可能导致温升	振动频率异常，压力不稳	1.8	流量和功率不正常，波动减少	3	定期检查间隙和轴承状态
			3.1.4 管接处漏气	造成工作条件的恶化，可能导致温升	振动频率异常，压力不稳	1.8	流量和功率不正常，波动减少	3	定期检查间隙和轴承状态
		3.2 靠背轮坏	3.2.1 制造不良	电流波动，启动困难	振动、噪声大	1.8	流量和功率不正常，可能导致润滑中断，造成设备停机	3	定期检查靠背轮和滑块磨损情况
			3.2.2 滑块磨损	电流波动，启动困难	振动、噪声大	1.8	流量和略功率不正常，可能导致润滑中断，造成设备停机	3	定期检查靠背轮和滑块磨损情况
		3.3 电机损坏	3.3.1 制造不良	电流波动，启动困难	振动、噪声大	1.8	流量和功率不正常，可能导致润滑中断，造成设备停机	1	检查电机安装精度和电气接线状况

续表

设备	部件	故障模式	故障原因	故障效应 局部	特征	相邻	系统	风险等级	措施
磨煤机	3 油泵	3.3 电机损坏	3.3.2 安装不良	电流波动，启动困难	振动，噪声大	1.8	流量和功率不正常，可能导致润滑中断，造成设备停机	1	检查电机安装精度和电气接线状况
	4 油系统	4.1 冷油器漏	4.1.1 安装或材料缺陷	两台泵连动	油压不稳定	1.8	流量和功率不正常，波动减少，供油稳定性降低	2	定期检查油冷器密封性和材料质量
		4.2 下油管堵	4.2.1 安装或材料缺陷	流量受阻，供油不畅	油压异常	1.8	导致冷却效果下降，可能引发润滑失效或停机	1	定期检查管道锈蚀和紧固件松动情况
			4.2.2 管道锈蚀	流量受阻，供油不畅	油压异常	1.8	导致冷却效果下降，可能引发润滑失效或停机	1	定期检查管道锈蚀和紧固件松动情况
			4.2.3 连接螺栓松	流量受阻，供油不畅	油压异常	1.8	导致冷却效果下降，可能引发润滑失效或停机	1	定期检查管道锈蚀和紧固件松动情况
		4.3 滤油器堵	4.3.1 滤网清洗不彻底	顶轴运行异常	振动，噪声大	3.1	导致轴承损坏或顶轴功能失效，造成磨机停，威胁磨煤机组安全	3	每天测振记录
			4.3.2 油器安装或材料缺陷	顶轴运行异常	振动、噪声大	3.1	导致轴承损坏或顶轴功能失效，造成磨机停，威胁磨煤机组安全	3	每天测振记录
			4.3.3 油器切换不到位	顶轴运行异常	振动，噪声大	3.1	导致轴承损坏或顶轴功能失效，造成磨机停，威胁磨煤机组安全	3	每天测振记录

续表

设备	部件	故障模式	故障原因	故障效应					风险等级	措施
				局部	特征	相邻	系统			
磨煤机	5 顶轴油系统	5.1 顶轴油系统损坏	5.1.1 顶轴油管裂	油压低	顶轴运行异常，压力下降	—	导致轴承损坏或失效，顶轴功能失效，引发停机	3	检修 W 点
			5.1.2 顶轴油泵不起压	无油压	顶轴运行异常，压力下降	—	导致轴承损坏或失效，顶轴功能失效，引发停机	3	检修 W 点
			5.1.3 顶轴油泵靠背轮坏	无油压	顶轴运行异常，压力下降	—	导致轴承损坏或失效，顶轴功能失效，引发停机	3	检修 W 点
			5.1.4 顶轴油出口逆止门装反	无油压	顶轴运行异常，压力下降	—	导致轴承损坏或失效，顶轴功能失效，引发停机	3	检修 W 点
	6 落煤管	6.1 传热影响	6.1.1 进口温度混合不好	热量分布不均或堵塞	瓦温升高	—	导致煤粉传输效率下降或磨煤机运行稳定性	3	定期检查进口温度
			6.1.2 螺旋管上石棉绳老化脱落	热量分布不均或堵塞	瓦温升高	—	导致煤粉传输效率下降或磨煤机运行稳定性	3	修复或更换石棉绳
			6.1.3 过载冲击力大	热量分布不均或堵塞	瓦温升高	—	导致煤粉传输效率下降或磨煤机运行稳定性	3	减少过载冲击力对管道的损害

3. 磨煤机功能故障模式及影响分析

设备	部件		故障模式	故障原因	故障效应				风险等级	措施
					局部	特征	相邻	系统		
磨煤机	1 衬板	1.1 波形板、扇形板磨损严重	1.1.1 使用时间长		脱落	磨损明显、异响	—		3	检修 W 点，定期检查衬板磨损情况，及时更换磨损部件
	2 钢球	2.1 钢球少	2.1.1 加钢球不及时		电流下降、出力降低	电流低	—		3	定期检查钢球情况，及时补充钢球数量，确保研磨能力
		2.2 钢球不均	2.2.1 使用时间长		局部磨损	不均衡磨损、振动增大	—	出力低，影响研磨效率	3	定期检查钢球分布及磨损情况，更换磨损严重的钢球，优化分布
	3 煤	3.1 水分多	3.1.1 自然特性或存储条件差		粘附影响研磨	煤粉含水量高，易堵塞	—		2	控制煤源质量，储存时防潮处理，使用前提升供煤干
		3.2 煤矸石多	3.2.1 煤质差或采件不当		磨损设备、加重负荷	磨损严重	—		2	加强煤源筛选和检验，减少

4. 磨煤机小牙轮轴承座振动故障模式及影响分析

设备	部件		故障模式	故障原因	故障效应				风险等级	措施
					局部	特征	相邻	系统		
磨煤机	1 筒体、大、小牙轮	1.1 变形	1.1.1 筒体上下温差大		影响齿轮啮合精度和磨损加剧	(1) 振动、噪声大。(2) 大瓦温度高	1.2	长期运行影响磨煤机安全性，可能导致设备停机	3	设置检修 W 点，定期监测筒体温差和变形情况
			1.1.2 筒体、钢球自重		影响齿轮啮合精度和磨损加剧	(1) 振动、噪声大。(2) 大瓦温度高	1.2	长期运行影响磨煤机安全性，可能导致设备停机	3	设置检修 W 点，定期监测筒体温差和变形情况

设备	部件	故障模式	故障原因	故障效应				风险等级	措施
				局部	特征	相邻	系统		
磨煤机	1. 筒体、大、小牙轮	1.1 变形	1.1.3 空心轴颈或筒体端盖断裂	影响齿轮啮合精度和磨损加剧	(1)振动、噪声大。(2)大瓦温度高	1.2	长期运行影响磨煤机安全性，可能导致设备停机	3	设置检修 W 点，定期监测筒体温差和变形情况
			1.1.4 衬板脱落	影响齿轮啮合精度和磨损加剧	(1)振动、噪声大。(2)大瓦温度高	1.2	长期运行影响磨煤机安全性，可能导致设备停机	3	设置检修 W 点，定期监测筒体温差和变形情况
		1.2 水平超标	1.2.1 空心轴颈断裂	损坏其他构件，有漏粉	其表现特征为：大瓦温度高	1.1	加剧磨损和泄漏，影响冷却效率	3	严格把控安装质量，优化轴承和筒体安装精度
			1.2.2 安装不良	损坏其他构件，有漏粉	其表现特征为：大瓦温度高	1.1	加剧磨损和泄漏，影响冷却效率	3	严格把控安装质量，优化轴承和筒体安装精度
			1.2.3 筒体端盖断裂	损坏其他构件，有漏粉	其表现特征为：大瓦温度高	1.1	加剧磨损和泄漏，影响冷却效率	3	严格把控安装质量，优化轴承和筒体安装精度
			1.2.4 烧瓦	损坏其他构件，有漏粉	其表现特征为：大瓦温度高	1.1	加剧磨损和泄漏，影响冷却效率	3	严格把控安装质量，优化轴承和筒体安装精度
		1.3 M42 连接螺栓断	1.3.1 制造、材质不良	(1)振动、噪声大。(2)有漏粉	其振动特征为：轴向振动 38 丝	1.9、2.5	连接松动或失效，增加结构应力，增加轴承损坏风险或磨损风险	1	设置检修 W 点，定期检查螺栓状态
			1.3.2 绞孔太大	(1)振动、噪声大。(2)有漏粉	其振动特征为：轴向振动 38 丝	1.9、2.5	连接松动或失效，增加结构应力，增加轴承损坏风险或磨损风险	1	设置检修 W 点，定期检查螺栓状态
			1.3.3 受大牙齿与筒体变形剪切	(1)振动、噪声大。(2)有漏粉	其振动特征为：轴向振动 38 丝	1.9、2.5	连接松动或失效，增加结构应力，增加轴承损坏风险或磨损风险	1	设置检修 W 点，定期检查螺栓状态

续表

设备	部件	故障模式	故障原因	故障效应					风险等级	措施
				局部	特征	相邻	系统			
磨煤机	1 筒体、大、小牙轮	1.3 M42 连接螺栓断	1.3.4 螺栓松动	(1) 振动、噪声大。(2) 有漏粉	其振动特征为：轴向振动 38 丝	1.9、2.5	连接松动或失效，增加结构应力，增加轴承损坏或磨损风险	1	设置检修 W 点，定期检查螺栓状态
			1.3.5 受交变应力冲击	(1) 振动、噪声大。(2) 有漏粉	其振动特征为：轴向振动 38 丝	1.9、2.5	连接松动或失效，增加结构应力，增加轴承损坏或磨损风险	1	设置检修 W 点，定期检查螺栓状态
		1.4 同心度超标	1.4.1 空心轴颈或筒体端盖断裂	(1) 振动、噪声大。(2) 瓦温度高	其振动特征为：低频周期性冲击	1.7	长期影响齿轮啮合和传动效率，可能导致设备停机	3	设置检修 W 点，调整安装质量和对中精度，监测低频振动情况
			1.4.2 安装不良	(1) 振动、噪声大。(2) 瓦温度高	其振动特征为：低频周期性冲击	1.7	长期影响齿轮啮合和传动效率，可能导致设备停机	3	设置检修 W 点，调整安装质量和对中精度，监测低频振动情况
		1.5 失效	1.5.1 润滑不良	振动、噪声大	其振动特征为：(1) 小牙齿处振动、噪声大。(2) 63Hz 振动幅度显著增加	1.9	会造成停机，威胁机组安全	5	每天测振记录，每月测振、频谱分析 63Hz 一次
			1.5.2 啮合不好	振动、噪声大	其振动特征为：(1) 小牙齿处振动、噪声大。(2) 63Hz 振动幅度显著增加	1.9	会造成停机，威胁机组安全	5	每天测振记录，每月测振、频谱分析 63Hz 一次

续表

设备	部件	故障模式	故障原因	故障效应				风险等级	措施
				局部	特征	相邻	系统		
磨煤机	1　筒体、大、小牙轮	1.5　失效	1.5.3　齿型变形	振动、噪声大	其振动特征为： (1) 小牙齿处振动、噪声大。 (2) 63Hz 振动幅度显著增加	1.9	会造成停机，威胁机组安全	5	每天测振记录，每月测振、频谱分析 63Hz 一次
			1.5.4　间隙太大	振动、噪声大	其振动特征为： (1) 小牙齿处振动、噪声大。 (2) 63Hz 振动幅度显著增加	1.9	会造成停机，威胁机组安全	5	每天测振记录，每月测振、频谱分析 63Hz 一次
		1.6　齿折断	1.6.1　过载冲击力大	导致齿轮受力情况恶化	其振动特征为： (1) 振动、冲击声大。 (2) 1N 频率明显	1.4	会造成停机，威胁机组安全	5	每天测振记录，每月测振、频谱分析 63Hz 一次
			1.6.2　交变应力造成金属疲劳	导致齿轮受力情况恶化	其振动特征为： (1) 振动、冲击声大。 (2) 1N 频率明显	1.4	会造成停机，威胁机组安全	5	每天测振记录，每月测振、频谱分析 63Hz 一次
			1.6.3　铸造气孔等缺陷	导致齿轮受力情况恶化	其振动特征为： (1) 振动、冲击声大。 (2) 1N 频率明显	1.4	会造成停机，威胁机组安全	5	每天测振记录，每月测振、频谱分析 63Hz 一次
		1.7　松动	1.7.1　M64 螺栓松动、断裂	导致齿轮受力情况恶化	其振动特征为： (1) 振动、冲击声大。 (2) 63Hz 频率处振动幅度显著增大	1.9、1.4	会造成停机，威胁机组安全	5	每天测振记录，每月测振、频谱分析 63Hz 一次

续表

设备	部件	故障模式	故障原因	故障效应				风险等级	措施
				局部	特征	相邻	系统		
磨煤机	1 筒体、大、小牙轮	1.7 松动	1.7.2 安装质量差	导致齿轮受力情况恶化	其振动特征为： （1）振动、冲击声大。 （2）63Hz 频率处振动幅度显著增大	1.9、1.4	会造成停机，威胁机组安全	5	每天测振记录，每月测振、频谱分析 63Hz 一次
			1.7.3 螺栓材料差、铸造差	导致齿轮受力情况恶化	其振动特征为： （1）振动、冲击声大。 （2）63Hz 频率处振动幅度显著增大	1.9、1.4	会造成停机，威胁机组安全	5	每天测振记录，每月测振、频谱分析 63Hz 一次
			1.7.4 交变应力造成金属疲劳	导致齿轮受力情况恶化	其振动特征为： （1）振动、冲击声大。 （2）63Hz 频率处振动幅度显著增大	1.9、1.4	会造成停机，威胁机组安全	5	每天测振记录，每月测振、频谱分析 63Hz 一次
			1.7.5 M42螺栓松动、断裂	导致齿轮受力情况恶化	其振动特征为： （1）振动、冲击声大。 （2）63Hz 频率处振动幅度显著增大	1.9、1.4	会造成停机，威胁机组安全	5	每天测振记录，每月测振、频谱分析 63Hz 一次
			1.7.6 铰孔尺寸大与螺栓配合差值大	导致齿轮受力情况恶化	其振动特征为： （1）振动、冲击声大。 （2）63Hz 频率处振动幅度显著增大	1.9、1.4	会造成停机，威胁机组安全	5	每天测振记录，每月测振、频谱分析 63Hz 一次
		1.8 间隙增大	1.8.1 筒体弯曲变形	振动并有噪声，间隙冲击	其振动特征为：振动、噪声大	1.1	流量和功率不正常波动，受力不平衡	2	每天测振记录，每月测振、频谱分析 63Hz 一次

续表

设备	部件	故障模式	故障原因	故障效应				风险等级	措施
				局部	特征	相邻	系统		
磨煤机	1 筒体、大、小牙轮	1.8 间隙增大	1.8.2 瓦面接触小	振动并有噪声,间隙冲击	其振动特征为:振动、噪声大	1.1	流量和功率不正常波动,受力不平衡	2	每天测振记录,每月测振,频谱分析63Hz一次
		1.9 大、小牙轮裂纹	1.9.1 M64、M42螺栓松动、断裂	裂纹扩大导致振动和应力集中	其振动特征为:振动位移0.38mm	1.5	增加结构损坏风险,影响啮合精度,长期可能造成停机事故,威胁机组安全	4	定期检测裂纹和螺栓状态,进行无损检测和应力分析
			1.9.2 安装或材料缺陷,铸造差造成局部应力集中	裂纹扩大导致振动和应力集中	其振动特征为:振动位移0.38mm	1.5	增加结构损坏风险,影响啮合精度,长期可能造成停机事故,威胁机组安全	4	定期检测裂纹和螺栓状态,进行无损检测和应力分析
			1.9.3 交变应力造成金属疲劳	裂纹扩大导致振动和应力集中	其振动特征为:振动位移0.38mm	1.5	增加结构损坏风险,影响啮合精度,长期可能造成停机事故,威胁机组安全	4	定期检测裂纹和螺栓状态,进行无损检测和应力分析
	2 滚动轴承组	2.1 失效	2.1.1 剥落、裂纹等	造成工作条件恶化,可能导致温度升高,速率高于5℃/min,使轴承温度上升	其振动特征为:振动、噪声大	1.5	导致齿轮损坏和润滑失效,造成设备停机,威胁机组安全	5	每月测振,进行频谱100、200、5000Hz一次
			2.1.2 滚轴	造成工作条件恶化,可能导致温度升高,速率高于5℃/min,使轴承温度上升	其振动特征为:振动、噪声大	1.5	导致齿轮损坏和润滑失效,造成设备停机,威胁机组安全	5	每月测振,进行频谱100、200、5000Hz一次

续表

设备	部件	故障模式	故障原因	故障效应				风险等级	措施
				局部	特征	相邻	系统		
磨煤机	2 滚动轴承组	2.1 失效	2.1.3 受载过大	造成工作条件恶化，可能导致温度升高，速率高于5℃/min，使轴承辐射温度上升	其振动特征为：振动、噪声大	1.5	导致齿轮损坏和润滑失效，造成设备停机，威胁机组安全	5	每月测振，进行频谱100、200、5000Hz一次
			2.1.4 安装不良	造成工作条件恶化，可能导致温度升高，速率高于5℃/min，使轴承辐射温度上升	其振动特征为：振动、噪声大	1.5	导致齿轮损坏和润滑失效，造成设备停机，威胁机组安全	5	每月测振，进行频谱100、200、5000Hz一次
		2.2 间隙增大	2.2.1 磨损	油质不良，有时导致轴承温度升高	其振动特征为：振动、噪声大	1.8	增加磨损和润滑失效风险，影响齿轮啮合精度和润滑效果，可能导致设备停机	4	每月测振，进行频谱100、200、5000Hz一次
			2.2.2 润滑不良	油质不良，有时导致轴承温度升高	其振动特征为：振动、噪声大	1.8	增加磨损和润滑失效风险，影响齿轮啮合精度和润滑效果，可能导致设备停机	4	每月测振，进行频谱100、200、5000Hz一次
		2.3 内外圈"跑动"大	2.3.1 轴承外圈与座孔配合太松或轴承内圈同轴颈配合太松	在运行中引起相对运行造成的，会造成轴颈产生裂纹	其振动特征为：振动、噪声大	—	长期运行可能导致轴承失效，威胁设备安全性	4	每月测振，进行频谱100、200、5000Hz一次
		2.4 松动	2.4.1 安装不良	损坏轴承	其振动特征为：振动、噪声大	1.7	长期运行影响轴承寿命，可能导致设备停机	4	每月测振，进行频谱100、200、5000Hz一次
		2.5 轴向振动	2.5.1 不水平	损坏轴承、振动幅度增加	其振动特征为：38Hz频率处振动幅度显著增大	1.3	增加齿轮和轴承疲劳负荷	4	定期测振和轴向检测，优化安装平衡度，及时修复裂纹或更换受损部件

设备	部件	故障模式	故障原因	故障效应				风险等级	措施
				局部	特征	相邻	系统		
磨煤机	2 滚动轴承组	2.5 轴向振动	2.5.2 哈夫面裂纹	损坏轴承，振动幅度增加	其振动特征为：38Hz频率处振动幅度显著增大	1.3	增加齿轮和轴承疲劳负荷	4	定期测振和轴向检测，优化安装平衡度，及时修复裂纹或更换受损部件
	3 联轴器	3.1 棒销卡死	3.1.1 棒销窜动，设计不合理	小牙轮轴承座晃动	其振动特征为：1N 主导振动和噪声	—	长期运行可能导致轴承损坏，影响号联轴器失效，系统传动效率	4	定检联轴器状态，优化设计和安装质量，定期更换损坏棒销和改善受损配合精度
			3.1.2 中心变化	小牙轮轴承座晃动	其振动特征为：1N 主导振动和噪声	—	长期运行可能导致轴承损坏，影响号联轴器失效，系统传动效率	4	定检联轴器状态，优化设计和安装质量，定期更换损坏棒销和改善受损配合精度
			3.1.3 尼龙棒销损坏	小牙轮轴承座晃动	其振动特征为：1N 主导振动和噪声	—	长期运行可能导致轴承损坏，影响号联轴器失效，系统传动效率	4	定检联轴器状态，优化设计和安装质量，定期更换损坏棒销和改善受损配合精度

5. 磨煤机减速机轴承振动故障模式及影响分析

设备	部件	故障模式	故障原因	故障效应				风险等级	措施
				局部	特征	相邻	系统		
磨煤机减速机	1 大、小人字齿	1.1 配合间隙太大	1.1.1 油质差	(1) 造成转动不均匀。(2) 损坏其他构件，有噪声	其振动特征为：(1) 1N 主导。(2) 振动不稳	2.2、3.1、4.2	磨煤机输出功率波动	3	检修 W 点
			1.1.2 齿型变形	(1) 造成转动不均匀。(2) 损坏其他构件，有噪声	其振动特征为：(1) 1N 主导。(2) 振动不稳	2.2、3.1、4.2	磨煤机输出功率波动	3	检修 W 点

续表

设备	部件	故障模式	故障原因	故障效应				风险等级	措施
				局部	特征	相邻	系统		
磨煤机减速机	1 大、小人字齿	1.1 配合间隙太大	1.1.3 中心距大（轴座磨损）	（1）造成转动不均匀。（2）损坏其他构件，有噪声	其振动特征为：（1）1N主导。（2）振动不稳	2.2、3.1、4.2	磨煤机输出功率波动	1	检修 W 点
			1.1.4 受载过大冲击造成磨损	（1）造成转动不均匀。（2）损坏其他构件，有噪声	其振动特征为：（1）1N主导。（2）振动不稳	2.2、3.1、4.2	磨煤机输出功率波动	3	检修 W 点
		1.2 大小齿变形	1.2.1 制造不良	振动大、有噪声	其振动特征为：（1）1N主导。（2）振动高频	1.5	会造成磨煤机停，威胁机组安全	4	检修测量
			1.2.2 润滑不良	振动大、有噪声	其振动特征为：（1）1N主导。（2）振动高频	1.5	会造成磨煤机停，威胁机组安全	4	检修测量
			1.2.3 冷却器堵	振动大、有噪声	其振动特征为：（1）1N主导。（2）振动高频	1.5	会造成磨煤机停，威胁机组安全	4	检修测量
			1.2.4 油质差	振动大、有噪声	其振动特征为：（1）1N主导。（2）振动高频	1.5	会造成磨煤机停，威胁机组安全	4	检修测量
		1.3 大齿偏心	1.3.1 铸造不平衡	（1）造成转动不均匀。（2）损坏其他构件，有噪声	其振动特征为 1N主导	—	磨煤机振动异常，长期影响轴系结构	1	每月进行频谱分析
			1.3.2 制造工艺不良	（1）造成转动不均匀。（2）损坏其他构件，有噪声	其振动特征为 1N主导	—	磨煤机振动异常，长期影响轴系结构	1	每月进行频谱分析

设备	部件	故障模式	故障原因	故障效应 局部	特征	相邻	系统	风险等级	措施
磨煤机减速机	1 大、小人字齿	1.4 断齿	1.4.1 有铸造气孔	导致轴承受力情况恶化	其振动特征为:(1) 1N 频率成分明显。(2) 出现倍频成分	2.3	会造成磨煤机停,威胁机组安全	4	每天进行测振记录
			1.4.2 受载过大冲击	导致轴承受力情况恶化	其振动特征为:(1) 1N 频率成分明显。(2) 出现倍频成分	2.3	会造成磨煤机停,威胁机组安全	4	每天进行测振记录
			1.4.3 轴承损坏	导致轴承受力情况恶化	其振动特征为:(1) 1N 频率成分明显。(2) 出现倍频成分	2.3	会造成磨煤机停,威胁机组安全	4	每天进行测振记录
		1.5 周节误差	1.5.1 加工误差	振动并有噪声,不平衡	其振动特征为:(1) 1N 主导。(2) 振动高频	1.2	长期影响轴承和传动效率,可能导致停机	5	每月进行频谱分析
	2 联轴器	2.1 对中不良	2.1.1 轴承座发生变形	造成联轴器对中的变化,导致联轴器连接螺栓产生交变应力	其表现特征为:(1) 联轴器外圈异动。(2) 1N 频率成分明显。(3) 2N 频率成分明显	—	增加轴承磨损和润滑失效风险,长期运行可能导致传动系统故障,进而影响磨煤机稳定性及连续供煤能力	5	每月进行频谱分析
			2.1.2 基础沉降不均匀	造成联轴器对中的变化,导致联轴器连接螺栓产生交变应力	其表现特征为:(1) 联轴器外圈异动。(2) 1N 频率成分明显。(3) 2N 频率成分明显	—	增大轴承和联轴器磨损,长期运行影响传动和齿轮啮合精度,可能导致设备停机	5	每月进行频谱分析

续表

设备	部件	故障模式	故障原因	故障效应				风险等级	措施
				局部	特征	相邻	系统		
磨煤机-减速机	2 联轴器	2.1 对中不良	2.1.3 安装时找中不准	造成联轴器对中的变化，导致联轴器连接螺栓产生交变应力	其表现特征为： (1) 联轴器外圈晃动。 (2) 1N 频率成分明显。 (3) 2N 频率成分明显	—	增大轴承和联轴器磨损，长期运行影响传动齿轮啮合精度，可能导致设备停机	5	每月进行频谱分析
			2.1.4 未正确安装	造成联轴器对中的变化，导致联轴器连接螺栓产生交变应力	其表现特征为： (1) 联轴器外圈晃动。 (2) 1N 频率成分明显。 (3) 2N 频率成分明显	—	增大轴承和联轴器磨损，长期运行影响传动齿轮啮合精度，可能导致设备停机	5	每月进行频谱分析
		2.2 松动	2.2.1 联轴器松动	运行不稳	其振动特征为： (1) 1N 主导。 (2) 振动不稳	1.1	增大轴承和联轴器磨损，长期运行影响传动齿轮啮合精度，可能导致设备停机	1	每月进行频谱分析
			2.2.2 棒销磨损	运行不稳	其振动特征为： (1) 1N 主导。 (2) 振动不稳	1.1	增大轴承和联轴器磨损，长期运行影响传动齿轮啮合精度，可能导致设备停机	1	每月进行频谱分析
		2.3 磨损	2.3.1 联轴器磨损	运行不稳	其振动特征为： (1) 1N 频率成分明显。 (2) 出现倍频成分	1.4	增大传动系统负载波动，可能导致轴承或齿轮损坏	3	每月进行频谱分析

续表

设备	部件	故障模式	故障原因	故障效应 局部	故障效应 特征	故障效应 相邻	故障效应 系统	风险等级	措施
磨煤机-减速机	3 基础	3.1 基础不良	3.1.1 基础刚度不够	运行不稳	其振动特征为：(1) 1N主导，(2) 振动不稳	2.2	增加设备结构应力和振动负载，长期影响设备稳定性和传动效率，威胁助磨机组供煤连续性	2	每月进行频谱分析
			3.1.2 地脚螺栓松动	运行不稳	其振动特征为：(1) 1N主导，(2) 振动不稳	2.2	增加设备结构应力和振动负载，长期影响设备稳定性和传动效率，威胁助磨机组供煤连续性	2	每月进行频谱分析
	4 滚动轴承组	4.1 失效	4.1.1 剥落、裂纹等	造成工作条件的恶化，可能导致温升速率高于5℃/min，使轴承温度上升	其振动特征为：(1) 1N主导，(2) 振动高频	1.2、1.5	导致齿轮磨损和润滑失效，增加停机风险	5	每天测振、每月进行频谱分析
			4.1.2 滚轴	造成工作条件的恶化，可能导致温升速率高于5℃/min，使轴承温度上升	其振动特征为：(1) 1N主导，(2) 振动高频	1.2、1.5	导致齿轮磨损和润滑失效，增加停机风险	5	每天测振、每月进行频谱分析
			4.1.3 安装不良	造成工作条件的恶化，可能导致温升速率高于5℃/min，使轴承温度上升	其振动特征为：(1) 1N主导，(2) 振动高频	1.2、1.5	导致齿轮磨损和润滑失效，增加停机风险	5	每天测振、每月进行频谱分析
			4.1.4 安装不良	造成工作条件的恶化，可能导致温升速率高于5℃/min，使轴承温度上升	其振动特征为：(1) 1N主导，(2) 振动高频	1.2、1.5	导致齿轮磨损和润滑失效，增加停机风险	5	每天测振、每月进行频谱分析

续表

设备	部件	故障模式	故障原因	故障效应 局部	故障效应 特征	相邻	系统	风险等级	措施
磨煤机-减速机	4 滚动轴承组	4.2 间隙增大	4.2.1 磨损	油质不良，有时导致轴承温度升	其振动特征为：(1) 1N主导。(2) 振动不稳	2.2	增加轴承磨损和润滑失效风险，增加停机风险	4	每天测振，每月进行频谱分析
			4.2.2 润滑不良	油质不良，有时导致轴承温度升	其振动特征为：(1) 1N主导。(2) 振动不稳	2.2	增加轴承磨损和润滑失效风险，增加停机风险	4	每天测振，每月进行频谱分析
		4.3 内外圈"跑动"	4.3.1 轴承外圈与座孔配合太松或轴承内圈同轴颈配合太松	在运行中引起相对运行造成的，会造成轴承产生裂纹	其振动特征为：(1) 1N主导。(2) 振动不稳 (3) 温度高	4.2	导致润滑失效和轴承破损，增加停机风险	4	每天测振，每月进行频谱分析
		4.4 松动	4.4.1 安装不良	损坏轴承	其振动特征为：(1) 1N主导。(2) 振动不稳	4.2	增加轴承和润滑系统负载，增加停机风险	4	每天测振，每月进行频谱分析
		4.5 轴向振动	4.5.1 轴向振动	损坏轴承，振动增大	其振动特征为：(1) 1N主导。(2) 晃动	—	增加润滑失效和轴承磨损风险，增加停机风险	4	每天测振，每月进行频谱分析
		4.6 齿非侧轴承外圈松脱	4.6.1 外圈未定位	导致滚动体和内外圈摩擦加剧，加速轴承失效	其表现现特征为：(1) 振动幅度异常增大。(2) 润滑油温度高	—	增加润滑失效风险，影响磨煤机传动系统安全运行	4	每天检查
	5 冷却器	5.1 水中断	5.1.1 阀门芯脱落	冷却效果下降，油温升高	油温升高	—	磨煤机润滑失效，轴承及齿轮异常磨损，可能导致停机	4	每天检查
			5.1.2 水中杂质多	冷却效果下降，油温升高	油温升高	—	磨煤机润滑失效，轴承及齿轮异常磨损，可能导致停机	4	每天检查

续表

设备	部件	故障模式	故障原因	故障效应				风险等级	措施
				局部	特征	相邻	系统		
磨煤机减速机	5 冷却器	5.1 冷却水中断	5.1.3 冷却器内部结垢	冷却效果下降，油温升高	油温升高	—	磨煤机润滑失效、轴承及齿轮异常磨损，可能导致停机	4	每天检查
			5.1.4 法兰盘垫子坏	冷却效果下降，油温升高	油温升高	—	磨煤机润滑失效、轴承及齿轮异常磨损，可能导致停机	4	每天检查
	6 润滑油	6.1 油位低	6.1.1 漏油	大、小人字齿烧坏	其表现特征为： （1）振动高频； （2）异音	—	增加润滑失效风险，影响磨煤机传动系安全运行	4	每天检查

6. 磨煤机减速机轴承温度故障模式及影响分析

设备	部件	故障模式	故障原因	故障效应				风险等级	措施
				局部	特征	相邻	系统		
磨煤机减速机	1 大、小人字齿	1.1 大齿偏心	1.1.1 铸造不平衡	（1）造成转动不均匀。 （2）损坏其他构件，有噪声	外壳振动大	—	长期运行可能导致齿轮机损坏，造成磨煤机传动系统效率下降，威胁机组供煤安全性	3	检修 W 点
			1.1.2 制造工艺不良	（1）造成转动不均匀。 （2）损坏其他构件，有噪声	外壳振动大	—	长期运行可能导致齿轮机损坏，造成磨煤机传动系统效率下降，威胁机组供煤安全性	3	检修 W 点

续表

设备	部件	故障模式	故障原因	故障效应 局部	故障效应 特征	故障效应 相邻	故障效应 系统	风险等级	措施
磨煤机-减速机	1 大、小人字齿	1.2 周节误差	1.2.1 加工误差	振动并有噪声，不平衡	外壳高频振动	1.3	影响齿轮啮合精度，长期运行可能导致传动损坏及设备停机	3	检修 W 点
	2 联轴器	2.1 对中不良	2.1.1 轴承座发生变形	造成联轴器对中的变化，导致联轴器联接螺栓产生交变应力	联轴器外圈晃动	—	增加轴磨损和润滑失效风险，长期运行可能导致传动系统故障，进而影响磨煤机稳定及连续供煤能力	4	每月测振、频谱 每月一次 100、200、5000Hz 点
			2.1.2 基础沉降不均匀	造成联轴器对中的变化，导致联轴器联接螺栓产生交变应力	联轴器外圈晃动	—	增大轴承磨损，长期影响传动轮啮合精度，可能导致设备停机	4	每月测振、频谱 每月一次 100、200、5000Hz 点
			2.1.3 安装时找中不准	造成联轴器对中的变化，导致联轴器联接螺栓产生交变应力	联轴器外圈晃动	—	增大轴承磨损，长期影响传动轮啮合精度，可能导致设备停机	4	每月测振、频谱 每月一次 100、200、5000Hz 点
			2.1.4 未正确安装	造成联轴器对中的变化，导致联轴器连接螺栓产生交变应力	联轴器外圈晃动	—	增大轴承磨损，长期影响传动轮啮合精度，可能导致设备停机	4	每月测振、频谱 每月一次 100、200、5000Hz 点

设备	部件	故障模式	故障原因	故障效应				风险等级	措施
				局部	特征	相邻	系统		
磨煤机-减速机	2 联轴器	2.2 松动	2.2.1 联轴器松动	运行不稳	晃动	—	增大轴承和联轴器磨损，长期影响传动稳定性和齿轮啮合精度，可能导致设备停机	4	每月测振，频谱每月一次 100、200、5000Hz一次
			2.2.2 棒销磨损	运行不稳	晃动	—	增大轴承和联轴器磨损，长期影响传动稳定性和齿轮啮合精度，可能导致设备停机	4	每月测振，频谱每月一次 100、200、5000Hz一次
		2.3 磨损	2.3.1 联轴器磨损	运行不稳	棒销孔大	—	增大传动系统负载波动，可能导致轴承或齿轮损坏	4	每月测振，频谱每月一次 100、200、5000Hz一次
	3 基础	3.1 基础不良	3.1.1 基础刚度不够	运行不稳	晃动	—	增加设备结构应力和振动负载，长期影响设备稳定性和传动效率，威胁机组供煤连续性	3	每月测振，频谱每月一次 100、200、5000Hz一次
			3.1.2 地脚螺栓松动	运行不稳	晃动	—	增加设备结构应力和振动负载，长期影响设备稳定，定性和传动效率，威胁机组供煤连续性	3	每月测振，频谱每月一次 100、200、5000Hz一次

续表

设备	部件	故障模式	故障原因	故障效应				风险等级	措施
				局部	特征	相邻	系统		
磨煤机-减速机	4 滚动轴承组	4.1 失效	4.1.1 剥落、裂纹等	造成工作条件的恶化，可能导致温升速率高于 5℃/min，使轴承温度上升	润滑油温高	—	导致齿轮磨损和润滑失效，增加停机风险	5	每月测振，频谱每月一次 100、200、5000Hz
			4.1.2 滚轴	造成工作条件的恶化，可能导致温升速率高于 5℃/min，使轴承温度上升	润滑油温高	—	导致齿轮磨损和润滑失效，增加停机风险	5	每月测振，频谱每月一次 100、200、5000Hz
			4.1.3 受载过大	造成工作条件的恶化，可能导致温升速率高于 5℃/min，使轴承温度上升	润滑油温高	—	导致齿轮磨损和润滑失效，增加停机风险	5	每月测振，频谱每月一次 100、200、5000Hz
			4.1.4 安装不良	造成工作条件的恶化，可能导致温升速率高于 5℃/min，使轴承温度上升	润滑油温高	—	导致齿轮磨损和润滑失效，增加停机风险	5	每月测振，频谱每月一次 100、200、5000Hz
		4.2 间隙增大	4.2.1 磨损	油质不良，有时导致轴承温度升高	润滑油温高	—	增加轴承磨损和润滑失效风险，增加停机风险	4	每月测振，频谱每月一次 100、200、5000Hz
			4.2.2 润滑不良	油质不良，有时导致轴承温度升高	润滑油温高	—	增加轴承磨损和润滑失效风险，增加停机风险	4	每月测振，频谱每月一次 100、200、5000Hz
		4.3 内外圈"跑动"	4.3.1 轴承外圈与座孔配合太松或轴承内圈同轴颈配合太松	在运行中引起相对运行造成的，会造成轴承产生裂纹	润滑油温高	—	导致润滑失效，增加和轴承破损，增加停机风险	4	每月测振，频谱每月一次 100、200、5000Hz
		4.4 松动	4.4.1 安装不良	损坏轴承	润滑油温高	—	增加系统负载，增加停机风险	4	每月测振，频谱每月一次 100、200、5000Hz

续表

设备	部件	故障模式	故障原因	故障效应 局部	故障效应 特征	故障效应 相邻	故障效应 系统	风险等级	措施
磨煤机-减速机	4 滚动轴承组	4.5 轴向振动	4.5.1 联轴器卡死	振动和噪声增大	润滑油温高	—	增加轴承磨损和润滑失效风险，增加停机风险	3	每月测振，频谱每月一次 100、200、5000Hz
		4.6 径向轴承间隙偏小	4.6.1 检修工艺不当	滚动体和内外圈摩擦加剧，导致过热、表面剥落或疲劳损伤，加速轴承失效	润滑油温高	—	增加润滑失效风险，影响磨煤机传动系统安全运行	3	每月测振，频谱每月一次 100、200、5000Hz
		4.7 压盖处摩擦	4.7.1 动静间隙小	引发局部高温，导致润滑油劣化、表面磨损或压盖变形	润滑油温高	—	增加系统失效风险，可能导致停机	3	每月测振，频谱每月一次 100、200、5000Hz
	5 冷却器	5.1 冷却水中断	5.1.1 阀门芯脱落	油温高	润滑油温度高	—	磨煤机润滑失效，轴承及齿轮磨损，可能导致停机	4	日常检查
			5.1.2 水中杂质多	油温高	润滑油温度高	—	磨煤机润滑失效，轴承及齿轮异常磨损，可能导致停机	4	日常检查
			5.1.3 冷却器内部结垢	油温高	润滑油温度高	—	磨煤机润滑失效，轴承及齿轮异常磨损，可能导致停机	4	日常检查
			5.1.4 法兰垫子坏	油温高	润滑油温度高	—	磨煤机润滑失效，轴承及齿轮异常磨损，可能导致停机	4	日常检查

续表

设备	部件	故障模式	故障原因	故障效应				风险等级	措施
				局部	特征	相邻	系统		
磨煤机-减速机	6 润滑	6.1 油位低	6.1.1 漏油	烧轴承、烧大、小人字齿	壳体温度高	—	增加润滑失效风险，影响磨煤机传动系统安全运行	3	定检
		6.2 油质差	6.2.1 未定期更换	损坏轴承	壳体温度高	—	增加润滑失效风险，影响磨煤机传动系统安全运行	3	定检
			6.2.2 漏水乳化	损坏轴承	壳体温度高	—	增加润滑失效风险，影响磨煤机传动系统安全运行	3	定检

7. 磨煤机电机振动故障模式及影响分析

设备	部件	故障模式	故障原因	故障效应				风险等级	措施
				局部	特征	相邻	系统		
磨煤机-电机	1 静子	1.1 定子铁心失圆度大、不对中	定子铁芯松动、变形	局部温度升高，振幅增加	其振动特征为：1N主导	1.3、2.1、2.2、2.3	损坏电动机	3	检修 W 点
		1.2 定子电流三相不平衡	定子线圈断裂、短路、接头接触不良	局部温度升高，振幅增加	其振动特征为：(1) 1N频率成分明显。(2) 2N频率成分明显	1.1、2.3	损坏电动机	3	检修 W 点

续表

设备	部件		故障模式	故障原因	故障效应				风险等级	措施
					局部	特征	相邻	系统		
磨煤机-电机	1	静子	1.3 定子/转子径向、轴向过大或非对称	安装不良	局部温度升高,振幅增加	其振动特征为:1N主导	2.3、4.1	损坏电动机	3	检修W点
	2	转子	2.1 断笼条	2.1.1 定子电流三次谐波分量大	局部温度升高,振幅增加	其振动特征为:(1)1N频率成分明显。(2)50Hz±ZSf	—	损坏电动机	4	运行中检测
				2.1.2 应力作用	局部温度升高,振幅增加	其振动特征为:(1)1N频率成分明显。(2)50Hz±ZSf	—	损坏电动机	4	运行中检测
				2.1.3 端环焊接工艺不良	局部温度升高,振幅增加	其振动特征为:(1)1N频率成分明显。(2)50Hz±ZSf	—	损坏电动机	4	运行中检测
				2.1.4 笼条、铁心间绝缘损坏,局部过流	局部温度升高,振幅增加	其振动特征为:(1)1N频率成分明显。(2)50Hz±ZSf	—	损坏电动机	4	运行中检测
				2.1.5 长期振动大	局部温度升高,振幅增加	其振动特征为:(1)1N频率成分明显。(2)50Hz±ZSf	—	损坏电动机	4	运行中检测
			2.2 碰磨	2.2.1 与静子间隙小	振动不稳	其振动特征为:(1)1N主导。(2)振动高频	—	损坏电动机	1	定期检查轴承间隙,优化定转子对中精度

续表

设备	部件	故障模式	故障原因	故障效应				风险等级	措施
				局部	特征	相邻	系统		
磨煤机-电机	2 转子	2.3 不平衡	2.3.1 平衡精度的变化	导致轴承受力情况恶化	其振动特征为：1N主导	4.1	会造成风机停车，威胁机组安全	2	定期监测平衡精度
			2.3.2 转子明显的变形	导致轴承受力情况恶化	其振动特征为：1N主导	4.1	会造成风机停车，威胁机组安全	2	定期监测平衡精度
			2.3.3 转子没有装正确	导致轴承受力情况恶化	其振动特征为：1N主导	4.1	会造成风机停车，威胁机组安全	2	定期监测平衡精度
	3 滑动轴承	3.1 上瓦与轴间隙大	3.1.1 安装不良	晃动	其振动特征为：振动不稳	5.1	引发发电机振动异常甚至停机	1	定期测量轴承间隙
		3.2 上瓦座与上瓦预紧力不够	3.2.1 安装不良	晃动	其振动特征为：振动不稳	5.1	损坏电动机，导致主轴或发电机异常振动	1	定期监测振动特征，优化安装工艺
			3.2.2 螺栓松动	晃动	其振动特征为：振动不稳	5.1	损坏电动机，导致主轴或发电机异常振动	1	定期监测振动信号变化
		3.3 轴瓦轴向碰磨	3.3.1 安装不良	轴向窜动	其振动特征为：（1）1N频率成分明显。（2）出现倍频成分	—	电动机振动异常，进一步损坏发电机轴承部件	1	在线监测轴向位移和振动频率特征，优化安装工艺
		3.4 烧瓦	3.4.1 油位低	晃动	其振动特征为：（1）振动不稳。（2）出现倍频成分	2.3	主轴运行不稳，电动机振动剧烈，可能导致发电机跳闸	2	定期检查油路和润滑环运行状态
			3.4.2 甩油环停转	晃动	其振动特征为：（1）振动不稳。（2）出现倍频成分	2.3	主轴运行不稳，电动机振动剧烈，可能导致发电机跳闸	2	定期检查油路和润滑环运行状态

设备	部件	故障模式	故障原因	故障效应 局部	特征	相邻	系统	风险等级	措施
磨煤机-电机	3 滑动轴承	3.4 烧瓦	3.4.3 安装工艺不良	晃动	其振动特征为： (1) 振动不稳； (2) 出现倍频频率成分	2.3	主轴运行不稳，电动机振动剧烈，可能导致发电机跳闸	2	优化轴承安装工艺
	4 主轴	4.1 弯曲	4.1.1 刚度不够	不平衡	其振动特征为：1N主导	2.3	可能导致电机和磨煤机联轴器断裂或停机	1	监测轴承振动、温度特征及变化趋势
			4.1.2 裂纹	不平衡	其振动特征为：1N主导	2.3	可能导致电机和磨煤机联轴器断裂或停机	1	监测轴承振动、温度特征及变化趋势
	5 轴承座	5.1 松动	5.1.1 螺栓松动	振动	其振动特征为： (1) 1N主导； (2) 振动不稳	2.3	引发电机与磨煤机联动失效	1	监测轴承振动、温度特征及变化趋势
			5.1.2 裂纹	振动	其振动特征为： (1) 1N主导； (2) 振动不稳	2.3	引发电机与磨煤机联动失效	1	监测轴承振动、温度特征及变化趋势
	6 联轴器	6.1 对中不良	6.1.1 轴承座发生变形	造成联轴器对中的变化，导致联轴器连接螺栓产生应力	其振动特征为： (1) 1N频率成分显著； (2) 2N频率成分显著； (3) 3N频率成分显著	1、4、2.3	可能导致轴联器断裂、磨煤机供煤中断	2	监测轴承振动、温度特征及变化趋势
			6.1.2 基础沉降不均匀	造成联轴器对中的变化，导致联轴器连接螺栓产生应力	其振动特征为： (1) 1N频率成分显著； (2) 2N频率成分显著； (3) 3N频率成分显著	1、4、2.3	可能导致轴联器断裂、磨煤机供煤中断	2	监测轴承振动、温度特征及变化趋势

续表

设备	部件		故障模式	故障原因	故障效应				风险等级	措施
					局部	特征	相邻	系统		
磨煤机-电机	6 联轴器		6.1 对中不良	6.1.3 安装时找中不准	造成联轴器对中的变化，导致联轴器联接螺栓产生交变应力	其振动特征为： (1) 1N 频率成分明显。 (2) 2N 频率成分明显。 (3) 3N 频率成分明显	1.4、2.3	可能导致联轴器断裂，磨煤机供煤中断	2	监测轴承振动、温度特征及变化趋势
				6.1.4 未正确安装	造成联轴器对中的变化，导致联轴器联接螺栓产生交变应力	其振动特征为： (1) 1N 频率成分明显。 (2) 2N 频率成分明显。 (3) 3N 频率成分明显	1.4、2.3	可能导致联轴器断裂，磨煤机供煤中断	2	监测轴承振动、温度特征及变化趋势
			6.2 松动	6.2.1 联轴器松动	运行不稳	其振动特征为： (1) 1N 主导。 (2) 振动不稳	2.3	导致传动不稳定，影响电机和磨煤机同步运转	1	监测轴承振动、温度特征及变化趋势
			6.3 磨损	6.3.1 联轴器磨损	运行不稳	其振动特征为： (1) 1N 主导。 (2) 振动不稳	2.3	导致传动不稳定，影响电机和磨煤机同步运转	2	监测轴承振动、温度特征及变化趋势
				6.3.2 联轴器磨损不均	联轴器外圈共振	其振动特征为： (1) 1N 频率成分明显。 (2) 出现倍频成分	—	导致传动不稳定，影响电机和磨煤机同步运转	1	监测轴承振动、温度特征及变化趋势
	7 基础		7.1 基础不良	7.1.1 基础刚度不够	运行不稳	其振动特征为： (1) 1N 主导。 (2) 振动不稳	1.4、2.3	振动传至电机和磨煤机，供煤稳定性或停炉风险	2	加固基础结构，提高刚度并优化安装工艺

设备	部件	故障模式	故障原因	故障效应				风险等级	措施
				局部	特征	相邻	系统		
磨煤机-电机	7 基础	7.1 基础不良	7.1.2 地脚螺栓松动	运行不稳	其振动特征为： （1）1N主导。 （2）振动不稳	1.4、2.3	振动传导至电机和磨煤机，影响供煤稳定性或停炉风险	2	定期开展地脚螺栓监测

五、空压机故障模式及影响分析

1. 空压机本体振动故障模式及影响分析

设备	部件	故障模式	故障原因	故障效应				风险等级	措施
				局部	特征	相邻	系统		
空压机	1 滚动轴承	1.1 失效	1.1.1 剥落、裂纹等	造成工作条件的恶化，可能导致升速高于5℃/min，使轴承温度上升	其振动特征为： （1）轴承温度高。 （2）出现轴承故障频率幅值和谐波	1.4、1.8	会造成停车事故	4	每月测振、分析
			1.1.2 滚轴润滑不良	造成工作条件的恶化，可能导致升速高于5℃/min，使轴承温度上升	其振动特征为： （1）轴承温度高。 （2）出现轴承故障频率幅值和谐波	1.4、1.8	会造成停车事故	4	每月测振、分析
			1.1.3 受载过大	造成工作条件的恶化，可能导致升速高于5℃/min，使轴承温度上升	其振动特征为： （1）轴承温度高。 （2）出现轴承故障频率幅值和谐波	1.4、1.8	会造成停车事故	4	每月测振、分析
			1.1.4 安装不良	造成工作条件的恶化，可能导致升速高于5℃/min，使轴承温度上升	其振动特征为： （1）轴承温度高。 （2）出现轴承故障频率幅值和谐波	1.4、1.8	会造成停车事故	4	每月测振、分析

续表

设备	部件	故障模式	故障原因	故障效应				风险等级	措施
				局部	特征	相邻	系统		
空压机	1 滚动轴承	1.2 间隙增大	1.2.1 磨损	油位不正常，有时导致轴承温度温度高	其振动特征为： （1）工频和谐波幅值明显。 （2）轴承温度高	1.8	会造成停车事故	4	监测轴承振动、温度特征及变化趋势
		1.3 内外圈"跑圈（套）"	1.3.1 轴承外圈与座孔配合太松或轴承内圈同轴颈配合太松	在运行中引起相对运行造成的，会造成轴承产生裂纹	其表现特征为： （1）工频和谐波幅值明显。 （2）轴承温度高	1.8	会造成停车事故，影响机组运行	4	监测轴承振动、温度特征及变化趋势
		1.4 松动	1.4.1 安装不良	损坏轴承	其振动特征为： （1）工频和谐波幅值明显。 （2）泵振动大	1.8	会造成停车事故	4	监测轴承振动、温度特征及变化趋势
	2 阴阳转子	2.1 弯曲	2.1.1 刚度不够	损坏轴承；温度高，不平衡	其振动特征是： （1）频率成分特征：①1N，90%；②2N，5%；③3N以上，5%。 （2）振动行为特征：转子弯曲接近轴中心时，主要是1倍频轴向振动，会有靠近联轴器时，会有2倍频振动，径向振动频谱中会有1倍频和2倍频峰值，但是关键是轴向数据	1.8、1.4	会造成停车事故	3	监测轴承振动、温度特征及变化趋势

续表

设备	部件	故障模式	故障原因	故障效应					风险等级	措施
				局部	特征	相邻	系统			
空压机	2 阴阳转子	2.1 弯曲	2.1.2 裂纹	损坏轴承；温度高，不平衡	其振动特征是： (1) 频率成分特征：①1N，90%；②2N，5%；③3N以上，5%。 (2) 振动行为特征：转子弯曲接近轴中心时，主要是1倍频轴向振动，会向联轴器时，会有2倍频振动，径向振动频谱中会有1倍频和2倍频峰值，但是关键是轴向数据	1.8、1.4	会造成停车事故	3	监测轴承振动、温度特征及变化趋势
			2.1.3 轴套端面平行度超标	损坏轴承；温度高，不平衡	其振动特征是： (1) 频率成分特征：①1N，90%；②2N，5%；③3N以上、5%。 (2) 振动行为特征：转子弯曲接近轴中心时，主要是1倍频轴向振动，会向联轴向振动，会有2倍频振动，径向振动频谱中会有1倍频和2倍频峰值，但是关键是轴向数据	1.8、1.4	会造成停车事故	3	监测轴承振动、温度特征及变化趋势
			2.1.4 检修装配不良	损坏轴承；温度高，不平衡	其振动特征是： (1) 频率成分特征：①1N，90%；②2N，5%；③3N以上、5%。 (2) 振动行为特征：	1.8、1.4	会造成停车事故	3	监测轴承振动、温度特征及变化趋势

续表

设备	部件	故障模式	故障原因	故障效应				风险等级	措施
				局部	特征	相邻	系统		
空压机	2 阴阳转子	2.1 弯曲故障	2.1.4 检修装配不良	损坏轴承；温度高，不平衡	转子弯曲接近轴中心时，主要是1倍频轴向振动，弯曲接近联轴器时，会有2倍频振动，径向振动频谱中会有1倍频和2倍频峰值，但是关键是轴向数据	1.8、1.4	会造成停车事故	3	监测轴承振动、温度特征及变化趋势
			2.1.5 转子热膨胀	损坏轴承；温度高，不平衡	其振动特征是：(1)频率成分特征：①1N，90%；②2N，5%；③3N以上，5%。(2)振动行为特征：转子弯曲接近轴中心时，主要是1倍频轴向振动，弯曲接近联轴器时，会有2倍频振动，径向振动频谱中会有1倍频和2倍频峰值，但是关键是轴向数据	1.8、1.4	会造成停车事故	3	监测轴承振动、温度特征及变化趋势
		2.2 联轴器故障	2.2.1 设计制造有缺陷	振动加大	其振动特征是：(1)频率成分特征：①1N，40%；②2N，50%；③3N以上，5%。(2)振动行为特征为轴向振动增大。(3)相位特征：振动相位特征大	1.8	会造成停车事故	3	监测轴承振动、温度特征及变化趋势

续表

设备	部件	故障模式	故障原因	故障效应				风险等级	措施
				局部	特征	相邻	系统		
空压机	2 阴阳转子	2.2 联轴器故障	2.2.2 未正确安装	振动加大	其振动特征是:(1)频率成分特征:①1N,40%;②2N,50%;③3N以上,5%。(2)振动行为特征:轴向振动增大。(3)相位特征:振动相位特征	1.8	会造成停车事故	3	监测轴承振动、温度特征及变化趋势
		2.3 定位	2.3.1 轴向间隙大	转子轴向窜动	其振动频率成分特征为:(1)1N,40%。(2)2N,50%。(3)3N以上,5%	5.1	会造成停车事故	3	监测轴承振动、温度特征及变化趋势
	3 润滑	3.1 润滑油少	3.1.1 未定期加油	损坏轴承;振动高	其振动频率成分特征是:(1)1N,40%。(2)2N,50%。(3)3N以上,5%	1.1、1.3、2.1	会造成停车事故,影响机组运行	4	定期加油
			3.1.2 定期加油量少	损坏轴承;振动高	其振动频率成分特征是:(1)1N,40%。(2)2N,50%。(3)3N以上,5%	1.1、1.3、2.1	会造成停车事故,影响机组运行	4	定期加油
		3.2 润滑油变质	3.2.1 油种混	损坏轴承;振动高	油质超标	1.1、1.3、2.1	会造成停车事故	4	定期加油
			3.2.2 油质量差	损坏轴承;振动高	油质超标	1.1、1.3、2.1	会造成停车事故	4	定期加油

续表

设备	部件	故障模式	故障原因	故障效应 局部	特征	相邻	系统	风险等级	措施
空压机	3 润滑	3.2 润滑油变质	3.2.3 规格型号不对	损坏轴承；振动高	油质超标	1.1、1.3、2.1	会造成停车事故	4	定期加油
	4 联轴器	4.1 松动	4.1.1 联轴器螺栓松动	振动增大、运行不稳	其振动频率成分特征为：(0%~50%)N, 90%	—	会造成停车事故，影响机组运行	4	监测轴承振动特征及变化趋势
		4.2 轴向串动	4.2.1 轴向间隙	振动增大、运行不稳	其振动成分特征是：(1)1N、40%；②2N、50%；③3N以上、5‰。(2) 振动行为特征轴向振动增大	—	会造成停车事故，影响机组运行	4	监测轴承振动特征及变化趋势
			4.2.2 弹垫损坏	振动增大、运行不稳	其振动成分特征是：(1)1N、40%；②2N、50%；③3N以上、5‰。(2) 振动行为特征轴向振动增大	—	会造成停车事故，影响机组运行	4	监测轴承振动特征及变化趋势
			4.2.3 联轴器在轴上松动	振动增大、运行不稳	其振动成分特征是：(1)1N、40%；②2N、50%；③3N以上、5‰。(2) 振动行为特征轴向振动增大	—	会造成停车事故，影响机组运行	4	监测轴承振动特征及变化趋势

2. 空压机本体轴承温度故障模式及影响分析

设备	部件	故障模式	故障原因	故障效应 局部	故障效应 特征	故障效应 相邻	故障效应 系统	风险等级	措施
空压机	1 滚动轴承	1.1 失效	1.1.1 剥落、裂纹等	造成工作条件的恶化，可能导致升速高于5℃/min，使轴承温度上升	其振动频率成分特征是：(1) 1N，70‰ (2) 100~200Hz，20‰ (3) 200Hz以上，5%	2.1、1.3、5.2	会造成停车事故	4	每天记录、每月相关分析一次（烟温、加油时间、电流）
			1.1.2 滚轴润滑不良	造成工作条件的恶化，可能导致升速高于5℃/min，使轴承温度上升	其振动频率成分特征是：(1) 1N，70‰ (2) 100~200Hz，20‰ (3) 200Hz以上，5%	2.1、1.3、5.2	会造成停车事故	4	每天记录、每月相关分析一次（烟温、加油时间、电流）
			1.1.3 受载过大	造成工作条件的恶化，可能导致升速高于5℃/min，使轴承温度上升	其振动频率成分特征是：(1) 1N，70‰ (2) 100~200Hz，20‰ (3) 200Hz以上，5%	2.1、1.3、5.2	会造成停车事故	4	每天记录、每月相关分析一次（烟温、加油时间、电流）
			1.1.4 安装不良	造成工作条件的恶化，可能导致升速高于5℃/min，使轴承温度上升	其振动频率成分特征是：(1) 1N，70‰ (2) 100~200Hz，20‰ (3) 200Hz以上，5%	2.1、1.3、5.2	会造成停车事故	4	每天记录、每月相关分析一次（烟温、加油时间、电流）
		1.2 间隙增大	1.2.1 磨损	不稳	其振动频率成分特征是：(1) 1N，40‰ (2) 2N，50‰ (3) 3N以上，5%	1.1、2.1	会造成停车事故	4	每天记录、每月相关分析一次（烟温、加油时间、电流）

续表

| 设备 | 部件 | 故障模式 | 故障原因 | 故障效应 | | | | 风险等级 | 措施 |
				局部	特征	相邻	系统		
空压机	1 滚动轴承	1.3 内外圈(套)"跑圈"	1.3.1 轴承外圈配合太松或轴承内圈孔配合太松或轴颈配合太松	在运行中引起相对运行造成的，会造成轴承产生裂纹；温度升高	其振动频率成分特征为：(1) 内圈跑套 ①(0%~40%) N，②(40%~40%) N，40%；③(50%~100%) N，40%。(2) 外圈跑套：(0%~50%) N，40%	2.1	会造成停车事故、影响机组运行	4	每天记录，每月相关分析一次(烟温、加油时间、电流)
		1.4 松动	1.4.1 安装不良	损坏轴承；温度高	其振动频率成分特征是：(1) 1N，90%；(2) 2N，5%；(3) 3N以上，5%	2.1	会造成停车事故	4	每天记录，每月相关分析一次(烟温、加油时间、电流)
		1.5 轴向振动	1.5.1 推力轴承失效	损坏轴承；温度高	其振动频率成分特征是：(1) 1N，90%；(2) 2N，5%；(3) 3N以上，5%	1.3、2.1	会造成停车事故	4	每天记录，每月相关分析一次(烟温、加油时间、电流)

附录 A-2 汽轮机系统重要设备故障模式库

一、汽轮机本体系统故障模式及影响分析（本体）

设备	部件	故障模式	故障原因	故障效应 局部	故障效应 特征	故障效应 相邻	故障效应 系统	风险等级	措施
汽缸	1 缸体	1.1 水平结合面间隙过大	1.1.1 制造工艺不良	漏汽	其表现特征为：(1) 汽缸局部保温超温。(2) 汽缸局部剌汽、滴水	1.2、1.4	影响机组安全运行	4	(1) 加强监造力度。(2) 设置检修 W 点
			1.1.2 长期运行变形	漏汽	其表现特征为：(1) 汽缸局部保温超温。(2) 汽缸局部剌汽、滴水	1.2、1.4	影响机组安全运行	4	(1) 设置检修 W 点。(2) 跟踪记录分析
			1.1.3 安装前清洁度不合格	漏汽	其表现特征为：(1) 汽缸局部保温超温。(2) 汽缸局部剌汽、滴水	1.2、1.4	影响机组安全运行	4	设置检修 W 点
			1.1.4 中分面螺栓紧力不足或紧固顺序不当	漏汽	其表现特征为：(1) 汽缸局部保温超温。(2) 汽缸局部剌汽、滴水	1.2、1.4	影响机组安全运行	4	(1) 设置检修 W 点。(2) 完善检修工艺

续表

设备	部件	故障模式	故障原因	故障效应					风险等级	措施
				局部	特征	相邻	系统			
汽缸	1 缸体	1.2 结合面上沟槽	1.2.1 检修工艺差、操作不正确	漏汽	其表现特征为： （1）汽缸局部保温超温。 （2）汽缸局部剩汽、滴水	1.1、1.4	影响机组安全运行	4	（1）设置检修 W 点。 （2）加强工艺纪律
		1.3 缸体上产生裂纹	1.3.1 焊接工艺不良	漏汽	其表现特征为： （1）汽缸局部保温超温。 （2）汽缸局部剩汽、滴水	—	影响机组安全运行	4	（1）设置检修 W 点。 （2）完善焊接工艺卡
			1.3.2 运行方式不当	漏汽	其表现特征为： （1）汽缸局部保温超温。 （2）汽缸局部剩汽、滴水	—	影响机组安全运行	4	提高运行水平
			1.3.3 保温质量差	漏汽	其表现特征为： （1）汽缸局部保温超温。 （2）汽缸局部剩汽、滴水	—	影响机组安全运行	4	设置检修 W 点
			1.3.4 缸体材料缺陷	漏汽	其表现特征为： （1）汽缸局部保温超温。 （2）汽缸局部剩汽、滴水	—	影响机组安全运行	4	（1）加强金属监督。 （2）设置检修 W 点
			1.3.5 铸造工艺不良	漏汽	其表现特征为： （1）汽缸局部保温超温。 （2）汽缸局部剩汽、滴水	—	影响机组安全运行	4	（1）加强造力度。 （2）设置检修 W 点

设备	部件	故障模式	故障原因	故障效应				风险等级	措施
				局部	特征	相邻	系统		
汽缸	1　缸体	1.4　汽缸变形	1.4.1　保温质量差	局部保温超温，上下缸温差大	其表现特征为： （1）汽缸局部保温超温。 （2）上下缸温差大。 （3）前箱产生振动井成一定固有频率。 （4）动静间隙消失，发生碰磨	1.1、1.2	影响机组安全运行	4	（1）运行中监视缸温变化。 （2）设置检修 W 点
			1.4.2　内缸中分面密封不良	漏汽	其表现特征为： （1）汽缸局部保温超温。 （2）上下缸温差大。 （3）前箱产生振动井成一定固有频率。 （4）动静间隙消失，发生碰磨	1.1、1.2	影响机组安全运行	4	（1）运行中监视缸温变化。 （2）设置检修 W 点
			1.4.3　内缸导汽环密封不良	漏汽	其表现特征为： （1）汽缸局部保温超温。 （2）上下缸温差大。 （3）前箱产生振动井成一定固有频率。 （4）动静间隙消失，发生碰磨	1.1、1.2	影响机组安全运行	4	（1）运行中监视缸温变化。 （2）设置检修 W 点
			1.4.4　内缸疏水管破损	漏汽	其表现特征为： （1）汽缸局部保温超温。 （2）上下缸温差大。 （3）前箱产生振动井成一定固有频率。 （4）动静间隙消失，发生碰磨	1.1、1.2	影响机组安全运行	4	（1）运行中监视缸温变化。 （2）设置检修 W 点

续表

设备	部件	故障模式	故障原因	故障效应					风险等级	措施
				局部	特征	相邻	系统			
汽缸	1 缸体	1.4 汽缸变形	1.4.5 汽缸残留应力释放	漏汽、振动	其表现特征为：(1) 汽缸局部保温超温。(2) 上下缸温差大。(3) 前箱产生振动并成一定固有频率。(4) 动静间隙消失，发生碰磨	1.1、1.2	影响机组安全运行	4	(1) 运行中监视缸温变化。(2) 设置检修 W 点
	2 中分面螺栓	2.1 断裂	2.1.1 长期运行发生蠕变	漏汽	其表现特征为：(1) 汽缸局部保温超温。(2) 汽缸局部漂汽、滴水	—	严重时影响机组安全运行	3	(1) 设置检修 W 点。(2) 跟踪记录分析
			2.1.2 金属探测不力	漏汽	其表现特征为：(1) 汽缸局部保温超温。(2) 汽缸局部漂汽、滴水	—	严重时影响机组安全运行	3	(1) 加强金属监督。(2) 设置检修 W 点
			2.1.3 螺栓伸长量过大	漏汽	其表现特征为：(1) 汽缸局部保温超温。(2) 汽缸局部漂汽、滴水	—	严重时影响机组安全运行	3	设置检修 W 点
			2.1.4 材料选择不当	漏汽	其表现特征为：(1) 汽缸局部保温超温。(2) 汽缸局部漂汽、滴水	—	严重时影响机组安全运行	3	(1) 加强金属监督。(2) 设置检修 W 点

续表

设备	部件	故障模式	故障原因	故障效应				风险等级	措施
				局部	特征	相邻	系统		
汽缸	2 中分面螺栓	2.1 断裂	2.1.5 存在制造缺陷	漏汽	其表现特征为:(1)汽缸局部保温超温。(2)汽缸局部漂汽、滴水	—	严重时影响机组安全运行	3	(1)加强监造力度。(2)设置检修W点
		2.2 预紧力不足	2.2.1 螺栓冷紧力矩不足	漏汽	其表现特征为:(1)汽缸局部保温超温。(2)汽缸局部漂汽、滴水	—	影响机组经济运行	3	设置检修W点
			2.2.2 螺栓伸长量不足	漏汽	其表现特征为:(1)汽缸局部保温超温。(2)汽缸局部漂汽、滴水	—	影响机组经济运行	3	设置检修W点
	3 滑销系统	3.1 卡涩和磨损	3.1.1 材料选择不当	膨胀不畅、振动	其表现特征为:(1)启、停机过程中汽缸膨胀、收缩时间长。(2)汽缸差胀显示异常。(3)机组运行中振动加大	—	严重时影响机组安全运行	4	(1)加强监造力度。(2)设置检修W点
			3.1.2 安装检修工艺不良	膨胀不畅、振动	其表现特征为:(1)启、停机过程中汽缸膨胀、收缩时间长。(2)汽缸差胀显示异常。(3)机组运行中振动加大	—	严重时影响机组安全运行	4	(1)设置检修W点。(2)加强工艺纪律

续表

设备	部件	故障模式	故障原因	故障效应 局部	故障效应 特征	故障效应 相邻	故障效应 系统	风险等级	措施
汽缸	3 滑销系统	3.1 卡涩和磨损	3.1.3 维护工作不到位	膨胀不畅、振动	其表现特征为：(1) 启、停机过程中汽缸膨胀、收缩时间长。(2) 汽缸差胀显示异常。(3) 机组运行中振动加大	—	严重时影响机组安全运行	4	设置检修 W 点
		3.2 间隙调整不当	3.2.1 安装检修工艺不良	—	其表现特征为：(1) 启、停机过程中汽缸膨胀、收缩时间长。(2) 汽缸差胀显示异常。(3) 机组运行中振动加大	—	严重时影响机组安全运行	4	(1) 设置检修 W 点。(2) 加强工艺纪律
	4 内缸疏水管	4.1 疏水管漏汽	4.1.1 安装时疏水管受损	上、下缸温差变大	其表现特征为：上、下缸缸温差增大	—	严重时影响机组安全运行	4	监测缸温变化
			4.1.2 疏水管质量不良	上、下缸温差变大	其表现特征为：上、下缸缸温差增大	—	严重时影响机组安全运行	4	监测缸温变化
	5 进汽导管	5.1 导管漏汽较重	5.1.1 弹性环卡涩引起漏汽重 5.1.2 进汽导管插头头裂纹	上、下缸温差变大	其表现特征为：(1) 汽缸局部缸温增大。(2) 上、下缸缸温差增大。(3) 可能引起其他部件共振，异响	—	影响机组经济性及安全运行	3	巡查缸温变化

续表

设备	部件	故障模式	故障原因	故障效应				风险等级	措施
				局部	特征	相邻	系统		
汽缸	5 进汽导管	5.2 进汽导管法兰漏汽	5.2.1 法兰面接触不良	漏汽	汽缸局部漂汽、滴水	—	—	4	巡查汽缸漏汽情况
			5.2.2 法兰螺栓紧栓紧力不足						
	6 喷嘴组	6.1 静叶片局部脱落	6.1.1 静叶片制造不良	—	—	—	造成停机事故	5	(1) 加强金属监督。(2) 设置检修 W 点
转子	1 叶片	1.1 纵树型叶根的叶片断裂	1.1.1 安装工艺不良	振动、异音	其表现特征为:(1) 振动特征为:1N 主导。(2) 汽缸局部异音	—	造成停机事故	5	(1) 加强金属监督。(2) 设置检修 W 点
			1.1.2 造成水冲击	振动、异音	其表现特征为:(1) 振动特征为:1N 主导。(2) 汽缸局部异音	1.2	造成停机事故	5	(1) 加强金属监督。(2) 设置检修 W 点
			1.1.3 发生动静摩擦	振动、异音	其表现特征为:(1) 振动特征为:1N 主导。(2) 汽缸局部异音	1.2	造成停机事故	5	设置检修 W 点
		1.2 纵树型叶根的叶片轴向移位	1.2.1 装配间隙超标	叶片轴向移位	其表现特征为:(1) 振动特征:①N 主导;②振动高频。(2) 动静碰磨	1.1	造成停机事故	5	(1) 设置检修 W 点。(2) 跟踪记录分析
			1.2.2 叶片叶根配件弹垫弹性失效	叶片轴向移位	其表现特征为:(1) 振动特征:①N 主导;②振动高频。(2) 动静碰磨	1.1	造成停机事故	5	设置检修 W 点

续表

设备	部件		故障模式	故障原因	故障效应				风险等级	措施
					局部	特征	相邻	系统		
转子	2	主轴	2.1 主轴热弯曲	2.1.1 汽轮机转子热弯曲：转轴上内应力过大，转轴材质不均；转轴存在径向不对称温差；转子与摩水或冷蒸汽接触，动静摩擦	振动、摩擦、弯曲	其表现特征为：（1）汽轮机转子热弯曲：①1N，振幅不会发生跳跃式的变化，振动的相位不稳定；②振动随转速、负荷的变化关系明显；③停机启动过程。（2）发电机转子热弯曲与励磁电流有密切关系；③摩擦效应导致转子出现不均匀的热弯曲，振动的增大具有一定的突发性	—	造成停机事故	5	（1）加强运行分析。（2）设置检修 W 点。
				2.1.2 发电机转子热弯曲：转子铁心材质不均；面间短路；冷却系统故障；转子线圈膨胀受阻；转轴上套装零件失去紧力；楔条紧力不一致	振动、摩擦、弯曲	其表现特征为：（1）汽轮机转子热弯曲：1N，振幅不会发生跳跃式的变化，振动的相位不稳定。（2）振动随转速、停机的变化关系明显，停机启动过程。（3）发电机转子热弯曲：①1N；②振动与励磁电流有密切关系；③摩擦效应导致转子出现不均匀的热弯曲，振动的增大具有一定的突发性	—	造成停机事故	5	（1）设置检修 W 点。（2）跟踪记录分析。

续表

设备	部件	故障模式	故障原因	故障效应				风险等级	措施
				局部	特征	相邻	系统		
转子	2　主轴	2.1　主轴热弯曲	2.1.3　启停机盘车时间短	振动、摩擦、弯曲	其表现特征为：(1)汽轮机转子热弯曲振动特征：①1N；振幅不会发生跳跃式的变化，振动随相位的变化；②振动随转速、负荷的变化关系明显；③停机过程的振动会明显高于启动过程。(2)发电机转子热弯曲振动特征：①1N；②振动与励磁电流有密切关系；③摩擦效应导致转子出现不均匀轴向力引起的热弯曲，振动的增大具有一定的突发性	—	造成停机事故	5	做好运行调整、操作
		2.2　轴颈磨损	2.2.1　油压过低、油量偏小或断油	(1)轴瓦乌金烧毁。(2)转子轴颈损坏。(3)汽轮机动静碰磨等	其表现特征为：(1)振动特征：①1N主导；②振动高频。(2)瓦温度高。(3)轴位移超标（推力盘磨损）	—	引起停机，影响机组安全运行	5	做好运行分析、调整
			2.2.2　转子接地不良，轴电流击穿油膜	(1)轴瓦乌金烧毁。(2)转子轴颈损坏。(3)汽轮机动静碰磨等	其表现特征为：(1)振动特征：①1N主导；②振动高频。(2)瓦温度高。(3)轴位移超标（推力盘磨损）	—	引起停机，影响机组安全运行	5	(1)设置检修W点。(2)加强工艺纪律

续表

设备	部件	故障模式	故障原因	故障效应				风险等级	措施
				局部	特征	相邻	系统		
转子	2 主轴	2.2 轴颈磨损	2.2.3 轴承安装不好，轴瓦研磨不好	轴瓦乌金烧毁，转子轴颈磨损坏，汽轮机动静碰磨等	其表现特征为： (1) 振动特征：①1N 主导；②振动高频。 (2) 瓦温度高。 (3) 轴位移超标（推力盘磨损）	—	引起停机，影响机组安全运行	5	(1) 设置检修 W 点。 (2) 加强工艺纪律
			2.2.4 轴向推力增大	轴瓦乌金烧毁，转子轴颈磨损坏，汽轮机动静碰磨等	其表现特征为： (1) 振动特征：①1N 主导；②振动高频。 (2) 瓦温度高。 (3) 轴位移超标（推力盘磨损）	—	引起停机，影响机组安全运行	5	做好运行分析，调整
		2.3 靠背轮及其靠背轮螺栓	2.3.1 对轮飘偏、晃动过大	轴振变化	其振动特征为： (1) 1N, 2N 较大。 (2) 出现 3N 频率成分	—	影响机组安全运行	3	(1) 设置检修 W 点。 (2) 加强工艺纪律
			2.3.2 对轮中心不良	轴振变化	其振动特征为： (1) 1N, 2N 较大。 (2) 出现 3N 频率成分	—	影响机组安全运行	3	(1) 设置检修 W 点。 (2) 加强工艺纪律
			2.3.3 部分靠背轮螺栓紧力不足	轴振变化	其振动特征为： (1) 1N, 2N 较大。 (2) 出现 3N 频率成分	—	影响机组安全运行	3	(1) 设置检修 W 点。 (2) 加强工艺纪律
			2.3.4 靠背轮螺栓护板脱落	轴振变化	其振动特征为： (1) 1N, 2N 较大。 (2) 出现 3N 频率成分	—	影响机组安全运行	3	(1) 设置检修 W 点。 (2) 加强工艺纪律
		2.4 平衡块	2.4.1 平衡块位移	轴振变化	其振动特征为： (1) 1N 主导。 (2) 出现 1N 相位角	—	影响机组安全运行	4	(1) 设置检修 W 点。 (2) 加强工艺纪律

续表

设备	部件	故障模式	故障原因	故障效应				风险等级	措施
				局部	特征	相邻	系统		
转子	2 主轴	2.4 平衡块	2.4.2 平衡块脱落	轴振变化	其振动特征为：(1) 1N 主导。(2) 出现 1N 相位角	—	严重时影响机组安全运行	4	(1) 设置检修 W 点。(2) 加强工艺纪律
隔板、轴封体	1 隔板	1.1 塑性变形	1.1.1 长期运行变形	动静摩擦、振动	其表现特征：(1) 振动频率谱特征：以 1N 为主，伴有高次谐波或低频成分出现。(2) 伴有金属磨擦声	—	影响机组安全停机、运行，造成停机事故	4	(1) 设置检修 W 点。(2) 跟踪记录分析
			1.1.2 安装检修工艺不良	动静摩擦、振动	其振动特征为：(1) 振动频率谱特征：以 1N 为主，伴有高次谐波或低频成分出现。(2) 伴有金属磨擦声	—	影响机组安全停机、运行，造成停机事故	4	(1) 设置检修 W 点。(2) 加强工艺纪律
		1.2 阻汽片脱落	1.2.1 制造工艺不良	—	其振动特征为：1N 主导	1.3、2.2	影响机组安全停机、运行，造成停机事故	4	(1) 设置检修 W 点。(2) 加强工艺纪律
			1.2.2 安装工艺不良导致阻汽片碰磨严重	—	其振动特征为：1N 主导	1.3、2.2	影响机组安全停机、运行，造成停机事故	4	(1) 设置检修 W 点。(2) 加强工艺纪律
		1.3 汽封磨损	1.3.1 安装工艺不良引起动静碰磨	—	其振动特征为：1N 主导	1.2、2.2	影响机组安全停机、运行，造成停机事故	4	(1) 加强金属监督。(2) 设置检修 W 点
	2 轴封体	2.1 轴封体裂纹	2.1.1 制造工艺不良	—	—	—	影响机组安全经济性	4	(1) 加强金属监督。(2) 设置检修 W 点
		2.2 轴封磨损	2.2.1 安装工艺不良引起动静碰磨	—	其振动特征为：1N 主导	1.2、1.3	影响机组安全运行	4	(1) 设置检修 W 点。(2) 加强工艺纪律
		2.3 漏汽严重磨损	2.3.1 安装间隙较大	漏汽	汽缸局部漂汽、滴水	—	影响机组经济性	4	(1) 设置检修 W 点。(2) 加强工艺纪律

续表

设备	部件	故障模式	故障原因	故障效应				风险等级	措施
				局部	特征	相邻	系统		
盘车装置	1 对轮	1.1 对轮故障	1.1.1 齿磨损	盘车主体内齿齿轮损坏	盘车无法投运	—	影响启停机	5	(1)加强金属监督。(2)设置检修W点。
			1.1.2 中心不良	盘车主体内齿齿轮损坏	盘车无法投运	—	影响启停机	5	(1)加强金属监督。(2)设置检修W点。
			1.1.3 无润滑油	盘车主体内齿齿轮损坏	盘车无法投运	—	影响启停机	5	做好运行分析、调整
	2 SSS离合器	2.1 磨损	2.1.1 设备使用周期过长	啮合不良	盘车无法投运	—	影响启停机	5	(1)加强金属监督。(2)设置检修W点。
			2.1.2 棘爪卡涩						
	3 轴承、电机	3.1 轴承故障或电机故障	3.1.1 轴承故障磨损或卡涩	电机故障无驱动	盘车无法投运	—	影响启停机	5	(1)设置检修W点。(2)加强工艺纪律。
			3.1.2 电机故障	电机故障无驱动	盘车无法投运	—	影响启停机	5	(1)设置检修W点。(2)加强工艺纪律。
轴承	1 支持轴承	1.1 瓦温高	1.1.1 进油量少	磨损乌金、振动、异音	其表现特征为：(1)振动特征：1N主号。(2)瓦温高。(3)轴振不良	—	影响机组安全运行、造成停机事故	3	(1)设置检修W点。(2)加强工艺纪律。
			1.1.2 排油不畅	磨损乌金、振动、异音	其表现特征为：(1)振动特征：1N主号。(2)瓦温高。(3)轴振不良	—	影响机组安全运行、造成停机事故	3	(1)设置检修W点。(2)加强工艺纪律。
			1.1.3 瓦间隙小	磨损乌金、振动、异音	其表现特征为：(1)振动特征：1N主号。(2)瓦温高。(3)轴振不良	1.1.4、1.1.7	影响机组安全运行、造成停机事故	3	(1)设置检修W点。(2)加强工艺纪律。

设备	部件	故障模式	故障原因	故障效应				风险等级	措施
				局部	特征	相邻	系统		
轴承	1 支持轴承	1.1 瓦温高	1.1.4 乌金接触不良	磨损乌金、振动、异音	其表现特征为：1N 主 (1) 振动特征号。 (2) 瓦温高。 (3) 轴振不良	1.1.3、1.1.7	影响机组安全运行、造成停机事故	3	(1) 设置检修 W 点。 (2) 加强工艺纪律
			1.1.5 前后瓦温偏差大，机组负载变化时导致局部瓦温高	磨损乌金、振动、异音	其表现特征为：1N 主 (1) 振动特征号。 (2) 瓦温高。 (3) 轴振不良	—	影响机组安全运行、造成停机事故	3	(1) 设置检修 W 点。 (2) 加强工艺纪律
			1.1.6 瓦紧力过大	磨损乌金、振动、异音	其表现特征为：1N 主 (1) 振动特征号。 (2) 瓦温高。 (3) 轴振不良	—	影响机组安全运行、造成停机事故	3	(1) 设置检修 W 点。 (2) 加强工艺纪律
			1.1.7 瓦油楔不符合要求	磨损乌金、振动、异音	其表现特征为：1N 主 (1) 振动特征号。 (2) 瓦温高。 (3) 轴振不良	1.13、1.1.4	影响机组安全运行、造成停机事故	3	(1) 设置检修 W 点。 (2) 加强工艺纪律
			1.1.8 油质差	磨损乌金、振动、异音	其表现特征为：1N 主 (1) 振动特征号。 (2) 瓦温高。 (3) 轴振不良	—	影响机组安全运行、造成停机事故	3	加强油质净化
		1.2 前后温差大	1.2.1 轴瓦与轴颈扬度不同步	温差大	前后温差大	—	影响机组安全运行	3	(1) 设置检修 W 点。 (2) 加强工艺纪律
			1.2.2 轴瓦下瓦调整垫片不实	温差大	前后温差大	—	影响机组安全运行	3	(1) 设置检修 W 点。 (2) 加强工艺纪律

续表

设备	部件	故障模式	故障原因	故障效应 局部	故障效应 特征	故障效应 相邻	故障效应 系统	风险等级	措施
轴承	1 支持轴承	1.3 轴振	1.3.1 乌金接触不良	磨损乌金、振动异音	其表现特征为：(1)振动特征：0.5N 主导；(2)轴振不良并可能伴有异音	—	影响机组安全运行，严重时造成停机事故	3	(1) 设置检修 W 点。(2) 加强工艺纪律
			1.3.2 瓦紧力过小	磨损乌金、振动异音	其表现特征为：(1)振动特征：0.5N 主导；(2)轴振不良并可能伴有异音	1.3.3	影响机组安全运行，严重时造成停机事故	3	(1) 设置检修 W 点。(2) 加强工艺纪律
			1.3.3 瓦枕螺栓松动	磨损乌金、振动异音	其表现特征为：(1)振动特征：0.5N 主导；(2)轴振不良并可能伴有异音	1.3.2	影响机组安全运行，严重时造成停机事故	3	(1) 设置检修 W 点。(2) 加强工艺纪律
			1.3.4 瓦调整块接触不良	磨损乌金、振动异音	其表现特征为：(1)振动特征：0.5N 主导；(2)轴振不良并可能伴有异音	—	影响机组安全运行，严重时造成停机事故	3	(1) 设置检修 W 点。(2) 加强工艺纪律
	2 推力轴承	2.1 瓦温高	2.1.1 推力间隙小	磨损乌金、振动	瓦温高，易伴有轴位移显示不良	—	影响机组安全运行	3	(1) 设置检修 W 点。(2) 加强工艺纪律
			2.1.2 进油楔小	磨损乌金、振动	瓦温高，易伴有轴位移显示不良	2.1.3	影响机组安全运行	3	(1) 设置检修 W 点。(2) 加强工艺纪律
			2.1.3 进油量少	磨损乌金、振动	瓦温高，易伴有轴位移显示不良	2.1.2	影响机组安全运行	3	(1) 设置检修 W 点。(2) 加强运行调整
			2.1.4 排油不畅	磨损乌金、振动	瓦温高，易伴有轴位移显示不良	—	影响机组安全运行	3	(1) 设置检修 W 点。(2) 加强工艺纪律

续表

设备	部件	故障模式	故障原因	故障效应				风险等级	措施
				局部	特征	相邻	系统		
轴承	2 推力轴承	2.1 瓦温高	2.1.5 乌金接触不良	磨损乌金、振动	瓦温高，易伴有轴位移显示不良	—	影响机组安全运行	3	(1) 设置检修 W 点。(2) 加强工艺纪律
			2.1.6 油质差	磨损乌金、振动	瓦温高，易伴有轴位移显示不良	—	影响机组安全运行	3	加强油质净化
			2.1.7 推力瓦块厚度不一	磨损乌金、振动	瓦温高，易伴有轴位移显示不良	—	影响机组安全运行	3	(1) 设置检修 W 点。(2) 加强工艺纪律
		2.2 轴振	2.2.1 推力间隙大	磨损乌金、振动	轴位移显示不良	—	影响机组安全运行	3	(1) 设置检修 W 点。(2) 加强工艺纪律
			2.2.2 瓦座轴承大	磨损乌金、振动	轴位移显示不良	—	影响机组安全运行	3	(1) 设置检修 W 点。(2) 加强工艺纪律
			2.2.3 瓦块定位销松动	磨损乌金、振动	轴位移显示不良	—	影响机组安全运行	3	(1) 设置检修 W 点。(2) 加强工艺纪律
	3 油档	3.1 漏油	3.1.1 油档间隙过大	火警	设备油迹重，有油烟或火警	—	影响机组安全运行	5	(1) 设置检修 W 点。(2) 加强工艺纪律
			3.1.2 油档接触不良	火警	设备油迹重，并易伴有油烟或火警	—	影响机组安全运行	5	(1) 设置检修 W 点。(2) 加强工艺纪律
			3.1.3 轴承座负压小	火警	设备油迹重，并易伴有油烟或火警	—	影响机组安全运行	5	(1) 设置检修 W 点。(2) 加强工艺纪律
		3.2 油档积碳严重	3.2.1 油档间隙过大导致杂物进入	轴振突变	轴振特征：1N突变	—	影响机组安全运行	3	加强运行调整
			3.2.2 轴承箱负压太大	轴振突变	轴振特征：1N突变	—	影响机组安全运行	3	加强运行调整

二、小汽轮机（汽动给水泵、引风机等）故障模式及影响分析

1. 汽动给水泵小机系统故障模式及影响分析（本体）

设备	部件	故障模式	故障原因	故障效应				风险等级	措施
				局部	特征	相邻	系统		
汽缸	1 缸体	1.1 水平结合面间隙过大	1.1.1 制造工艺不良	漏汽	其表现特征为：（1）汽缸局部保温超温。（2）汽缸局部刺汽、滴水	1.2、1.4	影响机组安全运行	4	（1）加强监造力度。（2）设置检修 W 点。
			1.1.2 长期运行变形	漏汽	其表现特征为：（1）汽缸局部保温超温。（2）汽缸局部刺汽、滴水	1.2、1.4	影响机组安全运行	4	（1）设置检修 W 点。（2）跟踪记录分析
			1.1.3 安装前清洁度不合格	漏汽	其表现特征为：（1）汽缸局部保温超温。（2）汽缸局部刺汽、滴水	1.2、1.4	影响机组安全运行	4	设置检修 W 点
			1.1.4 中分面螺栓紧力不足或紧固顺序不当	漏汽	其表现特征为：（1）汽缸局部保温超温。（2）汽缸局部刺汽、滴水	1.2、1.4	影响机组安全运行	4	（1）设置检修 W 点。（2）完善检修工艺
		1.2 结合面上沟槽	1.2.1 检修工艺差、操作不正确	漏汽	其表现特征为：（1）汽缸局部保温超温。（2）汽缸局部刺汽、滴水	1.1、1.4	影响机组安全运行	4	（1）设置检修 W 点。（2）加强工艺纪律

设备	部件	故障模式	故障原因	故障效应					风险等级	措施
				局部	特征	相邻	系统			
汽缸	1 缸体	1.3 缸体上产生裂纹	1.3.1 焊接工艺不良	漏汽	其表现特征为： (1) 汽缸局部保温超温。 (2) 汽缸局部刺汽、滴水	—	影响机组安全运行	4	(1) 设置检修 W 点。 (2) 完善焊接工艺卡
			1.3.2 运行方式不当	漏汽	其表现特征为： (1) 汽缸局部保温超温。 (2) 汽缸局部刺汽、滴水	—	影响机组安全运行	4	提高运行水平
			1.3.3 保温质量差	漏汽	其表现特征为： (1) 汽缸局部保温超温。 (2) 汽缸局部刺汽、滴水	—	影响机组安全运行	4	设置检修 W 点
			1.3.4 缸体材料缺陷	漏汽	其表现特征为： (1) 汽缸局部保温超温。 (2) 汽缸局部刺汽、滴水	—	影响机组安全运行	4	(1) 加强金属监督。 (2) 设置检修 W 点
			1.3.5 铸造工艺不良	漏汽	其表现特征为： (1) 汽缸局部保温超温。 (2) 汽缸局部刺汽、滴水	—	影响机组安全运行	4	(1) 加强监造力度。 (2) 设置检修 W 点

设备	部件	故障模式	故障原因	故障效应				风险等级	措施
				局部	特征	相邻	系统		
汽缸	1 缸体	1.4 汽缸变形	1.4.1 保温质量差	局部保温超温、上下缸温差大	其表现特征为：(1)汽缸局部保温超温。(2)上下缸温差大。(3)前箱产生振动，并造成一定有频率。(4)动静间隙消失，发生碰磨	1.1、1.2	影响机组安全运行	4	(1)运行中监视缸缸温变化。(2)设置检修W点
			1.4.2 内缸中分面密封不良	漏汽	其表现特征为：(1)汽缸局部保温超温。(2)上下缸温差大。(3)前箱产生振动，并造成一定有频率。(4)动静间隙消失，发生碰磨	1.1、1.2	影响机组安全运行	4	(1)运行中监视缸缸温变化。(2)设置检修W点
			1.4.3 内缸导汽环密封不良	漏汽	其表现特征为：(1)汽缸局部保温超温。(2)上下缸温差大。(3)前箱产生振动，并造成一定有频率。(4)动静间隙消失，发生碰磨	1.1、1.2	影响机组安全运行	4	(1)运行中监视缸缸温变化。(2)设置检修W点
			1.4.4 内缸疏水管破损	漏汽	其表现特征为：(1)汽缸局部保温超温。(2)上下缸温差大。(3)前箱产生振动，并造成一定有频率。(4)动静间隙消失，发生碰磨	1.1、1.2	影响机组安全运行	4	(1)运行中监视缸缸温变化。(2)设置检修W点

续表

设备	部件	故障模式	故障原因	故障效应 局部	故障效应 特征	故障效应 相邻	故障效应 系统	风险等级	措施
汽缸	1 缸体	1.4 汽缸变形	1.4.5 汽缸残留应力释放	漏汽、振动	其表现特征为：(1)汽缸局部保温超温。(2)上下缸温差大。(3)前箱产生固有频率并成一定振动频率。(4)动静间隙消失，发生碰磨	1.1、1.2	影响机组安全运行	4	(1)运行中监视缸温变化。(2)设置检修W点
	2 中分面螺栓	2.1 断裂	2.1.1 长期运行发生蠕变	漏汽	其表现特征为：(1)汽缸局部保温超温。(2)汽缸局部漂汽、滴水	—	严重时影响机组安全运行	3	(1)设置检修W点。(2)跟踪记录分析
			2.1.2 金属监测不力	漏汽	其表现特征为：(1)汽缸局部保温超温。(2)汽缸局部漂汽、滴水	—	严重时影响机组安全运行	3	(1)加强金属监督。(2)设置检修W点
			2.1.3 螺栓伸长量过大	漏汽	其表现特征为：(1)汽缸局部保温超温。(2)汽缸局部漂汽、滴水	—	严重时影响机组安全运行	3	设置检修W点
			2.1.4 材料选择不当	漏汽	其表现特征为：(1)汽缸局部保温超温。(2)汽缸局部漂汽、滴水	—	严重时影响机组安全运行	3	(1)加强金属监督。(2)设置检修W点

续表

设备	部件	故障模式	故障原因	故障效应				风险等级	措施
				局部	特征	相邻	系统		
汽缸	2 中分面螺栓	2.1 断裂	2.1.5 存在制造缺陷	漏汽	其表现特征为：(1) 汽缸局部超温。(2) 汽缸局部漏汽、滴水	—	严重时影响机组安全运行	3	(1) 加强监造力度。(2) 设置检修 W 点
		2.2 预紧力不足	2.2.1 螺栓冷紧力矩不足	漏汽	其表现特征为：(1) 汽缸局部超温。(2) 汽缸局部漏汽、滴水	—	影响机组经济运行	3	设置检修 W 点
			2.2.2 螺栓伸长量不足	漏汽	其表现特征为：(1) 汽缸局部超温。(2) 汽缸局部漏汽、滴水	—	影响机组经济运行	3	设置检修 W 点
	3 滑销系统	3.1 卡涩和磨损	3.1.1 材料选择不当	膨胀不畅、振动	其表现特征为：(1) 启、停机过程中汽缸膨胀、收缩时间长。(2) 汽缸差胀显示异常。(3) 机组运行中振动加大	—	严重时影响机组安全运行	4	(1) 加强监造力度。(2) 设置检修 W 点
			3.1.2 安装检修工艺不良	膨胀不畅、振动	其表现特征为：(1) 启、停机过程中汽缸膨胀、收缩时间长。(2) 汽缸差胀显示异常。(3) 机组运行中振动加大	—	严重时影响机组安全运行	4	(1) 设置检修 W 点。(2) 加强工艺纪律

设备	部件	故障模式	故障原因	故障效应				风险等级	措施
				局部	特征	相邻	系统		
汽缸	3 滑销系统	3.1 卡涩和磨损	3.1.3 维护工作不到位	膨胀不畅、振动	其表现特征为：(1) 启、停机过程中汽缸膨胀、收缩时间长。(2) 汽缸差胀显示异常。(3) 机组运行中振动加大	—	严重时影响机组安全运行	4	(1) 设置检修 W 点。(2) 加强工艺纪律
		3.2 间隙调整不当	3.2.1 安装检修工艺不良	—	其表现特征为：(1) 启、停机过程中汽缸膨胀、收缩时间长。(2) 汽缸差胀显示异常。(3) 机组运行中振动加大	—	严重时影响机组安全运行	4	(1) 设置检修 W 点。(2) 加强工艺纪律
	4 汽缸疏水管	4.1 疏水管漏汽	4.1.1 安装时疏水管受损	上、下缸温变大	上、下缸缸温温差增大	—	严重时影响机组安全运行	4	监测缸温变化
			4.1.2 疏水管质量不良	上、下缸温变大	上、下缸缸温温差增大	—	严重时影响机组安全运行	4	监测缸温变化
		4.2 疏水不畅	4.2.1 疏水阀故障	—	上、下缸缸温温差增大	—	严重时影响机组安全运行	4	监测缸温变化
			4.2.2 疏水管布置不合理或堵塞	—	上、下缸缸温温差增大	—	严重时影响机组安全运行	4	监测缸温变化
	5 喷嘴组	5.1 静叶片局部脱落	5.1.1 静叶片制造不良	—	—	—	造成停机事故	5	(1) 加强金属监督。(2) 设置检修 W 点

续表

设备	部件	故障模式	故障原因	故障效应 局部	故障效应 特征	故障效应 相邻	故障效应 系统	风险等级	措施
转子	1 叶片	1.1 叶片断裂	1.1.1 安装工艺不良	振动、异音	其表现特征为：(1)振动特征：1N主导；(2)汽缸局部异音	—	造成停机事故	5	(1)加强金属监督。(2)设置检修W点
			1.1.2 造成水冲击	振动、异音	其表现特征为：(1)振动特征：1N主导；(2)汽缸局部异音	1.2	造成停机事故	5	(1)加强金属监督。(2)设置检修W点
			1.1.3 发生动静摩擦	振动、异音	其表现特征为：(1)振动特征：1N主导；(2)汽缸局部异音	1.2	造成停机事故	5	设置检修W点
		1.2 纵树型的叶片轴根向移位	1.2.1 装配间隙超标	叶片轴向移位	其表现特征为：①1N主导；②振动高频。(2)动静磨擦	1.1	造成停机事故	5	(1)设置检修W点。(2)跟踪记录分析
			1.2.2 叶片叶根配件弹垫弹性失效	叶片轴向移位	其表现特征为：①1N主导；②振动高频。(2)动静磨擦	1.1	造成停机事故	5	设置检修W点
	2 主轴	2.1 主轴热弯曲	2.1.1 汽轮机转子热弯曲；转轴上内应力过大，转轴材质不对称温差大；转子存在径向不对称温差；转轴材质不均；转子与冷蒸汽接触；动静摩擦	振动、摩擦、弯曲	其表现特征为：(1)汽轮机转子不会发生跳跃式的弯曲振动特征：①1N，振幅不稳定的变化，振动的相位；②振动随转速、负荷的变化关系明显；③停机过程的摩擦	—	造成停机事故	5	(1)加强运行分析。(2)设置检修W点

设备	部件	故障模式	故障原因	故障效应				风险等级	措施
				局部	特征	相邻	系统		
转子	2 主轴	2.1 主轴热弯曲	2.1.1 汽轮机转子热弯曲：转轴上内应力过大；转轴材质不均；转轴存在径向不对称温差；转子与水或冷蒸汽接触；动静摩擦	振动、摩擦、弯曲	振动会明显增高于启动过程：(2) 发电机转子热弯曲振动特征：①1N；②振动与励磁电流有密切关系；③摩擦效应导致转子出现不均匀弯曲所引起的热弯曲，振动的增大具有一定的突发性	—	造成停机事故	5	(1) 加强运行分析。(2) 设置检修 W 点。
			2.1.2 发电机转子热弯曲：转子锻件材质不均匀；匝间短路；冷却系统故障；转子线圈膨胀受阻；转轴上套箱件失去紧力；楔条紧力不一致	振动、摩擦、弯曲	其表现特征为：(1) 汽轮机转子热弯曲振动特征：①1N，振幅不会发生跳跃式的变化，振动的相位不稳定；②振动随转速、负荷的变化关系明显；③停机过程高于启动明显。(2) 发电机转子热弯曲振动特征：①1N；②振动与励磁电流有密切关系；③摩擦效应导致转子出现不均匀弯曲所引起的热弯曲，振动的增大具有一定的突发性	—	造成停机事故	5	(1) 设置检修 W 点。(2) 跟踪记录分析。

设备	部件	故障模式	故障原因	故障效应 局部	故障效应 特征	故障效应 相邻	故障效应 系统	风险等级	措施
转子	2 主轴	2.1 主轴热弯曲	2.1.3 启停机盘车时间短	振动、摩擦、弯曲	其表现特征为：(1) 汽轮机转子热弯曲振幅不会发生跳跃式的变化，振动的相位随的变化，不稳定；负荷的变化关系明显；③停机过程高于启动转速。②振动的变化关系明显。③停机过程高于启动过程。振动会明显高于启动过程。(2) 弯曲振动特征：①1N，②1N；密切关系；③摩擦效应导致转子出现的热不均匀应导致转子出现的热弯曲，振动向力引起的热弯曲，振动的增大具有一定的突发性	—	造成停机事故	5	做好运行调整、操作
		2.2 轴颈磨损	2.2.1 油压过低、油量偏小或断油	(1) 轴瓦乌金烧毁。(2) 转子轴颈损坏。(3) 汽轮机动静碰磨等	其表现特征为：(1) 振动特征：①1N主导；②振动高频。(2) 瓦温度高。(3) 轴位移超标（推力盘磨损）	—	引起停机，影响机组安全运行	5	做好运行分析、调整
			2.2.2 转子接地不良，轴电流击穿油膜	(1) 轴瓦乌金烧毁。(2) 转子轴颈损坏。(3) 汽轮机动静碰磨等	其表现特征为：(1) 振动特征：①1N主导；②振动高频。(2) 瓦温度高。(3) 轴位移超标（推力盘磨损）	—	引起停机，影响机组安全运行	5	(1) 设置检修 W 点。(2) 加强工艺纪律

续表

设备	部件	故障模式	故障原因	故障效应				风险等级	措施
				局部	特征	相邻	系统		
转子	2　主轴	2.2　轴颈磨损	2.2.3　轴承安装不好，轴瓦研磨不好	(1) 轴瓦乌金烧毁。(2) 转子轴颈损坏。(3) 汽轮机动静碰磨等	其表现特征为：(1) 振动特征：①1N主导；②振动高频。(2) 瓦温度高。(3) 轴位移超标（推力盘磨损）	—	引起停机，影响机组安全运行	5	(1) 设置检修W点。(2) 加强工艺纪律
			2.2.4　轴向推力增大	(1) 轴瓦乌金烧毁。(2) 转子轴颈损坏。(3) 汽轮机动静碰磨等	其表现特征为：(1) 振动特征：①1N主导；②振动高频。(2) 瓦温度高。(3) 轴位移超标（推力盘磨损）	—	引起停机，影响机组安全运行	5	做好运行分析，调整
		2.3　靠背轮及其靠背轮螺栓	2.3.1　对轮飘偏、晃动过大	轴振变化	其振动特征为：(1) 1N、2N较大。(2) 出现3N频率成分	—	影响机组安全运行	3	(1) 设置检修W点。(2) 加强工艺纪律
			2.3.2　对轮中心不良	轴振变化	其振动特征为：(1) 1N、2N较大。(2) 出现3N频率成分	—	影响机组安全运行	3	(1) 设置检修W点。(2) 加强工艺纪律
			2.3.3　部分靠背轮螺栓紧力不足	轴振变化	其振动特征为：(1) 1N、2N较大。(2) 出现3N频率成分	—	影响机组安全运行	3	(1) 设置检修W点。(2) 加强工艺纪律
			2.3.4　靠背轮螺栓护板脱落	轴振变化	其振动特征为：(1) 1N、2N较大。(2) 出现3N频率成分	—	影响机组安全运行	3	(1) 设置检修W点。(2) 加强工艺纪律

续表

设备	部件	故障模式	故障原因	故障效应				风险等级	措施
				局部	特征	相邻	系统		
转子	2 主轴	2.4 平衡块	2.4.1 平衡块位移	轴振变化	其振动特征为:(1) 1N 主导。(2) 出现 1N 相位角	—	影响机组安全运行	4	(1) 设置检修 W 点。(2) 加强工艺纪律
			2.4.1 平衡块脱落	轴振变化	其振动特征为:(1) 1N 主导。(2) 出现 1N 相位角	—	严重时影响机组安全运行	4	(1) 设置检修 W 点。(2) 加强工艺纪律
隔板、轴封体	1 隔板	1.1 塑性变形	1.1.1 长期运行变形	动静摩擦、振动	其表现特征为:(1) 振动频谱特征:以 1N 为主,伴有高次谐波或低频成分出现。(2) 伴有金属摩擦声	—	影响机组安全运行,造成停机事故	4	(1) 设置检修 W 点。(2) 跟踪记录分析
			1.1.2 安装检修工艺不良	动静摩擦、振动	其表现特征为:(1) 振动频谱特征:以 1N 为主,伴有高次谐波或低频成分出现。(2) 伴有金属摩擦声	—	影响机组安全运行,造成停机事故	4	(1) 设置检修 W 点。(2) 加强工艺纪律
		1.2 阻汽片脱落	1.2.1 制造工艺不良	动静摩擦、振动	其振动特征为:1N 主导	1.3、2.2	影响机组安全运行,造成停机事故	4	(1) 设置检修 W 点。(2) 加强工艺纪律
			1.2.2 安装工艺不良导致阻汽片碰磨较严重	动静摩擦、振动	其振动特征为:1N 主导	1.3、2.2	影响机组安全运行,造成停机事故	4	(1) 设置检修 W 点。(2) 加强工艺纪律
		1.3 汽封磨损	1.3.1 安装工艺不良引起动静碰磨	动静摩擦、振动	其振动特征为:1N 主导	1.2、2.2	影响机组安全运行,造成停机事故	4	(1) 加强金属监督。(2) 设置检修 W 点

续表

设备	部件	故障模式	故障原因	故障效应 局部	特征	相邻	系统	风险等级	措施
隔板、轴封体	2 轴封体	2.1 轴封体裂纹	2.1.1 制造工艺不良	—	—	—	影响机组经济性	4	(1) 加强金属监督。(2) 设置检修 W 点。
		2.2 轴封磨损	2.2.1 安装工艺不良引起动静碰磨	动静摩擦、振动	其振动特征为:1N 主导	1.2、1.3	影响机组安全运行	4	(1) 设置检修 W 点。(2) 加强工艺纪律。
		2.3 轴封漏汽严重磨损	2.3.1 安装间隙较大	漏汽	汽缸局部漂汽、滴水	—	影响机组经济性	4	(1) 设置检修 W 点。(2) 加强工艺纪律。
盘车装置	1 对轮	1.1 对轮故障	1.1.1 齿磨损	盘车主体内齿齿轮损坏	盘车无法投运	—	影响启停机	5	(1) 加强金属监督。(2) 设置检修 W 点。
			1.1.2 中心不良	盘车主体内齿齿轮损坏	盘车无法投运	—	影响启停机	5	(1) 加强金属监督。(2) 设置检修 W 点。
			1.1.3 无润滑油	盘车主体内齿齿轮损坏	盘车无法投运	—	影响启停机	5	做好运行分析、调整
	2 离合器	2.1 离合器磨损	2.1.1 设备使用周期过长 / 2.1.2 棘爪卡涩	啮合不良	盘车无法投运	—	影响启停机	5	(1) 加强金属监督。(2) 设置检修 W 点。
轴承	1 支持轴承	1.1 瓦温高	1.1.1 进油量少	磨损乌金、振动、异音	其表现特征为:(1) 振动特征:1N 主导。(2) 瓦温高。(3) 轴振不良	—	影响机组安全运行、造成停机事故	3	(1) 设置检修 W 点。(2) 加强工艺纪律。
			1.1.2 排油不畅	磨损乌金、振动、异音	其表现特征为:(1) 振动特征:1N 主导。(2) 瓦温高。(3) 轴振不良	—	影响机组安全运行、造成停机事故	3	(1) 设置检修 W 点。(2) 加强工艺纪律。

续表

设备	部件	故障模式	故障原因	故障效应					风险等级	措施
				局部	特征	相邻	系统			
1 轴承	1.1 支持轴承	1.1 瓦温高	1.1.3 瓦间隙小	磨损乌金、振动、异音	其表现特征为：1N (1) 振动特征：主导。(2) 瓦温高。(3) 轴振不良	1.1.4、1.1.7	影响机组安全运行、造成停机事故	3	(1) 设置检修 W 点。(2) 加强工艺纪律
			1.1.4 乌金接触不良	磨损乌金、振动、异音	其表现特征为：1N (1) 振动特征：主导。(2) 瓦温高。(3) 轴振不良	1.1.3、1.1.7	影响机组安全运行、造成停机事故	3	(1) 设置检修 W 点。(2) 加强工艺纪律
			1.1.5 前后瓦温偏差大，机组负载变化时导致局部瓦温高	磨损乌金、振动、异音	其表现特征为：1N (1) 振动特征：主导。(2) 瓦温高。(3) 轴振不良	—	影响机组安全运行、造成停机事故	3	(1) 设置检修 W 点。(2) 加强工艺纪律
			1.1.6 瓦紧力过大	磨损乌金、振动、异音	其表现特征为：1N (1) 振动特征：主导。(2) 瓦温高。(3) 轴振不良	—	影响机组安全运行、造成停机事故	3	(1) 设置检修 W 点。(2) 加强工艺纪律
			1.1.7 瓦油楔不符合要求	磨损乌金、振动、异音	其表现特征为：1N (1) 振动特征：主导。(2) 瓦温高。(3) 轴振不良	1.13、1.1.4	影响机组安全运行、造成停机事故	3	(1) 设置检修 W 点。(2) 加强工艺纪律
			1.1.8 油质差	磨损乌金、振动、异音	其表现特征为：1N (1) 振动特征：主导。(2) 瓦温高。(3) 轴振不良	—	影响机组安全运行、造成停机事故	3	加强油质净化

续表

设备	部件	故障模式	故障原因	故障效应				风险等级	措施
				局部	特征	相邻	系统		
轴承	1 支持轴承	1.2 前后温差大	1.2.1 轴瓦与轴颈扬度不同步	温差大	前后温差大	—	影响机组安全运行	3	(1) 设置检修 W 点。 (2) 加强工艺纪律
			1.2.2 轴瓦下瓦调整垫片不实	温差大	前后温差大	—	影响机组安全运行	3	(1) 设置检修 W 点。 (2) 加强工艺纪律
		1.3 轴振	1.3.1 乌金接触不良	磨损乌金、振动、异音	其表现特征为： (1) 振动特征：0.5N 主导。 (2) 轴振不良并可能伴有异音	—	影响机组安全运行，严重时造成停机事故	3	(1) 设置检修 W 点。 (2) 加强工艺纪律
			1.3.2 瓦紧力过小	磨损乌金、振动、异音	其表现特征为： (1) 振动特征：0.5N 主导。 (2) 轴振不良并可能伴有异音	1.3.3	影响机组安全运行，严重时造成停机事故	3	(1) 设置检修 W 点。 (2) 加强工艺纪律
			1.3.3 瓦枕螺栓松动	磨损乌金、振动、异音	其表现特征为： (1) 振动特征：0.5N 主导。 (2) 轴振不良并可能伴有异音	1.3.2	影响机组安全运行，严重时造成停机事故	3	(1) 设置检修 W 点。 (2) 加强工艺纪律
			1.3.4 瓦调整块接触不良	磨损乌金、振动、异音	其表现特征为： (1) 振动特征：0.5N 主导。 (2) 轴振不良并可能伴有异音	—	影响机组安全运行，严重时造成停机事故	3	(1) 设置检修 W 点。 (2) 加强工艺纪律
	2 推力轴承	2.1 瓦温高	2.1.1 推力间隙小	磨损乌金、振动	瓦温高，易伴有轴位移显示不良	—	影响机组安全运行	3	(1) 设置检修 W 点。 (2) 加强工艺纪律
			2.1.2 进油楔小	磨损乌金、振动	瓦温高，易伴有轴位移显示不良	2.1.3	影响机组安全运行	3	(1) 设置检修 W 点。 (2) 加强工艺纪律

续表

设备	部件		故障模式		故障原因	故障效应				风险等级	措施
						局部	特征	相邻	系统		
轴承	2 推力轴承		2.1 瓦温高	2.1.3	进油量少	磨损乌金、振动	瓦温高,易伴有轴位移显示不良	2.1.2	影响机组安全运行	3	(1)设置检修 W 点。(2)加强运行调整
				2.1.4	排油不畅	磨损乌金、振动	瓦温高,位移显示不良	—	影响机组安全运行	3	(1)设置检修 W 点。(2)加强工艺纪律
				2.1.5	乌金接触不良	磨损乌金、振动	瓦温高,易伴有轴位移显示不良	—	影响机组安全运行	3	(1)设置检修 W 点。(2)加强工艺纪律
				2.1.6	油质差	磨损乌金、振动	瓦温高,位移显示不良	—	影响机组安全运行	3	加强油质净化
				2.1.7	推力瓦块厚度不一	磨损乌金、振动	瓦温高,易伴有轴位移显示不良	—	影响机组安全运行	3	(1)设置检修 W 点。(2)加强工艺纪律
			2.2 轴振	2.2.1	推力间隙大	磨损乌金、振动	轴位移显示不良	—	影响机组安全运行	3	(1)设置检修 W 点。(2)加强工艺纪律
				2.2.2	推力座轴瓦大	磨损乌金、振动	轴位移显示不良	—	影响机组安全运行	3	(1)设置检修 W 点。(2)加强工艺纪律
				2.2.3	瓦块定位销松动	磨损乌金、振动	轴位移显示不良	—	影响机组安全运行	3	(1)设置检修 W 点。(2)加强工艺纪律
	3 油档		3.1 漏油	3.1.1	油档间隙过大	火警	设备油迹重,伴有油烟或火警	—	影响机组安全运行	5	(1)设置检修 W 点。(2)加强工艺纪律
				3.1.2	油档接触不良	火警	设备油迹重,并易伴有油烟或火警	—	影响机组安全运行	5	(1)设置检修 W 点。(2)加强工艺纪律
				3.1.3	轴承座负压小	火警	设备油迹重,并伴有油烟或火警	—	影响机组安全运行	5	(1)设置检修 W 点。(2)加强工艺纪律
			3.2 油档积碳严重	3.2.1	油档间隙大导致杂物进入	轴振突变	轴振特征:1N 突变	—	影响机组安全运行	3	加强运行调整
				3.2.2	轴承箱负压大	轴振突变	轴振特征:1N 突变	—	影响机组安全运行	3	加强运行调整

2. 汽动引风机小机系统故障模式及影响分析（本体）

设备	部件	故障模式	故障原因	故障效应					风险等级	措施
				局部	特征	相邻	系统			
汽缸	1 缸体	1.1 水平结合面间隙过大	1.1.1 制造工艺不良	漏汽	其表现特征为： （1）汽缸局部保温超温。 （2）汽缸局部刺汽、滴水	1.2、1.4	影响机组安全运行	4	（1）加强监造力度。 （2）设置检修 W 点
			1.1.2 长期运行变形	漏汽	其表现特征为： （1）汽缸局部保温超温。 （2）汽缸局部刺汽、滴水	1.2、1.4	影响机组安全运行	4	（1）设置检修 W 点。 （2）跟踪记录分析
			1.1.3 安装前清洁度不合格	漏汽	其表现特征为： （1）汽缸局部保温超温。 （2）汽缸局部刺汽、滴水	1.2、1.4	影响机组安全运行	4	设置检修 W 点
			1.1.4 中分面螺栓力不足或紧固顺序不当	漏汽	其表现特征为： （1）汽缸局部保温超温。 （2）汽缸局部刺汽、滴水	1.2、1.4	影响机组安全运行	4	（1）设置检修 W 点。 （2）完善检修工艺
		1.2 结合面上沟槽	1.2.1 检修工艺差、操作不正确	漏汽	其表现特征为： （1）汽缸局部保温超温。 （2）汽缸局部刺汽、滴水	1.1、1.4	影响机组安全运行	4	（1）设置检修工艺。 （2）加强工艺纪律

续表

设备	部件	故障模式	故障原因		故障效应				风险等级	措施
				局部	特征	相邻	系统			
汽缸	1 缸体	1.3 缸体上产生裂纹	1.3.1 焊接工艺不良	漏汽	其表现特征为： （1）汽缸局部保温超温。 （2）汽缸局部刺汽、滴水	—	影响机组安全运行	4	（1）设置检修 W 点。 （2）完善焊接工艺卡
			1.3.2 运行方式不当	漏汽	其表现特征为： （1）汽缸局部保温超温。 （2）汽缸局部刺汽、滴水	—	影响机组安全运行	4	提高运行水平
			1.3.3 保温质量差	漏汽	其表现特征为： （1）汽缸局部保温超温。 （2）汽缸局部刺汽、滴水	—	影响机组安全运行	4	设置检修 W 点
			1.3.4 缸体材料缺陷	漏汽	其表现特征为： （1）汽缸局部保温超温。 （2）汽缸局部刺汽、滴水	—	影响机组安全运行	4	（1）加强金属监督。 （2）设置检修 W 点
			1.3.5 铸造工艺不良	漏汽	其表现特征为： （1）汽缸局部保温超温。 （2）汽缸局部刺汽、滴水	—	影响机组安全运行	4	（1）加强监造力度。 （2）设置检修 W 点

续表

设备	部件	故障模式	故障原因	故障效应				风险等级	措施
				局部	特征	相邻	系统		
汽缸	1 缸体	1.4 汽缸变形	1.4.1 保温质量差	（1）局部保温超温，上下缸温差大。	其表现特征为：（1）汽缸局部保温超温。（2）上下缸温差大。（3）前箱产生振动并成一定固有频率。（4）动静间隙消失，发生碰磨。	1.1、1.2	影响机组安全运行	4	（1）运行中监视缸温变化。（2）设置检修 W 点
			1.4.2 内缸中分面密封不良	漏汽	其表现特征为：（1）汽缸局部保温超温。（2）上下缸温差大。（3）前箱产生振动并成一定固有频率。（4）动静间隙消失，发生碰磨。	1.1、1.2	影响机组安全运行	4	（1）运行中监视缸温变化。（2）设置检修 W 点
			1.4.3 内缸导汽环密封不良	漏汽	其表现特征为：（1）汽缸局部保温超温。（2）上下缸温差大。（3）前箱产生振动并成一定固有频率。（4）动静间隙消失，发生碰磨。	1.1、1.2	影响机组安全运行	4	（1）运行中监视缸温变化。（2）设置检修 W 点
			1.4.4 内缸疏水管破损	漏汽	其表现特征为：（1）汽缸局部保温超温。（2）上下缸温差大。（3）前箱产生振动并成一定固有频率。（4）动静间隙消失，发生碰磨。	1.1、1.2	影响机组安全运行	4	（1）运行中监视缸温变化。（2）设置检修 W 点

续表

设备	部件	故障模式	故障原因	故障效应				风险等级	措施
				局部	特征	相邻	系统		
汽缸	1 缸体	1.4 汽缸变形	1.4.5 汽缸残留应力释放	漏汽、振动	其表现特征为：(1)汽缸局部保温超温。(2)上下缸温差大。(3)前箱产生有频率，并成一定固有频率振动。(4)动静间隙消失，发生碰磨。	1.1、1.2	影响机组安全运行	4	(1)运行中监视汽缸温变化。(2)设置检修W点
	2 中分面螺栓	2.1 断裂	2.1.1 长期运行发生蠕变	漏汽	其表现特征为：(1)汽缸局部保温超温。(2)汽缸局部漂汽、滴水	—	严重时影响机组安全运行	3	(1)设置检修W点。(2)跟踪记录分析
			2.1.2 金属监测不力	漏汽	其表现特征为：(1)汽缸局部保温超温。(2)汽缸局部漂汽、滴水	—	严重时影响机组安全运行	3	(1)加强金属监督。(2)设置检修W点
			2.1.3 螺栓伸长量过大	漏汽	其表现特征为：(1)汽缸局部保温超温。(2)汽缸局部漂汽、滴水	—	严重时影响机组安全运行	3	设置检修W点
			2.1.4 材料选择不当	漏汽	其表现特征为：(1)汽缸局部保温超温。(2)汽缸局部漂汽、滴水	—	严重时影响机组安全运行	3	(1)加强金属监督。(2)设置检修W点

附　录

续表

设备	部件	故障模式	故障原因	故障效应 局部	故障效应 特征	故障效应 相邻	故障效应 系统	风险等级	措施
汽缸	2 中分面螺栓	2.1 断裂	2.1.5 存在制造缺陷	漏汽	其表现特征为：(1) 汽缸局部超温。(2) 汽缸局部漂汽、滴水	—	严重时影响机组安全运行	3	(1) 加强监造力度。(2) 设置检修 W 点
		2.2 预紧力不足	2.2.1 螺栓冷紧力矩不足	漏汽	其表现特征为：(1) 汽缸局部超温。(2) 汽缸局部漂汽、滴水	—	影响机组经济运行	3	设置检修 W 点
			2.2.2 螺栓伸长量不足	漏汽	其表现特征为：(1) 汽缸局部超温。(2) 汽缸局部漂汽、滴水	—	影响机组经济运行	3	设置检修 W 点
	3 滑销系统	3.1 卡涩和磨损	3.1.1 材料选择不当	膨胀不畅、振动	其表现特征为：(1) 启、停机过程中汽缸膨胀、收缩时间长。(2) 汽缸差胀显示异常。(3) 机组运行中振动加大	—	严重时影响机组安全运行	4	(1) 加强监造力度。(2) 设置检修 W 点
			3.1.2 安装检修工艺不良	膨胀不畅、振动	其表现特征为：(1) 启、停机过程中汽缸膨胀、收缩时间长。(2) 汽缸差胀显示异常。(3) 机组运行中振动加大	—	严重时影响机组安全运行	4	(1) 设置检修 W 点。(2) 加强工艺纪律

续表

设备	部件	故障模式	故障原因	故障效应				风险等级	措施
				局部	特征	相邻	系统		
汽缸	3 滑销系统	3.1 卡涩和磨损	3.1.3 维护工作不到位	膨胀不畅、振动	其表现特征为：(1) 启、停机过程中汽缸膨胀、收缩时间长。(2) 汽缸差胀显示异常。(3) 机组运行中振动加大	—	严重时影响机组安全运行	4	(1) 设置检修 W 点。(2) 加强工艺纪律
		3.2 间隙调整不当	3.2.1 安装检修工艺不良	—	其表现特征为：(1) 启、停机过程中汽缸膨胀、收缩时间长。(2) 汽缸差胀显示异常。(3) 机组运行中振动加大	—	严重时影响机组安全运行	4	(1) 设置检修 W 点。(2) 加强工艺纪律
	4 汽缸疏水管	4.1 疏水管漏汽	4.1.1 安装时疏水管受损	上、下缸温变大	上、下缸缸温温差增大	—	严重时影响机组安全运行	4	监测缸温变化
			4.1.2 疏水管质量不良	上、下缸温变大	上、下缸缸温温差增大	—	严重时影响机组安全运行	4	监测缸温变化
		4.2 疏水不畅	4.2.1 疏水阀故障	—	上、下缸缸温温差增大	—	严重时影响机组安全运行	4	监测缸温变化
			4.2.2 疏水管布置不合理或堵塞	—	上、下缸缸温温差增大	—	严重时影响机组安全运行	4	监测缸温变化
	5 喷嘴组	5.1 静叶片局部脱落	5.1.1 静叶片制造不良	—	—	—	造成停机事故	5	(1) 加强金属监督。(2) 设置检修 W 点

续表

设备	部件	故障模式	故障原因	故障效应				风险等级	措施
				局部	特征	相邻	系统		
转子	1 叶片	1.1 叶片断裂	1.1.1 安装工艺不良	振动、异音	其表现特征为：(1) 振动特征为：1N主导。(2) 汽缸局部异音。	—	造成停机事故	5	(1) 加强金属监督。(2) 设置检修 W 点。
			1.1.2 造成水冲击	振动、异音	其表现特征为：(1) 振动特征为：1N主导。(2) 汽缸局部异音。	1.2	造成停机事故	5	(1) 加强金属监督。(2) 设置检修 W 点。
			1.1.3 发生动静摩擦	振动、异音	其表现特征为：(1) 振动特征为：1N主导。(2) 汽缸局部异音。	1.2	造成停机事故	5	设置检修 W 点。
		1.2 纵树型叶根的叶片轴向移位	1.2.1 装配间隙超标	叶片轴向移位	其振动特征：①1N主导；②振动高频。	1.1	造成停机事故	5	(1) 设置检修 W 点。(2) 跟踪记录分析。
			1.2.2 叶片叶根配件弹性失效	叶片轴向移位	其表现特征为：①1N主导；②动静碰磨。	1.1	造成停机事故	5	设置检修 W 点。
	2 主轴	2.1 主轴热弯曲	2.1.1 汽轮机转子热弯曲；转轴上内应力过大；转轴材质不均；转轴径向不对称温差；转轴与向冷蒸汽接触；动静摩擦	振动、摩擦、弯曲	其表现特征为：①汽轮机转子热弯曲振动不会发生跳跃式的变化，振动的相位不稳定；②振动随转速、负荷的变化关系	—	造成停机事故	5	(1) 加强运行分析。(2) 设置检修 W 点。

设备	部件	故障模式	故障原因	故障效应				风险等级	措施
				局部	特征	相邻	系统		
转子	2 主轴	2.1 主轴热弯曲	2.1.1 汽轮机转子热弯曲：转轴上内应力过大，转轴材质不均；转子在径向不对称温差；转子与冷凝水或冷蒸汽接触；动静摩擦	振动、摩擦、弯曲	明显；③停机过程中振动会明显高于启动过程。(2)弯曲振动特征：①1N；②振动与励磁电流有密切关系；③摩擦效应导致转子出现不均匀的热弯曲，振动向力引起的增大具有一定的突发性	—	造成停机事故	5	(1)加强运行分析。(2)设置检修 W 点
			2.1.2 发电机转子热弯曲：转子锻件材质不均匀；匝间短路；冷却系统故障；转子线圈膨胀受阻；转轴上套装零件失去紧力；楔条紧力不一致	振动、摩擦、弯曲	其表现特征为：(1)汽轮机转子热弯曲振动特征：①1N，振动振幅不会发生跳跃式的变化，振动的相位不稳定；②振动随转速、负荷的变化关系明显；③停机过程中振动会明显高于启动过程。(2)发电机转子热弯曲振动特征：①1N；②振动与励磁电流有密切关系；③摩擦效应导致转子出现不均匀的热弯曲，振动向力引起的增大具有一定的突发性	—	造成停机事故	5	(1)设置检修 W 点。(2)跟踪记录分析

续表

设备	部件	故障模式	故障原因	故障效应				风险等级	措施
				局部	特征	相邻	系统		
转子	2　主轴	2.1　主轴热弯曲	2.1.3　启停机盘车时间短	振动、摩擦、弯曲	其表现特征为：（1）汽轮机转子受热弯曲振幅不会发生跳跃式的变化，振动的相位不稳定；②振动随转速、负荷的变化关系明显；③停机过程高于启动过程，振动会明显高于启动过程。（2）发电机转子受热弯曲振动特征：①IN，②振动与励磁电流有密切关系；③摩擦效应导致转子出现不均匀弯曲，振动向力引起的热态弯曲，振动的增大具有一定的突发性	—	造成停机事故	5	做好运行调整、操作
		2.2　轴颈磨损	2.2.1　油压过低、油量偏小或断油	（1）轴瓦乌金烧毁。（2）转子轴颈损坏。（3）汽轮机动静碰磨等	其表现特征为：（1）振动特征：①IN主导；②振动高频。（2）瓦温度高。（3）轴位移超标（推力盘磨损）	—	引起停机，影响机组安全运行	5	做好运行分析、调整
			2.2.2　转子接地不良，轴电流击穿油膜	（1）轴瓦乌金烧毁。（2）转子轴颈损坏。（3）汽轮机动静碰磨等	其表现特征为：（1）振动特征：①IN主导；②振动高频。（2）瓦温度高。（3）轴位移超标（推力盘磨损）	—	引起停机，影响机组安全运行	5	（1）设置检修W点。（2）加强工艺纪律

続表

设备	部件	故障模式	故障原因	故障效应				风险等级	措施
				局部	特征	相邻	系统		
转子	2 主轴	2.2 轴颈磨损	2.2.3 轴承安装不好，轴瓦研磨不好	(1) 轴瓦乌金烧毁。(2) 转子轴颈磨损。(3) 汽轮机动静碰磨等	其表现特征为：(1) 振动特征：①1N主导；②振动高频。(2) 瓦温度高。(3) 轴位移超标（推力盘磨损）	—	引起停机，影响机组安全运行	5	(1) 设置检修 W 点。(2) 加强工艺纪律
			2.2.4 轴向推力增大	(1) 轴瓦乌金烧毁。(2) 转子轴颈磨损。(3) 汽轮机动静碰磨等	其表现特征为：(1) 振动特征：①1N主导；②振动高频。(2) 瓦温度高。(3) 轴位移超标（推力盘磨损）	—	引起停机，影响机组安全运行	5	做好运行分析，调整
		2.3 靠背轮及其靠背轮螺栓	2.3.1 对轮飘偏，晃动过大	轴振变化	其振动特征为：(1) 1N、2N较大。(2) 出现3N频率成分	—	影响机组安全运行	3	(1) 设置检修 W 点。(2) 加强工艺纪律
			2.3.2 对轮中心不良	轴振变化	其振动特征为：(1) 1N、2N较大。(2) 出现3N频率成分	—	影响机组安全运行	3	(1) 设置检修 W 点。(2) 加强工艺纪律
			2.3.3 部分靠背轮螺栓紧力不足	轴振变化	其振动特征为：(1) 1N、2N较大。(2) 出现3N频率成分	—	影响机组安全运行	3	(1) 设置检修 W 点。(2) 加强工艺纪律
			2.3.4 靠背轮螺栓护板脱落	轴振变化	其振动特征为：(1) 1N、2N较大。(2) 出现3N频率成分	—	影响机组安全运行	3	(1) 设置检修 W 点。(2) 加强工艺纪律

附　录

373

续表

设备	部件	故障模式	故障原因	故障效应				风险等级	措施
				局部	特征	相邻	系统		
转子	2 主轴	2.4 平衡块	2.4.1 平衡块位移	轴振变化	其振动特征为：(1) 1N 为主。(2) 出现 1N 相位角	—	影响机组安全运行	4	(1) 设置检修 W 点。(2) 加强工艺纪律
			2.4.2 平衡块脱落	轴振变化	其振动特征为：(1) 1N 为主。(2) 出现 1N 相位角	—	严重时影响机组安全运行	4	(1) 设置检修 W 点。(2) 加强工艺纪律
隔板、轴封体	1 隔板	1.1 塑性变形	1.1.1 长期运行变形	动静摩擦、振动	其表现频谱特征为：以 1N 为主，伴有高次谐波或低频成分出现。(2) 伴有金属摩擦声	—	影响机组安全运行，造成停机事故	4	(1) 设置检修 W 点。(2) 跟踪记录分析
			1.1.2 安装检修工艺不良	动静摩擦、振动	其表现频谱特征为：以 1N 为主，伴有高次谐波或低频成分出现。(2) 伴有金属摩擦声	—	影响机组安全运行，造成停机事故	4	(1) 设置检修 W 点。(2) 加强工艺纪律
		1.2 阻汽片脱落	1.2.1 制造工艺不良	动静摩擦、振动	其振动特征为：1N 主导	1.3、2.2	影响机组安全运行，造成停机事故	4	(1) 设置检修 W 点。(2) 加强工艺纪律
			1.2.2 安装工艺不良导致阻汽片碰磨严重	动静摩擦、振动	其振动特征为：1N 主导	1.3、2.2	影响机组安全运行，造成停机事故	4	(1) 设置检修 W 点。(2) 加强工艺纪律
		1.3 汽封磨损	1.3.1 安装工艺不良引起动静碰磨	动静摩擦、振动	其振动特征为：1N 主导	1.2、2.2	影响机组安全运行，造成停机事故	4	(1) 加强金属监督。(2) 设置检修 W 点

续表

设备	部件	故障模式	故障原因	故障效应 局部	故障效应 特征	故障效应 相邻	故障效应 系统	风险等级	措施
隔板、轴封体	2 轴封体	2.1 轴封体裂纹	2.1.1 制造工艺不良	—	—	—	影响机组经济性	4	(1) 加强金属监督。(2) 设置检修 W 点。
		2.2 轴封磨损	2.2.1 安装工艺不良引起动静碰磨	动静摩擦、振动	其振动特征为: 1N 主导	1.2, 1.3	影响机组安全运行	4	(1) 设置检修 W 点。(2) 加强工艺纪律
		2.3 轴封漏汽严重磨损	2.3.1 安装间隙较大	漏汽	汽缸局部漂汽、滴水	—	影响机组经济性	4	(1) 设置检修 W 点。(2) 加强工艺纪律
盘车装置	1 对轮	1.1 对轮故障	1.1.1 齿磨损	盘车主体内齿轮损坏	盘车无法投运	—	影响启停机	5	(1) 加强金属监督。(2) 设置检修 W 点。
			1.1.2 中心不良	盘车主体内齿轮损坏	盘车无法投运	—	影响启停机	5	(1) 加强金属监督。(2) 设置检修 W 点。
			1.1.3 无润滑油	盘车主体内齿轮损坏	盘车无法投运	—	影响启停机	5	做好运行分析、调整
	2 SSS 离合器	2.1 磨损	2.1.1 设备使用周期过长 / 2.1.2 棘爪卡涩	啮合不良	盘车无法投运	—	影响启停机	5	(1) 加强金属监督。(2) 设置检修 W 点。
	3 轴承、电机	3.1 轴承故障或电机故障	3.1.1 轴承故障磨损或卡涩	电机故障无驱动	盘车无法投运	—	影响启停机	5	(1) 设置检修 W 点。(2) 加强工艺纪律
			3.1.2 电机故障	电机故障无驱动	盘车无法投运	—	影响启停机	5	(1) 设置检修 W 点。(2) 加强工艺纪律
轴承	1 支持轴承	1.1 瓦温高	1.1.1 进油量少	磨损乌金、振动、异音	其表现特征: (1) 振动1N主导。(2) 瓦温高。(3) 轴振不良	—	影响机组安全运行、造成停机事故	3	(1) 设置检修 W 点。(2) 加强工艺纪律

续表

设备	部件	故障模式	故障原因	故障效应				风险等级	措施
				局部	特征	相邻	系统		
轴承	1 支持轴承	1.1 瓦温高	1.1.2 排油不畅	磨损乌金、振动、异音	其表现特征为：主导(1)振动特征：1N (2)瓦温高。(3)轴振不良	—	影响机组安全运行、造成停机事故	3	(1)设置检修W点。(2)加强工艺纪律
			1.1.3 瓦间隙小	磨损乌金、振动、异音	其表现特征为：主导(1)振动特征：1N (2)瓦温高。(3)轴振不良	1.1.4、1.1.7	影响机组安全运行、造成停机事故	3	(1)设置检修W点。(2)加强工艺纪律
			1.1.4 乌金接触不良	磨损乌金、振动、异音	其表现特征为：主导(1)振动特征：1N (2)瓦温高。(3)轴振不良	1.1.3、1.1.7	影响机组安全运行、造成停机事故	3	(1)设置检修W点。(2)加强工艺纪律
			1.1.5 前后瓦温偏差大，机组负载变化时导致局部瓦温高	磨损乌金、振动、异音	其表现特征为：主导(1)振动特征：1N (2)瓦温高。(3)轴振不良	—	影响机组安全运行、造成停机事故	3	(1)设置检修W点。(2)加强工艺纪律
			1.1.6 瓦紧力过大	磨损乌金、振动、异音	其表现特征为：主导(1)振动特征：1N (2)瓦温高。(3)轴振不良	—	影响机组安全运行、造成停机事故	3	(1)设置检修W点。(2)加强工艺纪律
			1.1.7 瓦油楔不符合要求	磨损乌金、振动、异音	其表现特征为：主导(1)振动特征：1N (2)瓦温高。(3)轴振不良	1.13、1.1.4	影响机组安全运行、造成停机事故	3	(1)设置检修W点。(2)加强工艺纪律

续表

设备	部件	故障模式	故障原因	故障效应局部	故障效应特征	故障效应相邻	故障效应系统	风险等级	措施
轴承	1 支持轴承	1.1 瓦温高	1.1.8 油质差	磨损乌金、振动、异音	其表现特征为：主导。(1)振动特征：1N (2)瓦温高。(3)轴振不良	—	影响机组安全运行，造成停机事故	3	加强油质净化
		1.2 前后温差大	1.2.1 轴瓦与轴颈扬度不同步	温差大	前后温差大	—	影响机组安全运行	3	(1)设置检修 W 点。(2)加强工艺纪律
			1.2.2 轴瓦下瓦调整垫片不实	温差大	前后温差大	—	影响机组安全运行	3	(1)设置检修 W 点。(2)加强工艺纪律
		1.3 轴振	1.3.1 乌金接触不良	磨损乌金、振动、异音	其表现特征为：主导。(1)振动特征：0.5N (2)轴振不良并可能伴有异音	—	影响机组安全运行，严重时造成停机事故	3	(1)设置检修 W 点。(2)加强工艺纪律
			1.3.2 瓦紧力过小	磨损乌金、振动、异音	其表现特征为：主导。(1)振动特征：0.5N (2)轴振不良并可能伴有异音	1.3.3	影响机组安全运行，严重时造成停机机事故	3	(1)设置检修 W 点。(2)加强工艺纪律
			1.3.3 瓦枕螺栓松动	磨损乌金、振动、异音	其表现特征为：主导。(1)振动特征：0.5N (2)轴振不良并可能伴有异音	1.3.2	影响机组安全运行，严重时造成停机机事故	3	(1)设置检修 W 点。(2)加强工艺纪律
			1.3.4 瓦调整块接触不良	磨损乌金、振动、异音	其表现特征为：主导。(1)振动特征：0.5N (2)轴振不良并可能伴有异音	—	影响机组安全运行，严重时造成停机机事故	3	(1)设置检修 W 点。(2)加强工艺纪律

续表

设备	部件	故障模式	故障原因	故障效应 局部	故障效应 特征	故障效应 相邻	故障效应 系统	风险等级	措施
轴承	2 推力轴承	2.1 瓦温高	2.1.1 推力间隙小	磨损乌金、振动	瓦温高,易伴有轴位移显示不良	—	影响机组安全运行	3	(1)设置检修 W 点。(2)加强工艺纪律
			2.1.2 进油楔小	磨损乌金、振动	瓦温高,易伴有轴位移显示不良	2.1.3	影响机组安全运行	3	(1)设置检修 W 点。(2)加强工艺纪律
			2.1.3 进油量少	磨损乌金、振动	瓦温高,易伴有轴位移显示不良	2.1.2	影响机组安全运行	3	(1)设置检修 W 点。(2)加强运行调整
			2.1.4 排油不畅	磨损乌金、振动	瓦温高,易伴有轴位移显示不良	—	影响机组安全运行	3	(1)设置检修 W 点。(2)加强工艺纪律
			2.1.5 乌金接触不良	磨损乌金、振动	瓦温高,易伴有轴位移显示不良	—	影响机组安全运行	3	(1)设置检修 W 点。(2)加强工艺纪律
			2.1.6 油质差	磨损乌金、振动	瓦温高,易伴有轴位移显示不良	—	影响机组安全运行	3	加强油质净化
			2.1.7 推力瓦块厚度不一	磨损乌金、振动	瓦温高,易伴有轴位移显示不良	—	影响机组安全运行	3	(1)设置检修 W 点。(2)加强工艺纪律
		2.2 轴振	2.2.1 推力间隙大	磨损乌金、振动	轴位移显示不良	—	影响机组安全运行	3	(1)设置检修 W 点。(2)加强工艺纪律
			2.2.2 瓦座轴窜大	磨损乌金、振动	轴位移显示不良	—	影响机组安全运行	3	(1)设置检修 W 点。(2)加强工艺纪律
			2.2.3 瓦块定位销松动	磨损乌金、振动	轴位移显示不良	—	影响机组安全运行	3	(1)设置检修 W 点。(2)加强工艺纪律
	3 油档	3.1 漏油	3.1.1 油档间隙过大	火警	设备油迹重,并易伴有油烟或火警	—	影响机组安全运行	5	(1)设置检修 W 点。(2)加强工艺纪律
			3.1.2 油档接触不良	火警	设备油迹重,并易伴有油烟或火警	—	影响机组安全运行	5	(1)设置检修 W 点。(2)加强工艺纪律

续表

设备	部件	故障模式	故障原因	故障效应				风险等级	措施
				局部	特征	相邻	系统		
轴承	3 油档	3.1 漏油	3.1.3 轴承座负压小	火警	设备油迹重，并易伴有油烟或冒火警	—	影响机组安全运行	5	加强运行调整
		3.2 油档积碳严重	3.2.1 油档间隙过大导致杂物进入	轴振突变	轴振特征：1N突变	—	影响机组安全运行	3	（1）设置检修W点。（2）加强工艺纪律
			3.2.2 轴承箱负压太	轴振突变	轴振特征：1N突变	—	影响机组安全运行	3	加强运行调整

三、高中压主汽阀、调节汽阀故障模式及影响分析

1. 高中压主汽阀故障模式及影响分析（本体）

设备	部件	故障模式	故障原因	故障效应				风险等级	措施
				局部	特征	相邻	系统		
高中压主汽阀	1 阀碟衬套	1.1 卡涩	1.1.1 金属永久变形	调节失效	其表现特征为：（1）开关不灵活。（2）拒动	3.1、6.1	严重影响机组安全运行	5	设置检修W点
	2 密封面	2.1 密封损伤	2.1.1 冲刷	严密性差	其表现特征为：超速	—	严重影响机组安全运行	5	设置检修W点
			2.1.2 撞击	严密性差	其表现特征为：超速	—	严重影响机组安全运行	5	设置检修W点
			2.1.3 制造不良	严密性差	其表现特征为：超速	—	严重影响机组安全运行	5	设置检修W点
	3 阀杆	3.1 卡涩	3.1.1 阀杆间隙偏小	调节失效	其表现特征为：（1）开关不灵活。（2）拒动	1.1、6.1	严重影响机组安全运行	5	设置检修W点

续表

设备	部件	故障模式	故障原因	故障效应				风险等级	措施
				局部	特征	相邻	系统		
高中压主汽阀	3 阀杆	3.1 卡涩	3.1.2 阀杆弯曲	调节失效	其表现特征为:（1）开关不灵活。（2）拒动	6.1	严重影响机组安全运行	5	设置检修 W 点
	4 阀杆和楔杆连接器	4.1 脱落	4.1.1 振动	阀门打不开	其表现特征为:拒动	—	影响机组运行	4	设置检修 W 点
			4.1.2 撞击	阀门打不开	其表现特征为:拒动	—	影响机组运行	4	设置检修 W 点
			4.1.3 紧固失效	阀门打不开	其表现特征为:拒动	—	影响机组运行	4	设置检修 W 点
	5 阀盖密封	5.1 漏汽	5.1.1 垫片或 U 型密封环或密封面缺陷	漏汽	其表现特征为:局部剩汽、滴水	—	严重影响机组安全运行	5	设置检修 W 点
			5.1.2 紧力不足或不均匀	漏汽	其表现特征为:局部剩汽、滴水	—	严重影响机组安全运行	5	设置检修 W 点
	6 预启阀	6.1 卡涩	6.1.1 间隙偏小	调节失效	其表现特征为:（1）主汽阀打不开。（2）行程不足。（3）关不到"零"位	1.1,3.1	影响机组运行	4	(1) 设置检修 W 点。(2) 定期做活动试验
			6.1.2 结垢	调节失效	其表现特征为:（1）主汽阀打不开。（2）行程不足。（3）关不到"零"位	1.1,3.1	影响机组运行	4	(1) 设置检修 W 点。(2) 定期做活动试验
		6.2 调整不良	6.2.1 行程偏大	调节失效	其表现特征为:主阀行程不足	—	影响机组运行	4	设置检修 W 点
			6.2.2 行程偏小	调节失效	其表现特征为:增大提升力	—	影响机组运行	4	设置检修 W 点

续表

设备	部件	故障模式	故障原因	故障效应				风险等级	措施
				局部	特征	相邻	系统		
高中压主汽阀	7 螺栓或螺纹环	7.1 裂纹	7.1.1 制造缺陷	阀盖预紧力不足	其表现特征为：局部剩汽、滴水	—	严重影响机组安全运行	5	(1) 加强金属监督。(2) 设置检修 W 点
			7.1.2 应力集中	阀盖预紧力不足	其表现特征为：局部剩汽、滴水	—	严重影响机组安全运行	5	(1) 加强金属监督。(2) 设置检修 W 点
	8 滤网	8.1 破损	8.1.1 滤网制造缺陷	过滤失效	其表现特征为：(1) 振动异常；(2) 声音异常	—	严重影响机组安全运行	5	(1) 加强金属监督。(2) 设置检修 W 点
			8.1.2 滤网销钉断裂	固定失效	(1) 振动异常；(2) 声音异常	—	严重影响机组安全运行	5	(1) 加强金属监督。(2) 设置检修 W 点

2. 高中压调节汽阀故障模式及影响分析（本体）

设备	部件	故障模式	故障原因	故障效应				风险等级	措施
				局部	特征	相邻	系统		
高中压调节阀	1 阀碟衬套	1.1 卡涩	1.1.1 金属永久变形	调节失效	其表现特征为：(1) 开关不灵活。(2) 拒动	3.1	严重影响机组安全运行	5	设置检修 W 点
	2 密封面损伤	2.1 密封面损伤	2.1.1 冲刷	严密性差	其表现特征为：超速	—	严重影响机组安全运行	5	设置检修 W 点
			2.1.2 撞击	严密性差	其表现特征为：超速	—	严重影响机组安全运行	5	设置检修 W 点
			2.1.3 制造不良	严密性差	其表现特征为：超速	—	严重影响机组安全运行	5	设置检修 W 点
	3 阀杆	3.1 卡涩	3.1.1 阀杆间隙偏小	拒动	其表现特征为：(1) 开关不灵活。(2) 拒动	1.1	严重影响机组安全运行	5	设置检修 W 点

设备	部件	故障模式	故障原因	故障效应				风险等级	措施
				局部	特征	相邻	系统		
高中压调节阀	3 阀杆	3.1 卡涩	3.1.2 阀杆弯曲	拒动	其表现特征为:(1)开关不灵活。(2)拒动		严重影响机组安全运行	5	设置检修 W 点
	4 阀杆和操纵杆连接器	4.1 脱落	4.1.1 振动	阀门打不开	其表现特征为:拒动	—	影响机组安全运行	4	设置检修 W 点
			4.1.2 撞击	阀门打不开	其表现特征为:拒动	—	影响机组安全运行	4	设置检修 W 点
			4.1.3 紧固失效	阀门打不开	其表现特征为:拒动	—	影响机组安全运行	4	设置检修 W 点
	5 阀盖密封	5.1 漏汽	5.1.1 垫片或 U 型密封环或密封面面缺陷	漏汽	其表现特征为:局部剩汽、滴水	—	严重影响机组安全运行	5	设置检修 W 点
			5.1.2 紧力不足或不均匀	漏汽	其表现特征为:局部剩汽、滴水	—	严重影响机组安全运行	5	设置检修 W 点
	6 螺栓或螺纹环	6.1 裂纹	6.1.1 制造缺陷	阀盖或阀芯预紧力不足	其表现特征为:局部剩汽、滴水	—	严重影响机组安全运行	5	(1)加强金属监督。(2)设置检修 W 点
			6.1.2 应力集中	阀盖或阀芯预紧力不足	其表现特征为:局部剩汽、滴水	—	严重影响机组安全运行	5	(1)加强金属监督。(2)设置检修 W 点

四、高低压旁路阀、补汽阀故障模式及影响分析

1. 补汽阀故障模式及影响分析（本体）

设备	部件	故障模式	故障原因	故障效应				风险等级	措施
				局部	特征	相邻	系统		
补汽阀	1 阀碟衬套	1.1 卡涩	1.1.1 金属永久变形	调节失效	其表现特征为:(1)开关不灵活。(2)拒动	3.1	严重影响机组安全运行	5	设置检修 W 点

续表

设备	部件		故障模式		故障原因	故障效应				风险等级	措施
						局部	特征	相邻	系统		
补汽阀	2 密封面		2.1 密封面损伤	密封面	2.1.1 冲刷	严密性差	其表现特征为：超速	—	严重影响机组安全运行	5	设置检修 W 点
					2.1.2 撞击	严密性差	其表现特征为：超速	—	严重影响机组安全运行	5	设置检修 W 点
					2.1.3 制造不良	严密性差	其表现特征为：超速	—	严重影响机组安全运行	5	设置检修 W 点
	3 阀杆		3.1 卡涩		3.1.1 阀杆同隙偏小	拒动	其表现特征为：(1) 开关不灵活。(2) 拒动	1.1	严重影响机组安全运行	5	设置检修 W 点
					3.1.2 阀杆弯曲	拒动	其表现特征为：(1) 开关不灵活。(2) 拒动	1.1	严重影响机组安全运行	5	设置检修 W 点
	4 阀杆和操纵连接器		4.1 脱落		4.1.1 振动	阀门打不开	其表现特征为：拒动	—	影响机组运行	4	设置检修 W 点
					4.1.2 撞击	阀门打不开	其表现特征为：拒动	—	影响机组运行	4	设置检修 W 点
					4.1.3 紧固失效	阀门打不开	其表现特征为：拒动	—	影响机组运行	4	设置检修 W 点
	5 阀盖密封		5.1 漏汽		5.1.1 垫片或 U 型密封环或密封面缺陷	漏汽	其表现特征为：局部剩汽、滴水	—	严重影响机组安全运行	5	设置检修 W 点
					5.1.2 紧力不足或不均匀	漏汽	其表现特征为：局部剩汽、滴水	—	严重影响机组安全运行	5	设置检修 W 点

2. 高压旁路阀故障模式及影响分析（管阀）

设备	部件	故障模式	故障原因	故障效应					风险等级	措施
				局部	特征	相邻	系统			
高压旁路阀	1 阀芯	1.1 密封面吹损	1.1.1　加工质量不良	内漏	其表现特征为： （1）阀后管道温度偏高。 （2）内漏严重时减温水投入	2.1、4.1	初期影响机组经济性，内漏严重影响机组安全运行	4	设置检修 W 点
			1.1.2　长期运行过程中蒸汽吹损	内漏	其表现特征为： （1）阀后管道温度偏高。 （2）内漏严重时减温水投入	2.1、4.1	初期影响机组经济性，内漏严重影响机组安全运行	4	设置检修 W 点
			1.1.3　安装前未清理干净	内漏	其表现特征为： （1）阀后管道温度偏高。 （2）内漏严重时减温水投入	2.1、4.1	初期影响机组经济性，内漏严重影响机组安全运行	4	设置检修 W 点
			1.1.4　与执行机构连接连接不当，阀门未关闭到位	内漏	其表现特征为： （1）阀后管道温度偏高。 （2）内漏严重时减温水投入	2.1、4.1	初期影响机组经济性，内漏严重影响机组安全运行	4	设置检修 W 点
			1.1.5　执行机构调试不当，导致阀门未关闭到位	内漏	其表现特征为： （1）阀后管道温度偏高。 （2）内漏严重时减温水投入	2.1、4.1	初期影响机组经济性，内漏严重影响机组安全运行	4	设置检修 W 点

续表

设备	部件	故障模式	故障原因	故障效应				风险等级	措施
				局部	特征	相邻	系统		
高压旁路阀	2 阀座	2.1 密封面吹损	2.1.1 加工质量不良	内漏	其表现特征为：(1)阀后管道温度偏高。(2)内漏严重时减温水投入	1.1、4.1	初期影响机组经济性，内漏严重影响机组安全运行	3	设置检修 W 点
			2.1.2 长期运行过程中蒸汽吹损	内漏	其表现特征为：(1)阀后管道温度偏高。(2)内漏严重时减温水投入	1.1、4.1	初期影响机组经济性，内漏严重影响机组安全运行	3	设置检修 W 点
			2.1.3 安装前未清理干净	内漏	其表现特征为：(1)阀后管道温度偏高。(2)内漏严重时减温水投入	1.1、4.1	初期影响机组经济性，内漏严重影响机组安全运行	3	设置检修 W 点
	3 阀杆	3.1 弯曲	3.1.1 材质使用不当	阀门卡涩	其表现特征为：(1)阀门开关时卡涩。(2)阀门内漏	—	阀杆轻微弯曲影响阀门内漏，严重弯曲影响机组运行	4	(1)设置检修 W 点。(2)调整运行方式
			3.1.2 执行机构与阀杆不同心	阀门卡涩	其表现特征为：(1)阀门开关时卡涩。(2)阀门内漏	—	阀杆轻微弯曲影响阀门内漏，严重弯曲影响机组运行	4	(1)设置检修 W 点。(2)调整运行方式
		3.2 磨损	3.2.1 盘根使用不当	盘根漏汽	盘根处温度偏高，有明显汽体冒出	—	影响支架及阀门开关反馈机构	4	(1)设置检修 W 点。(2)调整运行方式
			3.2.2 阀杆弯曲	盘根漏汽	盘根处温度偏高，有明显汽体冒出	—	影响支架及阀门开关反馈机构	4	(1)设置检修 W 点。(2)调整运行方式

续表

设备	部件	故障模式	故障原因	故障效应				风险等级	措施
				局部	特征	相邻	系统		
高压旁路阀	4 阀笼	4.1 破损	4.1.1 长期蒸汽冲刷	阀笼后蒸汽温度不均匀	其表现特征为： （1）高旁减温水后测点显示温度偏差大。 （2）减温水流量偏大。 （3）可能引起阀门卡涩或异音	1.1、2.1	初期影响机组经济性，后期影响机组安全运行	3	（1）设置检修W点。 （2）调整运行方式
			4.1.2 减温水流量波动较大导致阀笼受反复热应力	阀笼后蒸汽温度不均匀	其表现特征为： （1）高旁减温水后测点显示温度偏差大。 （2）减温水流量偏大。 （3）可能引起阀门卡涩或异音	1.1、2.1	初期影响机组经济性，后期影响机组安全运行	3	（1）设置检修W点。 （2）调整运行方式

3. 低压旁路阀故障模式及影响分析（管阀）

设备	部件	故障模式	故障原因	故障效应				风险等级	措施
				局部	特征	相邻	系统		
低压旁路阀	1 阀芯	1.1 密封面吹损	1.1.1 加工质量不良	内漏	其表现特征为： （1）阀后管道温度偏高。 （2）内漏严重时减温水投入	2.1、4.1	初期影响机组经济性，内漏严重影响机组安全运行	4	设置检修W点
			1.1.2 长期运行过程中蒸汽吹损	内漏	其表现特征为： （1）阀后管道温度偏高。 （2）内漏严重时减温水投入	2.1、4.1	初期影响机组经济性，内漏严重影响机组安全运行	4	设置检修W点

续表

设备	部件	故障模式	故障原因	故障效应				风险等级	措施
				局部	特征	相邻	系统		
低压旁路阀	1 阀芯	1.1 密封面吹损	1.1.3 安装前未清理干净	内漏	其表现特征为：（1）阀后管道温度偏高。（2）内漏严重时减温水投入	2.1、4.1	初期影响机组经济性，内漏严重影响机组安全运行	4	设置检修W点
			1.1.4 与执行机构连接不当，阀门未关闭到位	内漏	其表现特征为：（1）阀后管道温度偏高。（2）内漏严重时减温水投入	2.1、4.1	初期影响机组经济性，内漏严重影响机组安全运行	4	设置检修W点
			1.1.5 执行机构调试不当，导致阀门未关闭到位	内漏	其表现特征为：（1）阀后管道温度偏高。（2）内漏严重时减温水投入	2.1、4.1	初期影响机组经济性，内漏严重影响机组安全运行	4	设置检修W点
	2 阀座	2.1 密封面吹损	2.1.1 加工质量不良	内漏	其表现特征为：（1）阀后管道温度偏高。（2）内漏严重时减温水投入	1.1、4.1	初期影响机组经济性，内漏严重影响机组安全运行	3	设置检修W点
			2.1.2 长期运行过程中蒸汽吹损	内漏	其表现特征为：（1）阀后管道温度偏高。（2）内漏严重时减温水投入	1.1、4.1	初期影响机组经济性，内漏严重影响机组安全运行	3	设置检修W点
			2.1.3 安装前未清理干净	内漏	其表现特征为：（1）阀后管道温度偏高。（2）内漏严重时减温水投入	1.1、4.1	初期影响机组经济性，内漏严重影响机组安全运行	3	设置检修W点

续表

设备	部件	故障模式	故障原因	故障效应				风险等级	措施
				局部	特征	相邻	系统		
低压旁路阀	3　阀杆	3.1　弯曲	3.1.1　材质使用不当	阀门卡涩	其表现特征为：(1) 阀门开关时卡涩。(2) 阀门内漏	—	阀杆轻微弯曲影响阀门内漏，严重弯曲影响机组运行	4	(1) 设置检修 W 点。(2) 调整运行方式
			3.1.2　执行机构与阀杆不同心	阀门卡涩	其表现特征为：(1) 阀门开关时卡涩。(2) 阀门内漏	—	阀杆轻微弯曲影响阀门内漏，严重弯曲影响机组运行	4	(1) 设置检修 W 点。(2) 调整运行方式
		3.2　磨损	3.2.1　盘根使用不当	盘根漏汽	盘根处温度偏高，有明显汽体冒出	—	影响支架及阀门开关反馈机构	4	第周巡查缸温变化
			3.2.2　阀杆弯曲	盘根漏汽	盘根处温度偏高，有明显汽体冒出	—	影响支架及阀门开关反馈机构	4	第周巡查缸温变化
	4　阀后笼套	4.1　破损	4.1.1　长期蒸汽冲刷	笼套后蒸汽温度不均匀	其表现特征为：(1) 减温水流量偏大。(2) 可能引起阀后管道异音	1.1、2.1	影响机组经济性	3	第周巡查缸温变化
			4.1.2　减温水喷嘴雾化效果不好，水流直接喷到笼套上	笼套后蒸汽温度不均匀	其表现特征为：(1) 减温水流量偏大。(2) 可能引起阀后管道异音	1.1、2.1	影响机组经济性	3	第周巡查缸温变化

五、给水泵故障模式及影响分析

1. 汽动给水泵故障模式及影响分析（转机）

设备	部件	故障模式		故障原因	故障效应				风险等级	措施
					局部	特征	相邻	系统		
汽动给水泵	1 叶轮	1.1 碰磨	1.1.1 转子抬轴不准		产生金属撞击声，剧烈振动，严重损坏部件	其振动特征为：（1）1N 频率成分明显。（2）出现倍频成分	2.2	引起损坏设备事故，严重影响机组安全运行	3	设置检修 W 点
			1.1.2 转子径向对中不良		产生金属撞击声，剧烈振动，严重损坏部件	其振动特征为：（1）1N 频率成分明显。（2）出现倍频成分	2.2	引起损坏设备事故，严重影响机组安全运行	3	设置检修 W 点
			1.1.3 筒体上下温差大		产生金属撞击声，剧烈振动，严重损坏部件	其振动特征为：（1）1N 频率成分明显。（2）出现倍频成分	2.2	引起损坏设备事故，严重影响机组安全运行	3	设置检修 W 点
		1.2 不平衡	1.2.1 制造缺陷		振动大	其振动特征为：（1）1N 主导。（2）随汽泵转速升高，振动增大	6.1	影响机组安全运行	1	设置检修 W 点
			1.2.2 叶轮吹蚀		振动大	其振动特征为：（1）1N 主导。（2）随汽泵转速升高，振动增大	6.1	影响机组安全运行	1	设置检修 W 点
	2 径向瓦	2.1 间隙增大	2.1.1 磨损		振动，损坏轴承	其振动特征：1 倍频及其谐频	—	引起停泵，严重影响泵安全	3	设置检修 W 点
			2.1.2 上下轴瓦连接螺栓松动或断裂		振动，损坏轴承	其振动特征：1 倍频及其谐频	—	引起停泵，严重影响泵安全	3	设置检修 W 点

续表

设备	部件	故障模式	故障原因	故障效应					风险等级	措施
				局部	特征	相邻	系统			
汽动给水泵	2 径向瓦	2.2 磨损	2.2.1 轴承座径向对中不良	振动	其振动特征为: (1) 1N 频率成分明显。 (2) 出现倍频成分	1.1	会造成停车事故	3	设置检修 W 点
			2.2.2 润滑油供油量过小或油压低	振动	其振动特征为: (1) 1N 频率成分明显。 (2) 出现倍频成分	1.1	会造成停车事故	3	设置检修 W 点
		2.3 轴承座松动	2.3.1 固定螺栓松动	振动,破坏轴系中心	其振动特征为: (1) 1N 频率成分明显。 (2) 出现倍频成分	4.2	引起停泵,严重影响机组安全运行	3	设置检修 W 点
			2.3.2 轴承座裂纹	振动,破坏轴系中心	其振动特征为: (1) 1N 频率成分明显。 (2) 出现倍频成分	4.2	引起停泵,严重影响机组安全运行	3	设置检修 W 点
	3 推力瓦	3.1 推力间隙过大	3.1.1 安装测量不良	引起轴向振动大	其振动特征为: (1) 1N 频率成分明显。 (2) 出现倍频成分	4.1,4.3	引起停泵,严重影响机组安全运行	4	设置检修 W 点
			3.1.2 推力瓦或推力盘磨损	引起轴向振动大	其振动特征为: (1) 1N 频率成分明显。 (2) 出现倍频成分	4.1,4.3	引起停泵,严重影响机组安全运行	4	设置检修 W 点
		3.2 推力间隙过小	3.2.1 安装测量不良	振动,温度高	其振动特征为: (1) 1N 频率成分明显。 (2) 出现倍频成分	1.1,2.2	引起停泵,严重影响机组安全运行	3	设置检修 W 点

续表

设备	部件	故障模式	故障原因	故障效应				风险等级	措施
				局部	特征	相邻	系统		
汽动给水泵	3 推力瓦	3.2 推力间隙过小	3.2.2 乌金脱胎	振动，温度高	其振动特征为:(1) 1N 频率成分明显。(2) 出现倍频成分	1.1, 2.2	引起停泵，严重影响机组安全运行	3	设置检修 W 点
			3.2.3 瓦块型号不对	振动，温度高	其振动特征为:(1) 1N 频率成分明显。(2) 出现倍频成分	1.1, 2.2	引起停泵，严重影响机组安全运行	3	设置检修 W 点
		3.3 脱落烧瓦	3.3.1 润滑油泵故障	振动，温度高，烧瓦	其振动特征为 1N 主导	2.3	引起停泵，严重影响机组安全运行	4	设置检修 W 点
			3.3.2 断油	振动，温度高，烧瓦	不稳定	—	引起停泵，严重影响机组安全运行	3	设置检修 W 点
			3.3.3 瓦块质量原因或瓦块磨损	振动，温度高，烧瓦	不稳定	—	引起停泵，严重影响机组安全运行	3	设置检修 W 点
	4 联轴器	4.1 对中不良	4.1.1 轴承座发生变形	造成联轴器对中的变化，导致联轴器连接螺栓产生交变应力，振动	其振动频率成分特征是:(1) 2N 主导。(2) 出现 (1~3) 倍频成分	4.3	影响机组安全运行	4	根据振动剧烈程度，确定监测周期
			4.1.2 基础沉降不均匀	造成联轴器对中的变化，导致联轴器连接螺栓产生交变应力，振动	其振动频率成分特征是:(1) 2N 主导。(2) 出现 (1~3) 倍频成分	4.3	—	4	根据振动剧烈程度，确定监测周期
			4.1.3 安装时找正不准	造成联轴器对中的变化，导致联轴器连接螺栓产生交变应力，振动	其振动频率成分特征是:(1) 2N 主导。(2) 出现 (1~3) 倍频成分	4.3	—	4	根据振动剧烈程度，确定监测周期

设备	部件	故障模式	故障原因	故障效应				风险等级	措施
				局部	特征	相邻	系统		
汽动给水泵	4 联轴器	4.1 对中不良	4.1.4 未安装正确	造成联轴器对中的变化，导致联轴器连接螺栓产生交变应力，振动	其振动频率成分特征是： （1）2N 主导。 （2）出现（1～3）倍频成分	4.3	—	4	根据振动剧烈程度，确定监测周期
			4.1.5 联轴器飘偏	造成联轴器对中的变化，导致联轴器连接螺栓产生交变应力，振动	其振动频率成分特征是： （1）2N 主导。 （2）出现（1～3）倍频成分	4.3	—	4	根据振动剧烈程度，确定监测周期
		4.2 松动	4.2.1 联轴器螺栓预紧力不足	运行不稳	其振动特征为： （1）1N 主导。 （2）相位不稳	2.3	—	2	根据振动剧烈程度，确定监测周期
		4.3 轴向窜动	4.3.1 联轴器有磨损、挤伤、变形、缺陷	轴向振动大、温度高	其振动特征为： （1）1N 主导。 （2）振动高频。 （3）出现倍频成分	3.1	影响机组运行	4	根据振动剧烈程度，确定监测周期
			4.3.2 油内有杂质	轴向振动大、温度高	其振动特征为： （1）1N 主导。 （2）振动高频。 （3）出现倍频成分	3.1	影响机组运行	4	根据振动剧烈程度，确定监测周期
			4.3.3 缺油	轴向振动大、温度高	其振动特征为： （1）1N 主导。 （2）振动高频。 （3）出现倍频成分	3.1	影响机组运行	4	根据振动剧烈程度，确定监测周期

续表

设备	部件	故障模式	故障原因	故障效应 局部	特征	相邻	系统	风险等级	措施
汽动给水泵	5 基础	5.1 基础不良	5.1.1 基础刚度不够	振动，烧瓦	其振动特征为: (1) 1N 主导。 (2) 相位不稳	4.2	—	2	紧固地脚螺栓或增强基础刚性
			5.1.2 地脚螺栓松动	振动，烧瓦	其振动特征为: (1) 1N 主导。 (2) 相位不稳	4.2	—	2	紧固地脚螺栓或增强基础刚性
			5.1.3 管道振动	振动，烧瓦	其振动特征为: (1) 1N 主导。 (2) 相位不稳	4.2	—	2	紧固地脚螺栓或增强基础刚性
	6 主轴	6.1 弯曲	6.1.1 刚度不够	不平衡	其振动特征为: 1N 主导	1.2	—	2	—
			6.1.2 裂纹	不平衡	其振动特征为: 1N 主导	1.2	—	2	—

2. 汽动给水泵轴承温度故障模式及影响分析

设备	部件	故障模式	故障原因	故障效应 局部	特征	相邻	系统	风险等级	措施
汽动给水泵	1 径向轴承	1.1 间隙增大	1.1.1 磨损	振动大、瓦温高	其振动特征为: 振动成分不稳定	3.1	会造成停泵事故	3	设置检修 W 点
			1.1.2 上下轴瓦连接螺栓松动或断裂	振动大、瓦温高	其振动特征为: 振动成分不稳定	3.1	引起停泵、严重影响机组安全运行	3	—
	2 推力轴承	2.1 推力瓦隙过大	2.1.1 安装测量不良	磨损乌金、振动	其振动特征为: (1) 引起轴向振动大。(2) 轴瓦温度高	—	会造成停泵事故	3	设置检修 W 点

设备	部件	故障模式	故障原因	故障效应				风险等级	措施
				局部	特征	相邻	系统		
汽动给水泵	2 推力轴承	2.1 推力瓦隙过大	2.1.2 平衡盘磨损	引起轴向振动大，温度高	其振动特征为： （1）引起轴向振动大。 （2）轴瓦温度高	—	会造成停泵事故	3	设置检修 W 点
		2.2 推力瓦隙过小	2.2.1 安装测量不良	引起轴向振动大	其振动特征为： （1）引起轴向振动大。 （2）轴瓦温度高	—	会造成停泵事故	—	设置检修 W 点
	3 轴承座	3.1 松动	3.1.1 螺栓紧力不均，松动或裂纹	振动	其振动特征是： （1）频率成分特征：（0%~50%）N，90%。 （2）冲击特征：冲击变化不大，垂直振动会加大以1倍振频为主。 （3）倍频特征：转频整数倍频；偶尔有分数倍频出现	1.1	引起停泵，严重影响机组安全运行	2	设置检修 W 点
	4 润滑	4.1 润滑油量小	4.1.1 未定期加油	损坏轴承；温度高	其表现特征为： （1）损坏轴承。 （2）轴承温度高	4.2	会造成停泵事故	4	每天巡查定期油质分析，每月相关分析
			4.1.2 系统漏油大，冷油器内漏	损坏轴承；温度高	其表现特征为： （1）损坏轴承。 （2）轴承温度高	4.2	会造成停泵事故	4	每天巡查定期油质分析，每月相关分析
		4.2 润滑油压低	4.2.1 润滑油泵故障	损坏轴承；轴承温度高	其表现特征为：就地或远程传送的压力低于限制值	4.1	会造成停泵事故	4	每天巡查定期油质分析，每月相关分析

续表

设备	部件	故障模式	故障原因	故障效应 局部	特征	相邻	系统	风险等级	措施
汽动给水泵	4 润滑	4.2 润滑油压低	4.2.2 系统泄漏大	损坏轴承；轴承温度高	其表现特征为：（1）损坏轴承。（2）轴承温度高	4.1	会造成停泵事故	4	每天巡查定期油质分析，每月相关分析
		4.3 润滑油变质	4.3.1 未定期滤油	损坏轴承，轴承温度高	其表现特征为：油质超标	—	会造成停泵事故	4	每天巡查定期油质分析，每月相关分析
			4.3.2 油质量差	损坏轴承，轴承温度高	其表现特征为：油质超标	—	会造成停泵事故	4	每天巡查定期油质分析，每月相关分析
			4.3.3 系统有漏进油	损坏轴承，轴承温度高	其表现特征为：油质超标	—	会造成停泵事故	4	每天巡查定期油质分析，每月相关分析

3. 汽动给水泵功能故障模式及影响分析

设备	部件	故障模式	故障原因	故障效应 局部	特征	相邻	系统	风险等级	措施
汽动给水泵	1 进口滤网	1.1 损坏	1.1.1 有杂质	—	—	3.1	—	3	设置检修 W 点
	2 耦合器（电泵）	2.1 勺管卡涩	2.1.1 错油门的阀座、阀套、滑阀配合间隙小	会造成运行不稳，转速无法调整	其表现特征为：转速无法调整	—	造成泵无法运行，威胁机组安全	4	每天检查
			2.1.2 勺管与勺管套配合间隙小，滑阀与油缸配合间隙小	会造成运行不稳，转速无法调整	其表现特征为：转速无法调整	—	造成泵无法运行，威胁机组安全	4	每天检查
			2.1.3 油缸滑阀 O 型圈坏	会造成运行不稳，转速无法调整	其表现特征为：转速无法调整	—	造成泵无法运行，威胁机组安全	4	每天检查
			2.1.4 油中有杂质	会造成运行不稳，转速无法调整	其表现特征为：转速无法调整	—	造成泵无法运行，威胁机组安全	4	每天检查

设备	部件	故障模式	故障原因	故障效应				风险等级	措施
				局部	特征	相邻	系统		
	2 耦合器（电泵）	2.1 勾管卡涩	2.1.5 热工执行器问题	会造成运行不稳，转速无法调整	其表现特征为：转速无法调整	—	造成泵无法运行，威胁机组安全	4	每天检查
	3 叶轮损坏	3.1 有杂质	3.1.1 进口滤网损坏	给泵性能下降	其表现特征为：流量扬程不足	1.1	—	3	设置检修 W 点
	4 出口电动门	4.1 卡涩	4.1.1 电动头失灵	开关不动	—	—	可能造成锅炉断水，威胁机组安全	5	泵切换运行时跟踪检查
			4.1.2 铜螺母损坏	开关不动	—	—	可能造成锅炉断水，威胁机组安全	5	泵切换运行时跟踪检查
	5 出口逆止门	5.1 门芯脱落	5.1.1 销子断	停用时泵反转	—	—	可能引起给水泵逆流或反转，导致设备损坏	5	泵切换运行时跟踪检查
汽动给水泵	6 机械密封（电泵）	6.1 泄漏	6.1.1 动、静环间密封	会造成漏水，设备停运	其表现特征为：机械密封处漏水	—	造成润滑油系统进水，影响油质	5	设置检修 W 点，对运行周期进行优化
			6.1.2 动环与轴套间密封	会造成漏水，设备停运	其表现特征为：机械密封处漏水	—	造成润滑油系统进水，影响油质	5	设置检修 W 点，对运行周期进行优化
			6.1.3 轴套与轴间密封	会造成漏水，设备停运	其表现特征为：机械密封处漏水	—	造成润滑油系统进水，影响油质	5	设置检修 W 点，对运行周期进行优化
			6.1.4 静环与静环座间密封	会造成漏水，设备停运	其表现特征为：机械密封处漏水	—	造成润滑油系统进水，影响油质	5	设置检修 W 点，对运行周期进行优化
			6.1.5 密封端盖与泵体间的密封	会造成漏水，设备停运	其表现特征为：机械密封处漏水	—	造成润滑油系统进水，影响油质	5	设置检修 W 点，对运行周期进行优化
	7 泵组	7.1 转速无	7.1.1 耦合器易熔塞融化	泵组振动或泵组不转	其表现特征为：泵组振动或泵组不转	—	造成泵无法运行，威胁机组安全	3	泵切换运行时跟踪检查
			7.1.2 转动部件故障	泵组振动或泵组不转	其表现特征为：泵组振动或泵组不转	—	造成泵无法运行，威胁机组安全	3	泵切换运行时跟踪检查

续表

设备	部件	故障模式	故障原因	故障效应				风险等级	措施
				局部	特征	相邻	系统		
汽动给水泵	7 泵组	7.1 泵组无转速	7.1.3 壳体温差大，动静部件碰磨，卡涩	泵组不转	其表现特征为：泵组振动或泵组不转	—	造成泵无法运行，威胁机组安全	3	泵切换运行时跟踪检查

六、凝结水泵故障模式及影响分析

1. 凝结水泵故障模式及影响分析（转机）

设备	部件	故障模式	故障原因	故障效应				风险等级	措施
				局部	特征	相邻	系统		
凝结水泵	1 叶片和叶轮	1.1 叶片磨损	1.1.1 磨损	损坏叶片	其振动特征为：（1）频率成分特征：①1XP，PV主导；②PV附近有转频边带；（2）相位特征：相位稳定	1.8	流量和功率不正常减少，受力不平衡	3	轴承振动监测
		1.2 叶片锈蚀（极难发生）	1.2.1 叶片表面锈蚀	造成流道不均匀	其振动特征为：（1）频率成分特征：1XP，80%。（2）时域波形特征：相位稳定	1.8	造成压力流量效率下降	3	轴承振动监测
		1.3 叶片折断或脱槽	1.3.1 制造不良	损坏构件，有噪声	其表现特征成分为：（1）频率成分特征：PV附近连续峰值和转频边带。（2）有异音。（3）泵体振动。（4）相位特征：：相位存在突变	1.8	流量减少，威胁机组安全	3	轴承振动监测

续表

设备	部件	故障模式	故障原因	故障效应				风险等级	措施
				局部	特征	相邻	系统		
凝结水泵	1 叶片和叶轮	1.4 碰磨	1.4.1 动静部件发生碰撞摩擦	叶片碰到壳体，在壳体处能听到金属摩擦声，会损坏叶片	其振动特征为： （1）1XP，80%。 （2）低频信号整倍频和半倍频幅值明显。 （3）时域波形存在"削顶"现象。 （4）相位特征：相位不稳定	1.9	降低流量，威胁机组安全	4	轴承振动监测
			1.4.2 轴向定位不当导致叶轮与叶片碰磨	叶片碰到壳体，在壳体处能听到金属摩擦声，会损坏叶片	其振动特征为：1XP，80%。 （1）频率成分特征： （2）低频信号整倍频和半倍频幅值明显。 （3）振动波形存在"削顶"现象	1.9	降低流量，威胁机组安全	4	轴承振动监测
		1.5 喘振	1.5.1 运行进入喘振区	调整不当或设备不合理	其表现特征为： （1）频率成分出现连续峰值。 （2）泵有异音。 （3）泵振动大	1.8、1.9	流量和耗功不正常，调节难	1	轴承振动监测
		1.6 叶片变形	1.6.1 冷却不均或发生动静碰磨	叶轮不平衡	其振动特征为： （1）1XP，80%。 （2）相位特征：相位稳定	1.8	影响转机运行	2	轴承振动监测

续表

设备	部件	故障模式	故障原因	故障效应 局部	故障效应 特征	相邻	系统	风险等级	措施
凝结水泵	1 叶轮和叶片	1.7 叶轮磨损	1.7.1 叶轮有磨损	导致轴承受力情况恶化	频率成分特征为：(1) 1XP，PV主导；(2) PV附近转频边带	1.8	会造成流量减少，振动增大	1	轴承振动监测
		1.8 叶轮不平衡	1.8.1 平衡精度的变化	振动并有噪声	其振动特征为：(1) 频率成分特征：1XP，80%。(2) 相位特征：相位稳定	3.1	会造成较大振动，威胁机组安全	3	轴承振动监测
			1.8.2 叶轮明显的变形	振动并有噪声	其振动特征为：(1) 频率成分特征为：1XP，80%。(2) 相位特征：相位稳定	3.1	会造成较大振动，威胁机组安全	3	轴承振动监测
			1.8.3 叶片没有装正确	振动并有噪声	其振动特征为：(1) 频率成分特征：1XP，80%。(2) 相位特征：相位稳定	3.1	会造成较大振动，威胁机组安全	3	轴承振动监测
		1.9 叶片脱落、破损、松动	1.9.1 并帽松动	振动并有噪声，叶轮不平衡	其振动特征为：(1) 频率成分特征：1XP，80%。(2) 相位特征：相位稳定	1.3	会造成转机较大振动，噪声或者停运，影响安全	5	轴承振动监测
			1.9.2 安装或材料缺陷	振动并有噪声，叶轮不平衡	其振动特征为：(1) 频率成分特征：1XP，80%。(2) 相位特征：相位稳定	1.3	会造成转机较大振动，噪声或者停运，影响安全	5	轴承振动监测

续表

设备	部件	故障模式	故障原因	故障效应 局部	特征	相邻	系统	风险等级	措施
凝结水泵	1 叶片和叶轮	1.10 叶轮与键配合不当	1.10.1 键或键槽磨损	振动并有噪声	其振动成分特征为:(1)频率成分特征1XP,80%。(2)泵振动大	1.3	会造成机较大振转或者停运,噪声、影响安全	3	(1)设置检修W点。(2)加强工艺纪律
			1.10.2 键或键槽加工尺寸或精度不到位	振动并有噪声	其振动特征为:(1)1XP,80%。(2)泵振动大	1.3	会造成机较大振转或者停运,噪声、影响安全	3	(1)设置检修W点。(2)加强工艺纪律
		1.11 共振	1.11.1 转速进入临界转速	有较大振动和噪声	其振动特征为:(1)泵振动大(2)远离该转速振动明显降低	1.4	损坏水泵	2	轴承振动
	2 轴瓦(包括导向瓦及推力瓦)	2.1 径向轴承石墨损坏	2.1.1 制造缺陷	(1)损坏轴承。(2)振动大	其表现特征为:(1)工频和谐幅值明显。(2)油液检测颗粒度超标	—	会造成停车事故,严重影响机组运行	4	—
			2.1.2 轴承受冲击	(1)损坏轴承。(2)振动大	其表现特征为:(1)工频和谐波幅值明显。(2)油液检测颗粒度超标	—	会造成停车事故,严重影响机组运行	4	—
		2.2 推力瓦不在同一平面	2.2.1 推力瓦与金属厚度不一致	(1)损坏轴瓦。(2)轴瓦温度高,振动。	其表现特征为:(1)工频和谐波幅值明显。(2)油液检测颗粒度超标	—	会造成停车事故,严重影响机组运行	4	(1)设置检修W点。(2)加强工艺纪律

续表

设备	部件	故障模式	故障原因	故障效应				风险等级	措施
				局部	特征	相邻	系统		
凝结水泵	2 轴瓦（包括导向推力瓦及推力瓦）	2.2 推力瓦不在同一平面	2.2.2 推力瓦底部垫铁活动不畅	(1) 损坏轴瓦。(2) 轴瓦温度高、振动	其表现特征为：(1) 工频和谐波幅值明显。(2) 油液检测颗粒度超标	—	会造成停车事故，严重影响机组运行	4	(1) 设置检修 W 点。(2) 加强工艺纪律
			2.2.3 推力瓦瓦面损坏	(1) 损坏轴瓦。(2) 轴瓦温度高、振动	其表现特征为：(1) 工频和谐波幅值明显。(2) 油液检测颗粒度超标	—	会造成停车事故，严重影响机组运行	4	(1) 设置检修 W 点。(2) 加强工艺纪律
		2.3 瓦座松动	2.3.1 瓦座固定螺栓松动	振动	其振动特征为：(1) 工频和谐波幅值明显。(2) 泵振动大	—	会造成停车事故，严重影响机组运行	4	(1) 设置检修 W 点。(2) 加强工艺纪律
		2.4 推力盘瓢偏	2.4.1 外力撞击平面	(1) 损坏轴瓦。(2) 瓦温度高、振动	其振动特征为：(1) 出现冲击信号。(2) 泵振动大。(3) 轴承温度高	—	会造成停车事故，严重影响机组运行	4	—
			2.4.2 制造精度不高	(1) 损坏轴瓦。(2) 轴瓦温度高、振动	其振动特征为：(1) 出现冲击信号。(2) 泵振动大。(3) 轴承温度高	—	会造成停车事故，严重影响机组运行	4	—
		2.5 瓦间隙调整不当	2.5.1 瓦间隙过大	振动	其振动特征为：(1) 工频和谐波幅值明显。(2) 泵振动大	—	影响机组运行	4	(1) 设置检修 W 点。(2) 加强工艺纪律

续表

设备	部件	故障模式	故障原因	故障效应				风险等级	措施
				局部	特征	相邻	系统		
凝结水泵	3　主轴	3.1　弯曲	3.1.1　刚度不够	(1) 损坏轴承。 (2) 温度高，不平衡	其振动特征是： (1) 频率成分特征：①1N，90%；②2N，5%；③3N 以上，5%。 (2) 振动行为特征：转子弯曲接近轴中心时，主要是 1 倍频轴向振动接近轴向振动接近 1 倍频轴向振动，会有 2 倍频振动器时，径向振动频谱中会有 1 倍频和 2 倍频峰值，但是关键是轴向数据。 (3) 相位特征：支撑转轴的轴承（轴瓦）同一轴承（轴瓦）端面的轴向相位相差180°，同的轴向相同着相同——转轴沿着轴向来回运动。 (4) 时域波形特征：对应弯曲，它并不是好的判断指标。弯曲接近轴中心，形状是正弦波。弯曲接近联轴器，会有抖动，"M""W" 的形状取决于相位角	1.8，1.4	影响机组运行	3	监测轴承振动、温度特征及变化趋势

续表

设备	部件	故障模式	故障原因	故障效应				风险等级	措施
				局部	特征	相邻	系统		
凝结水泵	3　主轴	3.1　弯曲	3.1.2　裂纹	(1) 损坏轴承。(2) 温度高，不平衡	其振动特征是：(1) 频率成分特征：①1N，90%；②2N，5%；③3N以上，5%。(2) 振动行为特征：转子弯曲接近轴中心时，主要是弯曲接近轴向振动，径向振动接近轴向振动器时，会有2倍频振动，径向振动频谱中会有1倍频和2倍频峰值，但是关键是轴向数据。(3) 相位特征：支撑转轴的轴承（轴瓦）同轴向相位相差180°，同一轴承（轴瓦）端面的轴向相同相位的转轴向来回运转轴沿着轴向来回运动。(4) 时域波形特征：对应弯曲，它并不是好的判断轴不是接近轴中心，弯曲形状是正弦波。弯曲抖动，会有接近相联轴器，"M""W"的形状决于相位角	1.8、1.4	会造成停车事故，严重影响机组运行	3	监测轴承振动、温度特征及变化趋势

续表

设备	部件	故障模式	故障原因	故障效应				风险等级	措施
				局部	特征	相邻	系统		
凝结水泵	3　主轴	3.1　弯曲	3.1.3　轴套端面平行度超标	(1) 损坏轴承。(2) 温度高、不平衡	其振动特征是： (1) 频率成分特征：①1N，90%；②2N，5%；③3N 以上，5%。 (2) 振动行为特征：转子弯曲接近轴中心时，主要是 1 倍频轴向振动接近联轴器时，含有 2 倍频振动，径向振动频谱中含有 1 倍频和 2 倍频峰值，但 2 倍频关键是轴向数据。 (3) 相位特征：支撑转轴的轴承（轴瓦）轴向相位相差 180°，同一轴（轴瓦）端面的轴向相同的轴沿着相同转轴轴向来回运动。 (4) 时域波形特征：对应弯曲，它并不是好的判断指标。弯曲形状是接近轴中心，形状是正弦波。弯曲接近联轴器，含有抖动，"M""W" 的形状取决于相位角	1.8、1.4	—	3	监测轴承振动、温度特征及变化趋势

续表

设备	部件	故障模式	故障原因	故障效应				风险等级	措施
				局部	特征	相邻	系统		
凝结水泵	3 主轴	3.1 弯曲	3.1.4 检修装配不良	(1) 损坏轴承。(2) 温度高，不平衡	其振动特征是： (1) 频率成分特征：①1N，90%；②2N，5%；③3N以上，5%。 (2) 振动行为特征：转子弯曲接近轴中心时，主要是1倍频轴向振动接近联轴器时，会有2倍频振动，径向振动频谱中会有1倍频和2倍频峰值，但是关键是轴向数据。 (3) 相位特征：支撑转轴的轴承（轴瓦）轴向相位相差180°，同一轴承（轴瓦）端面的轴向相位相同——转轴沿着轴向来回运动。 (4) 时域波形特征：对应弯曲，它并不是好的判断指标。弯曲接近轴中心，形状是正弦波，弯曲接近联轴器，会有抖动，"M""W"的形状取决于相位角	1.8，1.4	—	3	监测轴承振动、温度特征及变化趋势

续表

设备	部件	故障模式	故障原因	故障效应				风险等级	措施
				局部	特征	相邻	系统		
凝结水泵	3 主轴	3.1 弯曲	3.1.5 转子因为热膨胀等原因产生弯曲，导致转子组件的质量中心偏移量超标	（1）损坏轴承。（2）温度高，不平衡	其振动特征是：（1）频率成分特征：①1N，90%；②2N，5%；③3N以上，5%。（2）振动行为特征：转子弯曲接近轴中心时，主要是1倍频轴向振动的弯曲接近联轴器时，会有2倍向振动，径向振频谱中会有1倍频和2倍频峰值，但是关键是轴向数据。（3）相位特征：支撑转轴的轴承（轴瓦）同轴向相位相差180°，端面的轴向相位相同——一轴向相位相着同的转轴向相着轴向来回运动。（4）时域波形特征：对应弯曲，它并不是好的判断轴中心，弯曲是正状的弦波。弯曲接近联轴器，会有抖动，"M"轴向"W"的形状取决于相位角	1.8、1.4	—	3	监测轴承振动、温度特征及变化趋势

设备	部件	故障模式	故障原因	故障效应					风险等级	措施
				局部	特征	相邻	系统			
凝结水泵	3 主轴	3.2 对中不良	3.2.1 轴承座发生变形	造成联轴器对中的变化，导致联轴器连接螺栓产生交变应力	其振动特征是： （1）频率成分特征：①1N，90%；②2N，5%；③3N以上，5%。 （2）振动行为特征：转子弯曲接近轴中心时，主要是1倍频轴向振动弯曲接近联轴器时，会有2倍频振动，径向振动频谱中会有1倍频和2倍频峰值，但是关键是轴向数据。 （3）相位特征：支撑转轴的相邻轴承（轴瓦）同轴向相位相差180°，同一轴承（轴瓦）端面的轴向相位相同——转轴沿着相同轴向来回运动。 （4）时域波形特征：对应弯曲，它并不是好的判断指标。弯曲接近轴中心，形状是正弦波。弯曲接近联轴器，会有扭动，"M""W"的形状取决于相位角	1.8	—	4	轴承振动监测，频谱分析

续表

设备	部件	故障模式	故障原因	故障效应				风险等级	措施
				局部	特征	相邻	系统		
凝结水泵	3 主轴	3.2 对中不良	3.2.2 基础沉降不均匀	造成联轴器对中的变化，导致联轴器连接螺栓产生交变应力	其振动特征是： （1）频率成分特征：①1N，90%；②2N，5%；③3N以上，5%。 （2）振动行为特征：转子弯曲接近轴中心时，主要是弯曲接近联轴器1倍频轴向振动，会有2倍频振动，径向振动频谱中会有1倍频和2倍频峰值，但是关键是轴向数据。 （3）相位特征：支撑转轴的轴承（轴瓦）同一轴向相位相差180°，同一轴承（轴瓦）端面一轴向相同相位相同——的轴向沿着轴向来回运动。 （4）时域波形特征：对应弯曲，它并不是好的判断指标。弯曲接近轴中心，形状是正弦波。弯曲接近联轴器，会有扰动，"M"或"W"的形状接近次于相位角	1.8	—	4	轴承振动监测、频谱分析

续表

设备	部件	故障模式	故障原因	故障效应				风险等级	措施
				局部	特征	相邻	系统		
凝结水泵	3 主轴	3.2 对中不良	3.2.3 安装时找正不准	造成联轴器对中的变化，导致联轴器连接螺栓产生交变应力	其振动特征是：(1) 频率成分特征：①1N，90%；②2N，5%；③3N以上，5%。(2) 振动行为特征：转子弯曲接近轴中心时，主要是1倍频轴向振动的弯曲接近轴器时，会有2倍频振动，径向振动频谱中会有1倍频和2倍频峰值，但是关键是轴向数据。(3) 相位特征：支撑转轴的轴承（轴瓦）同一轴向相位相差180°，端面一轴承（轴瓦）相位相同的轴向相位相同——转轴沿着轴向来回运动。(4) 时域波形特征：对应弯曲，它并不是好的判断指标。弯曲接近轴中心，弯曲形状是正弦波。弯曲接近联轴器，弯曲抖动，"M"轴器，"W"的形状取决于相位角	1.8	—	4	轴承振动监测，频谱分析

设备	部件	故障模式	故障原因	故障效应				风险等级	措施
				局部	特征	相邻	系统		
凝结水泵	3 主轴	3.2 对中不良	3.2.4 未正确安装	造成联轴器对中的变化，导致联轴器连接螺栓产生交变应力	其振动特征是： （1）频率成分特征：①1N，90%；②2N，5%；③3N以上，5%。 （2）振动行为特征：转子弯曲接近轴中心时，主要弯曲频率接近轴向振动器时，会有1倍频轴向振动，径向振动频谱中会有1倍频和2倍频峰值，但是关键是轴向数据。 （3）相位特征：支撑转轴的轴承（轴瓦）轴向相位相差180°，同一轴承（轴瓦）端面的轴向相位相同——转轴沿着轴向来回运动。 （4）时域波形特征：对应弯曲，它对判断指标是弯曲轴中心。形状是好的正弦波。弯曲是接近轴中心。弯曲抖动，会有抖动，轴联器，"W"的形状决定于相位角	1.8	—	4	轴承振动监测，频谱分析

续表

设备	部件	故障模式	故障原因	故障效应				风险等级	措施
				局部	特征	相邻	系统		
凝结水泵	3 主轴	3.3 联轴器故障	3.3.1 设计制造有缺陷	振动加大	其振动特征是：(1)频率成分特征：①1N，40%；②2N，50%；③3N以上，5%。(2)振动行为特征：轴向振动增大	1.8	—	3	监测轴承振动、温度特征及变化趋势
			3.3.2 未正确安装	振动加大	其振动特征是：(1)频率成分特征：①1N，40%；②2N，50%；③3N以上，5%。(2)振动行为特征：轴向振动增大	1.8	—	3	监测轴承振动、温度特征及变化趋势
		3.4 联轴器柱销卡死	3.4.1 弹性柱销损坏	电机及本体振动	其振动特征为：(1)频率成分特征：1N，80%。(2)振动行为特征：轴向振动大。(3)振动不稳	1.8	—	3	监测轴承振动、温度特征及变化趋势
		3.5 定位	3.5.1 轴向间隙大	检修工艺差	其振动频率成分特征是：(1)1N，40%。(2)2N，50%。(3)3N以上，5%	5.1	—	3	监测轴承振动、温度特征及变化趋势
	4 轴承座	4.1 松动	4.1.1 螺栓松动	振动	其振动频率成分特征为：(0%~50%)N，90%	1.8	—	2	—
			4.1.2 裂纹	振动	其振动频率成分特征为：(0%~50%)N，90%	1.8	—	2	—

设备	部件	故障模式	故障原因	故障效应				风险等级	措施
				局部	特征	相邻	系统		
凝结水泵	5 润滑	5.1 润滑油少	5.1.1 未定期加油	损坏轴承；振动高	其振动频率成分特征是：(1) 1N，40%；(2) 2N，50%；(3) 3N以上，5%	1.1、1.3、2.1	会造成停车事故，严重影响机组运行	2	定期加油
			5.1.2 定期加油量少	损坏轴承；振动高	其表现特征为：振动、温度异常	1.1、1.3、2.1	会造成停车事故，严重影响机组运行	2	定期检查油箱液位
		5.2 润滑油量多	5.2.1 加油频次或量过多	轴承温度偏高，损坏轴承；振动高	其表现特征为：振动、温度异常	1.1、1.3、2.1	会造成停车事故	4	定期检查油箱液位
		5.3 润滑油变质	5.3.1 油种混合	损坏轴承；振动高	其表现特征为：油质超标	1.1、1.3、2.1	会造成停车事故	4	确定油标号
			5.3.2 油质量差	损坏轴承；振动高	其表现特征为：油质超标	1.1、1.3、2.1	会造成停车事故	4	定期滤油
			5.3.3 规格型号不对	损坏轴承；振动高	其表现特征为：油质超标	1.1、1.3、2.1	会造成停车事故	4	确定油标号
	6 密封	6.1 填料选型不当或安装不到位	6.1.1 泵密封与轴紧力过大	损坏轴封	其表现特征为：(1) 泄漏。(2) 漏真空	—	盘根漏水、漏真空	3	—
	7 联轴器	7.1 对中不良	7.1.1 轴承座变形	联轴器对中度变化，导致联轴器连接螺栓产生交变应力	其振动成分特征是：①1N，40%；②2N，50%；③3N以上，5%。(2) 振动行为特征：轴向振动增大	—	会造成停车事故，严重影响机组运行	4	监测轴承振动特征及变化趋势

续表

设备	部件	故障模式	故障原因	故障效应				风险等级	措施
				局部	特征	相邻	系统		
凝结水泵	7　联轴器	7.1　对中不良	7.1.2　基础沉降不均	联轴器对中度变化,导致联轴器连接螺栓产生交变应力	其振动特征是:(1)频率成分特征:①1N,40%;②2N,50%;③3N以上,5‰。(2)振动行为特征:轴向振动增大	—	会造成停车事故,严重影响机组运行	4	监测轴承振动特征及变化趋势
			7.1.3　找正是对中不好	联轴器对中度变化,导致联轴器连接螺栓产生交变应力	其振动特征是:(1)频率成分特征:①1N,40%;②2N,50%;③3N以上,5‰。(2)振动行为特征:轴向振动增大	—	会造成停车事故,严重影响机组运行	4	监测轴承振动特征及变化趋势
			7.1.4　未正确安装膜片等	联轴器对中度变化,导致联轴器连接螺栓产生交变应力	其振动特征是:(1)频率成分特征:①1N,40%;②2N,50%;③3N以上,5‰。(2)振动行为特征:轴向振动增大	—	会造成停车事故,严重影响机组运行	4	监测轴承振动特征及变化趋势
		7.2　松动	7.2.1　联轴器螺栓松动	振动增大、运行不稳	其振动频率成分特征:(0%~50%)N,90%	—	会造成停车事故,严重影响机组运行	4	轴承振动
		7.3　轴向窜动	7.3.1　轴向间隙	检修工艺差	其振动特征是:(1)频率成分特征:①1N,40%;②2N,50%;③3N以上,5‰。(2)振动行为特征:轴向振动增大	—	会造成停车事故,严重影响机组运行	4	轴承振动

续表

设备	部件	故障模式	故障原因	故障效应			风险等级	措施
				局部	特征	相邻 | 系统		
凝结水泵	8 中间轴	8.1 弯曲	8.1.1 设计或制造缺陷	损坏轴承；振动高，运行不稳	其振动特征是： （1）频率成分特征：①1N，90%；②2N，5%；③3N 以上，5%。 （2）振动行为特征：转子弯曲接近轴中心时，主要弯曲振动向振动接近联轴器时，会有 1 倍频轴向振动，会有 2 倍频振动，径向振动频谱中会有 1 倍频和 2 倍频峰值，但是关键是轴向数据。 （3）相位特征：支撑转轴的轴承（轴瓦）同一轴向相差180°，端面一轴承（轴瓦）端面的轴向相位相同——转轴向沿着轴向来回运动。 （4）时域波形特征：对应弯曲，它并不是好的判断指标。弯曲接近轴中心，形状是正弦波。弯曲接近联轴器，会有抖动，"M""W"的形状取决于相位角	2.1 | —	3	监测轴承振动、温度特征及变化趋势，设置检修 W 点

设备	部件	故障模式	故障原因	故障效应				风险等级	措施
				局部	特征	相邻	系统		
凝结水泵	8 中间轴	8.1 弯曲	8.1.2 受热不均	损坏轴承；振动高，运行不稳	其振动特征是： (1) 频率成分特征：①1N，90%；②2N，5%；③3N以上，5%。 (2) 振动行为特征：转子弯曲接近轴中心时，主要弯曲振动接近轴向振动时，会有2倍频振动，径向振动频谱中会有1倍频和2倍频峰值，但是关键是轴向数据。 (3) 相位特征：支撑转轴的轴承（轴瓦）轴向相位相差180°，同一轴承（轴瓦）端面的轴向相位相同——转轴沿着轴向来回运动。 (4) 时域波形特征：对应弯曲，它并不是好的判断指标，弯曲形状是正弦波，弯曲接近联轴器，会有抖动，"M""W"的形状取决于相位角	2.1	—	3	监测轴承振动、温度特征及变化趋势，设置检修W点

续表

设备	部件	故障模式	故障原因	故障效应					风险等级	措施
				局部	特征	相邻	系统			
凝结水泵	8 中间轴	8.1 弯曲	8.1.3 对中不良	损坏轴承；振动高，运行不稳	其振动特征是：（1）频率成分特征：①1N，90%；②2N，5%；③3N以上，5%。（2）振动行为特征：转子弯曲接近轴中心时，主要是1倍频轴向振动弯曲接近轴器时，会向振动接近轴器时，径向振动频谱中会有1倍频和2倍频峰值，但是关键是轴向数据。（3）相位特征：支撑转轴的轴承（轴瓦）同一轴承（轴瓦）端面的轴向相位相同，转轴沿着轴向来回运动。（4）时域波形特征：对应弯曲，它并不是好的判断指标。弯曲是接近轴中心，形状是正弦波。弯曲接近联轴器，会有抖动，"M""W"的形状取决于相位角	2.1	—	3	监测轴承振动、温度特征及变化趋势，设置检修W点

续表

设备	部件	故障模式	故障原因	故障效应				风险等级	措施
				局部	特征	相邻	系统		
凝结水泵	9　系统	9.1　进出水管道振动	9.1.1　管道支吊架设计不合理	共振	其振动特征是：(1)频率成分特征：结构某一固有频率。(2)振动行为特征：某一转速下管道振动出现明显峰值	—	引起共振	—	—
			9.1.2　管道支吊架安装不当	共振	其振动特征是：(1)频率成分特征：结构某一固有频率。(2)振动行为特征：某一转速下管道振动出现明显峰值	—	引起共振	—	—
			9.1.3　管道支吊架长期使用后状态发生改变	共振	其振动特征是：(1)频率成分特征：结构某一固有频率。(2)振动行为特征：某一转速下管道振动出现明显峰值	—	引起共振	—	—
			9.1.4　系统工况发生突变	共振	其振动特征是：(1)频率成分特征：结构某一固有频率。(2)振动行为特征：某一转速下管道振动出现明显峰值	—	引起共振	—	—
	10　汽蚀	10.1　水泵汽蚀	10.1.1　泵选型、安装不当	(1)系体振动。(2)损坏叶片和流道	其表现特征为：(1)PV附近连续峰值和转频边带。(2)有异音。(3)泵体振动大	9.1	引起剧烈振动	3	测振并进行频谱分析

续表

设备	部件	故障模式	故障原因	故障效应				风险等级	措施
				局部	特征	相邻	系统		
凝结水泵	10 汽蚀	10.1 水泵汽蚀	10.1.2 凝汽器热井水位过低	(1) 泵体振动。(2) 损坏叶片和流道	其表现特征为：(1) PV 附近连续峰值和转频边带。(2) 有异音。(3) 泵体振动大	9.1	引起剧烈振动	3	测振并进行频谱分析
			10.1.3 凝结水水温发生变化	(1) 泵体振动。(2) 损坏叶片和流道	其表现特征为：(1) PV 附近连续峰值和转频边带。(2) 有异音。(3) 泵体振动大	9.1	引起剧烈振动	3	测振并进行频谱分析
	11 基础	11.1 泵基础强度不够	11.1.1 基建时混凝土浇筑强度不合格	运行不稳，同心出现问题，损坏轴承；振动高	其振动频率成分特征是：(1) (40%~50%) N, 20%。(2) 1N, 60%。(3) 2N, 10%。(4) 1/2N, 10%	—	引起振动，造成停车事故	4	监测轴承振动、温度特征及变化趋势，设置检修 W 点
			11.1.2 地脚螺栓松动	运行不稳，同心轴承；振动高	其振动频率成分特征是：(1) (40%~50%) N, 20%。(2) 1N, 60%。(3) 2N, 10%。(4) 1/2N, 10%	—	引起振动，造成停车事故	4	监测轴承振动、温度特征及变化趋势，设置检修 W 点
			11.1.3 基础开裂等	运行不稳，同心出现问题，振动高	其振动频率成分特征是：(1) (40%~50%) N, 20%。(2) 1N, 60%。(3) 2N, 10%。(4) 1/2N, 10%	—	引起振动，造成停车事故	4	监测轴承振动、温度特征及变化趋势，设置检修 W 点

续表

设备	部件	故障模式	故障原因	故障效应				风险等级	措施
				局部	特征	相邻	系统		
凝结水泵	11 基础	11.2 电机支架与泵基础连接不牢固	11.2.1 电机支架刚度不够	泵体及电机振动	其振动特征为： (1) 1N 或 2N 成分明显。 (2) 基础振感强烈	—	引起振动	4	—
			11.2.2 电机支架与泵基础连接接螺栓松动	泵体及电机振动	其振动特征为： (1) 1N 或 2N 成分明显。 (2) 基础振感强烈	—	引起振动	4	—

2. 凝结水泵轴承温度故障模式及影响分析

设备	部件	故障模式	故障原因	故障效应				风险等级	措施
				局部	特征	相邻	系统		
凝结水泵	1 叶轮	1.1 不平衡	1.1.1 平衡精度的变化	(1) 损坏轴承。 (2) 温度高。 (3) 振动增大	其振动特征是： (1) 频率成分特征：①1N, 90%；②2N, 5%；③3N 以上, 5%。 (2) 振动行为特征：径向 1 倍频幅值较高，尤其是水平方向。 (3) 时域波形特征：应该是正弦波, 如果不是, 可能是其他故障, 尽量采用速度单位。 (4) 相位特征：相位是不平衡最好的指示, 同一轴承（轴瓦）位置上的垂直和水平	1.1、1.3、1.5	会造成振动增大、威胁机组安全	4	—

续表

设备	部件	故障模式	故障原因	故障效应				风险等级	措施
				局部	特征	相邻	系统		
凝结水泵	1 叶轮	1.1 不平衡	1.1.1 平衡精度的变化	(1) 损坏轴承。 (2) 温度高。 (3) 振动增大	相位相差90°。风机两端轴承（轴瓦）同一方向的振动相位相差30°和150°	1.1、1.3、1.5	会造成振动增大，威胁机组安全	4	—
			1.1.2 叶轮明显的变形	(1) 损坏轴承。 (2) 温度高。 (3) 振动增大	其振动特征是： (1) 频率成分特征：①1N，90%；②2N，5%；③3N以上，5%。 (2) 振动行为特征：径向1倍频幅值较高，尤其是水平方向，轴向振动较小。 (3) 时域波形特征：应该是正弦波，如果不是，可能是其他故障，尽量采用速度单位。 (4) 相位特征：相位不平衡最好的指示，同一轴承（轴瓦）位置上的垂直和水平相位相差90°。风机两端轴承（轴瓦）同一方向的振动相位相差30°和150°	1.1、1.3、1.5	会造成振动增大，威胁机组安全	4	
			1.1.3 叶片固定螺栓松动	(1) 损坏轴承。 (2) 温度高。 (3) 振动增大	其振动特征是： (1) 频率成分特征：①1N，90%；②2N，5%；③3N以上，5%。 (2) 振动行为特征：	1.1、1.3、1.5	会造成振动增大，威胁机组安全	4	—

续表

设备	部件	故障模式	故障原因	故障效应					风险等级	措施
				局部	特征	相邻	系统			
凝结水泵	1 叶轮	1.1 不平衡	1.1.3 叶片固定螺栓松动	(1) 损坏轴承。(2) 温度高。(3) 振动增大	径向 1 倍频幅值较高,尤其是水平方向。轴向振动较小。(3) 时域波形特征:应该是正弦波,如果不是,可能是其他故障,尽量采用速度单位。(4) 相位特征:相位是不平衡最好的指示,同一轴承(轴瓦)位置上的水平和垂直方向相差 90°。风机两端轴承(轴瓦)同一方向的振动相位相差 30°和 150°	1.1、1.3、1.5	会造成振动增大,威胁机组安全	4	—
	2 主轴	2.1 弯曲	2.1.1 刚度不够	(1) 损坏轴承。(2) 温度高	其振动成分特征是:(1) 频率成分特征:①1N,90%;②2N,5%;③3N 以上,5%。(2) 振动行为特征:转子弯曲接近轴中心时,主要是 1 倍频轴向振动弯曲接近联轴器时,会有 2 倍频振动,径向振动频谱中会有 1 倍频和 2 倍频峰值,但是关键是轴向数据。(3) 相位特征:支撑转轴的轴承(轴瓦)同轴向相位相差 180°,同	1.1、2.1	会造成停车事故,严重影响机组运行	2	监测轴承振动、温度特征及变化趋势

续表

设备	部件	故障模式	故障原因	故障效应				风险等级	措施
				局部	特征	相邻	系统		
凝结水泵	2　主轴	2.1　弯曲	2.1.1　刚度不够	(1) 损坏轴承。 (2) 温度高	一轴承（轴瓦）端面的轴向相位相同——转轴沿着轴向来回运动。 (4) 时域波形特征：对应弯曲，它并不是好的判断指标。弯曲形状接近轴中心，形状是正弦波，弯曲接近联轴器，会有抖动，"M" 轴变宽，会有的形状决于于相位角	1.1，2.1	会造成停车事故，严重影响机组运行	2	监测轴承振动、温度特征及变化趋势
			2.1.2　裂纹	(1) 损坏轴承。 (2) 温度高	其振动特征是： (1) 频率成分特征：①1N，90%；②2N，5%；③3N 以上，5%。 (2) 振动行为特征：转子弯曲接近轴中心时，主要是 1 倍频轴向振动弯曲接近联轴器时，会有 2 倍频振动，径向振动频谱中会有 1 倍频和 2 倍频峰值，但是关键是轴向数据。 (3) 相位特征：振动相位突变后，振幅相位关键是振动相位突变后，振幅快速爬升。 (4) 时域波形特征：对应弯曲，它并不是好的判断指标，形状是弯曲接近轴中心	1.1，2.1	会造成停车事故，严重影响机组运行	2	监测轴承振动、温度特征及变化趋势

续表

设备	部件	故障模式	故障原因	故障效应				风险等级	措施
				局部	特征	相邻	系统		
凝结水泵	2 主轴	2.1 弯曲	2.1.2 裂纹	(1) 损坏轴承。(2) 温度高	正弦波。弯曲接近联轴器,会有抖动,"M"的形状取决于相位角	1.1、2.1	会造成停车事故,严重影响机组运行	2	监测轴承振动、温度特征及变化趋势
					其振动特征是:(1) 频率成分特征:①1N, 90%;②2N, 5%;③3N 以上, 5%。(2) 振动行为特征:转子弯曲接近轴中心时,主要是 1 倍频轴向振动弯曲接近联轴器时,会有 2 倍频振动,径向振动频谱中会有 1 倍频和 2 倍频峰值,但是关键是轴向数据。(3) 相位特征:支撑转轴的轴承(轴瓦)相同相位相差180°,同一轴瓦(轴瓦)端面的轴向相位相同——转轴沿着轴向来回运动。(4) 时域波形特征:对应弯曲,它并不是弯曲的判断指标,形状是弯曲接近轴中心,形状是正弦波。弯曲接近联轴器,会有抖动,"M"的形状取决于相位角					
			2.1.3 检修装配不良	(1) 损坏轴承。(2) 温度高		1.1、2.1	会造成停车事故,严重影响机组运行	2	监测轴承振动、温度特征及变化趋势

设备	部件	故障模式	故障原因	故障效应				风险等级	措施
				局部	特征	相邻	系统		
凝结水泵	2 主轴	2.1 弯曲	2.1.4 转子因因为热膨胀等原因产生弯曲，导致转子组件的质量中心偏移量超标	(1) 损坏轴承。(2) 温度高	其振动特征正是：(1) 频率成分特征：①1N，90%；②2N，5%；③3N 以上，5%。(2) 振动行为特征：转子弯曲为特征：转子弯曲接近联轴中心时，主要是 1 倍频轴向振动接近联轴轴承动，径向振动频谱中会有 1 倍频和 2 倍频峰值，但是关键是轴向数据。(3) 相位特征：支撑转轴的轴承（轴瓦）同轴向相位相差180°，同一轴承（轴瓦）端面的转轴向相着轴向运动。(4) 时域波形特征：对应弯曲，它并不是好的判断轴的指标。弯曲是正弦波。弯曲接近联轴器，形状是接近轴中心，"M" 转轴抖动，会有决于 "W" 的形状取决于相位角	1.1、2.1	会造成停车事故，严重影响机组运行	2	监测轴承振动、温度特征及变化趋势
	3 轴座	3.1 松动	3.1.1 螺栓紧力不均松动	(1) 损坏轴承。(2) 温度高	其振动频率成分特征：(1) 1N，90%；(2) 2N，5%；(3) 3N 以上，5%	1.3、2.3	会造成停车事故	2	设置检修 W 点

续表

设备	部件	故障模式	故障原因	故障效应 局部	特征	相邻	系统	风险等级	措施
凝结水泵	3 轴承座	3.1 松动	3.1.2 裂纹	(1)损坏轴承。(2)温度高	其振动频率成分特征是:(1)1N,90‰。(2)2N,5‰。(3)3N以上,5%	1.3、2.3	会造成停车事故	2	—
	4 润滑	4.1 润滑油少	4.1.1 未定期加油	(1)损坏轴承。(2)温度高	其表现特征为:振动、温度异常	1.1、1.3、2.1	会造成停车事故,严重影响机组运行	2	定期加油
			4.1.2 定期加油量少	(1)损坏轴承。(2)温度高	其表现特征为:振动、温度异常	1.1、1.3、2.1	会造成停车事故,严重影响机组运行	2	定期检查油箱液位
		4.2 润滑油多	4.2.1 加油频次或量过多	(1)轴承温度偏高,损坏轴承。(2)温度高	其表现特征为:振动、温度异常	1.1、1.3、2.1	会造成停车事故	4	定期检查油箱液位
		4.3 润滑油变质	4.3.1 油种混	(1)损坏轴承。(2)温度高	其表现特征为:油质超标	1.1、1.3、2.1	会造成停车事故	4	确定油标号
			4.3.2 油质量差	(1)损坏轴承。(2)温度高	其表现特征为:油质超标	1.1、1.3、2.1	会造成停车事故	4	定期滤油
			4.3.3 规格型号不对	(1)损坏轴承。(2)温度高	其表现特征为:油质超标	1.1、1.3、2.1	会造成停车事故	4	确定油标号
		4.4 润滑油温度异常	4.4.1 润滑油冷却器供水中断、流量低	(1)损坏轴承。(2)温度高	其表现特征为:油质超标	—	会造成停车事故	4	定期化验油质
			4.4.2 润滑油冷却器脏污或堵塞等	(1)损坏轴承。(2)温度高	其表现特征为:油质超标	—	会造成停车事故	4	定期化验油质

续表

设备	部件	故障模式	故障原因	故障效应				风险等级	措施
				局部	特征	相邻	系统		
凝结水泵	5 石墨轴承	5.1 石墨裂纹、剥落、损坏	5.1.1 制造缺陷	(1) 石墨损坏。(2) 振动大	其表现特征为：(1) 损坏轴承。(2) 温度高	—	会造成停设备事故	4	—
			5.1.2 负载过大	(1) 石墨损坏。(2) 振动大	其表现特征为：(1) 损坏轴承。(2) 温度高	—	会造成停设备事故	4	—
		5.2 径向石墨轴承间隙过小	5.2.1 径向导瓦间隙调整不当	(1) 石墨损坏。(2) 振动大	其表现特征为：(1) 损坏轴承。(2) 温度高	—	造成温度高	3	—

3. 凝结水泵功能故障模式及影响分析

设备	部件	故障模式	故障原因	故障效应				风险等级	措施
				局部	特征	相关	系统		
凝结水泵	1 叶轮	1.1 断裂	1.1.1 铸造缺陷	损坏构件，有噪声	频率成分特征为：(1) 1XP、PV主导。(2) PV附近有转频边带	1.8	流量减少，威胁机组安全	3	—
		1.2 磨损	1.2.1 磨损	叶片损坏	频率成分特征为：(1) 1XP、PV主导。(2) PV附近有转频边带	1.8	流量减少，功率不正常减少，受力不平衡	3	—

续表

设备	部件	故障模式	故障原因	故障效应				风险等级	措施
				局部	特征	相关	系统		
凝结水泵	1 叶轮	1.3 汽蚀	1.3.1 流道内发生汽蚀	(1) 叶片损坏。(2) 产生噪声、振动	其表现特征为:(1) PV 附近连续峰值和转频边带。(2) 有异音。(3) 泵体振动大	3.2	引起振动	3	监测轴承振动特征及变化趋势
		1.4 叶片变形	1.4.1 发生动静碰磨	叶轮不平衡	其振动特征为:(1) 频率成分特征:1XP, 80%。(2) 相位特征:相位稳定	1.8	影响运行	—	监测轴承振动特征及变化趋势
	2 导叶	2.1 断裂	2.1.1 铸造问题	导叶损坏	其振动特征为:冲击解调形波呈现连续冲击波形	—	威胁水泵安全运行	4	监测轴承振动特征及变化趋势
	3 轴承	3.1 温度高	3.1.1 冷却水不畅	(1) 损坏轴承。(2) 温度高	其表现特征为:红外检测温度异常	—	威胁水泵安全运行	4	制定水冲洗计划、定期水冲洗
			3.1.2 冷油器堵塞	(1) 损坏轴承。(2) 温度高	其表现特征为:红外检测温度异常	—	威胁水泵安全运行	4	制定水冲洗计划、定期水冲洗
			3.1.3 油质劣化	(1) 损坏轴承。(2) 温度高	其表现特征为:红外检测温度异常	—	威胁水泵安全运行	4	定期化验油质
		3.2 振动超标	3.2.1 汽蚀	(1) 损坏轴承。(2) 泵体振动大	其表现特征为:(1) PV 附近连续峰值和转频边带。(2) 有异音。(3) 泵体振动大	—	威胁水泵安全运行	4	(1) 设计方面改进泵入口结构参数。(2) 在泵的吸入口加装诱导轮,提高离心泵抗汽蚀性能。(3) 合理设计吸入管路及调整泵的安装高度。(4) 优化工艺操作条件

续表

设备	部件	故障模式	故障原因	故障效应 局部	故障效应 特征	故障效应 相关	故障效应 系统	风险等级	措施
凝结水泵	3 轴承	3.2 振动超标	3.2.2 长时间小流量运行	(1) 损坏轴承。(2) 泵体振动大	其表现特征为: (1) 频率连续峰值和 PV 附近连续峰频边带。(2) 有异音。(3) 泵体振动大	—	威胁水泵安全运行	4	优化工艺操作条件，在工艺操作条件允许时，改变泵的流量、扬程、转速及介质工作温度等参数
			3.2.3 轴瓦乌金面金损坏	(1) 损坏轴承。(2) 泵体振动大	其表现特征为: (1) 频率连续峰值和 PV 附近连续峰频边带。(2) 有异音。(3) 泵体振动大	—	威胁水泵安全运行	4	—
	4 轴封	4.1 泄漏	4.1.1 选型不当	引起泄漏和漏空	其表现特征为: 轴封处漏水	—	影响水泵出力和机组真空	3	—
			4.1.2 密封面磨损、损坏	引起泄漏和漏空	其表现特征为: 轴封处漏水	—	影响水泵出力和机组真空	3	(1) 设置检修 W 点。(2) 加强工艺纪律
			4.1.3 安装时紧力调整不当	引起泄漏和漏空	其表现特征为: 轴封处漏水	—	影响水泵出力和机组真空	3	(1) 设置检修 W 点。(2) 加强工艺纪律
	5 进出口门	5.1 卡涩	5.1.1 机械部件锈蚀、损坏	阀门操作困难	—	—	进出口门操作不畅	3	—
			5.1.2 阀杆密封紧力不当	阀门操作困难	—	—	进出口门操作不畅	3	(1) 设置检修 W 点。(2) 加强工艺纪律
		5.2 泄漏	5.2.1 阀座、阀芯密封面受损	泄漏	其表现特征为: 阀门密封面漏水	—	影响系统稳定运行	3	—
			5.2.2 密封面垫片损坏	泄漏	其表现特征为: 阀门密封面漏水	—	影响系统稳定运行	3	(1) 设置检修 W 点。(2) 加强工艺纪律

续表

设备	部件	故障模式	故障原因	故障效应 局部	故障效应 特征	故障效应 相关	故障效应 系统	风险等级	措施
凝结水泵	5 进出口门	5.2 泄漏	5.2.3 阀杆填料密封失效	泄漏	其表现特征为：阀门密封面漏水	—	影响系统稳定运行	3	—
	6 冷却水	6.1 压力低	6.1.1 冷却水进口管堵塞	冷却水压力不足	其表现特征为：冷却水压力不足	3.1	冷却效果差，轴承温度升高	3	—
			6.1.2 冷却水进口门故障	冷却水压力不足	其表现特征为：冷却水压力不足	3.1	冷却效果差，轴承温度升高	3	—
		6.2 泄漏	6.2.1 冷却水管接头密封损坏	水管接头处漏水	其表现特征为：水管接头处漏水，冷却水压力下降，流量下降	3.1	冷却效果差，轴承温度升高	3	—
		6.3 水温过高	6.3.1 冷油器堵塞	冷却水温高	其表现特征为：冷却水温高，冷却效果差	3.1	冷却效果差，轴承温度升高	3	—
			6.3.2 冷油器表面积垢	冷却水温高	其表现特征为：冷却水温高，轴承冷却效果差	3.1	冷却效果差，轴承温度升高	3	—
			6.3.3 冷却水进出口管道堵塞	冷却水温高	其表现特征为：冷却水温高，轴承冷却效果差	3.1	冷却效果差，轴承温度升高	3	—
	7 密封水	7.1 泄漏	7.1.1 密封水管漏水	密封水管漏水	其表现特征为：密封水管漏水，漏空	—	密封效果差，引起漏空	3	—
		7.2 堵塞	7.2.1 密封水管堵塞	密封水管堵塞，密封水不足	其表现特征为：密封水管堵塞，影响漏空	—	密封效果差，引起漏空	3	—

七、循环水泵故障模式及影响分析

1. 循环水泵振动故障模式及影响分析（转机）

设备	部件	故障模式	故障原因	故障效应 局部	故障效应 特征	故障效应 相邻	故障效应 系统	风险等级	措施
循环水泵	1 叶轮	1.1 叶片折断	1.1.1 制造不良	损坏其他构件，有噪声、振动	其表现特征为：(1) PV 附近连续峰值和转频边带。(2) 有异音。(3) 泵体振动。(4) 相位存在突变	2.1	流量减少，振动大，会造成跳泵	5	测振并进行频谱分析
		1.2 叶片磨损	1.2.1 叶轮与密封环间隙调整不当	叶片碰到叶轮室锥面，在导叶体内能听到金属撞击声，损坏叶片及叶轮室	其表现特征为：(1) 异音。(2) 高频。(3) 运行不稳定	2.2	降低流量，振动大，会造成停泵，电流大	3	测振并进行频谱分析
			1.2.2 叶背间隙偏小	叶片碰到叶轮室锥面，在导叶体内能听到金属撞击声，损坏叶片及叶轮室	其振动特征为：(1) 异音。(2) 高频。(3) 运行不稳定	2.2	降低流量，振动大，会造成停泵，电流大	3	测振并进行频谱分析
		1.3 叶轮不平衡	1.3.1 平衡精度的变化	导致陶瓷轴承受力情况恶化，减短轴承的寿命	其振动特征是：(1) 频率成分特征：①1N，90%；②2N，5%；③3N以上，5%。(2) 振动行为特征：径向1倍频幅值较高，尤其是水平方向，轴向振动较小。(3) 时域波形接近正弦波，如果应该是正弦波，可能是其他故障，尽量采用速度单位。	1.1、4.1、6.1	会造成停泵，威胁机组安全	1	测振并进行频谱分析

续表

设备	部件	故障模式	故障原因	故障效应				风险等级	措施
				局部	特征	相邻	系统		
循环水泵	1 叶轮	1.3 叶轮不平衡	1.3.1 平衡精度的变化	导致陶瓷轴承受力情况恶化，减短轴承的寿命	（4）相位特征：相位是不平衡最好的指示，同一轴承（轴瓦）位置上的垂直和水平相位相差90°；风机两端轴承（轴瓦）同一方向的振动相位相差30°和150°	1.1、4.1、6.1	会造成停泵，威胁机组安全	1	测振并进行频谱分析
			1.3.2 叶片没有安装正确	导致陶瓷轴承受力情况恶化，减短轴承的寿命	其振动特征是：（1）频率成分特征：①1N，90%；②2N，5%以上；③3N以上，5%。（2）振动行为特征：径向1倍频幅值较高，尤其其振动是水平方向。（3）时域波形特征：应该是正弦波，如果不是，可能是其他故障，尽量采用速度单位。（4）相位特征：相位是不平衡最好的指示，同一轴承（轴瓦）位置上的垂直和水平相位相差90°，风机两端轴承（轴瓦）同一方向的振动相位相差30°和150°	1.1、4.1、6.1	会造成停泵，威胁机组安全	1	测振并进行频谱分析

续表

设备	部件	故障模式	故障原因	故障效应					风险等级	措施
				局部	特征	相邻	系统			
循环水泵	1 叶轮	1.4 叶片顶部同隙增大	1.4.1 轴承磨损偏大	振动并有噪声, 叶轮不平衡	其振动特征为: 低频摆动	1.1、2.3	流量减少或停泵	3	检修中重点检查
			1.4.2 顶部间隙增大	振动并有噪声, 叶轮不平衡	其振动特征为: 低频摆动	1.1、2.3	流量减少或停泵	3	检修中重点检查
		1.5 叶轮脱落	1.5.1 叶轮固定螺栓松动	振动并有噪声, 叶轮不平衡	其振动特征为: (1) 频率成分特征: 1XP, 80%。(2) 相位特征: 相位稳定	3.1	会造成停泵, 流量小、电流小	2	测振并进行频谱分析
	2 陶瓷轴承	2.1 失效	2.1.1 剥落, 磨损严重	造成动静配合间隙的变化, 并致成平衡精度的变化	其振动特征为: (1) 频率成分特征: 1N 主导。(2) 相位特征: 相位不稳	2.3、7.1	会造成停车事故	4	测振并进行频谱分析
			2.1.2 间隙增大						
			2.1.3 固定部分不同心						
		2.2 松动	安装不良	损坏轴承	其振动特征为: (1) 频率成分特征: 1N 主导。(2) 相位特征: 相位不稳	1.3、5.2	会造成停车事故	5	测振并进行频谱分析
	3 主轴	3.1 弯曲	刚度不够, 裂纹	不平衡	其振动特征为: 1N 主导	2.1	—	3	检修中重点检查
		3.2 轴套损坏严重	—	—	其振动特征为: 1N 主导	2.1	—	3	检修中重点检查
	4 联轴器	4.1 对中不良	4.1.1 安装时摆度不符合标准	造成联轴器对中的变化, 导致联轴器螺栓产生交变应力	其振动特征为: (1) 1N 频率成分明显。(2) 2N 频率成分明显	5.2	—	2	测振并进行频谱分析

续表

设备	部件	故障模式	故障原因	故障效应				风险等级	措施
				局部	特征	相邻	系统		
循环水泵	4 联轴器	4.2 松动	4.2.1 联轴器松动	运行不稳定	其振动特征为：(1) 1N频率成分明显。(2) 2N频率成分明显。(3) 3N频率成分明显。(4) 相位不稳	5.1	—	2	测振并进行频谱分析
	5 汽蚀	5.1 泵汽蚀	5.1.1 泵选型、安装不当	(1) 泵体振动。(2) 损坏叶片和流道	其表现特征为：(1) 有异音。(2) 泵体剧烈振动	—	引起剧烈振动	2	测振并进行频谱分析
			5.1.2 泵入口水位过低	(1) 泵体振动。(2) 损坏叶片和流道	其表现特征为：(1) 有异音。(2) 泵体剧烈振动	—	引起剧烈振动	2	测振并进行频谱分析
	6 基础	6.1 泵基础强度不够	6.1.1 基建时混凝土浇筑强度不合格	泵体及电机振动	其振动特征为：(1) 1N或2N成分明显。(2) 基础振感强烈	—	引起振动	3	测振并进行频谱分析
		6.2 电机支架与泵基础连接不牢固	6.2.1 电机支架刚度不够	泵体及电机振动	其振动特征为：(1) 1N或2N成分明显。(2) 基础振感强烈	—	引起振动	2	测振并进行频谱分析
			6.2.2 电机支架与泵基础连接螺栓松动	泵体及电机振动	其振动特征为：(1) 1N或2N成分明显。(2) 基础振感强烈	—	引起振动	2	测振并进行频谱分析
		6.3 泵组外筒体刚性差	6.3.1 筒体刚度不够（无支撑或支撑断裂）	泵体及电机振动	其振动特征为：(1) 1N或2N成分明显。(2) 基础振感强烈	—	引起剧烈振动	—	检修并检查加固外筒体支撑

2. 循环水泵功能故障模式及影响分析

设备	部件	故障模式	故障原因	故障效应 局部	特征	相邻	系统	风险等级	措施
循环水泵功能	1 进口清污机	1.1 杂物堵塞，腐蚀变形	1.1.1 未定期清理维护	拦污栅变形、损坏卡涩	—	3.1	出力减少、影响安全	2	定期清理
	2 出口蝶阀	2.1 打不开、油泵频繁启动	2.1.1 油质差、电磁阀卡涩	油箱温度升高	—	—	出力减少、停循环水泵	4	定期检查
			2.1.2 热工信号故障	油箱温度升高	—	—	出力减少、停循环水泵	4	定期检查
		2.2 液压系统泄漏	2.2.1 液压系统密封损坏	油缸密封损坏	—	—	故障停泵	4	—
	3 叶轮	3.1 汽蚀	3.1.1 入口堵塞	出水量减少	其表现特征为：(1) PV 附近连续峰值和转频边带。(2) 有异音。(3) 泵体振动大	1.1	出力减少、影响安全	3	防止异物堵塞流道
			3.1.2 转速提高	出水量减少	其表现特征为：(1) PV 附近连续峰值和转频边带。(2) 有异音。(3) 泵体振动大	1.1	出力减少、影响安全	3	—
			3.1.3 材料用错	出水量减少	其表现特征为：(1) PV 附近连续峰值和转频边带。(2) 有异音。(3) 泵体振动大	1.1	出力减少、影响安全	3	—
			3.1.4 设计不合理	出水量减少	其表现特征为：(1) PV 附近连续峰值和转频边带。(2) 有异音。(3) 泵体振动大	1.1	出力减少、影响安全	3	合理的结构设计，流径光滑、均匀

续表

设备	部件	故障模式	故障原因	故障效应				风险等级	措施
				局部	特征	相邻	系统		
循环水泵功能	3 叶轮	3.2 脱落	3.2.1 并紧螺母松	出力到零	—	—	停泵	2	—
			3.2.2 键槽间隙大松动	出力到零	—	—	停泵	2	—

八、开式水泵、闭式水泵故障模式及影响分析

1. 开式水泵故障模式及影响分析

（1）开式水泵振动故障模式及影响分析（转机）。

设备	部件	故障模式	故障原因	故障效应				风险等级	措施
				局部	特征	相邻	系统		
开式水泵	1 叶轮	1.1 碰磨	1.1.1 密封环间隙小	产生金属撞击声及剧烈热振动，严重损坏部件	其振动特征为：（1）频率成分特征：1倍频及其谐频。（2）时域波形特征：时域波形存在削波	2.2	引起损坏设备事故，严重影响机组安全运行	3	停运并车削密封环至标准间隙
		1.2 不平衡	1.2.1 叶轮磨损	振动	其振动特征为：（1）频率成分特征：1N主导。（2）相位特征：XY两向相位相差90°	5.1	—	1	1. 振动未超标观察振动趋势 2. 振动超标，叶轮动平衡
			1.2.2 叶轮冲刷、腐蚀或汽蚀导致的质量不平衡	振动	其振动特征为：（1）频率成分特征：1N主导。（2）相位特征：XY两向相位相差90°	5.1	—	1	1. 振动未超标观察振动趋势 2. 振动超标，叶轮动平衡

续表

设备	部件	故障模式	故障原因	故障效应 局部	故障效应 特征	故障效应 相邻	故障效应 系统	风险等级	措施
开式水泵	2 滚动轴承	2.1 间隙增大	2.1.1 磨损	振动，损坏轴承	其振动特征为：1倍频及其谐频		引起损坏设备事故，严重影响机组安全	3	设置检修W点
		2.2 磨损	2.2.1 轴承座径向对中不良，受载过大	振动	频率成分特征为：(1) 1N主导。(2) 振动高频	1.1	引起停泵，严重影响机组安全运行	3	设置检修W点
			2.2.2 润滑油脂太少，没有定期加注	振动	频率成分特征为：(1) 1N主导。(2) 振动高频	1.1	引起停泵，严重影响机组安全运行	3	设置检修W点
		2.3 轴承座松动	2.3.1 固定螺栓松动	振动，破坏轴系中心	其振动特征为：(1) 频率成分特征：1N主导。(2) 相位特征：相位不稳	3.2	引起停泵，严重影响机组安全运行	3	设置检修W点
			2.3.2 轴承座裂纹	振动，破坏轴系中心	其振动特征为：(1) 频率成分特征：1N主导。(2) 相位特征：相位不稳	3.2	引起停泵，严重影响机组安全运行	3	设置检修W点
	3 联轴器	3.1 对中不良	3.1.1 轴承座发生变形	造成联轴器对中的变化，导致联轴器连接螺栓产生变应力，振动	其振动特征为：(1) 产生1N、2N、3N倍频。(2) 轻微不对中以1N为主。(3) 严重不对中以2N为主	3.3	—	4	根据振动严重程度确定检测振频率

续表

设备	部件	故障模式	故障原因	故障效应 局部	故障效应 特征	故障效应 相邻	故障效应 系统	风险等级	措施
开式水泵	3 联轴器	3.1 对中不良	3.1.2 基础沉降不均匀	造成联轴器对中的变化，导致联轴器连接螺栓产生交变应力，振动	其振动特征为：(1)产生1N、2N、3N倍频。(2)轻微不对中以1N为主。(3)严重不对中以2N为主	3.3	—	4	根据振动严重程度确定测振频率
			3.1.3 安装时找正不准	造成联轴器对中的变化，导致联轴器连接螺栓产生交变应力，振动	其振动特征为：(1)产生1N、2N、3N倍频。(2)轻微不对中以1N为主。(3)严重不对中以2N为主	3.3	—	4	根据振动严重程度确定测振频率
			3.1.4 未安装正确	造成联轴器对中的变化，导致联轴器连接螺栓产生交变应力，振动	其振动特征为：(1)产生1N、2N、3N倍频。(2)轻微不对中以1N为主。(3)严重不对中以2N为主	3.3	—	4	根据振动严重程度确定测振频率
		3.2 松动	3.2.1 联轴器松动	运行不稳，转速失稳	其振动成分特征：(1)频率成分特征：1N主导。(2)相位不稳	2.3	—	2	根据振动严重程度确定测振频率
			3.2.2 联轴器反馈杆脱落	运行不稳，转速失稳	其振动成分特征：(1)频率成分特征：1N主导。(2)相位特征：相位不稳	2.3	—	2	根据振动严重程度确定测振频率

续表

设备	部件	故障模式	故障原因	故障效应				风险等级	措施
				局部	特征	相邻	系统		
开式水泵	3 联轴器	3.3 轴向振动	3.3.1 联轴器及注销有磨损、变形、挤压、缺陷	轴向振动大、温度高	其振动特征为： (1) 1N主导。 (2) 振动高频。 (3) 出现倍频成分	3.1	影响机组安全运行	4	根据振动严重程度确定监测振动频率
			3.3.2 油脂内有杂质	轴向振动大、温度高	其振动特征为： (1) 1N主导。 (2) 振动高频。 (3) 出现倍频成分	3.1	影响机组安全运行	4	根据振动严重程度确定监测振动频率
			3.3.3 缺油脂	轴向振动大、温度高	其振动特征为： (1) 1N主导。 (2) 振动高频。 (3) 出现倍频成分	3.1	影响机组安全运行	4	根据振动严重程度确定监测振动频率
	4 基础	4.1 基础不良	4.1.1 基础刚度不够	振动	其振动成分特征为： (1) 频率成分特征：1N主导。 (2) 相位特征：相位不稳	3.2	会造成停泵事故	2	基础加固或灌浆；地脚螺栓紧固；管道固定
			4.1.2 地脚螺栓松动	振动	其振动成分特征为： (1) 频率成分特征：1N主导。 (2) 相位特征：相位不稳	3.2	会造成停泵事故	2	基础加固或灌浆；地脚螺栓紧固；管道固定
			4.1.3 管道振动	振动	其振动成分特征为： (1) 频率成分特征：1N主导。 (2) 相位特征：相位不稳	3.2	会造成停泵事故	2	基础加固或灌浆；地脚螺栓紧固；管道固定

续表

设备	部件		故障模式	故障原因	故障效应					风险等级	措施
					局部	特征	相邻	系统			
开式水泵	5	主轴	5.1 弯曲	5.1.1 刚度不够	(1) 损坏轴承。 (2) 温度高	其振动特征是: (1) 频率成分特征: ①1N, 90%; ②2N, 5%; ③3N以上, 5%。 (2) 振动行为特征: 转子弯曲接近轴中心时, 主要是1倍频轴向振动弯曲接近轴器时, 会有2倍频振动, 径向振动谱中会有1倍频和2倍频峰值, 但是关键是轴向数据。 (3) 相位特征: 支撑转轴的轴承 (轴瓦) 同一轴向相位相差180°, 同的轴承 (轴瓦) 端面的轴向相位相同— 转轴向沿着轴向来回运动。 (4) 时域波形特征: 对应弯曲, 它并不是接近轴中心, 弯曲接近轴中心, 形状是正弦波。弯曲接近联轴器, 会有抖动, "M" 轴出现抖动, "W" 的形状取决于相位角	1.2	会造成停泵事故	2	监测振动趋势, 及时更换泵轴

续表

设备	部件	故障模式	故障原因	故障效应				风险等级	措施
				局部	特征	相邻	系统		
开式水泵	5 主轴	5.1 弯曲	5.1.2 裂纹	(1) 损坏轴承。(2) 温度高	其振动特征是：(1) 频率成分特征：①1N，90%；②2N，5%；③3N 以上，5%。(2) 振动行为特征：转子弯曲接近轴中心时，主要是1倍频轴向振动，会有2倍频径向振动，径向振动频谱中会有1倍频和2倍频峰值，但是关键是轴向数据。(3) 相位特征：振动相位突变后，振幅快速爬升。(4) 时域波形特征：对应弯曲，它并不是好的判断指标。形状是正弦波。弯曲接近轴中心，会有扭动，"M""W"的形状取决于相位角	1.2	会造成停泵事故	2	监测振动趋势，及时更换泵轴

（2）开式水泵轴承温度故障模式及影响分析。

设备	部件	故障模式	故障原因	故障效应				风险等级	措施
				局部	特征	相邻	系统		
开式水泵	1 滚动轴承	1.1 间隙增大	1.1.1 磨损	声音大、温度高	其振动特征为：故障初期振动加速度值较大，故障后期振动位移值逐渐增大	一	会造成停泵事故	3	测振并进行频谱分析
			1.1.2 轴承座连接螺栓松动	抖动、颤动	其振动特征为：上下差别振动大	2.1	引起停泵，严重影响机组安全运行	3	紧固螺栓
	2 轴承座	2.1 松动	2.1.1 螺栓紧力不均，松动或裂纹	基础抖动颤动	其振动特征为：基础上下差别振动大	1.1.2	引起停泵，严重影响机组安全运行	2	紧固螺栓
	3 润滑	3.1 润滑脂少	3.1.1 未定期加油	损坏轴承、温度高	其表现特征为：温度高、振动加速度大	1.1	会造成停泵事故	4	每天巡查定期油质分析，每月相关分析
		3.2 润滑油变质	3.2.1 未定期加油	损坏轴承、温度高	其表现特征为：温度高、不稳定、振动加速度大	1.1	会造成停泵事故	4	每天巡查定期油质相关分析，每月相关分析
			3.2.2 油质量差	损坏轴承、温度高	其表现特征为：温度高、不稳定、振动加速度大	1.1	会造成停泵事故	4	每天巡查定期油质相关分析，每月相关分析
			3.2.3 系统有漏水进油	损坏轴承、温度高	其表现特征为：温度高、不稳定、振动加速度大	1.1	会造成停泵事故	4	每天巡查定期油质相关分析，每月相关分析

（3）开式水泵功能故障模式及影响分析。

设备	部件	故障模式	故障原因	故障效应 局部	特征	相邻	系统	风险等级	措施
开式水泵	1 进出口门	1.1 内漏不严	密封面有缺陷	漏流声	其表现特征为：阀门振动变大、出口压力降低	3.1	系统压力不稳	3	设置检修 W 点
	2 叶轮损环	2.1 出力不足	2.1.1 铸造缺陷	不稳定	其表现特征为：本体振动变大、出口压力降低	1.1、3.1	泵组停运	3	设置检修 W 点
			2.1.2 长期汽蚀	不稳定	其表现特征为：本体振动变大、出口压力降低	1.1、3.1	泵组停运	3	设置检修 W 点
	3 出口逆止门	3.1 内漏不严	3.1.1 密封面有缺陷	漏流声	其表现特征为：阀门振动变大、出口压力降低	1.1	系统压力不稳	3	设置检修 W 点
			3.1.2 阀板转轴缺陷	漏流声	其表现特征为：阀门振动变大、出口压力降低	1.1	系统压力不稳	3	设置检修 W 点

2. 闭式水泵故障模式及影响分析

（1）闭式水泵振动故障模式及影响分析（转机）。

设备	部件	故障模式	故障原因	故障效应 局部	特征	相邻	系统	风险等级	措施
闭式水泵	1 叶轮	1.1 碰磨	1.1.1 密封环间隙小	产生金属撞击声及剧烈振动，严重损坏部件	其振动成分特征：（1）倍频及其谐频成分；（2）时域波形存在削波	2.2	引起损坏设备事故，严重影响机组安全运行	3	停运并车削密封环至标准间隙

续表

设备	部件	故障模式	故障原因	故障效应				风险等级	措施
				局部	特征	相邻	系统		
闭式水泵	1 叶轮	1.2 不平衡	1.2.1 叶轮磨损	振动	其振动特征为：（1）1N 主导，频率成分特征；（2）相位特征：XY 两向相位相差 90°	5.1	—	1	（1）振动未超标观察振动趋势；（2）振动超标，叶轮动平衡
			1.2.2 叶轮冲刷、腐蚀或汽蚀导致的质量不平衡	振动	其振动特征为：（1）1N 主导，频率成分特征；（2）相位特征：XY 两向相位相差 90°	5.1	—	1	（1）振动未超标观察振动趋势；（2）振动超标，叶轮动平衡
	2 滚动轴承	2.1 间隙增大	2.1.1 磨损	振动、损坏轴承	其振动特征为：1 倍频及其谐频	—	引起损坏设备事故，严重影响机组安全	3	设置检修 W 点
		2.2 磨损	2.2.1 轴承座径向对中不良，受载过大	振动	其振动特征为：（1）1N 主导；（2）振动高频	1.1	引起停泵，严重影响机组安全运行	3	设置检修 W 点
			2.2.2 润滑油脂太少，没有定期加注	振动	其振动特征为：（1）1N 主导；（2）振动高频	1.1	引起停泵，严重影响机组安全运行	3	设置检修 W 点
		2.3 轴承座松动	2.3.1 固定螺栓松动	振动、破坏轴系中心	其振动特征为：（1）1N 主导；（2）振动不稳	3.2	引起停泵，严重影响机组安全运行	3	设置检修 W 点
			2.3.2 轴承座裂纹	振动、破坏轴系中心	其振动特征为：（1）1N 主导；（2）振动不稳	3.2	引起停泵，严重影响机组安全运行	3	设置检修 W 点

设备	部件	故障模式	故障原因	故障效应				风险等级	措施
				局部	特征	相邻	系统		
闭式水泵	3 联轴器	3.1 对中不良	3.1.1 轴承座发生变形	造成联轴器对中的变化，导致联轴器连接螺栓产生交变应力，振动	其振动特征为：(1) 产生 1N、2N、3N 倍频。(2) 轻微不对中以 1N 为主。(3) 严重不对中以 2N 为主	3.3	会造成停泵事故	4	根据振动严重程度确定测振频率
			3.1.2 基础沉降不均匀	造成联轴器对中的变化，导致联轴器连接螺栓产生交变应力，振动	其振动特征为：(1) 产生 1N、2N、3N 倍频。(2) 轻微不对中以 1N 为主。(3) 严重不对中以 2N 为主	3.3	会造成停泵事故	4	根据振动严重程度确定测振频率
			3.1.3 安装时找正不准	造成联轴器对中的变化，导致联轴器连接螺栓产生交变应力，振动	其振动特征为：(1) 产生 1N、2N、3N 倍频。(2) 轻微不对中以 1N 为主。(3) 严重不对中以 2N 为主	3.3	会造成停泵事故	4	根据振动严重程度确定测振频率
			3.1.4 未安装正确	造成联轴器对中的变化，导致联轴器连接螺栓产生交变应力，振动	其振动特征为：(1) 产生 1N、2N、3N 倍频。(2) 轻微不对中以 1N 为主。(3) 严重不对中以 2N 为主	3.3	会造成停泵事故	4	根据振动严重程度确定测振频率

续表

设备	部件	故障模式	故障原因	故障效应 局部	故障效应 特征	故障效应 相邻	故障效应 系统	风险等级	措施
闭式水泵	3 联轴器	3.2 松动	3.2.1 联轴器松动	运行不稳, 转速失稳	(1) 频率成分特征: 1N主导。(2) 相位特征: 相位不稳	2.3	会造成停泵事故	2	根据振动严重程度确定测振频率
			3.2.2 联轴器反馈杆脱落	运行不稳, 转速失稳	(1) 频率成分特征: 1N主导。(2) 相位特征: 相位不稳	2.3	会造成停泵事故	2	根据振动严重程度确定测振频率
		3.3 轴向振动	3.3.1 联轴器及注销有磨损, 挤伤, 变形, 缺陷	轴向振动大, 温度高	其振动特征为: (1) 1N主导。(2) 振动高频。(3) 出现倍频成分	3.1	影响机组安全运行	4	根据振动严重程度确定测振频率
			3.3.2 油脂内有杂质	轴向振动大, 温度高	其振动特征为: (1) 1N主导。(2) 振动高频。(3) 出现倍频成分	3.1	影响机组安全运行	4	根据振动严重程度确定测振频率
			3.3.3 缺油脂	轴向振动大, 温度高	其振动特征为: (1) 1N主导。(2) 振动高频。(3) 出现倍频成分	3.1	影响机组安全运行	4	根据振动严重程度确定测振频率
	4 基础	4.1 基础不良	4.1.1 基础刚度不够	振动	(1) 频率成分特征: 1N主导。(2) 相位特征: 相位不稳	3.2	会造成停泵事故	2	(1) 基础加固或灌浆。(2) 地脚螺栓紧固。(3) 管道固定
			4.1.2 地脚螺栓松动	振动	(1) 频率成分特征: 1N主导。(2) 相位特征: 相位不稳	3.2	会造成停泵事故	2	(1) 基础加固或灌浆。(2) 地脚螺栓紧固。(3) 管道固定

续表

设备	部件	故障模式	故障原因	故障效应				风险等级	措施
				局部	特征	相邻	系统		
闭式水泵	4 基础	4.1 基础不良	4.1.3 管道振动	振动	其振动特征为： (1)1N主导。 (2)相位特征：相位不稳	3.2	会造成停泵事故	2	(1)基础加固或灌浆。 (2)地脚螺栓紧固。 (3)管道固定
	5 主轴	5.1 弯曲	5.1.1 刚度不够	(1)损坏轴承。 (2)温度高	其振动特征是： (1)频率成分特征：①1N，90%；②2N，5%；③3N以上，5%。 (2)振动行为特征：转子弯曲接近轴中心时，主要是1倍频轴向振动，会有振动接近连联轴向振动，径向振动频谱中会有1倍频和2倍频是轴峰值，但是关键是轴向数据。 (3)相位特征：支撑转轴的轴承（轴瓦）同一轴承向相位相差180°，端面的轴向轴向沿着转轴向来回运动。 (4)时域波形变形特征：对应弯曲，它合并不是好的判断指标，弯曲接近相同相近，形状是正弦波。弯曲接近连联轴器，会有抖动，"M""W"的形状取决于轴位角	1.2	会造成停泵事故	2	监测振动趋势，及时更换泵轴

续表

设备	部件	故障模式	故障原因	故障效应				风险等级	措施
				局部	特征	相邻	系统		
闭式水泵	5　主轴	5.1　弯曲	5.1.2　裂纹	(1) 损坏轴承。(2) 温度高	其振动特征是：(1) 频率成分特征：①1N，90%；②2N，5%；③3N以上，5%。(2) 振动行为特征：转子弯曲接近轴中心时，主要是1倍频轴向振动接近弯曲联轴器时，会有2倍频振动，径向振动频谱中会有1倍频和2倍频峰值，但主是关键是轴向数据。(3) 相位特征：振动相位变化后，振幅快速爬升。(4) 时域波形特征：对应弯曲，它并不是好的判断指标。弯曲状是接近轴中心，形状是正弦波。弯曲抖动，会有联轴器，"M""W"的形状取决于相位角	1.2	会造成停泵事故	2	监测振动趋势，及时更换泵轴

（2）闭式水泵轴承温度故障模式及影响分析。

设备	部件	故障模式	故障原因	故障效应 局部	故障效应 特征	故障效应 相邻	故障效应 系统	风险等级	措施
闭式水泵	1 滚动轴承	1.1 间隙增大	1.1.1 磨损	声音大、温度高	其振动特征为：故障初期振动加速度值较大，故障后期振动位移值逐渐增大	—	会造成停泵故障	3	测振并进行频谱分析
			1.1.2 轴承座连接螺栓松动	抖动、颤动	其振动特征为：上下差别振动大	2.1	引起停泵，严重影响机组安全运行	3	紧固螺栓
	2 轴承座	2.1 松动	2.1.1 螺栓紧力不均，松动或裂纹	基础抖动颤动	其振动特征为：基础上下差别振动大	1.1.2	引起停泵，严重影响机组安全运行	2	紧固螺栓
	3 润滑	3.1 润滑油脂少	3.1.1 未定期加油	损坏轴承，温度高	其表现特征为：温度高、振动进度大	1.1	会造成停泵故障	4	每天巡查定期油质分析，每月相关分析
		3.2 润滑油变质	3.2.1 未定期加油	损坏轴承，温度高	其表现特征为：温度高、不稳定，振动加速度大	1.1	会造成停泵故障	4	每天巡查定期油质相关分析
			3.2.2 油质量差	损坏轴承，温度高	其表现特征为：温度高、不稳定，振动加速度大	1.1	会造成停泵故障	4	每天巡查定期油质相关分析
			3.2.3 系统有漏水进油	损坏轴承，温度高	其表现特征为：温度高、不稳定，振动加速度大	1.1	会造成停泵故障	4	每天巡查定期油质相关分析

（3）闭式水泵功能故障模式及影响分析。

设备	部件	故障模式	故障原因	故障效应				风险等级	措施
				局部	特征	相邻	系统		
闭式水泵	1 进出口门	1.1 内漏不严	1.1.1 密封面有缺陷	漏流声	其表现特征为：阀门振动变大、出口压力降低	3.1	系统压力不稳	3	设置检修 W 点
	2 叶轮损坏	2.1 振动、出力不足	2.1.1 铸造缺陷	不稳定	其表现特征为：本体振动变大、出口压力降低	1.1、3.1	泵组停运	3	设置检修 W 点
			2.1.2 长期汽蚀	不稳定	其表现特征为：本体振动变大、出口压力降低	1.1、3.1	泵组停运	3	设置检修 W 点
	3 出口逆止门	3.1 内漏不严	3.1.1 密封面有缺陷	漏流声	其表现特征为：阀门振动变大、出口压力降低	1.1	系统压力不稳	3	设置检修 W 点
			3.1.2 阀板转轴缺陷	漏流声	其表现特征为：阀门振动变大、出口压力降低	1.1	系统压力不稳	3	设置检修 W 点

九、汽侧真空泵故障模式及影响分析（转机）

1. 汽侧真空泵振动故障模式及影响分析

设备	部件	故障模式	故障原因	故障效应				风险等级	措施
				局部	特征	相邻	系统		
汽侧真空泵	1 叶轮	1.1 碰磨	1.1.1 密封环间隙小	产生金属撞击声，剧烈振动，严重损坏部件	其振动特征为：1N主导	2.2	引起损坏设备事故，严重影响机组安全运行	3	设置检修 W 点

续表

设备	部件	故障模式	故障原因	故障效应				风险等级	措施
				局部	特征	相邻	系统		
汽侧真空泵	1 叶轮	1.1 碰磨	1.1.2 密封水位低或无密封水运行	产生金属撞击声，剧烈振动，严重损坏部件	其振动特征为：1N主导	2.2	引起损坏设备事故，严重影响机组安全运行	3	设置检修W点
		1.2 不平衡	1.2.1 叶轮因汽蚀等原因脱落	因转速低，对外表现不明显	其振动特征为：1N主导	6.1	—	1	—
	2 滚动轴承	2.1 间隙增大	2.1.1 磨损	振动，损坏轴承	其振动特征为：(1)1N频率倍频成分显。(2)出现倍频成分	—	引起损坏设备事故，严重影响机组安全	3	设置检修W点
		2.2 磨损	2.2.1 轴承座径向对中不良，受载过大	振动	其振动特征为：(1)1N主导。(2)振动高频	1.1	引起停泵，严重影响机组安全运行	3	设置检修W点
			2.2.2 润滑油脂太少，没有定期加注	振动	其振动特征为：(1)1N主导。(2)振动高频	1.1	引起停泵，严重影响机组安全运行	3	设置检修W点
	3 联轴器	3.1 对中不良	3.1.1 DE端轴瓦磨损	造成联轴器对中的变化，导致联轴器蛇形簧产生交变应力，振动	其振动特征为：(1)1N频率成分明显。(2)2N频率成分显。(3)3N频率成分显	4.3	—	4	每天测振，每月分析频谱
			3.1.2 基础沉降不均匀	造成联轴器对中的变化，导致联轴器蛇形簧产生交变应力，振动	其振动特征为：(1)1N频率成分明显。(2)2N频率成分显。(3)3N频率成分显	4.3	—	4	每天测振，每月分析频谱

续表

设　备	部件	故障模式	故障原因	故障效应					风险等级	措施
				局部	特征	相邻	系统			
汽侧真空泵	3 联轴器	3.1 对中不良	3.1.3 安装时找正不准	造成联轴器对中的变化，导致联轴器蛇形簧产生交变应力，振动	其振动特征为： （1）1N 频率成分明显。 （2）2N 频率成分明显。 （3）3N 频率成分明显	4.3	—	4	每天测振，每月分析频谱
			3.1.4 未安装正确	造成联轴器对中的变化，导致联轴器蛇形簧产生交变应力，振动	其振动特征为： （1）1N 频率成分明显。 （2）2N 频率成分明显。 （3）3N 频率成分明显	4.3	—	4	每天测振，每月分析频谱
		3.2 松动	3.2.1 联轴器内孔或泵轴磨损，导致间隙配合	运行不稳	其振动成分特征： 1N 主导。 （2）相位特征：相位不稳	2.3	—	2	每天测振，每月分析频谱
		3.3 轴向振动	3.3.1 蛇型联轴器有磨损、挤伤、变形、缺陷	轴向振动大、温度高	其振动特征为： （1）1N 主导。 （2）振动高频。 （3）出现倍频成分	3.1	影响机组安全运行	4	每天测振，每月分析频谱
			3.3.2 油脂内有杂质	轴向振动大、温度高	其振动特征为： （1）1N 主导。 （2）振动高频。 （3）出现倍频成分	3.1	影响机组安全运行	4	每天测振，每月分析频谱

续表

设备	部件	故障模式	故障原因	故障效应				风险等级	措施
				局部	特征	相邻	系统		
	3 联轴器	3.3 轴向振动	3.3.3 缺油脂	轴向振动大、温度高	其振动特征为：(1) 1N 主导。(2) 振动高频。(3) 出现倍频成分	3.1	影响机组安全运行	4	每天测振，每月分析频谱
汽侧真空泵	4 基础	4.1 基础不良	4.1.1 基础刚度不够	振动	其振动成分特征为：(1) 频率成分特征：1N 主导。(2) 相位特征：相位不稳	4.2	会造成停泵事故	2	(1) 基础加固或灌浆。(2) 地脚螺栓固定。(3) 管道固定
			4.1.2 地脚螺栓松动	振动	其振动特征为：(1) 频率成分特征：1N 主导。(2) 相位特征：相位不稳	4.2	会造成停泵事故	2	(1) 基础加固或灌浆。(2) 地脚螺栓紧固。(3) 管道固定
			4.1.3 管道振动	振动	其振动特征为：(1) 频率成分特征：1N 主导。(2) 相位特征：相位不稳	4.2	会造成停泵事故	2	(1) 基础加固或灌浆。(2) 地脚螺栓紧固。(3) 管道固定
	5 主轴	5.1 弯曲	5.1.1 刚度不够	(1) 损坏轴承。(2) 温度高	其振动特征是：(1) 频率成分特征：①1N, 90%；②2N, 5%；③3N 以上，5%。(2) 振动行为特征是：转子弯曲接近轴中心时，主要是 1 倍频联轴向振动接近联轴器时，会有 2 倍频振动，径向振动 1 倍频和 2 倍频谱中会有振动频率 2 倍频	1.2	会造成停泵事故	2	监测振动趋势，及时更换泵轴

续表

设备	部件	故障模式	故障原因	故障效应 局部	故障效应 特征	故障效应 相邻	故障效应 系统	风险等级	措施
汽侧真空泵	5 主轴	5.1 弯曲	5.1.1 刚度不够	(1) 损坏轴承。(2) 温度高	峰值，但是关键是轴向数据。(3) 相位特征（轴瓦）：支撑轴的轴承（轴瓦）间相位相差180°，同一轴承（轴瓦）端面的轴向相位相同，转轴沿着轴向来回运动。(4) 时域波形特征：对应弯曲，它并不是好的判断指标。弯曲是接近轴中心，形状是正弦波。弯曲接近轴器，会有抖动，"M""W"的形状取决于子相位角	1.2	会造成停泵事故	2	监测振动趋势，及时更换泵轴
			5.1.2 裂纹	(1) 损坏轴承。(2) 温度高	其振动特征是：(1) 频率成分特征：①1N，90%；②2N以上，5%；(2) 振动行为特征：转子弯曲接近轴中心时，主要是1倍频轴向振动接近联轴轴器时，径向振动谱中会有2倍频和2倍频峰值，但是关键是轴向数据。(3) 相位特征：振动相位突变后，振幅	1.2	会造成停泵事故	2	监测振动趋势，及时更换泵轴

设备	部件	故障模式	故障原因	故障效应				风险等级	措施
				局部	特征	相邻	系统		
汽侧真空泵	5 主轴	5.1 弯曲	5.1.2 裂纹	(1) 损坏轴承。(2) 温度高	快速爬升。(4) 时域波形特征：对应弯曲，它并不是好的判断指标。弯曲接近轴中心，形状是正弦波。弯曲接近联轴器，会有抖动，"M" "W" 的形状取决于相位角	1.2	会造成停泵事故	2	监测振动趋势，及时更换泵轴

2. 汽侧真空泵轴承温度故障模式及影响分析

设备	部件	故障模式	故障原因	故障效应				风险等级	措施
				局部	特征	相邻	系统		
汽侧真空泵	1 滚动轴承	1.1 间隙增大	1.1.1 磨损	运行不稳、温度高	其振动特征为：故障初期振动加速度值较大，故障后期位移值较大	—	会造成停泵事故	3	测振并进行频谱分析
			1.1.2 轴承座连接螺栓松动	振动、损坏轴承、温度高	其振动特征为：上下差别振动大	2.1	引起停泵，严重影响机组安全运行	3	设置检修 W 点
	2 轴承座	2.1 松动	2.1.1 螺栓紧力不均、松动或裂纹	损坏轴承、温度高	其振动特征为：基础上下差别振动大	1.1.2	引起停泵，严重影响机组安全运行	2	设置检修 W 点
	3 润滑	3.1 润滑油脂少	3.1.1 未定期加油	损坏轴承、温度高	其表现特征为：温度高、振动速度大	1.1	会造成停泵事故	4	每天巡查定期油质分析，每月相关分析

续表

设备	部件	故障模式		故障原因	故障效应				风险等级	措施
					局部	特征	相邻	系统		
汽侧真空泵	3 润滑	3.2 润滑油变质		3.2.1 未定期加油	损坏轴承，温度高	其表现特征为：温度高，不稳定，振动加速度大	1.1	会造成停泵事故	4	每天巡查定期油质分析，每月相关分析
				3.2.2 油质差、有杂质	损坏轴承，温度高	其表现特征为：温度高，不稳定，振动加速度大	1.1	会造成停泵事故	4	每天巡查定期油质分析，每月相关分析
				3.2.3 系统有漏水进油	损坏轴承，温度高	其表现特征为：温度高，不稳定，振动加速度大	1.1	会造成停泵事故	4	每天巡查定期油质分析，每月相关分析

3. 汽侧真空泵主泵功能故障模式及影响分析

设备	部件	故障模式		故障原因	故障效应			风险等级	措施
					局部	相邻	系统		
汽侧真空泵主泵	1 两端锥轮	1.1 减薄		1.1.1 汽蚀	其表现特征为：不稳定振动	2.1	—	3	设置检修 W 点
		1.2 表面损伤		1.2.1 汽蚀	其表现特征为：不稳定振动	2.1	—	3	设置检修 W 点
	2 叶轮损坏	2.1 振动		2.1.1 铸造缺陷	其表现特征为：气流不稳	1.1	出力低	3	设置检修 W 点
		2.2 出力不足		2.2.1 长期汽蚀	其表现特征为：气流不稳	1.1	出力低	3	设置检修 W 点
	3 汽水分离器	3.1 水位不正常		3.1.1 补水系统有缺陷	其表现特征为：压力波动	—	会造成停泵事故	2	每天巡查汽水分离器水位
				3.1.2 水位计自动补水装置缺陷	其表现特征为：压力波动	—	会造成停泵事故	2	每天巡查汽水分离器水位

设备	部件	故障模式	故障原因	故障效应 局部	故障效应 相邻	故障效应 系统	风险等级	措施
汽侧真空泵主泵	4 板式交换器	4.1 密封水温度高	4.1.1 板式交换器脏污	其表现特征为:冷却效率低,密封水温度升高	—	会造成停泵事故	3	定期测量密封水温度
			4.1.2 冷却水进出口门缺陷	其表现特征为:冷却效率低,密封水温度升高	—	会造成停泵事故	3	定期测量密封水温度
		4.2 漏水	4.2.1 安装不到位	其表现特征为:冷却效率低,密封水温度升高	—	会造成停泵事故	3	每天巡查板式交换器
			4.2.2 密封胶条老化	其表现特征为:冷却效率低,密封水温度升高	—	会造成停泵事故	3	每天巡查板式交换器

十、高加再热器、除氧器、凝汽器故障模式及影响分析

1. 高压加热器故障模式及影响分析(管阀)

设备名称	部件	故障模式	故障原因	故障效应 局部	故障效应 特征	故障效应 相邻	故障效应 系统	风险等级	措施
高压加热器	1 加热器管子	1.1 加热器管子振动	1.1.1 管子振动	外部有异音,水位异常升高	其表现特征为:(1)端差升高,出水温差下降。(2)加热的水位计满水。(3)泄漏压力上升,抽汽管、疏水管发生冲击振动,加热器水位计,空气管法兰连接处漏水	—	系统停运,使给水温度降低,使热经济性降低,降低机组的出力	3	隔离系统消缺,大小修 定期查漏

续表

设备名称	部件	故障模式	故障原因	故障效应				风险等级	措施
				局部	特征	相邻	系统		
高压加热器	1 加热器管子	1.2 加热器管子的破裂、泄漏	1.2.1 管子锈蚀	外部有异音，水位异常升高	其表现特征为： （1）端差升高，出水温度下降。 （2）加热器的水位计满水。 （3）泄漏较大时使汽侧压力上升，抽汽管、疏水管发生冲击振动，加热器的水位计、空气管法兰连接处漏水	—	系统停运，使给水温度降低，使热经济性降低，降低机组的出力	4	隔离系统消缺，大小修 定期查漏
			1.2.2 水冲击	外部有异音，水位异常升高	其表现特征为： （1）端差升高，出水温度下降。 （2）加热器的水位计满水。 （3）泄漏较大时使汽侧压力上升，抽汽管、疏水管发生冲击振动，加热器的水位计、空气管法兰连接处漏水	—	系统停运，使给水温度降低，使热经济性降低，降低机组的出力	4	隔离系统消缺，大小修 定期查漏
			1.2.3 管子质量不好	外部有异音，水位异常升高	其表现特征为： （1）端差升高，出水温度下降。 （2）加热器的水位计满水。 （3）泄漏较大时使汽侧压力上升，抽汽管、疏水管发生冲击振动，加热器的水位计、空气管法兰连接处漏水	—	系统停运，使给水温度降低，使热经济性降低，降低机组的出力	4	隔离系统消缺，大小修 定期查漏

续表

设备名称	部件	故障模式	故障原因	故障效应				风险等级	措施
				局部	特征	相邻	系统		
高压加热器	2 加热器端差	2.1 运行中加热器端差增大，出水温度下降	2.1.1 运行中由于负荷突变所引起的暂时加热不足	端差增大	盘面显示端差增大	—	系统传热性不良，或运行方式不合理使给水温度降低，使热经济性降低，降低机组的出力	4	隔离系统消缺，大小修　定期查漏

2. 除氧器故障模式及影响分析（管阀）

设备名称	部件	故障模式	故障原因	故障效应				风险等级	措施
				局部	特征	相邻	系统		
除氧器	1 除氧器水位	1.1 水位异常	1.1.1 水位计异常	液位与设定液位有偏差	其表现特征为：(1) 就地液位与盘面液位有偏差。(2) 液位反复波动或调节阀动作滞后或波动	—	液位异常会引起压力异常，除氧效果不好，液位过低会导致给水泵保护动作；液位过高，引起汽带水，引起管道或机组振动	4	监视凝汽器出口凝结水温及进口蒸汽温度、冷却水进出口温度、循环水在凝汽器前后的压力。检修W、H点。真空泄漏用仪器查漏
			1.1.2 水位调节失灵	液位与设定液位有偏差	其表现特征为：(1) 就地液位与盘面液位有偏差。(2) 液位反复波动或调节阀动作滞后或波动	—	液位异常会引起压力异常，除氧效果不好，液位过低会导致给水泵保护动作；液位过高，引起汽带水，引起管道或机组振动	4	监视凝汽器出口凝结水温及进口蒸汽温度、冷却水进出口温度、循环水在凝汽器前后的压力。检修W、H点。真空泄漏用仪器查漏

续表

设备名称	部件	故障模式	故障原因	故障效应				风险等级	措施
				局部	特征	相邻	系统		
除氧器	1 除氧器水位	1.1 水位异常	1.1.3 机组快速升降负荷	液位与设定液位有偏差	其表现特征为：(1)就地液位计与盘面液位有偏差。(2)液位偏高、偏低或反复波动，调节阀动作后滞后或波动	—	液位异常会引起压力异常，除氧效果不好，液位过低会导致给泵保护动作、液位带水，引起抽汽带水，引起管道或制机振动	4	监视凝汽器出口凝结水温度及进出口蒸汽温度，冷却水在凝汽器前后的压力。检修W、H点。真空泄漏用仪器查查漏。
	2 除氧器压力	2.1 压力异常	2.1.1 压力表计异常	(1)压力与实际压力不符。(2)压力超过正常运行压力	其表现特征为：(1)就地压力表与盘面压力表显示不一致。(2)除氧器进汽压力、除氧器压力大于饱和压力。(3)除氧器安全阀动作	—	(1)压力异常会引起凝结水流量异常。(2)除氧器安全阀动作	4	大、小修检查
			2.2.2 除氧器液位过低，进汽量过大	(1)压力与实际压力不符。(2)压力偏高或压力超过正常运行压力	其表现特征为：(1)就地压力表与盘面压力表显示不一致。(2)除氧器进汽压力、除氧器压力大于饱和压力。(3)除氧器安全阀动作	—	(1)压力异常会引起凝结水流量异常。(2)除氧器安全阀动作	4	大、小修检查

设备名称	部件	故障模式	故障原因	故障效应				风险等级	措施
				局部	特征	相邻	系统		
除氧器	2　除氧器压力	2.1　压力异常	2.1.1　除氧器超压	除氧器超压	其表现特征为： （1）就地压力表与盘面压力表显示不一致。 （2）除氧器进汽压力、除氧器压力大于饱和压力 （3）除氧器安全阀动作	—	（1）压力异常会导致凝结水流量异常。 （2）除氧器安全阀动作	4	大、小修检查
	3　除氧器振动	3.1　除氧器振动	3.1.1　除氧器投运过快	除氧器振动	其表现特征为：除氧器就地有明显水击或振动声音	—	振动严重可能导致除氧器本体或管道破裂、除氧器外漏	4	运行人员加强对参数监控
			3.1.2　外部管道振动引起除氧器振动	除氧器振动	其表现特征为：除氧器就地有明显水击或振动声音	—	振动严重可能导致除氧器本体或管道破裂、除氧器外漏	4	运行人员加强对参数监控
			3.1.3　除氧器压力降过快、汽水沸腾	除氧器振动	其表现特征为：除氧器就地有明显水击或振动声音	—	振动严重可能导致除氧器本体或管道破裂、除氧器外漏	4	运行人员加强对参数监控
			3.1.4　除氧器喷嘴脱落等引起振动	除氧器振动	其表现特征为：除氧器就地有明显水击或振动声音	—	振动严重可能导致除氧器本体或管道破裂、除氧器外漏	4	运行人员加强对参数监控

续表

设备名称	部件	故障模式	故障原因	故障效应				风险等级	措施
				局部	特征	相邻	系统		
除氧器	4 除氧器 溶氧	4.1 除氧器溶 氧偏高	4.1.1 取样管泄漏或 测量仪表不准	除氧器溶氧高	其表现特征为: 除氧器盘面显示溶 氧偏高	—	影响 给水管道 运行	3	运行人员加强对参数监 控
			4.1.2 凝水含氧量大	除氧器溶氧高	其表现特征为: 除氧器盘面显示溶 氧偏高	—	影响 给水管道 运行	3	运行人员加强对参数监 控
			4.1.3 凝水量过大或 水温过低	除氧器溶氧高	其表现特征为: 除氧器盘面显示溶 氧偏高	—	影响 给水管道 运行	3	运行人员加强对参数监 控
			4.1.4 排氧门开度过 小或管道堵塞	除氧器溶氧高	其表现特征为: 除氧器盘面显示溶 氧偏高	—	影响 给水管道 运行	3	运行人员加强对参数监 控
			4.1.5 加负荷过快	除氧器溶氧高	其表现特征为: 除氧器盘面显示溶 氧偏高	—	影响 给水管道 运行	3	运行人员加强对参数监 控

3. 凝汽器故障模式及影响分析（管阀）

设备名称	部件	故障模式	故障原因	故障效应				风险等级	措施
				局部	特征	相邻	系统		
凝汽器	1 凝汽器 真空	1.1 真空下降	1.1.1 冷却管管束表面 脏	传热情况变坏	其表现特征为: 温升不足	—	会引起排汽缸 变形,机组中心偏 移,使机组产生振 动及凝汽器束因 受热膨胀而产生松 弛	4	监视凝汽器出口凝结水 温,凝汽器出口蒸汽温度,冷却 水进出口温度,循环水在 凝汽器前后的压力。检修 W、H点。真空泄漏用仪 器查漏

461

设备	部件	故障模式	故障原因	故障效应 局部	故障效应 特征	故障效应 相邻	故障效应 系统	风险等级	措施
凝汽器	1 真空 凝汽器	1.1 真空下降	1.1.2 真空系统漏气	排汽温度升高，凝结水过冷度增大	其表现特征为：温升不足	—	会引起排汽缸变形，机组中心产生偏移，使机组管束因受冷凝膨胀产生振动及凝器管受热膨胀产生松弛	3	监视凝汽器出口凝结水温及进口蒸汽温度，循环水进出口温度，循环水在凝器器前后的压力。检修W、H点。真空泄漏用仪器查漏
			1.1.3 汽轮机的低压端轴封间隙过大或轴封供汽不良	凝汽器端差明显增大	其表现特征为：温升不足	—	会引起排汽缸变形，机组中心产生偏移，使机组管束因受冷凝膨胀产生振动及凝器管受热膨胀产生松弛	3	监视凝汽器出口凝结水温及进口蒸汽温度，循环水进出口温度，循环水在凝器器前后的压力。检修W、H点。真空泄漏用仪器查漏
	2 水质 凝汽器	2.1 水质变差（氢导值超标）	2.1.1 凝汽器管束损坏	凝结水水质突然变差	其表现特征为：温升不足	—	影响锅炉用水	4	大小修检查
	3 端差 凝汽器	3.1 端差增加	3.1.1 凝汽器水侧或汽侧结垢	循环水温升偏低	其表现特征为：温升不足	—	换热效果变差	4	运行人员加强对参数监控
			3.1.2 凝汽器汽侧漏入空气	循环水温升偏低	其表现特征为：温升不足	—	换热效果变差	4	运行人员加强对参数监控
			3.1.3 冷却水管堵塞	循环水温升偏低	其表现特征为：温升不足	—	换热效果变差	4	运行人员加强对参数监控
			3.1.4 冷却水量减少	循环水温升偏低	其表现特征为：温升不足	—	换热效果变差	4	运行人员加强对参数监控
	4 过冷度 凝汽器	4.1 过冷度异常升高	4.1.1 凝汽器漏入空气或真空泵工作不正常	凝汽器排气压力对应的饱和蒸汽温度与凝结水温度差值变大	其表现特征为：温升不足	—	机组热耗率上升	3	运行人员加强对参数监控

续表

设备	部件	故障模式	故障原因	故障效应				风险等级	措施
				局部	特征	相邻	系统		
凝汽器	4　凝汽器过冷度（过冷度高）	4.1　过冷度异常升高	4.1.2　热井水位高	凝汽器排气压力对应的饱和蒸汽温度与凝结水温度差值变大	其表现特征为：温升不足	—	机组热耗率上升	3	运行人员加强对参数监控
			4.1.3　循环水温度过高或低或循环水量过大	凝汽器排气压力对应的饱和蒸汽温度与凝结水温度差值变大	其表现特征为：温升不足	—	机组热耗率上升	3	运行人员加强对参数监控
			4.1.4　凝汽器换热管破裂	凝汽器排气压力对应的饱和蒸汽温度与凝结水温度差值变大	其表现特征为：温升不足	—	机组热耗率上升	3	运行人员加强对参数监控

十一、润滑油泵故障模式及影响分析（油组）

1. 润滑油泵振动故障模式及影响分析

设备	部件	故障模式	故障原因	故障效应				风险等级	措施
				局部	特征	相邻	系统		
润滑油泵	1　叶片和叶轮	1.1　叶片磨损	1.1.1　磨损	损坏叶片	频率成分特征为：（1）1XP，PV主导。（2）PV附近有转频边带	1.7	流量和功率不正常减少，受力不平衡	3	监测轴承振动特征及变化趋势
		1.2　叶片锈蚀	1.2.1　叶片表面锈蚀	造成流道不均匀	其振动特征：（1）频率成分特征：1XP，80%。（2）相位特征：相位稳定	1.7	造成压力流量效率下降	3	监测轴承振动特征及变化趋势

设备	部件	故障模式	故障原因	故障效应				风险等级	措施
				局部	特征	相邻	系统		
润滑油泵	1 叶片和叶轮	1.3 叶片折断或脱落槽	1.3.1 制造不良	损坏构件，有噪声	其表现特征为：(1) PV 附近连续峰值和转频边带。(2) 有异音。(3) 泵体振动	1.7	流量减少，威胁机组安全	3	监测轴承振动特征及变化趋势
		1.4 碰磨	1.4.1 动静部件发生碰撞摩擦	叶片碰到机壳，在机壳处能听到金属摩擦声，会损坏叶片	其振动特征为：(1) 1XP，80%。(2) 低频信号整倍频和半倍频幅值明显	1.8	降低流量，机组安全	4	监测轴承振动特征及变化趋势
			1.4.2 轴向定位不当导致叶轮与导叶碰磨	叶片碰到机壳，在机壳处能听到金属摩擦声，会损坏叶片	其振动特征为：(1) 1XP，80%。(2) 低频信号整倍频和半倍频幅值明显	1.8	降低流量，机组安全	4	监测轴承振动特征及变化趋势
		1.5 叶片变形	1.5.1 冷却不均或发生动静碰磨	叶轮不平衡	其振动成分特征为：1XP，80%。相位特征：相位稳定	1.7	影响转机运行	2	监测轴承振动特征及变化趋势
		1.6 叶轮磨损	1.6.1 叶轮有磨损	导致轴承受力情况恶化	其振动特征为：(1) 1XP，PV 主号。(2) PV 附近有转频边带	1.7	会造成流量减少，振动增大	1	监测轴承振动特征及变化趋势
		1.7 叶轮不平衡	1.7.1 平衡精度的变化	振动并有噪声	其振动成分特征为：(1) 频率成分特征：1XP，80%。(2) 相位特征：相位稳定	3.1	会造成较大振动，威胁机组安全	3	监测轴承振动特征及变化趋势，每月测振记录

续表

设备	部件	故障模式	故障原因	故障效应				风险等级	措施
				局部	特征	相邻	系统		
润滑油泵	1 叶片和叶轮	1.7 叶轮不平衡	1.7.2 叶轮明显的变形	振动并有噪声	其振动特征为：(1) 频率成分特征：1XP, 80%。(2) 相位特征：相位稳定	3.1	会造成较大振动，威胁机组安全	3	监测轴承振动特征及变化趋势，每月测振记录
			1.7.3 叶片没有装正	振动并有噪声	其振动特征为：(1) 频率成分特征：1XP, 80%。(2) 相位特征：相位稳定	3.1	会造成较大振动，威胁机组安全	3	监测轴承振动特征及变化趋势，每月测振记录
		1.8 叶轮脱落、破损、松动	1.8.1 并帽松动	振动并有噪声，叶轮不平衡	其振动特征为：(1) 频率成分特征：1XP, 80%。(2) 相位特征：相位稳定	1.3	会造成转机较大振动、噪声或者停运，影响安全	5	每月监测轴承振动特征及变化趋势
			1.8.2 安装或材料缺陷	振动并有噪声，叶轮不平衡	其振动特征为：(1) 频率成分特征：1XP, 80%。(2) 相位特征：相位稳定	1.3	会造成转机较大振动、噪声或者停运，影响安全	5	每月监测轴承振动特征及变化趋势
		1.9 叶轮与键配合不当	1.9.1 键或键槽磨损	振动并有噪声	其振动特征为：(1) 1XP, 80%。(2) 泵振动大	1.3	会造成转机较大振动、噪声或者停运，影响安全	3	—
			1.9.2 键或键槽加工尺寸或精度不到位	振动并有噪声	其振动特征为：(1) 1XP, 80%。(2) 泵振动大	1.3	会造成转机较大振动、噪声或者停运，影响安全	3	—
		1.10 共振	1.10.1 转速进入临界转速	有较大振动和噪声	其表现特征为：(1) 泵振动大。(2) 远离该转速振动明显降低	1.4	损坏水泵	2	监测轴承振动特征及变化趋势

续表

设备	部件	故障模式	故障原因	故障效应				风险等级	措施
				局部	特征	相邻	系统		
润滑油泵	2 轴承	2.1 径向轴承损坏	2.1.1 制造缺陷	损坏轴承、振动大	其表现特征为：（1）工频和谐波幅值明显。（2）油液检测颗粒度超标	—	会造成停车事故，严重影响机组运行	4	—
			2.1.2 轴承受冲击	损坏轴承、振动大	其表现特征为：（1）工频和谐波幅值明显。（2）油液检测颗粒度超标	—	会造成停车事故，严重影响机组运行	4	—
	3 主轴	3.1 弯曲	3.1.1 刚度不够	损坏轴承；温度高、不平衡	其振动特征是：（1）频率成分特征：①1N，90%；②2N，5%；③3N以上，5%。（2）振动行为特征：转子弯曲接近轴中心时，主要是1倍频轴向振动和接近弯曲近联轴器振动时，会有2倍频振动，径向振动中会有振动频率和2倍频峰值，但是关键是轴向数据。（3）相位特征：支撑转轴的轴承（轴瓦）轴向相位差180°，同一轴承（轴瓦）端面的轴向相位相同——转轴向着轴向来回运动。（4）时域波形特征：	1.7、1.4	—	3	监测轴承振动、温度特征及变化趋势

设备	部件	故障模式	故障原因	故障效应				风险等级	措施
				局部	特征	相邻	系统		
润滑油泵	3 主轴	3.1 弯曲	3.1.1 刚度不够	损坏轴承；温度高，不平衡	对应弯曲，它并不是好的判断指标。弯曲接近轴中心，形状接近正弦波。弯曲抖动，会有抖动，"M"轴谐器，"W"的形状取决于相位角	1.7, 1.4	—	3	监测轴承振动、温度特征及变化趋势
			3.1.2 裂纹	损坏轴承；温度高，不平衡	其振动特征是： (1) 频率成分特征：①1N，90%；②2N，5%；③3N以上，5%。 (2) 振动行为特征：转子弯曲接近轴中心时，主要是1倍频轴向振动弯曲接近轴向振动，会有2倍频振动，径向振动频谱中会有1倍频和2倍频是轴峰值，但是关键轴向数据 (3) 相位特征：支撑转轴的轴承（轴瓦）轴向相位相差180°，同一轴承（轴瓦）端面的转轴向相位相同——转轴向相着轴向来回运动 (4) 时域波形特征：对应弯曲，它并不是好的判断指标。弯曲接近轴中心，形状接近正弦波。弯曲接近	1.7, 1.4	—	3	监测轴承振动、温度特征及变化趋势

设备	部件	故障模式	故障原因	故障效应 局部	故障效应 特征	故障效应 相邻	故障效应 系统	风险等级	措施
润滑油泵	3　主轴	3.1　弯曲	3.1.2　裂纹	损坏轴承；温度高，不平衡	轴器，会有抖动，"M"的形状取决于相位角	1.7、1.4	—	3	监测轴承振动、温度特征及变化趋势
			3.1.3　轴套端面平行度超标	损坏轴承；温度高，不平衡	其振动特征是：（1）频率成分特征：①1N，90%；②2N，5%；③3N以上，5%。（2）振动行为特征：转子弯曲接近轴中心时，主要是1倍频轴向振动弯曲接近联轴器时，会有2倍频振动，径向振动频谱中会有1倍频和2倍频峰值，但是关键是轴向数据。（3）相位特征：支好的判断指标。对应转轴的轴承（轴瓦）轴向相位相差180°，同一轴承（轴瓦）端面的轴向相位相同转轴向沿着轴向来回运动（4）时域波形特征：对应弯曲，它并不是正弦波，形状接近正弦波。弯曲接近联轴器，会有抖动，"M"的形状取决于相位角	1.7、1.4	—	3	监测轴承振动、温度特征及变化趋势

续表

| 设备 | 部件 | 故障模式 | 故障原因 | 故障效应 | | | | 风险等级 | 措施 |
				局部	特征	相邻	系统		
润滑油泵	3 主轴	3.1 弯曲	3.1.4 检修装配不良	损坏轴承；温度高，不平衡	其振动成分特征： （1）频率成分特征：①1N，90%；②2N，5%；③3N以上，5%。 （2）振动行为特征：转子弯曲接近轴中心时，主要是1倍频近联轴向振动弯曲接近联轴器时，会有2倍频振动，径向振动谱中会有1倍频和2倍频峰值，但是关键是轴向数据。 （3）相位特征：支撑转轴的轴承（轴瓦）同一轴承（轴瓦）端面的轴向相位相同——转轴沿着轴向来运动轴向相位相差180°，同 （4）时域波形特征：对应弯曲，它并不是好的判断指标。弯曲是接近轴中心，形状是正弦波。弯曲接近联轴器，会有扭动，"M""W"的形状取决于轴相位角	1.7，1.4	—	3	监测轴承振动、温度特征及变化趋势
			3.1.5 转子因为热膨胀等原因产生弯曲，导致转子组件的质量中心偏移量超标	损坏轴承；温度高，不平衡	其振动成分特征： （1）频率成分特征：①1N，90%；②2N，5%；③3N以上，5%。	1.7，1.4	—	3	监测轴承振动、温度特征及变化趋势

设备	部件	故障模式	故障原因	故障效应				风险等级	措施
				局部	特征	相邻	系统		
润滑油泵	3 主轴	3.1 弯曲	3.1.5 转子因为热膨胀等原因产生弯曲，导致转子组件的质量中心偏移量超标	损环轴承；温度高，不平衡	（2）振动行为特征：转子弯曲接近轴中心时，主要是1倍频轴向振动接近联轴器时，会有2倍频振动，径向振动频谱中会有1倍频和2倍频峰值，但是关键是轴向数据。（3）相位特征（轴瓦）：支撑轴的轴承（轴瓦）端轴向相位相差180°，同一轴承（轴瓦）端面的轴向相位同相着轴向来——转轴沿着轴向来回运动。（4）时域波形特征：对应弯曲，它不是合并指标。弯曲是好的接近轴中心，形状是正弦波。弯曲接近联轴器，会有抖动，"M""W"的形状取决于相位角	1.7，1.4	—	3	监测轴承振动、温度特征及变化趋势
		3.2 对中不良	3.2.1 轴承座发生变形	造成联轴器对中的变化，导致联轴器连接螺栓产生交变应力	其振动特征是：（1）频率成分特征：①1N，40%；②2N，50%；③3N以上，5%。（2）频谱特征：①2倍频是主导频率，1倍频振动幅值逐渐升高；②对于不对中，	1.7	—	4	监测轴承振动特征及变化趋势，每月监测轴承振动特征及变化趋势

续表

设备	部件	故障模式	故障原因	故障效应		相邻	系统	风险等级	措施
				局部	特征				
润滑油泵	3 主轴	3.2 对中不良	3.2.1 轴承座发生变形	造成联轴器对中的变化，导致联轴器连接螺栓产生交变应力	1倍频轴向幅值较高；对于平行不对中，会看到到1倍频、2倍频、3倍频，甚至4倍频；5倍频的径向主导幅值高	1.7	—	4	监测轴承动振特征及变化趋势，每月监测轴承振动特征及变化趋势
			3.2.2 基础沉降不均匀	造成联轴器对中的变化，导致联轴器连接螺栓产生交变应力	其振动动特征是：(1) 频率成分特征：①1N，40%；②2N，50%；③3N以上，5%。(2) 频谱特征：①2倍频是主导频率，1倍频振动幅值逐渐升高；②对于角不对中，1倍频轴向幅值较高，对于平行不对中，会看到1倍频、2倍频、3倍频，甚至4倍频，5倍频的径向主导幅值高	1.7	—	4	监测轴承动振特征及变化趋势，每月监测轴承振动特征及变化趋势
			3.2.3 安装时找正不准	造成联轴器对中的变化，导致联轴器连接螺栓产生交变应力	其振动动特征是：(1) 频率成分特征：①1N，50%；②2N，50%；③3N以上，5%。(2) 频谱特征：①1倍频轴向幅值较高，会看到1倍频、2倍频、3倍频，甚至4倍频，5倍频的径向主导幅值高；②对于平行不对中，1倍频轴向幅值较高	1.7	—	4	监测轴承动振特征及变化趋势，每月监测轴承振动特征及变化趋势

设备	部件	故障模式	故障原因	故障效应				风险等级	措施
				局部	特征	相邻	系统		
润滑油泵	3 主轴	3.2 对中不良	3.2.4 未正确安装	造成联轴器对中的变化，导致联轴器连接螺栓产生交变应力	其振动特征是：(1) 频率成分特征：①1N、40%；②2N，50%；③3N以上，5%。①2倍频是主导频率，1倍频振动幅值逐渐升高；②对于角不对中，会看到1倍频、2倍频、3倍频，甚至4倍频、5倍频的径向主导幅值高	1.7	—	4	监测轴承振动特征及变化趋势，每月监测轴承振动特征及变化趋势
		3.3 联轴器故障	3.3.1 设计制造有缺陷	振动加大	其振动特征是：(1) 频率成分特征：①1N、40%；②2N，50%；③3N以上，5%。(2) 振动行为特征：轴向振动增大	1.7	—	3	监测轴承振动、温度特征及变化趋势
			3.3.2 未正确安装	振动加大	其振动特征是：(1) 频率成分特征：①1N、40%；②2N，50%；③3N以上、5%。(2) 振动行为特征：轴向振动增大	1.7	—	3	监测轴承振动、温度特征及变化趋势
		3.4 定位	3.4.1 轴向间隙大	检修工艺差	其振动频率成分特征为：(1) 1N、40%；(2) 2N、50%；(3) 3N以上、5%	5.1	—	3	监测轴承振动、温度特征及变化趋势

续表

设备	部件	故障模式	故障原因	故障效应					风险等级	措施
				局部	特征	相邻	系统			
润滑油泵	4 润滑	4.1 润滑油少	4.1.1 轴承润滑油喷油管堵塞	损坏轴承，振动高	其振动频率成分特征为： (1) 1N，40%； (2) 2N，50%； (3) 3N 以上，5%	1.1 1.3 2.1	会造成停车事故，严重影响机组运行	2	—
	5 联轴器	5.1 轴向串动	5.1.1 轴向间隙检修工艺差	检修工艺差	其振动成分特征是： (1) 频率成分特征：①1N，40%，②2N，50%；③3N 以上，5%。 (2) 轴向振动增大	—	会造成停车事故，严重影响机组运行	4	监测轴承振动特征及变化趋势
	6 系统	6.1 进出油管道振动	6.1.1 管道支吊架设计不合理	共振	其振动特征： (1) 频率成分特征：结构某一固有频率。 (2) 振动行为特征：某一转速下管道振动出现明显峰值	—	引起共振	3	严格按照安装工艺进行泵体及附属管道的安装，泵体法兰面连接时螺栓紧力要足够且均匀，防止管道整整动和结构刚度降低；调整管道支吊架，改变结构动刚度
			6.1.2 管道支吊架安装不当	共振	其振动特征： (1) 频率成分特征：结构某一固有频率。 (2) 振动行为特征：某一转速下管道振动出现明显峰值	—	引起共振	3	严格按照安装工艺进行泵体及附属管道的安装，泵体法兰面连接时螺栓紧力要足够且均匀，防止管道整整动和结构刚度降低；调整管道支吊架，改变结构动刚度
			6.1.3 管道支吊架长期使用后状态发生改变	共振	其振动特征： (1) 频率成分特征：结构某一固有频率。 (2) 振动行为特征：某一转速下管道振动出现明显峰值	—	引起共振	3	严格按照安装工艺进行泵体及附属管道的安装，泵体法兰面连接时螺栓紧力要足够且均匀，防止管道整整动和结构刚度降低；调整管道支吊架，改变结构动刚度

设备	部件	故障模式	故障原因	故障效应				风险等级	措施
				局部	特征	相邻	系统		
润滑油泵	6 系统	6.1 进出油管道振动	6.1.4 系统工况发生突变	共振	其振动特征：(1) 频率成分有特征——固有频率。(2) 振动行为特征：某一转速下管道振动出现明显峰值	—	引起共振	3	严格按照安装工艺进行泵体及附属管道的安装，泵体法兰连接时螺栓紧力要足够且均匀，防止管道整动和结构刚度降低；调整管道支吊架，改变结构动刚度
	7 汽蚀	7.1 油泵汽蚀	7.1.1 泵选型、安装不当	(1) 泵体振动。(2) 损坏叶片和流道	其表现特征：(1) 有异音。(2) 泵体剧烈振动	—	引起剧烈振动	3	合理的结构设计，流径光滑、均匀
			7.1.2 润滑油含水量高	(1) 泵体振动。(2) 损坏叶片和流道	其表现特征：(1) 有异音。(2) 泵体剧烈振动	—	引起剧烈振动	3	定期检测油质
			7.1.3 润滑油油温发生变化	(1) 泵体振动。(2) 损坏叶片和流道	其表现特征：(1) 有异音。(2) 泵体剧烈振动	—	引起剧烈振动	3	监测润滑油温度
	8 基础	8.1 泵基础强度不够	8.1.1 油箱强度不合格	(1) 运行出现问题，心出现问题、损坏轴承。(2) 振动高	其振动频率成分特征为：(1) (40%~50%) N, 20%。(2) 1N, 60%。(3) 2N, 10%。(4) 1/2N, 10%	—	引起振动，造成停车事故	4	监测轴承振动、温度特征及变化趋势，设置检查W点
			8.1.2 连接螺栓松动	(1) 运行不稳，同心出现问题，损坏轴承。(2) 振动高	其振动频率成分特征为：(1) (40%~50%) N, 20%。(2) 1N, 60%。(3) 2N, 10%。(4) 1/2N, 10%	—	引起振动，造成停车事故	4	监测轴承振动、温度特征及变化趋势，设置检查W点

设备	部件	故障模式	故障原因	故障效应				风险等级	措施
				局部	特征	相邻	系统		
润滑油泵	8 基础	8.1 泵基础强度不够	8.1.3 油箱基础开裂等等	(1)运行不稳,同心出现问题,损坏轴承。(2)振动高	其振动频率成分特征为:(1)(40%~50%)N,20%。(2)1N,60%。(3)2N,10%。(4)1/2N,10%	—	引起振动,造成停车事故	4	监测轴承振动、温度特征及变化趋势,设置检修W点
		8.2 电机支架与泵基础连接不牢固	8.2.1 电机支架刚度不够	泵体及电机振动	其振动特征为:(1)1N或2N成分明显。(2)基础振感强烈	—	引起振动	4	调整管道支吊架,结构构刚度
			8.2.2 电机支架与泵基础连接螺栓松动	泵体及电机振动	其振动特征为:(1)1N或2N成分明显。(2)基础振感强烈	—	引起振动	4	紧固连接螺栓,设置检修W点

2. 润滑油泵轴承温度故障模式及影响分析

设备	部件	故障模式	故障原因	故障效应				风险等级	措施
				局部	特征	相邻	系统		
润滑油泵	1 叶轮	1.1 不平衡	1.1.1 平衡精度的变化	(1)损坏轴承。(2)温度高。(3)振动增大	其振动频率成分征是:(1)1N,90%。(2)2N,5%。(3)3N以上,5%	1.1、1.3、1.5	会造成振动增大,威胁机组安全	4	监测轴承振动特征及变化趋势
			1.1.2 叶轮明显的变形	(1)损坏轴承。(2)温度高。(3)振动增大	其振动频率成分征是:(1)1N,90%。(2)2N,5%。(3)3N以上,5%	1.1、1.3、1.5	会造成振动增大,威胁机组安全	4	监测轴承振动特征及变化趋势

续表

设备	部件	故障模式	故障原因	故障效应				风险等级	措施
				局部	特征	相邻	系统		
润滑油泵	1 叶轮	1.1 不平衡	1.1.3 叶片固定螺栓松动	(1) 损坏轴承。(2) 温度高。(3) 振动增大	其振动频率成分特征是：(1) 1N，90%。(2) 2N，5%。(3) 3N 以上，5%。	1.1、1.3、1.5	会造成振动增大，威胁机组安全	4	监测轴承振动特征及变化趋势
	2 主轴	2.1 弯曲	2.1.1 刚度不够	(1) 损坏轴承。(2) 温度高	其振动特征是：(1) 频率成分特征：①1N，90%；②2N，5%；③3N 以上，5%。(2) 振动行为特征：转子弯曲接近轴中心时，主要是 1 倍频轴向振动接近轴承时，会有 2 倍频振动，径向振动频谱中会有 1 倍频和 2 倍频峰值，但是关键是轴向数据。(3) 相位特征：支撑转轴向相位（轴瓦）同一轴向相位相差 180°，同一轴向相位相同的轴向转轴着回来回转轴沿着轴向来回运动。(4) 时域波形特征：对应弯曲，它并不是好的判断指标。弯曲是接近轴中心，形状是正弦波。弯曲接近联轴器，会有抖动，"M" 的形状取决于相位角	1.1、2.1	会造成停车事故，严重影响机组运行	2	监测轴振动、温度特征及变化趋势

476

续表

设备	部件	故障模式	故障原因	故障效应				风险等级	措施
				局部	特征	相邻	系统		
润滑油泵	2 主轴	2.1 弯曲	2.1.2 裂纹	(1) 损坏轴承。(2) 温度高	其振动特征是：(1) 频率成分特征：①1N，90%；②2N以上，5%；③3N以上，5%。(2) 振动行为特征：转子弯曲接近轴中心时，主要是1倍频轴向振动弯曲，会有联轴器向振动，径向振动谱中会有1倍频和2倍频峰值，但是关键是轴向数据。(3) 相位特征（轴瓦）：支撑转轴的轴承相差180°，同一轴向相位（轴瓦）端面的轴向相位相同——转轴沿着轴向来回运动。(4) 时域波形特征：对应弯曲，它并不是好的判断指标。弯曲接近轴中心，弯曲抖动，会有抖动，"M""W"的形状取决于相位角	1.1、2.1	会造成停车事故，严重影响机组运行	2	监测轴承振动、温度特征及变化趋势
			2.1.3 检修装配不良	(1) 损坏轴承。(2) 温度高	其振动成分特征是：(1) 频率成分特征：①1N，90%；②2N，5%；③3N以上，5%。	1.1、2.1	会造成停车事故，严重影响机组运行	2	监测轴承振动、温度特征及变化趋势

设备	部件	故障模式	故障原因	故障效应				风险等级	措施
				局部	特征	相邻	系统		
润滑油泵	2 主轴	2.1 弯曲	2.1.3 检修装配不良	(1) 损坏轴承。(2) 温度高	(2) 振动行为特征：转子弯曲接近轴中心时，主要是 1 倍频轴向振动接近轴承器时，径向振动频谱中会有 2 倍频振动，径向振动频谱中会有 1 倍频和 2 倍频峰值，但是关键是轴向数据。(3) 相位特征：支撑转轴的轴承（轴瓦）轴向相位相差 180°，同一轴承（轴瓦）端面的轴向相位相同转轴沿着轴向来回运动。(4) 时域波形特征：对应弯曲，它并不是好的判断指标。弯曲接近轴中心，形状是正弦波。弯曲接近联轴器，会有扭动，"M" 的形状取决于相位角	1.1、2.1	会造成停车事故，严重影响机组运行	2	监测轴承振动、温度特征及变化趋势
			2.1.4 转子因为热膨胀等原因产生弯曲，导致转子组件的质量中心偏移量超标	(1) 损坏轴承。(2) 温度高	其振动特征是：(1) 频率成分特征：①1N，90%；②2N，5%；③3N 以上，5%。(2) 振动行为特征：转子弯曲接近轴中心时，主要是 1 倍频轴向振动弯曲接近轴	1.1、2.1	会造成停车事故，严重影响机组运行	2	监测轴承振动、温度特征及变化趋势

续表

设备	部件	故障模式	故障原因	故障效应 局部	特征	相邻	系统	风险等级	措施
润滑油泵	2 主轴	2.1 弯曲	2.1.4 转子因为热膨胀等原因产生弯曲，导致转子组件的质量中心偏移量超标	(1) 损坏轴承。(2) 温度高	器时，会有 2 倍频振动，径向振动频谱中会有 1 倍频和 2 倍频峰值，但是关键是轴向数据。(3) 相位特征（轴瓦）同一轴承（轴瓦）端面轴向相位相差180°，同一轴的轴向相位相同的轴向相着轴回来运动。(4) 时域波形特征：对应弯曲，它并不是好的判断指标。弯曲是接近轴中心，形状是正弦波。弯曲接近联轴器，会有抖动，"M""W"的形状取决于相位角	1.1、2.1	会造成停车事故，严重影响机组运行	2	监测轴承振动、温度特征及变化趋势
	3 轴承座	3.1 松动	3.1.1 螺栓紧力不均松动	(1) 损坏轴承。(2) 温度高	其振动频率成分特征是：(1) 1N，90%。(2) 2N，5%。(3) 3N 以上，5%	1.3、2.3	会造成停车事故	2	—
			3.1.2 裂纹	(1) 损坏轴承。(2) 温度高	其振动频率成分特征是：(1) 1N，90%。(2) 2N，5%。(3) 3N 以上，5%	1.3、2.3	会造成停车事故	2	—

续表

设备	部件	故障模式	故障原因	故障效应				风险等级	措施
				局部	特征	相邻	系统		
润滑油泵	4 润滑	4.1 润滑油少	4.1.1 轴承润滑油导管堵塞	(1) 损坏轴承。(2) 温度高	其表现特征是:振动、温度异常	1.1、1.3、2.1	会造成停车事故，严重影响机组运行	2	—
		4.2 润滑油变质	4.2.1 油质劣化	(1) 损坏轴承。(2) 温度高	其表现特征是:油质超标	1.1、1.3、2.1	会造成停车事故	4	—

3. 润滑油泵功能故障模式及影响分析

设备	部件	故障模式	故障原因	故障效应				风险等级	措施
				局部	特征	相关	系统		
润滑油泵	1 叶轮	1.1 断裂	1.1.1 铸造缺陷	损坏构件。有噪声	其振动特征为:(1) 1XP,PV 主导。(2) PV 附近有转频边带	—	流量减少，威胁机组安全	3	监测轴承振动特征及变化趋势
		1.2 磨损	1.2.1 磨损	叶片损坏	其振动特征为:(1) 1XP,PV 主导。(2) PV 附近有转频边带	—	流量和功率不正常，受力不平衡	3	监测轴承振动特征及变化趋势
		1.3 汽蚀	1.3.1 流道内发生汽蚀	叶片损坏。产生噪声、振动	其表现特征为:(1) PV 附近连续峰值和转频边带。(2) 有异音。(3) 泵体振动大	—	引起振动	3	监测轴承振动特征及变化趋势
		1.4 叶片变形	1.4.1 磨损	叶轮不平衡	其振动特征:(1) 频率成分1XP,80%。(2) 相位特征:相位稳定	—	影响运行	—	监测轴承振动特征及变化趋势

续表

设备	部件	故障模式	故障原因	故障效应				风险等级	措施
				局部	特征	相关	系统		
润滑油泵	2 导叶	2.1 断裂	2.1.1 铸造问题	导叶损坏	其振动特征为:冲击解调波形呈现连续冲击波形	—	威胁泵安全运行	4	监测轴承振动特征及变化趋势
	3 轴承	3.1 温度高	3.1.1 冷却油不畅	(1)损坏轴承。(2)温度高	其表现特征是:红外检测温度变化异常	—	威胁泵安全运行	4	监测轴承温度变化趋势
			3.1.2 油质劣化	(1)损坏轴承。(2)温度高	其表现特征是:红外检测温度变化异常	—	威胁泵安全运行	4	监测轴承温度变化趋势
		3.2 振动超标	3.2.1 汽蚀	(1)损坏轴承。(2)泵体振动大	其振动特征为:泵体振动大	—	威胁泵安全运行	4	监测轴承振动特征及变化趋势
			3.2.2 轴承损坏	(1)损坏轴承。(2)泵体振动大	其振动特征为:泵体振动大	—	威胁泵安全运行	4	监测轴承振动特征及变化趋势
	4 轴封	4.1 泄漏	4.1.1 选型不当	引起泄漏和漏空	其表现特征是:轴封处漏油	—	影响泵出力和机组真空	3	—
			4.1.2 密封面磨损、损坏	引起泄漏和漏空	其表现特征是:轴封处漏油	—	影响泵出力和机组真空	3	—
			4.1.3 安装时紧力调整不当	引起泄漏和漏空	其表现特征是:轴封处漏油	—	影响泵出力和机组真空	3	—
	5 进出口门	5.1 卡涩	5.1.1 机械部件锈蚀、损坏	阀门操作困难	—	—	进出口门操作不畅	3	(1)设置检修W点
			5.1.2 阀杆密封面紧力不当	阀门操作困难	—	—	进出口门操作不畅	3	(2)加强工艺纪律
		5.2 泄漏	5.2.1 阀座、阀芯密封面受损	泄漏	其表现特征是:阀门密封面漏水	—	影响系统稳定运行	3	—
			5.2.2 密封面垫片损坏	泄漏	其表现特征是:阀门密封面漏水	—	影响系统稳定运行	3	—

设备	部件	故障模式	故障原因	故障效应					风险等级	措施
				局部	特征	相关	系统			
	5 进出口门	5.2 泄漏	5.2.3 阀杆填料密封失效	泄漏	其表现特征是:阀门密封面漏水	—	影响系统稳定运行		3	—
润滑油泵	6 机械密封	6.1 泄漏	6.1.1 动、静环间密封	会造成漏水,设备停运	其表现特征为:机械密封处漏水	—	—		5	设置检修 W 点,对运行周期进行优化
			6.1.2 动环与轴套间密封	会造成漏水,设备停运	其表现特征为:机械密封处漏水	—	—		5	设置检修 W 点,对运行周期进行优化
			6.1.3 轴套与轴间密封	会造成漏水,设备停运	其表现特征为:机械密封处漏水	—	—		5	设置检修 W 点,对运行周期进行优化
			6.1.4 静环与静环座间密封	会造成漏水,设备停运	其表现特征为:机械密封处漏水	—	—		5	设置检修 W 点,对运行周期进行优化
			6.1.5 密封端盖与泵体间的密封	会造成漏水,设备停运	其表现特征为:机械密封处漏水	—	—		5	设置检修 W 点,对运行周期进行优化

参 考 文 献

[1] 高学中. GY 公司设备维修管理的改进研究 [D]. 大连理工大学，2022.

[2] 沙德生，陈江. 火电厂设备状态检修技术与管理：精密点检故障诊断预知排查风险管控 [M]. 北京：中国电力出版社，2016.

[3] 陈江，沙德生. 火电厂设备精密点检及故障诊断案例分析 [M]. 北京：中国电力出版社，2010.

[4] 黄树红，黄雅罗. 发电设备状态检修 [M]. 北京：中国电力出版社，2000.

[5] 李建兰，黄树红. 发电设备状态检修与诊断方法 [M]. 北京：中国电力出版社，2008.

[6] 西安热工研究院. 发电设备状态监测与寿命管理 [M]. 北京：中国电力出版社，2013.

[7] （美）热苏斯·R. 西冯特，等. 以可靠性为中心的维修再造工程 [M]. 北京：国防工业出版社，2020.

[8] Air Transport Association Airline/Manufacturer Maintenance Program Planning Document，MSG-1 [S]. U.S.：ATA，1968.

[9] Air Transport Association Airline/Manufacturer Maintenance Program Planning Document，MSG-2 [S]. U.S.：ATA，1970.

[10] NOWLANFS, HEAPHF, Reliability-centered maintenance [R]. San Francisco：United Air Lines Inc.，1978.

[11] Air Transport Association Airline/Manufacturer Maintenance Program Planning Document，MSG-3 [S]. U.S.：ATA，1980.

[12] Marius Basson. RCM3TM：Risk-Based Reliability Centered Maintenance [M]. New York：INDUSTRIAL PRESS，INC.，2018.

[13] 杨红平，屈国普. RCM 介入核电站设计的探讨 [J]. 南华大学学报（自然科学版），2010，24（01）：21-23.

[14] 英. 莫布. 以可靠性为中心的维修 [M]. 石磊，译. 北京：机械工业出版社，1995.

[15] 沙海云，RCM 维修管理模式在公路筑养路机械设备上的应用 [J]. 筑路机械与施工机械化，2000.1.

[16] 何兴. 秦皇岛港 ZH 公司设备维修管理改善研究 [D]. 燕山大学，2021.

[17] 肖缨. 发电设备维修策略及维修管理系统 [J]. 自动化应用，2016，（11）：100-101.

[18] 苏州热工院. RCM 分析方法在核电厂预防性维修大纲优化中的研究与创新应用，高价值专利（技术）成果.

[19] 武禹陶，贾希胜，温亮，等. 以可靠性为中心的维修（RCM）发展与应用综述 [J]. 军械工程学院学报，2016，28（04）：13-21.

[20] 航空航天工业部. 飞机、发动机及设备以可靠性为中心的维修大纲的制订，HB 6211-89 [S]. 北京：航空航天工业部第三〇一研究所，1989.

[21] 王福龄. 浅论以可靠性为中心的维修思想 [C] //空军第一研究所 25 周年所庆学术报告会，1984：1-12.

[22] 何钟武. 浅谈国内外 RCM 技术的研究与应用 [J]. 环境与可靠性，2006（3）：26～31.

［23］中国人民解放军总后勤部. 装备预防性维修大纲的制订要求与方法：GJB 1378—92［S］. 北京：国防科工委军标出版发行部，1992.

［24］张延伟，马金标，张存才. RCM 理论在某型多功能导弹发射车维修［J］. 科技研究，2010（5）：71-73.

［25］廖静云. RCM 决策在门座起重机维修中的应用［J］. 机电技术，2016（6）：142-143.

［26］张树忠. 基于 RCM 的门座起重机维修方式综合决策［J］. 起重运输机械，2013（7）：94-96.

［27］张树忠，曾钦达，高诚辉. 以可靠性为中心的维修 RCM 方法分析［J］. 世界科技研究与发展，2012，34（06）：895-898.

［28］Moslemi N，Kazemi M，Abedi S M，et al. Mode-based reliability centered maintenance in transmission system［J］. International Transactions on Electrical Energy Systems，2017，27（4）.

［29］Koksal A，Ozdemir A. Improved transformer maintenance plan for reliability centredasset management of power transmission system（vol 10，pg 1976，2016）［J］. Ietgeneration Transmission & Distribution，2017，11（4）：1082.

［30］王洋. 基于 RCM 的变压器状态检修与故障诊断研究［R］. 华北电力大学（北京），2023.

［31］B. Yssaad，A. Abene，rational reliability centered maintenance optimization for power distribution systems. Electrical Power and Energy Systems，2015.73：350-360.

［32］Diego Piasson，Andre A.P.Biscaro，Fabio B. Leao，Jose Roberto Sanches Mantovani. A new approach for reliability-centered maintenance programs in electric power distribution systems based on a multiobjective genetic algorithm. Electrical Power and Energy Systems，2016.137：41-50.

［33］Fox B H，Snyder M G，Smith A M. Reliability-centered maintenance improves operations at TMI nuclear plant［J］. Power engineering，1994，98（11）：75-79.

［34］Betros J R. Demonstration of reliability centered maintenance［R］. California：Electric Power Research Institute，1989.

［35］Srikrishna S，Yadava G S，Rao P N. Reliability centered maintenance applied to power plant auxiliaries. Journal of quality in maintenance engineer，1996（2）：3-14.

［36］陈宇，黄立军，以可靠性为中心的维修（RCM）在世界核能领域的应用及发展［C］//中国核科学技术进展报告——中国核学会 2009 年学术年会论文集，北京：中华核电技术研究院，2009（1）：340-345.

［37］李晓明，陈世均，武涛，等. 以可靠性为中心的维修在核电站维修优化中的应用与创新［J］核动力工程，2005，26（6）：73-77.

［38］沈爱东，宋林. 秦山三核 RCM 的开发与实践［J］. 中国核工业，2010（6）：221-226.

［39］邹维祥，邹家懋. 海阳核电厂 RCM 的应用研究［J］. 核动力工程，2013，4（8）：170-172.

［40］白晓波. RCM 在保证田湾核电站 ARMS 可靠性方面的应用［J］. 核动力工程，2013，34（4）：114-116.

［41］李素婷. 设备状态维修决策及其优化研究［D］. 重庆大学，2010.

［42］Gania I P，Fertsch M K，Jayathilaka K R K.Reliability Centered Maintenance Framework for Manufacturing and Service Company：Functional Oriented［M］. 2017：721-725.

［43］Umamaheswari E，Ganesan S，Abirami M，et al. Stochastic Model based Reliability Centered Preventive Generator Maintenance Planning using Ant Lion Optimizer［J］. Proceedings of 2017 IEEE International Conference on Circuit and Computing Technologies（ICCPCT），2017.

［44］Lazecky D，Kral V，Rusek S，et al. Software solution design for application of reliability centered maintenance in preventive maintenance plan［M］. 2017：87-90.

［45］Yuniarto H A，Baskara I. Development of procedure for implementing reliability centred maintenance in geothermal power plant［M］. 2017：934-938.

［46］刘海龙，闫恺平，高敏. ZGM123中速磨煤机检修优化与改造实践研究［J］. 节能，2011，30（11）：4.

［47］田丰. 论以可靠性为中心的火电机组的维修［J］. 电力建设，2002（10）：52-54.

［48］曹钟中，杨昆，顾煜炯，傅忠广，卜永东. 汽轮机及其辅助设备系统以可靠性为中心的维修（RCM）的技术分析原则［J］. 国际电力，2002（03）：30-35.

［49］庞力平，杨昆，商福民. 基于"可靠性为中心的维修技术"的锅炉部件故障模式研究［J］. 热能动力工程，2000（06）：618-620+705.

［50］曹先常，蒋安众，史进渊. 以可靠性为中心的发电设备维修技术研究［J］. 发电设备，2002（04）：18-21.

［51］赵勇，荣红，何林波等. 水电机组调速器主配压阀抽动故障机理分析［J］. 水电站机电技术，2021，44（07）：41-44.

［52］刘云. 水轮发电机组机械故障的电气信号特征研究［D］. 西安理工大学，2016.

［53］邢志江，张宏，张兴明，等. 设备机理与大数据处理下的水电设备远程智能分析［J］. 云南水力发电，2021，37（05）：139-142.

［54］李加裕，周艳和. 水电站机组状态检修模式下的水工专业检修［J］. 云南水力发电，2022，38（06）：220-224.

［55］李小飞. 抽水蓄能电站机组状态检修方案研究［D］. 华北电力大学，2015.

［56］尹浩霖. 清洁能源发电系统预防性维修决策技术研究［D］. 西安理工大学，2019.

［57］Geiss C，Guder S. Reliability-centered asset management of wind turbines – a holistic approach for a sustainable and cost-optimal maintenance strategy［J］. 2017 2nd International Conference on System Reliability and SafetY（ICSRS），2017：160-164.

［58］Hockley C J. Wind turbine maintenance and topical researchquestions［M］. 2013：284-286.

［59］Fonseca I，Farinha T，Barbosa F M. On-Condition Maintenance for Wind Turbines［J］. 2009 IEEE Bucharest Powertech，VOLS 1-5，2009：2951.

［60］Sarbjeet Singh，David Baglee，Knowles Michael，Diego Galar. Developing RCM strategy for wind turbines utilizing e-conditiong monitoring［J］. Int J Syst Assur EngManag，2015.6（2）：150-156.

［61］Katharina Fischer，Francois Besnard，Lina Bertling. Reliability-centered maintenancefor wind turbines based on statistical analysis and practical experience. IEEE Transactions on Energy Conversion，2012.27（1）：184-195.

［62］Joel Igba，Kazem Alemzadeh，Ike Anyanwu-Ebo，Paul Gibbons，John Friis. A system approach towards reliability-centred maintenance（RCM）of wind turbines．ProcediaComputer Science，2013，16：814-823．

［63］霍娟，唐贵基，贾桂红，等．并网风电机组寿命分布拟合与维修方案评价［J］．可再生能源，2016，34（05）：712-718．

［64］郑小霞，李佳，贾文慧．考虑不完全维修的风电机组预防性机会维修策略［J］．可再生能源，2017，35（08）：1208-1214．

［65］王达梦．以可靠性为中心的风电机组机会维修策略研究［D］．华北电力大学（北京），2021．

［66］柴江涛．基于 RCM 的风电机组维修决策技术研究［D］．华北电力大学（北京），2018．

［67］李彪，柴江涛，吴仕明，等．基于最小期望维修损失的风电机组部件定期维修策略研究［J］．河北电力技术，2018，37（02）：29-32．

［68］发电设备可靠性评价规程：DL/T 793—2001［S］．

［69］郑体宽，杨晨．热力发电厂［M］．北京：中国电力出版社，2008．

［70］刘晓锋，陆颂元．发电设备 RCM 实施方法的研究与探讨［J］．汽轮机技术，2005，（04）：244-247．

［71］Marvin Rausand，Reliability centered Maintenance［J］．ReliabilityEngineering and System Safety，1998，60：121-132．

［72］马永辉．基于 RCM 的蒲电公司设备检修管理方案设计［D］．西安理工大学，2008．

［73］马树侠．油液监测技术在汽轮机润滑状态监测中的应用［J］．云南化工，2023，50（04）：97-99．

［74］孙长英．水电项目风险管理评价研究［D］．华北电力大学（北京），2010．

［75］吕一农．以可靠性为中心的维修（RCM）在电力系统中的应用研究［D］．浙江大学，2005．

［76］许诩俭．RCM 在中、小型水电机组应用浅探［C］//福建省水力发电工程学会．福建省科学技术协会第七届学术年会分会场——提高水力发电技术促进海西经济建设研讨会论文集．福建华电投资有限公司，2007：2．

［77］Park G P，Yong T Y．Application of ordinal optimization on reliability centered maintenance of distribution system［J］．European Transactions on Electrical Power，2012，22（3）：391-401．

［78］Ghorani R，Fotuhi-Firuzabad M，Dehghanian P，et al．Identifying critical components for reliability centred maintenance management of deregulated power systems［J］．Iet Generation Transmission & Distribution，2015，9（9）：828-837．

［79］Abbasghorbani M，Mashhadi H R，Damchi Y．Reliability-centred maintenance for circuit breakers in transmission networks［J］．Iet Generation Transmission & Distribution，2014，8（9）：1583-1590．

［80］Adoghe A U，Awosope C O A，Ekeh J C．Asset maintenance planning in electric power distribution network using statistical analysis of outage data［J］．International Journal of Electrical Power & Energy Systems，2013，47（1）：424-435．

［81］Jagannath D，Wang P．A generic reliability and risk centered maintenance framework for wind turbines［J］．Grasp，2011．

［82］Igba J，Alemzadeh K，Anyanwu-Ebo I，et al．A systems approach towards reliability-centred maintenance（RCM）of wind turbines［J］．Procedia Computer Science，2013，16（1）：814–823．

［83］Zhao H，Zhang L．Preventive opportunistic maintenance strategy for wind turbines based on reliability

[J]. Zhongguo Dianji Gongcheng Xuebao/proceedings of the Chinese Society of Electrical Engine-ering, 2014, 34 (22): 3777-3783.

[84] Vilayphonh O, Premrudeepreechacharn S, Ngamsanroaj K. Reliability centered maintenance for electrical distribution system of phontong substation in vientiane capital [J]. 2017 6th International Youth Conference on Energy (IYCE), 2017.

[85] Lazecky D, Kral V, Rusek S, et al. Software solution design for application of reliability centered maintenance in preventive maintenance plan [M]. 2017: 87-90.

[86] Yuniarto H A, Baskara I. Development of procedure for implementing reliability centred maintenance in geothermal power plant [M]. 2017: 934-938.

[87] Fonseca I, Farinha T, Barbosa F M. On-condition maintenance for wind turbines [J]. 2009 IEEE Bucharest Powertech, VOLS 1-5, 2009: 2951.

[88] Sarbjeet Singh, David Baglee, Knowles Michael, Diego Galar. Developing RCM strategy for wind turbines utilizing e-conditiong monitoring [J]. Int J Syst Assur Eng Manag, 2015.6 (2): 150-156.

[89] Reder W, Flaten D. Reliability centered maintenance for distribution underground systems [M]. 2000.

[90] Li D, Gao J. Study and application of reliability-centered maintenance considering radical maintenance [J]. Journal of Loss Prevention in the Process Industries, 2010, 23 (5): 622-629.

[91] Pourahmadi F, Fotuhi-Firuzabad M, Dehghanian P. Application of game theory in reliability-centered maintenance of electric power systems [J]. IEEE Transactions on Industry applications, 2017, 53 (2): 936-946.

[92] Gania I P, Fertsch M K, Jayathilaka K R K. Reliability centered maintenance framework for manufacturing and service company: functional oriented [M]. 2017: 721-725.

[93] Umamaheswari E, Ganesan S, Abirami M, et al. Stochastic model based reliability centered preventive generator maintenance planning using ant lion optimizer [J]. Proceedings of 2017 IEEE International Conference on Circuit and Computing Technologies (ICCPCT), 2017.